康复辅助机器人
——从原理到实践

李 可 编著

山东大学出版社
SHANDONG UNIVERSITY PRESS
·济南·

图书在版编目(CIP)数据

康复辅助机器人：从原理到实践 / 李可编著. -- 济南：山东大学出版社，2024.4

ISBN 978-7-5607-8114-3

Ⅰ．①康… Ⅱ．①李… Ⅲ．①康复训练－专用机器人 Ⅳ．①TP242.3

中国国家版本馆 CIP 数据核字(2024)第 055473 号

策划编辑　蔡梦阳
责任编辑　蒋新政
封面设计　禾　乙

康复辅助机器人——从原理到实践
KANGFU FUZHU JIQIREN——CONG YUANLI DAO SHIJIAN

出版发行	山东大学出版社
社　　址	山东省济南市山大南路 20 号
邮政编码	250100
发行热线	(0531)88363008
经　　销	新华书店
印　　刷	济南乾丰云印刷科技有限公司
规　　格	787 毫米×1092 毫米　1/16 21.5 印张　493 千字
版　　次	2024 年 4 月第 1 版
印　　次	2024 年 4 月第 1 次印刷
定　　价	88.00 元

版权所有 侵权必究

前言 PREFACE

随着人口老龄化的加剧和灾害、事故、疾病的频发,越来越多的患者深受肢体残疾之苦,这不仅使患者生活质量急剧下降,而且使家庭和社会负担加重。康复辅助机器人是一种对肢体进行功能训练和功能代偿的机器人,可为患者提供高强度的运动刺激,辅助残肢完成基本运动功能。康复辅助机器人减少了医生和家属的体力消耗,极大地降低了治疗和陪护成本,加快了康复周期,提升了患者的生活质量,因而具有重要的研究和应用价值。本书基于作者团队十余年的研究工作整理而成,旨在系统地阐述康复辅助机器人的原理、方法、技术与应用,为本领域的研究人员、医生、患者和学生提供一本可借鉴的学术著作。

本书的内容主要包括:第1章"康复辅助机器人概述",涉及康复辅助机器人的基本情况介绍、关键技术概述和临床应用现状整体分析;第2章"康复辅助机器人的临床需求",着重阐述康复辅助机器人的临床应用理论基础;第3章"康复辅助机器人的整体设计方法",从设计流程、关键环节、硬件平台和软件平台等方面阐述其整体设计方法;第4章"康复辅助机器人的人机交互方法",着重讲述人机交互方式、感知反馈和关键技术;第5章"康复辅助机器人的控制方法",着重阐述康复辅助机器人的控制系统设计方法;第6章"康复辅助机器人的有效性评价方法",系统阐述康复辅助机器人的功能性、行为学、电生理等评价手段;第7章"上肢康复辅助机器人的设计与应用",着重阐述上肢康复辅助机器人的机械结构、驱动系统、控制系统、评价机制等内容;第8章"下肢康复辅助机器人的设计与应用",着重阐述下肢康复辅助机器人的设计步骤、关键技术、核心算法、评价机制等内容;第9章"上肢假肢机器人的设计与应用",深入剖析了上肢假肢机器人的结构设计、控制系统设计、评价方法与临床应用等内容;第10章"上肢辅助抓握外肢体机器人的设计与应用",着重阐述上肢辅助抓握外肢体机器人的硬件系统、软件

系统、评价与应用；第11章"下肢假肢机器人的设计与应用"，着重阐述下肢假肢机器人的关键技术、核心算法、材料与制造、评价与应用等内容；第12章"康复辅助机器人中的功能性电刺激技术"，着重阐述与康复辅助机器人密不可分的功能性电刺激技术的原理、设计步骤、硬软件系统、评价与应用等；第13章"康复辅助机器人中的虚拟现实技术"，重点阐述与康复辅助机器人配合使用的虚拟现实技术的背景与原理、硬软件设计开发、典型样机与应用等；第14章"其他几种典型的康复辅助机器人"，系统阐述了位移式康复辅助机器人、位姿调整式康复辅助机器人和生活辅助类康复辅助机器人的原理方法和关键技术；第15章"康复辅助机器人的未来发展方向"，以"头脑风暴"的方式展望了康复辅助机器人的未来发展，特别是与脑机接口、人工智能、元宇宙、数字孪生、3D打印与增材制造、纳米技术、量子计算、高性能芯片等技术的融合与发展。本书从宏观到微观、从需求到实现、从理论到应用，系统阐述了康复辅助机器人的相关知识，既有对康复辅助机器人领域的整体概述，又有对关键技术装备的深入剖析，还有对康复辅助机器人未来发展方向的展望。

本书所提到的研究成果来自国家自然科学基金项目（62073195、31200744）、国家重点研发计划项目（2020YFC2007900）、广东省重点领域研发计划项目（2020B0909020004）、山东省重大创新工程项目（2019JZZY021010）、山东省重点研发计划项目（2019GSF108164）等科研项目。南京医科大学附属苏州医院神经康复科侯莹主任、李金萍主管技师在本书的写作过程中提供了帮助，山东大学控制科学与工程学院康复工程实验室张娜、王加帅、孙铭泽、丁博智、陈淑鑫、郭畅、刘麟杰、孟繁昌、孙希进、王小雨、刘乐、刘梦琦、李元慧、冯彩云等同学进行了资料搜集和整理工作，在此深表谢意。本书在写作过程中得到了山东大学控制科学与工程学院、山东大学智能医学工程研究中心、山东大学出版社的大力支持和帮助，在此表示衷心的感谢。

由于时间仓促，加之作者水平有限，书中难免存在疏漏和不足，恳请广大读者批评指正。本书中个别外文单词或字母缩写暂无正式中文译名，为避免讹误，未翻译为中文。对本书的意见和建议请通过电子邮件（邮箱 kli@sdu.edu.cn）反馈给我，谢谢！

李 可

2024年3月

目录 CONTENTS

第 1 章　康复辅助机器人概述 …… 1

1.1　引　言 …… 1
1.2　康复辅助机器人的介绍 …… 2
1.3　康复辅助机器人关键技术概论 …… 3
1.4　康复辅助机器人的临床应用现状 …… 10
1.5　本章小结 …… 13

第 2 章　康复辅助机器人的临床需求 …… 14

2.1　康复范畴与手段 …… 14
2.2　康复辅助的临床需求 …… 15
2.3　相关理论及在康复辅助机器人中的应用 …… 20
2.4　康复辅助的未来发展趋势 …… 28
2.5　本章小结 …… 28

第 3 章　康复辅助机器人的整体设计方法 …… 29

3.1　康复辅助机器人的设计流程 …… 29
3.2　康复辅助机器人的整体设计环节 …… 33
3.3　康复辅助机器人的关键设计环节 …… 34
3.4　康复辅助机器人的硬件开发平台 …… 46
3.5　康复辅助机器人的软件开发平台 …… 52
3.6　本章小结 …… 57

第 4 章　康复辅助机器人的人机交互方法 ………………………………… 58

　　4.1　康复辅助机器人的人机交互 ……………………………………………… 58
　　4.2　康复辅助机器人的传统人机交互方式 …………………………………… 60
　　4.3　康复辅助机器人的新型人机交互方式 …………………………………… 62
　　4.4　康复辅助机器人的感知反馈 ……………………………………………… 66
　　4.5　人机交互中的关键技术 …………………………………………………… 69
　　4.6　本章小结 …………………………………………………………………… 78

第 5 章　康复辅助机器人的控制方法 ………………………………………… 79

　　5.1　康复辅助机器人的控制目标 ……………………………………………… 79
　　5.2　康复辅助机器人的控制系统层级 ………………………………………… 80
　　5.3　康复类机器人的控制系统开发 …………………………………………… 81
　　5.4　康复辅助机器人的控制系统开发 ………………………………………… 85
　　5.5　经典控制方法 ……………………………………………………………… 87
　　5.6　本章小结 …………………………………………………………………… 99

第 6 章　康复辅助机器人的有效性评价方法 ………………………………… 100

　　6.1　康复辅助机器人有效性评价的概述 ……………………………………… 100
　　6.2　人体功能性评测 …………………………………………………………… 105
　　6.3　量表评测 …………………………………………………………………… 109
　　6.4　基于运动行为的评测 ……………………………………………………… 110
　　6.5　基于肌力的评测 …………………………………………………………… 112
　　6.6　基于肌电的评测 …………………………………………………………… 115
　　6.7　基于脑电的评测 …………………………………………………………… 116
　　6.8　综合评测方法的应用 ……………………………………………………… 118
　　6.9　本章小结 …………………………………………………………………… 120

第 7 章　上肢康复辅助机器人的设计与应用 ………………………………… 121

　　7.1　背景与提出 ………………………………………………………………… 121
　　7.2　上肢康复辅助机器人的简介 ……………………………………………… 122
　　7.3　上肢康复辅助机器人机械结构的设计 …………………………………… 124
　　7.4　上肢康复辅助机器人动力系统的设计 …………………………………… 129

7.5	上肢康复辅助机器人控制系统的设计	133
7.6	上肢康复辅助机器人的实现与评价	143
7.7	本章小结	149

第 8 章　下肢康复辅助机器人的设计与应用　150

8.1	下肢康复辅助机器人的概述	150
8.2	下肢康复辅助机器人的设计考虑与需求分析	153
8.3	下肢康复辅助机器人的设计步骤	155
8.4	下肢康复辅助机器人的关键技术与算法	159
8.5	下肢康复辅助机器人的实现与评价	167
8.6	典型下肢康复辅助机器人的案例研究	167
8.7	未来发展与应用前景	168
8.8	本章小结	169

第 9 章　上肢假肢机器人的设计与应用　170

9.1	上肢假肢的背景与发展现状	170
9.2	上肢假肢机器人的概述	173
9.3	上肢假肢机器人的结构设计	175
9.4	上肢假肢机器人的控制系统设计	184
9.5	上肢假肢机器人的评价方法	191
9.6	上肢假肢机器人的典型样机	193
9.7	上肢假肢机器人的临床应用	195
9.8	本章小结	196

第 10 章　上肢辅助抓握外肢体机器人的设计与应用　197

10.1	背景与提出	197
10.2	上肢辅助抓握外肢体机器人的分类	197
10.3	上肢辅助抓握外肢体机器人的硬件系统设计	199
10.4	上肢辅助抓握外肢体机器人的评估	212
10.5	上肢辅助抓握外肢体机器人的范例	214
10.6	本章小结	216

第 11 章　下肢假肢机器人的设计与应用　217

11.1	下肢假肢机器人的概述	217
11.2	康复需求分析与设计考虑	221

11.3　下肢假肢机器人的设计步骤 ·· 223
11.4　下肢假肢机器人的关键技术与算法 ································ 226
11.5　下肢假肢机器人的材料与制造 ······································ 229
11.6　下肢假肢机器人的评估 ··· 231
11.7　典型下肢假肢机器人案例研究 ······································ 232
11.8　下肢假肢机器人的应用 ··· 234
11.9　本章小结 ·· 236

第 12 章　康复辅助机器人中的功能性电刺激技术 ·················· **237**

12.1　功能性电刺激的原理和生理效应 ··································· 237
12.2　功能性电刺激的典型应用 ·· 240
12.3　功能性电刺激的基本参数 ·· 245
12.4　功能性电刺激设备的设计步骤 ······································ 248
12.5　功能性电刺激技术的硬件设计和软件设计 ······················· 249
12.6　康复辅助机器人中的功能性电刺激设计评价 ···················· 259
12.7　电刺激典型样机 ·· 260
12.8　本章小结 ·· 262

第 13 章　康复辅助机器人中的虚拟现实技术 ························ **263**

13.1　背景与提出 ··· 263
13.2　设计步骤 ·· 263
13.3　设计关键 ·· 268
13.4　硬软件平台的设计 ··· 272
13.5　计算的关键技术 ·· 276
13.6　设计的评价 ··· 279
13.7　设计的实现 ··· 280
13.8　典型样机的概述 ·· 283
13.9　临床应用 ·· 284
13.10　本章小结 ·· 287

第 14 章　其他几种典型的康复辅助机器人 ·························· **288**

14.1　其他典型康复辅助机器人介绍 ······································ 288
14.2　其他典型康复辅助机器人的主要技术 ····························· 289
14.3　其他典型康复辅助机器人的主要适用对象 ······················· 290
14.4　其他主要的典型康复辅助机器人 ··································· 295

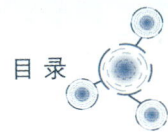

  14.5 其他典型康复辅助机器人的局限性与不足 ······ 302
  14.6 其他典型康复辅助机器人的发展方向 ······ 303
  14.7 本章小结 ······ 304

第15章 康复辅助机器人的未来发展方向 ······ 305

  15.1 康复辅助机器人的现状与挑战 ······ 305
  15.2 脑机接口技术与康复辅助机器人 ······ 308
  15.3 人工智能技术与康复辅助机器人 ······ 312
  15.4 元宇宙技术与康复辅助机器人 ······ 315
  15.5 数字孪生技术与康复辅助机器人 ······ 318
  15.6 3D打印与增材制造技术与康复辅助机器人 ······ 321
  15.7 纳米技术与康复辅助机器人 ······ 323
  15.8 量子计算与高性能芯片技术与康复辅助机器人 ······ 325
  15.9 本章小结 ······ 328

参考文献 ······ **329**

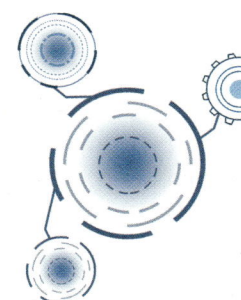

第 1 章 康复辅助机器人概述

1.1 引 言

随着自动化和人工智能技术的发展,智能机器人的应用不再局限于传统的工业和制造业,而被广泛应用到医疗健康、教育服务、军事和空间探索等领域。其中,康复辅助机器人就是一类新兴的智能机器人领域。康复辅助机器人的发展不仅为神经科学和康复医学带来了技术进步和观念变革,而且其产业作为一种高新技术产业,已经成为世界经济新的增长点,相关研究得到了世界各国的重视。同时,随着全球特别是中国社会老龄化的加剧,对康复辅助机器人的需求也在不断增加,为该领域的发展提供了更广阔的市场空间和难得的发展机遇。

中国人口老龄化形势严峻,已经成为世界上老年人最多的国家。截至 2014 年年底,我国 60 岁以上老龄人口已达 2.12 亿,并且将在 2025 年达到 3 亿。同时,由脑卒中、脊髓损伤、脑外伤等原因造成的残障人口数量迅速增长,我国肢体残疾人口逾 2400 万,每年新增脑卒中患者约 200 万,大多数患者都有一定程度的功能障碍。传统的康复训练基于人工手段,而我国康复治疗师却非常紧缺,与美国康复治疗师数量为 70 人/10 万人相比,我国目前仅为 0.4 人/10 万人,且我国治疗师专业水平低,无法满足日益增长的社会需求。

面对中国社会快速老龄化的现状和庞大的残疾人群,康复辅助机器人研究具有重要的学术价值和广阔的应用前景。康复辅助机器人的使用能够提高康复效率,降低治疗成本,减少人员需求和体力消耗,同时可以提高康复效果,其研究进展为神经损伤患者、残疾人、老年人的功能康复带来了希望。而且康复辅助机器人研究涉及神经科学、生物力学、机器人自动控制等领域知识,是机器人相关研究中最具挑战性和最受关注的研究领域之一。

1.2 康复辅助机器人的介绍

1.2.1 康复辅助机器人的定义

康复辅助机器人是指有助于人体功能恢复或重建的高度智能化人造机器装备,能自动执行指令任务,代替或协助人体完成一些较为复杂的动作,在康复医疗过程中具有重要的辅助作用。康复辅助机器人可以模拟人的功能、自动化操作,还具有自我反馈和学习能力及自适应能力。通过编程,康复辅助机器人可以引导患者完成一系列指定的动作,防止不必要动作的发生。同时,康复辅助机器人可以在不疲劳的情况下重复运动,并收集客观的定量数据。机器人可以将重复的体力任务转化为游戏和身体挑战,以保持患者的积极性和参与度。

康复辅助机器人的设计目的是通过机械化的手段来改善患者的肌肉力量、运动控制、平衡能力和日常功能,并促进患者康复和提高独立生活的能力。这些机器人可以提供恰当的力量和运动路径,帮助患者进行特定的康复训练和活动,同时监测患者的运动数据和生理参数,以实现个性化的康复治疗。

1.2.2 康复辅助机器人的分类和功能

康复辅助机器人的广泛研究始于 20 世纪 90 年代,最早是以工业机器人为研究平台,随着研究的深入,逐渐成为独立的机器人大类,包括神经康复机器人、穿戴式外骨骼、智能假肢、智能轮椅等。以神经康复机器人为例,按照不同的训练部位,可以分为上肢、下肢、手指、手腕、踝关节等不同种类。根据统计,目前处于研究阶段的各类康复机器人已经超过 100 种。以下是一些常见的康复辅助机器人分类和其功能的示例:

(1)上肢康复辅助机器人。上肢康复辅助机器人主要用于帮助患者进行上肢康复训练,包括手臂、手腕和手指等部位。它们通常具有关节机构和执行器,可以提供支持、辅助运动和测量患者的运动范围,其功能包括恢复上肢肌肉力量、增加手指和关节灵活性等。

(2)下肢康复辅助机器人。下肢辅助康复机器人旨在辅助患者进行下肢康复训练,包括大腿、小腿和足部等部位。这些机器人通常具有关节机构和执行器,可以提供支持、辅助运动和测量患者的步态参数,其功能包括增加下肢肌肉力量、改善步态模式、促进平衡和行走能力的恢复等。

(3)肌肉功能训练辅助机器人。肌肉功能训练辅助机器人主要用于恢复和改善肌肉功能。它们可以提供可调节的阻力和运动路径,以帮助患者进行肌肉锻炼和力量训练。这些机器人可以用于恢复受损肌肉的力量、提高姿势控制能力和增加运动范围。

(4)平衡和步态训练辅助机器人。平衡和步态训练辅助机器人旨在帮助患者恢复平衡能力和步态模式。该设备可以模拟不同的平衡和步态任务,并通过提供支持和反馈来帮助患者提高姿势控制能力、减少摔倒风险和提高行走效率。

（5）基于虚拟现实的康复辅助机器人。基于虚拟现实的康复辅助机器人结合了机器人技术和虚拟现实技术，可以为患者提供沉浸式的康复体验。该设备可以模拟不同的康复场景，帮助患者通过交互式的虚拟环境来进行康复训练。这些机器人可以用于肌肉和软组织损伤的康复，同时可采用娱乐方式来给患者提供恢复的动力。

1.2.3　康复辅助机器人的应用领域

（1）神经康复。康复辅助机器人在脑卒中、脑损伤和神经系统疾病等患者的神经康复中发挥重要作用。机器人可以帮助患者进行肌肉力量恢复、运动控制功能恢复，提供精确和个性化的康复治疗。

（2）骨骼和关节康复。康复辅助机器人可用于骨折、关节置换和关节炎等患者的骨骼和关节康复，辅助患者进行活动和运动训练，恢复关节的运动范围、肌肉力量和稳定性，促进骨骼和关节的康复和功能改善。

（3）脊柱康复。康复辅助机器人在脊柱损伤和脊柱疾病的康复中具有重要应用，可以辅助患者进行脊柱运动和姿势控制训练，提高脊柱的稳定性和灵活性，减轻疼痛和增强姿势控制能力，提高患者的生活质量。

（4）儿童康复。康复辅助机器人也被广泛应用于儿童的康复治疗中。机器人可以促进儿童肌肉发育和运动功能的恢复，帮助他们克服运动障碍和改善生活能力。

（5）康复训练和疼痛管理。康复辅助机器人在一般的康复训练和疼痛管理中也发挥着重要作用。机器人可以提供支持、反馈和指导，帮助患者正确执行康复训练和疼痛缓解活动，从而提高治疗效果和促进患者康复。

除了上述应用领域，康复辅助机器人还在老年人康复和残疾人康复等方面有着广泛的应用。随着技术的不断发展和创新，康复辅助机器人的应用领域将进一步扩展，为更多人提供有效的康复支持和医疗服务。

1.3　康复辅助机器人关键技术概论

1.3.1　康复辅助机器人的传感器及检测技术

康复辅助机器人使用各种传感器和检测技术来获取患者的生物信号、姿势数据和环境信息，以提供精确的康复支持和个性化的康复治疗。以下是一些常见的康复辅助机器人使用的传感器和检测技术。

（1）动作捕捉传感器。动作捕捉传感器（如惯性测量单元、运动捕捉系统等）用于捕捉患者的姿势和运动数据。该传感器可以测量关节角度、运动范围和运动速度等参数，以帮助机器人了解患者的运动状态，并根据需要提供适当的支持和指导。

（2）体表电极。体表电极用于记录肌肉活动和生物电信号。该传感器可以测量肌肉的电活动[如肌电图(electromyography,EMG)],帮助机器人了解患者的肌肉活动模式和力量输出,以便在康复训练中提供适当的支持和反馈。

(3)距离传感器。距离传感器(如红外线传感器、超声波传感器等)用于测量患者与周围环境的距离和障碍物的位置。该传感器可以帮助机器人避免碰撞或与环境物体交互,确保安全和有效的康复过程。

(4)视觉传感器。视觉传感器(如摄像头、深度摄像头等)用于获取患者和环境的视觉信息。该传感器可以用于姿势识别、姿势跟踪和动作分析,帮助机器人理解患者的运动需求和行为,以提供相应的支持和指导。

(5)力传感器。力传感器被用于检测患者与机器人之间的接触力和压力分布。它们能够测量接触区域(例如座位、支撑杆或外骨骼设备的接触点)的压力分布,以确保提供适当的支持和稳定性,从而避免使患者感到不适或出现压力溃疡等问题。同时,力传感器也用于测量患者的主动力量输出以及机器人对患者施加的力,以实现力量控制和力反馈,从而为患者提供适当的支持和阻力。

(6)生物反馈传感器。生物反馈传感器(如心率传感器、皮肤电传感器等)用于监测患者的生理参数和生物反馈信号。该传感器可以检测患者的生理状态和情绪变化信息,以帮助机器人调整康复支持和治疗计划。

这些传感器和检测技术的结合,使康复辅助机器人能够获取准确的患者数据,并根据需要提供个性化的康复支持和治疗方案。

1.3.2 康复辅助机器人的生理信号处理技术

(1)电生理信号处理。康复辅助机器人可以使用电极传感器来监测患者的脑电图(electroencephalograph,EEG)信号、肌电图信号和心电图(electrocardiogram,ECG)信号。这些信号可以提供有关患者的神经和肌肉活动的信息,例如运动意图、肌肉收缩和心脏节律等,从而帮助机器人了解患者的运动状态和需求。

(2)运动捕捉技术。康复辅助机器人可以使用传感器来捕捉患者的运动信息,例如使用惯性测量单元(inertial measurement unit,IMU)传感器来测量身体的加速度和角速度。这些数据可以用于评估患者的姿势、动作和运动范围,进而提供即时的反馈和指导。

(3)生物反馈技术。通过监测患者的生理信号,康复辅助机器人可以提供即时的生物反馈,帮助患者调整他们的姿势和运动方式。例如,当机器人检测到患者姿势不正确时,可以通过声音、振动或视觉提示来提醒患者进行调整,以保证正确的康复过程。

(4)数据分析和模式识别。康复辅助机器人可以使用机器学习和模式识别算法来分析和解读患者的生理信号。通过对大量数据的学习,机器人可以识别出患者的特定运动模式、进展和困难,并根据个体化的康复目标提供定制的治疗计划。

这些生理信号处理技术的综合应用可以使康复辅助机器人更好地理解患者的需要,进而提供更精准和有效的康复治疗。然而,需要注意的是,这些技术的应用需要考虑患者的隐私和数据安全,并确保遵守伦理和法律准则。

1.3.3 康复辅助机器人的控制技术

1.3.3.1 被动式控制方法

康复辅助机器人被动式控制是指控制机器人按照预先设定的轨迹运动,运动过程不考虑患者的主动参与,是一类以机器人为中心,患者完全被动接受辅助的康复辅助机器人控制方法。被动式控制方法适用于运动功能严重受损或完全丧失主动运动能力的患者,这类患者需要通过机器人带动他们进行长时间的重复性运动,提高他们的关节活动度,防止肌肉萎缩。被动式控制方法需要解决的核心问题是康复训练轨迹规划和轨迹跟踪控制,即如何制定适合患者康复训练的运动轨迹,以及如何有效地、精确地、稳定地控制机器人跟踪制定的期望轨迹。

为了使生成的参考运动轨迹能够匹配患者的身体情况,康复辅助机器人多采取定制化的康复训练轨迹。可采用示教型的轨迹制定方法,这种方法通过引导机器人运动并利用机器人实时记录患者的运动数据,制定康复训练轨迹。还可以通过以健侧肢体为引导的互补式轨迹生成方法来确保训练过程中步态的稳定,该方法从大量的生理步态轨迹数据中提取双边肢体关节的协作模式,建立两侧肢体运动轨迹之间的动态关系。并以此为基础,利用实时采集到的健侧运动轨迹在线生成患者的期望轨迹,从而达到两侧肢体的良好协同,保证训练步态的稳定。

康复训练轨迹确定后,需要提出高效的控制算法控制机器人进行精确和稳定的轨迹跟踪。早期康复辅助机器人控制方法大多采用工业机器人控制方法,其中经典比例积分微分(proportional-integral-derivative,PID)控制方法得到了最为广泛的应用。为了提高控制器的控制精度和其对复杂系统的适应能力,有研究者采取了 PID 和智能控制相结合的方法。由于滑模控制算法的控制精度高、抗干扰性强,在位置控制中也得到了广泛的应用。此外,为了解决康复辅助机器人系统建模复杂、非线性、时变等问题,研究者提出了将智能算法应用到机器人控制中,其中应用最为广泛的有神经网络和模糊控制理论。

被动式控制方法是机器人控制的基础,只有当机器人位置控制精度达到一定要求时,才能进一步研究更加适合康复训练的控制方法。然而,单纯的被动式控制方法没有考虑患者的主动运动意图、肌肉活动状态和康复水平等重要信息,只能辅助患者进行重复的训练,不能促进神经功能的自我恢复和重组。此类方法通常适用于运动功能严重受损的患者,通过机器人带动患者进行运动,以防止患者由于长期不运动而出现肌肉萎缩、关节稳定性降低和活动范围减小等肢体功能退化现象。当患者具备一定主动运动能力时,此类方法则不能很好地激发患者的训练积极性,不能进一步提高患者的康复效果。因此,大多数国内外研究者把考虑患者运动意图和康复状态的主动式控制方法作为研究重点。

1.3.3.2 主动式控制方法

康复辅助机器人主动式控制方法是一类能够引导机器人按照患者的主动意图而运动,根据患者的主动参与程度而调整辅助水平,以患者为中心的,机器人与患者协同合作的控制方法。主动式控制方法主要针对具备一定主动参与能力的患者,它能够鼓励患者积极参与训练,促进大脑对运动功能的重塑,有效提高运动康复效果。目前,主动式控制方法的主要研究热点和难点是人机接口设计,即如何设计科学有效的人机交互接口,帮助机器人准确理解患者的运动意图,引导机器人做出正确的响应,实现简单直观、灵活高效、安全可靠的人机交互控制。人机交互系统其实就是以不同交互手段来实现人与机器人交互的系统。目前使用较为广泛的交互系统的结构如图1-1所示。从整体上看,人机交互系统主要由四个部分组成,分别为识别对象、交互识别设备、系统主体、机器人系统。

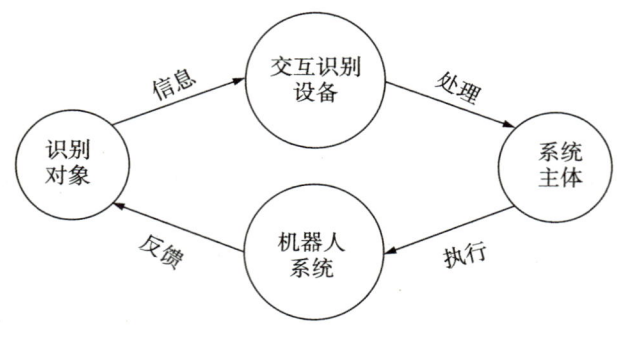

图1-1 人机交互系统

在识别对象的交互设定方面,人机交互系统主要通过交互识别设备来对识别对象的交互方式信息进行输入,输入的信息需要通过数据化处理,才能被系统主体识别,然后依据系统主体具体程序设计来完成后续的任务。系统主体会与机器人系统构建通信机制,并在系统主体执行相关程序后,将相关信息输出,由机器人系统反馈给识别对象,实现人与机器人的交互。整体来说,在当前康复辅助机器人控制领域,人机交互接口设计的主要方法有基于交互力信号的阻抗控制方法,基于生物医学信号的触发、模式识别、力/力矩估计等控制方法。

由于阻抗控制能有效调整机器人位置以及环境间接触力之间的动态关系,在处理人机交互问题中得到了广泛的应用。例如,研究者通过结合模糊算法和阻抗控制算法,实现了对人机交互力的连续渐变式跟踪,防止患者在与机器人接触过程中,突然受到过大的力而造成不适甚至损伤,提高康复训练过程中的舒适性和稳定性。然而,在阻抗控制算法中,阻抗模型参数大多是固定不变的,并没有根据患者的运动状态和肌肉活动状态等信息而在线调整。如果阻抗参数设置过大,则在整个运动过程中患者的主动影响会被大大削弱,使得患者感觉在接受被动的运动;如果阻抗参数设置过小,会使得患者在运动过程中偏离期望运动轨迹过大,从而影响康复训练的效果。

EEG信号是大脑在进行主动意识活动或受到外部环境刺激时产生的电信号。利用EEG可以对人体的运动意图进行判断,从而建立脑机接口(brain computer interface,BCI),实现人脑对外部设备的控制。也有研究者提出了基于运动想象的康复辅助机器人控制方法,用来辅助患者进行康复训练。然而,基于EEG的人机交互存在着信号采集不便、信号处理算法复杂和运动意图识别度低等问题。因此，研究者更趋向于采用 EMG 信号来实现人机交互。

人体表面肌电（surface electromyography，sEMG）信号是对肢体肌肉活动电信号的直接测量，包含了许多与运动状态相关的重要信息。一方面，EMG 信号可以用来对患者的动作进行分类和识别，从而判断患者的运动意图；另一方面，EMG 信号可以用来评估患者的肌肉活动状态和康复水平等。康复辅助机器人可通过采集 EMG 信号，经过滤波、整流等预处理，从中提取出呈周期性变化的肌电幅值，并以此作为判断患者运动意图的依据。还有研究针对 EMG 信号在模式识别中的应用，提出了一种基于短时傅里叶变换的特征提取方法，从采集到的上肢 EMG 信号中提取运动特征值，利用主成分分析法和支持向量机（support vector machines，SVM）方法建立动作识别模型，最终实现了对上肢动作的识别。

主动式控制方法是当前机器人辅助康复训练领域的研究热点，与患者的康复效果密切相关。从当前的国内外研究现状来看，主动式控制方法虽然能在一定程度上激发患者的训练积极性，提高患者主动参与程度，但是也存在着一些局限性。虽然基于阻抗模型的控制方法考虑了患者的主动参与，但是患者对康复机器人运动状态的主动影响大多采取了预定的规则，没有根据患者在训练过程中动态变化而进行相应的调整。并且，此类方法的模型参数都是离线设定的，导致控制过程灵活性降低。

虽然基于动作识别的康复辅助机器人控制方法能够很好地帮助机器人理解患者的运动意图，但是此类方法通常会将整个运动分离成两个部分，分别为患者触发机器人运动和机器人带动患者运动。而患者触发的过程只占整个运动过程的一小部分，在触发机器人运动后，患者处于被动接受机器人辅助的状态。因此，该方法也没有充分发挥患者的主动参与能力。另外，基于动作识别的控制方法通常将一个连续的动作分割成多个不同的离散动作。此种运动控制方法与人类本身的连续的运动方式有着很大的区别。为了使离散动作能够更加接近自然的连续运动，必须增加动作的模式。然而，增加动作模式会使得分类算法更加复杂，同时也会降低动作识别的准确率。此外，基于 EMG 信号的连续比例控制虽然能够解决这一问题，但是同样未能进一步激发患者的主动积极性。

1.3.3.3 按需辅助控制方法

为了进一步提高患者的主动积极性，有研究者提出了按需辅助的康复辅助机器人控制方法。按需辅助控制方法属于主动式控制方法的一种，是当前普遍认为能够充分发挥患者主动积极性的自适应控制方法。按需辅助是指控制机器人只提供患者完成康复训练任务所必需的辅助力，是一种以最小化机器人辅助力而最大化患者主动努力为目标的康复辅助机器人控制方法。因此，许多研究者致力于研究如何调整机器人的辅助水平以鼓励患者主动参与康复训练，也有研究者根据患者的运动表现而自适应调整机器人辅助水平。

当前按需辅助控制方法大多依据运动过程中患者的运动表现或主动参与程度来调节机器人的控制参数，进而达到改变辅助力的效果。此类方法是一种能够按照患者需求而定性调整机器人辅助水平的有效控制方法。但是，此类方法不能做到定量地调整机器人辅助力,不能更加准确地控制机器人辅助力以满足患者的真正需求。另外,此类方法大多依托外部传感设备(如力传感器)来对患者的主动参与程度进行直接测量。此类方法虽然简单有效,但是只能对人机之间的交互力进行测量,往往不能准确评估患者自身的肌肉力量。此外,对此类方法中辅助力的调整规则和对运动表现评判标准的选择仍需要进一步研究。

1.3.4　康复辅助机器人的效果评价方法

1.3.4.1　上肢功能评估

上肢功能评估主要有以下方法。

(1)Fugl-Meyer量表上肢运动功能测试部分(Fugl-Meyer assessment upper-extremity scale,FMA-UE)。FMA-UE是目前国际上最广为接受的脑卒中运动功能量表之一,是脑损伤运动功能评价的"金标准"。该量表可检查患者在不同恢复阶段的运动功能,包括身体反射状态、屈肌协同运动、伸肌协同运动、选择性分离动作、正常反射、腕关节稳定性、手指屈伸的抓握和捏力、手的速度和协调能力。上肢部分共有33项评价,每项2～66分,得分越高表示上肢运动功能越好。

(2)改良Ashworth痉挛量表(the modified Ashworth scale,MAS)。MAS是目前临床和科研评价痉挛状态最常用的量表,其操作简便,等级较详细,量化了肌肉张力和身体综合运动能力,弥补了Fugl-Meyer量表在评价躯干运动方面的不足。

(3)组块测试(the box-block test,BBT)。BBT是观察手在完成木块转移这一任务活动时功能状态的测试,是体现手粗大运动灵活性的一种测试。该测试记录的是60 s内移动的木块数目,移动的木块越多表示手的灵活性越好。

(4)手指关节主动活动度(active range of motion,AROM)。AROM用来评估手指关节活动度的改变。在患侧手处于功能位时,使用量角器测出手掌指关节和最大指间关节的主动伸展位和屈曲位的角度。关节主动活动度越大,手指功能越好。

(5)上肢运动能力测试(the action research arm test,ARAT)。ARAT用于评价脑卒中患者上肢运动功能恢复情况,要求患者完成一系列的作业活动,包括13种单侧和双侧上肢的抓、握、捏及粗大动作任务,如系鞋带、打开罐子、擦干桌子上的水等。该测试共有19个项目,每个项目评分分为4个等级,最高分57分。

(6)医学研究理事会评分(the medical research council,MRC)。MRC是国际上普遍应用的肌力检查方法,通过双侧上肢的肩外展、屈肘、伸腕及双侧下肢屈髋、伸膝、踝背屈的关节活动度和肌肉力量对运动功能进行评价,使用6级肌力评定。

1.3.4.2　下肢功能评估

下肢功能评估主要有以下方法。

(1)Fugl-Meyer量表下肢运动功能测试部分(Fugl-Meyer assessment lower-extremity scale,FMA-LE)。FMA-LE共17项,每项0～2分,包括有无反射活动(仰卧位,0～4分)、屈肌协同运动(仰卧位,0～6分)、伸肌协同运动(仰卧位,0～8分)、伴协同运动的活动

(坐位,0～4分)、脱离协同运动的活动(0～4分)、反射亢进(0～2分)、协调能力和速度(跟-膝-胫试验,快速连续做5次,0～6分),最高分34分。得分与下肢运动功能呈正相关。

(2)功能性步行分级评定(the functional ambulation classification,FAC)。FAC用于评定患者步行功能,分为0～5级。0级,不能行走或需要2人及以上的辅助;1级,需在1人持续不断辅助下行走;2级,需在1人间断辅助下行走;3级,需要1人监护或言语指导,但无须他人身体扶持;4级,可在平地上独立步行,但在上下坡、楼梯时仍需他人帮助;5级,任何地方都能独立步行。

(3)Rivermead运动指数(the Rivermead mobility index,RMI)。RMI反映了患者在日常生活中主要的运动功能,共15项,每项根据被测试者完成的情况分为2个等级计分:0～1分,最高分15分。RMI得分越高,说明在日常生活中运动功能越好。

(4)运动力指数(motricity index,MI)。下肢评价包括背屈关节、伸膝、屈髋,满分100分。每个活动无动作即为0分;可触及肌肉收缩,但无动作为9分;有可见不完满收缩,不能对抗重力为14分;能抗重力完满收缩,但不能抗阻为19分;能抗阻完满收缩,但弱于健侧为25分;正常肌力为33分。

1.3.4.3 平衡能力评估

平衡能力评估主要有以下方法。

(1)Berg平衡量表(Berg balance scale,BBS)。BBS是评估患者平衡能力最常用的测量工具,共14个条目指令,包含站起、独立站立、独立坐位、坐下、转移等,根据患者平衡能力每条目分为5个等级,赋值0～4分,总分0～56分,分数越高表明平衡能力越好。BBS是临床平衡能力评估的"金标准"。

(2)计时起立-行走测试(time up and go test,TUG)。TUG用于评价患者综合移动能力和基本生活技巧。患者坐在椅子上,在距离椅子3 m处做上标记,当听到"开始"指令后,患者站立并以最舒适的速度向前步行到标记处,再返回到椅子处坐下,测试者记录下自发出指令到再次返回到椅子所需的时间。患者在测试过程中需经历站起、步行、转身及坐下等活动,这些活动与患者站立位动态平衡、身体反应能力密切相关,本测试是反映患者平衡能力和综合步行能力的定量指标。

(3)平衡信心量表(activities-specific balance confidence,ABC)。患者可使用ABC对16种日常生活常见活动所能保持平衡的信心程度进行自评,进而评估跌倒风险程度。分值为0～10分,0分表示完全无信心,10分表示完全有信心。大于8分为正常生理功能状态,平衡信心高;6～8分表示生理功能状态有不同程度降低,平衡信心降低;小于7分提示有跌倒的风险。

(4)10 m最大步行速度测试(10 meter maximum walking speed,10mMWS)。10mMWS是一种简单、客观地评估功能恢复的方法。在16 m长的步行通道上标记起点、3 m、13 m、终点,让患者以最好的步行状态自起点步行至终点,记录从3 m处至13 m处所需的时间,精确至0.01 s,测试3次,每次测试期间可以休息,取3次测试中时间最短值,并计算最大步行速度。

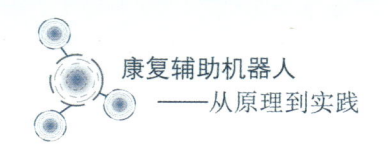

1.3.4.4 步态能力

采用多传感器便携式步态分析仪进行步态能力分析,多传感器便携式步态分析仪常与机器人康复结合使用,进行 10 m 常规速度和双重任务行走测试,并根据软件分析结果得到步态参数,常包括单/双足站立时间、步长、步幅、步频、步速和膝关节角度等运动学指标以及落脚强度、摆腿强度等动力学指标。多传感器便携式步态分析仪由 1 个主机、2 个脚机和 5 个肢体微型传感器组成,通过位于大腿、双足和胸骨上的三维加速度传感器采集步态数据,并及时传输到腰部主机,进而计算出患者的步态参数。使用多传感器便携式步态分析仪测量的步数误差小于 1%,步频误差小于 2%,步速误差小于 5%,步长精度为 3 cm。

1.3.4.5 日常生活能力评估

日常生活能力评估方法有以下几种。

(1)巴塞尔指数(Barthel index,BI)。BI 用来评估患者康复情况,主要是指评估患者日常生活活动能力,包括 10 项内容(进食、洗澡、修饰、穿衣、大便控制、小便控制、如厕、床椅转移、平地行走、上下楼梯),满分 100 分。得分不小于 60 分表示轻度依赖,41~59 分表示中度依赖,不大于 40 分表示重度依赖。

(2)功能独立性评定(functional independence measure,FIM)。FIM 能够评价患者基本的日常活动能力,可定量评估患者的残疾程度,由 6 个部分(自我照顾、括约肌控制、移动能力、运动能力、交流和社会认知)、18 个条目组成,总分 126 分。FIM 具有良好的信度和效度,可以用来评价患者生活能力的改善情况。

1.4 康复辅助机器人的临床应用现状

1.4.1 康复辅助机器人在神经损伤中的应用现状

神经系统疾病是发生于中枢神经系统、周围神经系统和自主神经系统的,以感觉、运动、意识、智力、自主神经功能障碍为主要表现的疾病。据世界卫生组织估计,全球有多达 10 亿人受到神经系统疾病及其后遗症的影响。随着医疗技术不断提高,越来越多的神经系统疾病患者存活率得到提高,然而神经系统疾病的致残率却逐年增大。我国脑卒中患病率为 1114.8/10 万,致残率为 86.5%。肢体障碍常导致患者出现关节痉挛、疼痛等,运动耐力下降,丧失独立性,影响患者的日常生活活动能力,使患者生活质量严重下降。通过及时、有效的康复训练,可以降低致残率与致残程度,恢复患者肢体功能(改善肌肉供血,防止失用性退变,增强肌肉运动协调性和肢体平衡功能),进而提高患者日常生活活动能力。

在脑神经康复医学研究方面,研究人员对中枢神经系统损伤后功能恢复的可能性和可能的机理进行了大量研究。近 30 年来,神经系统疾病康复领域中最重要的研究成果之一就是人们逐渐认识到中枢神经系统具有高度的可塑性,这是中枢神经损伤后功能恢复的重要理论依据。神经损伤不是固定不变的,但由于神经系统的复杂性,很多问题有待深入研究。

中枢神经系统受损后的功能恢复可以通过功能重组和功能重建来实现。功能恢复的过程可能涉及神经系统的形态改变和生理适应两方面,中枢神经系统一旦受到损伤,神经组织再生非常困难,然而它的功能都可以通过代偿而恢复。神经的可塑性发生于损害早期或后期,表现在新突触连接的侧支发芽、神经修复、休眠突触活化、支配区转移和形成新的神经通路等几个方面。神经康复的可能途径如图1-2所示。实验表明,特定的功能训练在中枢神经系统受损后的功能恢复过程中必不可少,这为机器人辅助康复技术提供了重要的医学依据。运动功能康复训练如何通过机器人的控制策略得以实现,即机器人如何辅助治疗医师为患者进行治疗,已经成为康复辅助机器人控制研究的难点和热点。

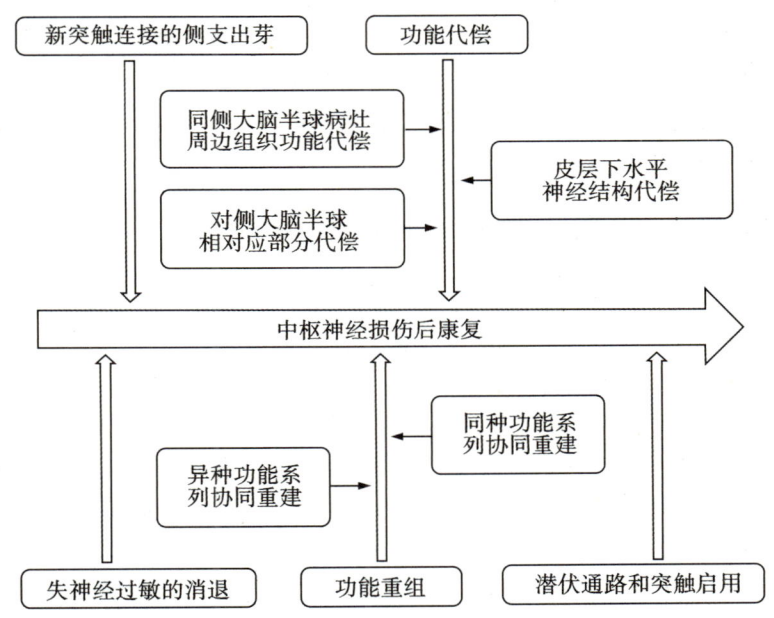

图 1-2　神经康复的可能途径

神经可塑性是指神经系统在功能和结构上对内外环境变化做出自我调整的能力。神经发育和神经系统正常功能的关键组成部分,是中枢神经系统受到损伤后重新组织以保持适当功能的基础。若脑损伤后想要恢复组织的功能和精细动作能力,需要进行大量的功能训练,不断建立新的神经连接和神经网络,重构脑皮质地图,学习和获得新的技能,从而对功能损伤部位进行修复和代偿。

按照机器人的结构特点,康复辅助机器人可以分为末端牵引式和外骨骼式两大类,前者主要采用多连杆机构,通过末端执行器与患者肢体末端接触;后者仿照人体结构进行设计,实现与患者各关节运动的对应。早期上肢康复辅助机器人以美国麻省理工学院的MIT-Manus机器人为代表,该机器人属于末端牵引式机器人,主体结构采用平面五连杆，共2个自由度，主要用于脑卒中患者肩、肘关节的康复运动训练。该机器人采用阻抗控制方法，根据不同患者设计不同的力场，患者借助机器人的辅助学习运动技巧，实现功能康复。由苏黎世联邦理工学院研发的ARMin上肢康复辅助机器人，是外骨骼式上肢康复辅助机器人的典型代表，共5个自由度（肩部3个、肘部1个、前臂1个），可进行肩部弯曲/伸展、外展/内收和内外旋转运动等，手部设计了用以辅助抓握训练的模块，并配有力传感器，提供主动训练模式。该机器人还集成了虚拟现实训练环境，可以模拟做饭、打扫卫生等日常动作。多中心随机对照临床试验结果证明，ARMin对于患者的康复能起到较好的辅助效果。

下肢康复辅助机器人所需扭矩较大，同时需要考虑支撑人体部分甚至全部重量，多以悬吊减重式为主要形式。国际上最具影响力的下肢康复辅助机器人是由苏黎世大学医学院、苏黎世联邦理工学院、Hocoma公司和Woodway公司联合研发，由Hocoma公司商业化的Lokomat下肢康复机器人。该机器人主要由一对腿部外骨骼、跑步机和悬吊减重系统构成，其中每条腿部外骨骼有2个自由度，腿部外骨骼控制髋膝关节在矢状面屈伸运动，同时与跑步机和虚拟现实训练界面同步配合，实现下肢的模拟步态训练。为满足不同患者的康复需求，Lokomat实现了多种主被动训练策略，根据患者在训练过程中的实际表现对辅助力进行调整。

1.4.2 康复辅助机器人在骨组织损伤领域的应用现状

康复辅助机器人在骨组织损伤领域的应用正在不断发展和演进。这些机器人的设计目标是帮助患者进行康复训练和恢复骨骼功能。康复辅助机器人在骨组织损伤领域的常见具体应用如下。

（1）运动康复。康复辅助机器人可用于协助患者进行运动康复训练。这些机器人通常配备了传感器和执行机构，可以监测患者的运动状态并提供必要的支持和指导。在患者进行关节置换手术后，机器人可以帮助患者进行关节活动训练，促进关节功能和肌肉力量的恢复。

（2）步态训练。针对下肢损伤患者，康复辅助机器人可以用于步态训练。这些机器人可以通过精确的力量控制和姿势感知，帮助患者重建正常的步行模式。康复辅助机器人能够提供稳定的支撑和平衡，减轻患者的体重负荷，降低患者步行时的疼痛和压力。

（3）力量恢复。在骨折或手术后，康复辅助机器人可以协助患者进行力量训练。康复辅助机器人可以通过精确的力量控制和逐渐增加的负荷，帮助患者逐步恢复肌肉力量和功能。这种力量恢复训练对于骨组织损伤的患者来说非常重要，可以提高肌肉力量、关节稳定性和整体身体功能。

（4）平衡和协调训练。骨组织损伤患者在康复过程中需要恢复平衡和协调能力。康复辅助机器人可以提供稳定的支撑和调整，帮助患者进行平衡和协调训练。这些机器人配备了先进的传感器和算法，能够实时监测患者的平衡状态，并提供相应的反馈和指导，进而改善患者的平衡控制能力。

（5）虚拟现实辅助训练。一些康复辅助机器人可以结合虚拟现实技术，提供更加沉浸式和个性化的康复训练体验。患者可以在虚拟环境中进行各种运动和活动,同时康复辅助机器人提供实时反馈和指导,增强康复效果。虚拟现实技术可以增加患者的参与度和动力,提高康复训练的效果。

1.4.3 康复辅助机器人在肌肉及软组织损伤领域的应用现状

康复辅助机器人在肌肉及软组织损伤领域的常见具体应用如下。

(1)运动康复。康复辅助机器人可用于协助患者进行肌肉和软组织损伤的运动康复训练。这些机器人可以通过传感器和执行机构,监测患者的运动状态,并提供必要的支持和指导。例如,在肌肉拉伤或韧带损伤后,康复辅助机器人可以协助患者进行关节活动训练,帮助恢复肌肉力量和关节稳定性。

(2)力量恢复。康复辅助机器人可以帮助患者进行力量恢复训练,尤其对于肌肉损伤的患者来说。通过精确的力量控制和逐渐增加的负荷,康复辅助机器人可以帮助患者逐步恢复受损肌肉的力量和功能。

(3)柔韧性和伸展训练。康复辅助机器人可用于柔韧性和伸展训练,帮助患者恢复肌肉和软组织的灵活性。这些机器人配备了适当的装置和传感器,可以提供精确的拉伸和伸展力度,以促进肌肉和软组织的柔韧性恢复。

(4)手部康复。对于手部肌肉和软组织损伤的患者,康复辅助机器人可以提供支持和指导,帮助患者进行手部康复训练。这些机器人可以模拟各种手部动作,并通过精确的力量控制和反馈,帮助患者恢复手部肌肉力量和功能。

(5)智能化辅助。一些康复辅助机器人结合了智能化技术,能够根据患者的个体特征和恢复进展自动调整训练计划。这些机器人可以根据患者的反馈和生物信号,进行实时的数据分析和康复指导,提供个性化的康复方案。

1.5 本章小结

康复辅助机器人作为一种安全、便捷的康复治疗设备,可以有效帮助患者恢复上下肢功能,提高患者的平衡能力,为患者提供个体化康复训练,增强训练趣味性,增加患者主动训练意识,提高康复训练有效性,减轻康复医护人员工作负担,使康复训练更加系统化、规范化。康复辅助机器人的发展不仅为神经科学和康复医学带来了极大的技术进步和观念变革,而且康复辅助机器人产业作为一种高新技术产业,已经成为世界经济新的增长点,相关研究得到了世界各国的重视。康复辅助机器人在神经损伤、骨组织损伤和肌肉及软组织损伤等疾病康复中有着广阔的应用前景。相信未来通过多学科合作,可以研发出更先进的康复辅助机器人,从而进一步提高患者的康复效果,降低致残率,为提供更优质的康复方法奠定基础。

第 2 章
康复辅助机器人的临床需求

2.1 康复范畴与手段

1981年,世界卫生组织将康复定义为"应用所有的措施以减轻残疾和残障的状况,提高病、伤、残者的功能,并使他们有可能不受歧视地成为社会的整体,重返社会"。通俗来讲,康复是指通过综合、协调地应用各种措施,消除或减轻病、伤、残者身心和社会功能障碍,使他们达到或保持最佳功能水平,同时改善患者与环境的关系,增强患者的自理能力,使其达到个体最佳生存状态,并重返社会。换言之,康复是一种健康策略,使存在或可能存在健康问题的患者,通过采取合理的综合措施,在一定的生活环境中能够获得或维持最佳的功能。

康复所涉及的范畴包括各种因素导致的功能障碍,不仅指生物学含义上的躯体障碍,还包括心理、精神和社会能力障碍。此外,康复还包括改善人与环境的适应性,将消极关系改变为积极关系,例如建筑和道路环境改造、残疾人就业政策、医保体系的康复医疗覆盖、社会对功能障碍者的容纳和支持等。

由于康复涉及人的生理、心理和社会属性等多方面,因此康复强调综合手段的应用,这些手段涉及医疗、工程、教育、职业、社会等领域,包括医疗康复、康复工程、教育康复、职业康复、社会康复等,从而构成全面康复手段(见表2-1)。

表 2-1　全面康复手段

手段名称	内涵
医疗康复	它是指通过医学或医疗的手段消除或减轻病、伤、残者的伤病和功能障碍,是康复的重要组成部分,是康复理念在医学领域中的应用
康复工程	利用或借助工程学的原理和手段,将现代科技的技术和产品转化为有助于改善病、伤、残者各种功能的具体服务。例如,截瘫患者的下肢行走训练器、截肢术后的人工假肢等辅助产品以及利用现代科技对生活、工作环境的改造与控制等

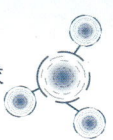

续表

手段名称	内涵
教育康复	对适龄的残疾儿童实施文化教育,促进他们的智力发育和技能培养,为他们将来参与社会活动创造条件,可以通过在普通学校中开设特殊教育班或成立专门招收残疾儿童的学校(如聋哑学校)等方式开展教育康复工作
职业康复	对成年残疾人或成年后致残的病、伤、残者,通过职业评定后,根据其实际功能及其残留的能力实施针对性训练,使其掌握一种或几种实用性的技能,并帮助其自食其力,为家庭和社会做奉献,成为有用之才
社会康复	从社会学或宏观角度对病、伤、残者实施康复,帮助其克服环境障碍,创造一种适合其生存、创造性发展、实现自身价值的环境,使他们平等地参与社会生活、分享社会发展成果。如国家对残疾人的权利和福利通过立法的方式予以保障,支持残疾人的社团活动等

2.2 康复辅助的临床需求

2.2.1 康复的临床需求

现阶段,我国康复需求扩大与康复服务供给不足的矛盾日益凸显(见图 2-1)。

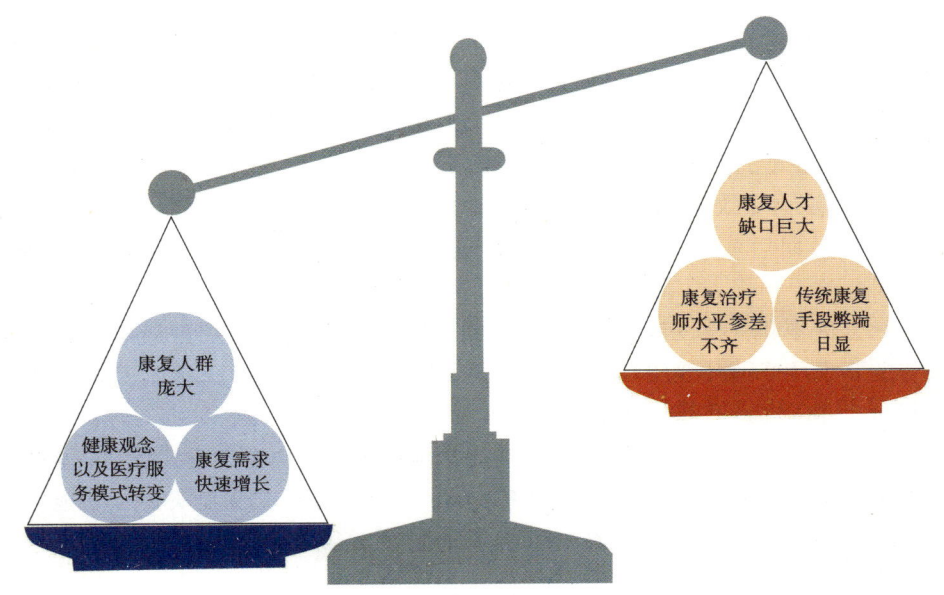

图 2-1 康复需求与供给矛盾日益凸显

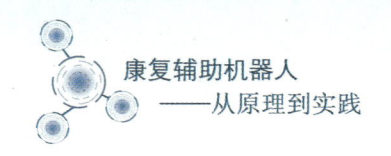

2.2.1.1 康复治疗需求巨大且逐年上涨

(1)康复人群庞大。全球顶尖综合性医学期刊《柳叶刀》(*The Lancet*)发表了首项关于康复的全球疾病负担研究,指出中国是现今世界上康复需求最大的国家,共有4.6亿公民需要康复医疗服务,其次是印度(4.11亿),接着是美国(1.49亿)、印度尼西亚(7600万)和巴西(7000万)。

我国的康复医疗需求主要来自三方面人群。首先是老年人群。根据第七次全国人口普查数据,2020年我国60岁及以上人口2.64亿人,约占总人口的18.70%;65岁及以上人口1.91亿人,约占总人口的13.50%。2021—2050年是我国人口加速老龄化阶段,老年人口数量平均每年增加800万到1200万人,到21世纪中叶老年人口数量将达到峰值。到2050年,我国老年人口总量将超过4亿人,占总人口的30%以上。人口老龄化将带来疾病谱变化,进而催生康复需求。老年人群体中发病率较高的糖尿病、关节炎、心脑血管疾病和呼吸系统疾病是需要进行康复医疗服务的主要病种。

其次是残疾人群。根据第二次全国残疾人抽样调查,2010年末我国残疾人已达到8502万人,其中5000多万人有康复需求,而真正得到康复治疗的却不足10%。

最后,慢性病患者、亚健康人群也是需要康复治疗的人群之一。预计至2030年,我国慢性病患病率将高达65.7%,其中80%的慢性病患者需要康复治疗。

(2)健康观念及医疗服务模式转变。我国康复医疗行业起步较晚,20世纪80年代才开始引入康复医学,一些大型三级医院开始设立康复医学科。1988年我国成立中国康复研究中心,接下来的十几年里,全国多个地区开设了康复服务机构。我国康复医疗真正开始快速发展是在2005年之后,2008年的汶川地震让国家更加重视康复医学,进而促进了行业全面发展。

由于行业起步较晚,宣传程度不够,加之传统观念的影响,人们对康复医学缺乏正确的认识,认可度与接受度较低。公众普遍存在"重治疗,轻康复"的问题,有些人甚至对康复存在许多认识误区,如许多患者认为心脏支架植入术或是骨折后,卧床静养是最好的康复方法。事实上,心脏发病或介入治疗后,患者不应一直保持平躺姿势,长期卧床会使全身体能衰减,从而导致体位性低血压及心功能减退,引起肌肉萎缩等。同样,骨折患者在骨折一两个星期后就可以接受非常积极的干预性治疗,三个月普遍就可以独立行走了。

随着社会进步和科技发展,特别是人口谱、疾病谱的变化,人民健康意识逐渐增强,对于医疗的要求从"活着"变成"有质量、有尊严地活着",入院治疗(特别是术后治疗)之后的康复治疗需求在近几年快速增长。

不仅如此,现今的医疗服务模式正逐渐由二维思维的生物医学模式(治病-救命)转变为三维思维的生物心理社会医学模式(治病-救命-功能),新模式强调突出了功能的恢复,包括自身心理、躯体功能的恢复和职业劳动能力的提高,从而使患者实际受益、社会受益。

(3)康复需求快速增长。随着人们健康观念的转变,人民群众的康复需求快速增长,越来越多的人从康复医疗服务中受益。*The Lancet*中发表的有关康复的全球疾病负担研究结果显示,自 1990 年以来,在全球范围内患有一种或多种疾病且受益于康复医疗服务的人数从 14.8 亿增加至 24.1 亿,增加了 63%。

根据 2011—2021 年的《中国卫生健康统计年鉴》,在 2011—2021 的十年间,我国康复医院诊疗人次数从 593.99 万人次增长至 1441.87 万人次,年均复合增速达 9.27%,2018 年诊疗人次数首次突破千万;入院人次数从 25.80 万人次增长至 105.97 万人次,年均复合增速达 15.17%,2021 年入院人次数首次突破百万(见图 2-2)。需要注意的是,相较于 The Lancet 指出的 4.6 亿有康复需求的人数而言,现阶段接受康复治疗的人数仅占很少一部分。

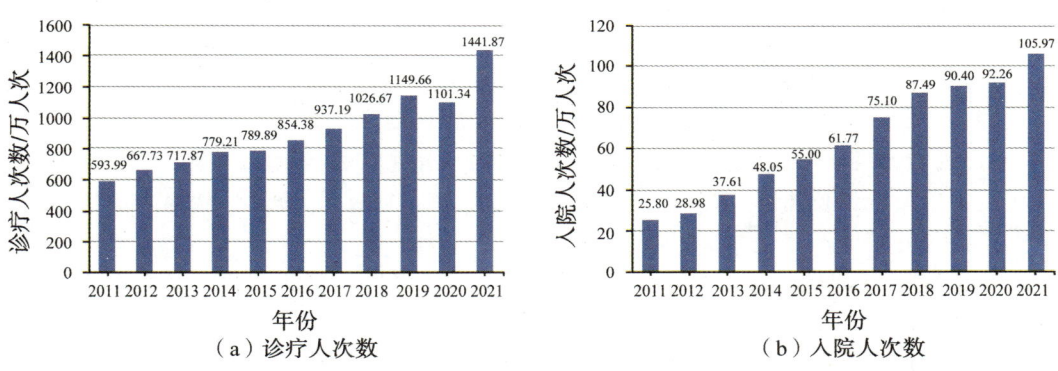

图 2-2 康复医院诊疗及入院人次数(数据来源:2011—2021 年的《中国卫生健康统计年鉴》)

从国家层面来说,没有全民健康,就没有全面小康,康复能减少功能障碍人群带来的社会负担,提高全民健康水平;从个人层面来说,失能者通过康复之后可以恢复或部分恢复生活和工作能力,不仅可以提高个人生活质量,还可以继续创造社会财富,实现人生价值。加快推进康复医疗工作发展,对全面推进健康中国建设、实施积极应对人口老龄化国家战略以及保障和改善民生都有重要意义。

2.2.1.2 康复治疗供给不足

(1)康复人才缺口巨大。推动康复医疗健康发展,要加强康复医疗专业队伍建设。2021 年 6 月,国家卫生健康委、国家医保局等八部委发布的《关于加快推进康复医疗工作发展的意见》指出,力争到 2022 年每 10 万人口康复医师达到 6 人、康复治疗师达到 10 人,到 2025 年每 10 万人口康复医师达到 8 人、康复治疗师达到 12 人。然而,根据 2021 年的《中国卫生健康统计年鉴》,2020 年中国康复执业(助理)医师数有 4.9 万名,仅占中国执业(助理)医师总数的 1.2%。《2022 年中国康复医疗行业研究报告》显示,我国康复治疗师仅有 6.3 万人。按照《关于加快推进康复医疗工作发展的意见》提出的 2025 年的目标,我国康复医师缺口 6.4 万,康复治疗师缺口 10.5 万,人才匮乏较为严重,而且巨大的人才缺口难以在短期内填补。《医药卫生中长期人才发展规划(2011—2020 年)》已将康复治疗师列为急需紧缺人才。

2022 年,国务院发布了《"十四五"国民健康规划》,明确指出要建成康复大学,加快培养高素质、专业化康复人才。如何将扩大队伍与塑造高端人才两手抓,对医学相关高等

教育和职业教育相关从业人员是相当大的考验。

（2）康复治疗师水平参差不齐。传统的康复治疗需要依赖康复治疗师的经验才能得到较好的康复效果，而国内康复治疗师水平参差不齐，难以借助传统康复器具保证康复效果。

执业资格准入是政府规范涉及公共利益相关职业秩序和职业行为非常有效的措施，我国医疗职业中的医疗、护理和药学人员等均采用执业资格准入制度，而康复治疗师是卫生健康系统内极少未建立准入资格制度的职业之一。迄今为止，康复治疗师的从业资格和执业资格制度均不明确，全体康复治疗师均属于"无证"上岗，且目前部分康复治疗师是从中医专业、护理专业等相关专业转行而来。没有权威的、严格的、规范的人员准入制度，导致康复治疗人员专业素质、技术水平和服务能力参差不齐。

（3）传统康复手段弊端日显。由于传统康复手段多采取重复、机械的康复训练模式，互动性差，存在易疲劳、难坚持等问题，往往很难达到制定的康复标准。患者由于见效慢，常出现情绪变化大、消极不配合、依从性低等情况，进而影响康复效果。不仅如此，传统康复缺乏量化评价指标，患者在治疗后难以感受到康复效果，容易导致患者失去信心、放弃治疗。

除了填补康复人才缺口、完善康复治疗师准入资格制度以促进队伍高质量发展外，在康复领域应用具备高强度、重复性、针对性和实时反馈信息提供等能力的康复辅助设备是另一条可行之路，可在一定程度上缓解现阶段的供需矛盾。

2.2.2 康复辅助机器人的临床优势

中国康复医学奠基人卓大宏教授主张"疾病、损伤和残疾的防治与康复应以预防为主体，以社区为基础，以中西医结合方法为手段，以工程技术和艺术为补充"，强调了康复工程配合康复医疗的重要价值。在医学领域里引进和采用更多具备高强度、重复性、针对性和实时反馈信息提供等能力的技术和产品，比如康复机器人、高端辅助矫形器具等，对提高患者生活质量，将起到不可替代的巨大推动作用。

相较于传统康复器具，康复辅助机器人有自己独特的优势，主要表现在以下三个方面。

（1）替代康复治疗师的机械、重复操作。康复辅助机器人具有机械设备优势，更适合执行长时间、简单、重复的运动任务，能够保证康复训练的强度、精度与效果，具有良好的运动一致性，可以将治疗师从机械、重复的训练中解脱出来，使治疗师更专注于治疗方案的改进，同时也为远程康复及集中化康复医疗提供可能。

（2）精准控制康复过程。康复辅助机器人通常集成了多种传感器，并且具有强大的信息处理能力，可以有效监测和记录整个康复训练过程中人体运动学与生理学等数据，对患者的康复进度给予实时反馈，并可对患者的康复进展做出量化评价，为医生改进康复治疗方案提供依据。不仅如此，康复机器人具备可编程能力，可针对患者的损伤程度和康复程度，提供不同强度和模式的个性化训练，增强患者的主动参与意识。

（3）训练模式丰富、交互性好。康复辅助机器人结合反馈系统和交互式设计，可为患者设置任务导向,培养其主动运动意识,同时可以提升治疗过程的趣味性、增强患者的康复信心,从而提高患者康复治疗的依从性与康复效果。

2.2.3 康复辅助机器人的分类

康复辅助机器人从功能上可分为医疗训练型机器人及生活辅助型机器人(见图2-3)。医疗训练型康复辅助机器人的核心功能是适应证需求,其主要目标是达到良好的临床治疗效果;生活辅助型康复辅助机器人则旨在为残障或行动不便的人提供特定的生活支持,其核心目标在于提供安全、舒适和便利的服务。

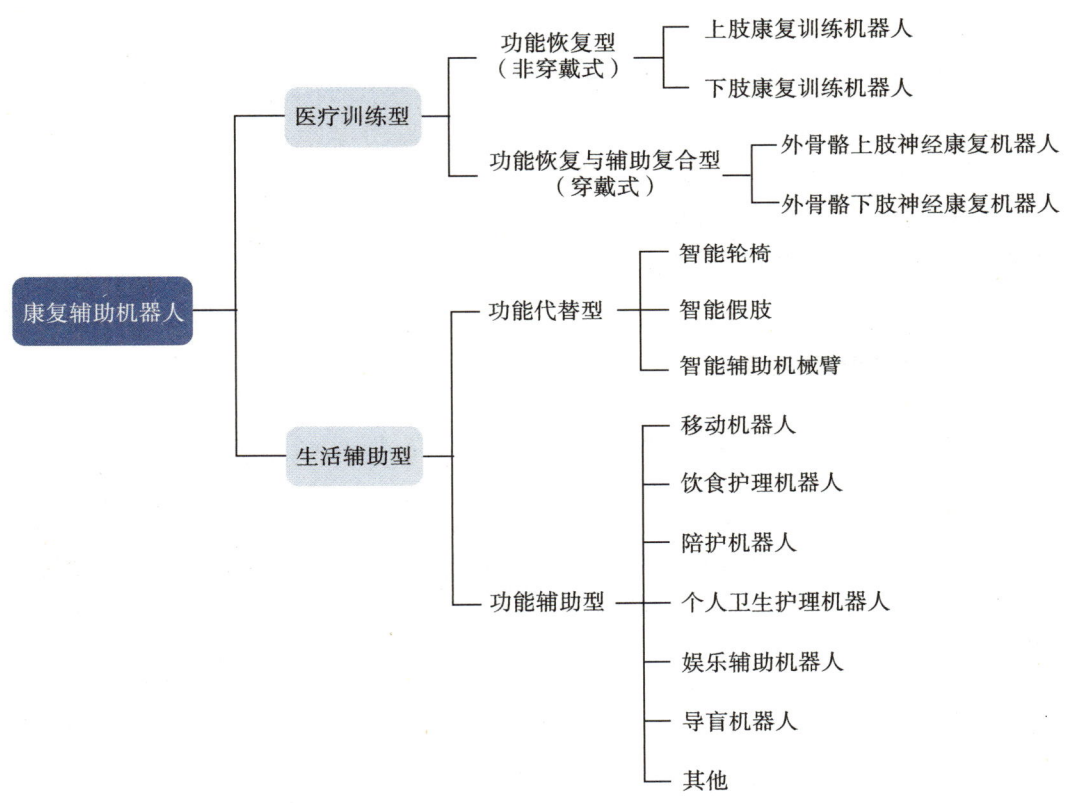

图2-3 康复辅助机器人分类

2.2.3.1 医疗训练型

医疗训练型机器人主要是医疗用康复辅助机器人,面向术后康复群体,针对具有四肢、脊椎等术后复健需求的人群,通过主动、被动的康复训练模式,帮助患者重塑大脑运动神经,恢复大脑对肢体运动的控制,从而提高患者日常生活能力。同时,医疗训练型机器人还可以与虚拟现实技术相结合,通过提高康复训练的趣味性,来提高患者的康复训练依从性,以达到提升康复效果的目的。医疗训练型机器人有非穿戴式的上、下肢康复机器人,穿戴式的外骨骼上、下肢康复机器人等。

2.2.3.2 生活辅助型

生活辅助型机器人是指提供各种生活辅助,补偿替代病、伤、残者弱化的机体功能,帮助患者完成日常活动的一类机器人。生活辅助型机器人不仅可以作为患者部分残缺、偏瘫肢体的替代物,从而使患者能够获得因残缺而丧失的身体功能,还可以通过多种传感器监测人体生理参数,判断患者的生理状况,提高生活质量。

生活辅助型机器人又可以细分成功能代偿型(如智能轮椅、智能假肢、智能辅助机械臂等)和功能辅助型(如移动机器人、饮食护理机器人、陪护机器人、个人卫生护理机器人、导盲机器人、娱乐辅助机器人等)。

2.3 相关理论及在康复辅助机器人中的应用

任何技术的产生和发展都离不开理论的支持,科学、合理的康复辅助机器人设计也必然以对相关理论的深入了解为基础。

2.3.1 运动控制相关理论

运动产生于个体、任务和环境三因素之间的相互作用(见图2-4)。

个体内因素包括感觉、认知和运动。感觉指的是来自身体和环境的感知信息如何被选择和整合以促使运动控制达到目标;认知主要考虑个体的目的性、任务要求和环境因素如何影响运动行为;运动指中枢神经系统如何组织各种关节和肌肉以达到协调性运动。

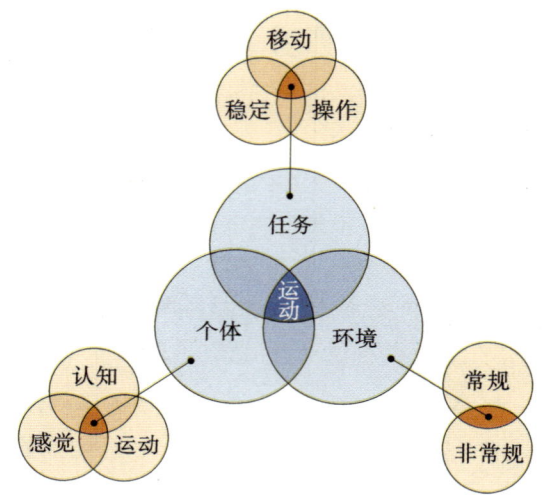

图2-4　个体、任务和环境三因素影响运动

任务的性质决定所需的运动。一种分类法通常将任务依据功能类别进行分组,如步行、床上移动、位姿转换等。另一种任务分类方法是根据调节神经控制机制的主要特征来进行的,如可将运动分为间断性运动和连续性运动,其中间断性运动有可辨识的开始和结束特征,如踢球、抓握等;连续性运动的任务结束由执行者随意决定,如步行、跑步等。运动任务也可以按照支撑面是固定还是移动来分类,如在固定的支撑面上坐下或者站起是"稳定性"任务,而在移动的支撑面上步行或跑步是"移动性"任务。

影响运动的环境特征被分为常规性环境特征和非常规性环境特征。常规性环境特征明确了形成运动的环境方面特征,如椅子的高度、茶杯的大小;非常规性环境特征则无法明确相关特征,如背景噪声以及存在的注意力分散的情况。

运动控制的理论描述了运动是怎样被控制的,是关于控制运动的一组抽象的概念。

不同的运动控制理论强调了不同的运动中心组分,反映了人们对运动如何被大脑控制的现有认识。

2.3.1.1 反射理论(reflex theory)

1906 年,神经生理学家查尔斯·谢灵顿(Charles Sherrington)爵士写了《神经系统的整合行为》一书,为运动控制的反射理论奠定了基础。他认为反射是复杂运动的基础(见图 2-5),神经系统通过整合一连串的反射来协调复杂运动,提出了反射链(reflex chaining)的概念[①]。

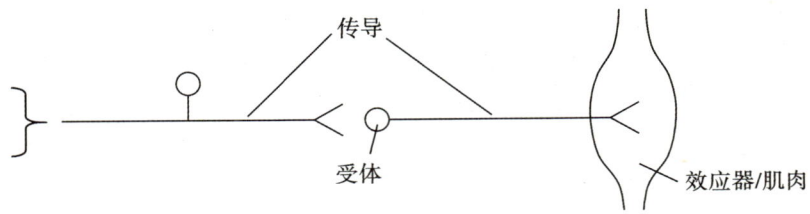

图 2-5　反射的基本结构(包括受体、传导和效应器)

2.3.1.2 等级理论(hierarchical theory)

等级理论认为神经系统是作为一个等级系统来组织的,如高级联络区之后是运动皮质,然后是脊髓水平的运动功能。总体来说,等级控制被定义为从上至下的组织控制,每一个较高的层级按照严格的垂直等级控制其下面的层级且控制线不交叉,较低的层级不能对较高的层级施加控制(见图 2-6)。

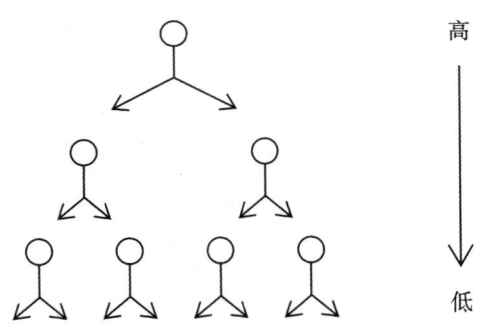

图 2-6　等级控制模型

2.3.1.3 运动程序理论(motor programming theory)

许多研究发现,即使在没有刺激或感觉输入的情况下,运动也是可以发生的,因此有

---

① SHERRINGTON C. The integrative action of the nervous system[M]. New Haven：Yale University Press, 1906.

关运动控制的理论越来越远离将运动控制视为一种反应性系统的观点,研究者们开始探索行动的生理学而非反应的本质。

运动程序理论指出,当由反射引起某些固定的运动模式时,去掉刺激和传入冲动,仍会有模式化的运动产生。这个理论主要是通过对猫的运动分析建立的。它还引入了中央模式生成器(center pattern generator)的概念,即一个特定的神经回路,能够产生如行走或奔跑等运动。

2.3.1.4 系统理论(systems theory)

20世纪早期和中期,苏联的科学家尼古拉·伯恩斯坦(Nikolai Bernstein)指出,如果不能理解正在运动的系统的特征以及作用于人体的外力和内力,就不会明白运动的神经控制[①]。

系统理论将身体视为一个机械系统,受到内力和外力的影响。同样的中枢指令可能会由于外力和初始条件的变化而产生不同的运动;同时,不同的指令可能会引起相同的运动。系统理论比先前的理论能够更加准确地预测真实的运动,因为它不仅考虑了神经系统对运动的贡献,还考虑了外力和内力的贡献。

在将身体作为一个机械系统进行描述时,Nikolai Bernstein 注意到有许多自由度需要控制,即中枢神经系统需要从一个任务的无数可能性中选择一个解决方案。他假设等级控制的存在可能是为了简化对身体多种自由度的控制,高层次激活低层次,而低层次激活协同作用,即在执行特定动作时,由中枢神经系统调控的一组肌肉被限制在一起作为一个单元行动的肌肉群。可以说,系统理论为肌肉协同理论的发展奠定了基础(见图2-7)。图中,C_1、C_2 表示肌肉协同作用时的比例系数,W_1、W_2 表示协同作用向量,两者相乘,产生特定的肌肉活动模式 $C_i * W_i$[②]。

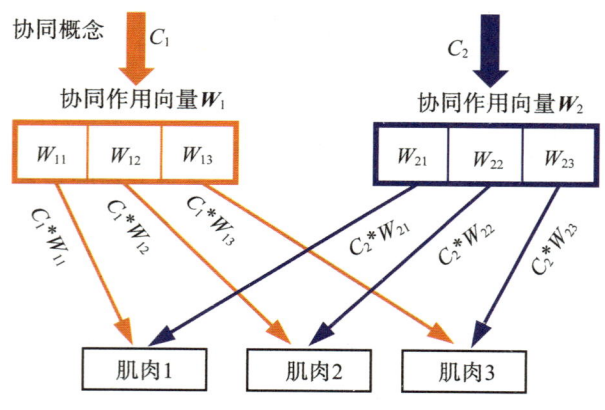

图2-7 肌肉协同概念示意图

---

① BERNSTEIN N. The coordination and regulation of movement [M]. Oxford: Pergamon Press, 1967.
② TING L H, MACPHERSON J M. A limited set of muscle synergies for force control during a postural task [J]. Journal of neurophysiology, 2005, 93(1): 609-613.

2.3.1.5 动态系统理论(dynamic system theory)

协同作用的研究引发了动态系统理论的提出,动态系统理论从新的角度观察了运动中的个体。考虑到自组织原则,该理论指出当一个由个体部分(个体部分指的是组成运动系统的各个组成部分,如肌肉、关节、感觉器官等,这些个体部分在动态系统理论中被视为相互作用的组成部分,它们不仅是独立运动的执行者,还是整个系统中的一部分,通过相互作用和协同作用来产生复杂的运动行为)组成的系统被整合时,这些个体部分会表现出自组织的特性,而不需要来自更高中心的指示或控制,从而实现协调的动作。该理论认为运动是各元素相互作用的结果,不需要神经系统内特定的要求或运动程序。

动态系统理论试图找到这种自组织系统的数学描述,在这种系统中,运动是非线性的。这意味着当某个参数改变并达到临界值时,整个系统将转变为全新的行为配置,新的动作会出现。通过使用这些数学描述,将能够预测给定系统在不同情况下的行动方式。动态系统理论将中枢神经系统发送命令来控制运动的重要性降至最低,并且寻找到了可能对运动特征有所贡献的物理解释。

2.3.1.6 生态学理论(ecological theory)

20世纪60年代,詹姆斯·吉布森(James Gibson)探讨了运动系统如何使人体更有效地与环境互动以发展目标导向的行为。他的研究聚焦于如何检测与运动相关的环境信息,以及如何利用这些信息来确定运动。运动是针对目标和环境的,运动需要的感知觉信息在一个特定的环境中获得,而这些感知觉信息对于指导运动具有特定作用。

上述理论各自从不同的角度论述了运动控制原理,反映了人们对运动如何被大脑控制的现有认识。所有的控制理论都有局限性,至今没有一个令所有人都接受的运动控制理论,但里面蕴含的一些观点指导了临床治疗实践。相关运动控制理论的局限性及临床应用如表2-2所示。

表 2-2 相关运动控制理论的局限性及临床应用

运动控制理论	局限性	临床应用
反射理论	反射理论将反射作为运动的基本单位,并不能解释自发或自愿运动。此外,它也不能解释同样的感觉刺激为何会根据环境和任务产生不同的行为,或者为何能够产生新的动作	康复运动控制是基于调节运动任务中不同反射作用的强弱来实现的。Bobath疗法就是反射理论的成功应用
等级控制理论	等级控制理论未能解释低层级的反射,如碰到火会收手	基于等级控制理论的反射分析已被用于神经系统功能紊乱患者的临床评估中,如Brunnstrom用反射等级理论描述运动皮质损伤后的动作紊乱

续表

运动控制理论	局限性	临床应用
运动程序理论	运动程序的概念没有考虑中枢神经系统依赖肌肉骨骼和环境变量来实现运动控制。相似的指令可能会因为变量的改变而产生不同的运动	这一理论强调在高水平运动控制情况下重新学习适当的动作模式的能力。治疗应该侧重于恢复关键的功能性活动,而不是对单独的肌肉进行重新训练
系统理论	系统理论未考虑主体与环境的互动	它建议在评估和治疗运动控制时,不仅要考虑特定系统(如神经系统)的缺陷,还要考虑其他系统对运动控制的影响
动态系统理论	动态系统理论假设主体的物理系统与其所处的环境之间的关系是行为的主要决定因素,而忽略了神经系统的重要性	对运动行为变化的解释可以根据物理原理,而不用严格按照神经系统的结构来进行。因此,对身体的物理和动态特性的理解为该理论的应用提供依据
生态学理论	生态学理论很少强调神经系统的组织和功能	它描述了主体作为环境的积极探索者,而这些探索努力是使主体能够开发多种执行任务的基础。因此,康复干预的一个重要部分就是帮助患者探索完成一项功能性任务所可能采用的多种方式

2.3.2 运动学习相关理论

学习是获取知识的过程,运动学习是获得或重新获得运动能力的过程。

1999年,理查德·施密特(Richard Schmidt)等人将运动学习定义为"一组与实践或经验相关的过程,导致运动能力的相对永久性变化"。这个定义是由所谓"学习"的四个明显特征综合而成的:①它是获得产生熟练动作的能力的过程;②它是实践或经验的直接产物;③它不能被直接测量;④它是相对永久性的。

2.3.2.1 Adams 闭环理论(Adams's closed-loop theory)

1971年,杰克·亚当斯(Jack Adams)提出了运动控制的闭环通路理论。在闭环通路中,感觉反馈参与到了进行中的技巧性运动。这个理论假设在运动学习过程中,进行中的运动产生的感觉反馈会与神经系统中储存的运动记忆进行比较。记忆启动运动,而感知会修正完成运动。正确的感知通过训练可以逐渐加强,通过重复同一个正确运动可以加强运动的正确感知,从而更加精确地控制运动,反之则对运动不利。Adams 闭环理论概念图如图 2-8 所示。

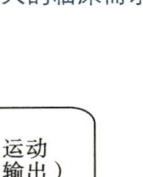

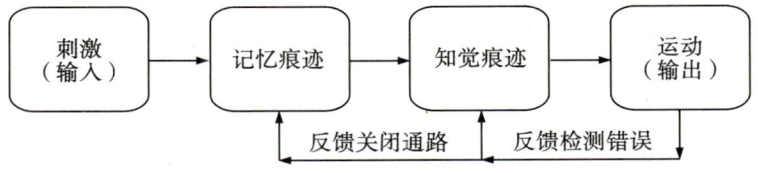

图 2-8　Adams 闭环理论概念图

然而,闭环理论无法解释缺失反馈的开环运动,如人和动物可以在感觉反馈缺失的情况下做出运动,动物还可以在感觉丧失的情况下学会运动,人可以在没有经过训练的情况下完成新的运动。

2.3.2.2　Schmidt 图式理论(Schmidt's schema theory)

针对闭环理论的局限性,Richard Schmidt 提出了一个新的运动学习理论,称为 Schmidt 图式理论[①]。它强调开环控制过程和一般的运动程序概念。该理论指出,运动方式在记忆中只是一个轮廓,每次运动都会在短期记忆中留下四个东西,包括运动开始条件、运动参数、运动结果、对结果的感觉;通过短期记忆可以形成运动认识轮廓,而通过多次运动可以加强运动认识轮廓的印象;不同的运动(运动参数不同)可以帮助改善运动学习;特定的运动可以按照记忆中的轮廓被精确产生。Schmidt 图式理论概念图如图 2-9 所示。

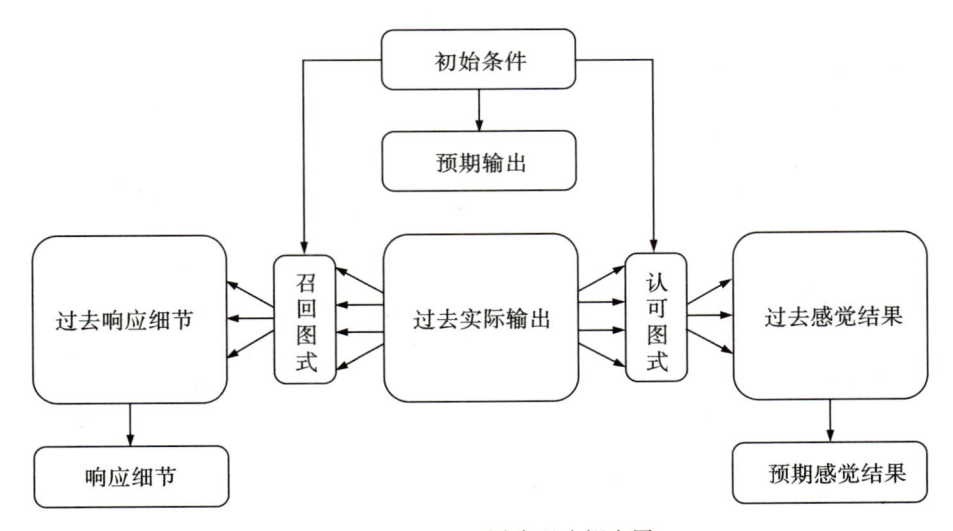

图 2-9　Schmidt 图式理论概念图

2.3.2.3　生态学理论(ecological theory)

20 世纪 90 年代,卡尔·纽威尔(Karl Newell)创立了生态学理论,该理论强调运动学习是一个通过组合任务和环境的参数来增加感觉和运动的协调的过程。练习的过程是一个按照给定的任务,通过同时寻找最适合的运动结果和感知信号,搜索最优的解决方案的过程。

---

① SCHMIDT R A. A schema theory of discrete motor skill learning[J]. Psychological review, 1975, 82(4): 225-260.

2.3.2.4 学习阶段相关理论

(1)菲茨(Fitts)和波斯纳(Posner)三阶段模型。Fitts 和 Posner 认为运动学习有三个主要阶段。在认知阶段,患者学习一项新技能,或重新学习现有技能。患者需要在外界的监督和指导下经常练习这项技能,更重要的是患者在此过程中犯错并知道如何纠正错误。在联想阶段,患者可以在有特定环境限制的情况下执行任务。患者在活动中犯的错误会减少,并且更容易完成任务。患者将开始理解一项技能的不同组成部分是如何相互关联的。在自主阶段,患者能够在各种环境中活动,并在整个任务中保持控制。真正学会一项技能的证据是能保留一项技能并自动将其应用于不同环境中,因为现实生活中的实际情况通常是随机的。

(2)Bernstein 三阶段模型。Bernstein 三阶段模型又称为"系统三阶段模型"。Bernstein 三阶段模型强调量化自由度,量化自由度即完成一个动作所需的独立动作的数量,是学习新运动技能的核心组成部分。这个学习模型包括三个阶段。在初始阶段,个体将通过减少自由度来简化动作。在进步阶段,个体将获得一定自由度,这将允许他们在任务中涉及更多的衔接运动。在熟练阶段,个体拥有所有必要的自由度,以便以有效和协调的方式完成任务。

(3)金泰尔(Gentile)二阶段模型。Gentile 二阶段模型的第一阶段包括理解任务的目的,发展适合完成任务的运动策略,以及解释与组织运动有关的环境信息。第二阶段(固定化或多样化)旨在重新定义运动,这包括发展运动能力以适应任务和环境的变化,以及能够持续和有效地执行任务。

不管是运动控制理论还是运动学习理论,都只是提供了一个理论指导框架,康复最主要的生理学基础是神经可塑性以及镜像神经元理论。

2.3.3 神经可塑性

大脑由数十亿个神经元组成,突触是神经元之间互相传递信息的渠道,其中信息的传递主要靠化学信号或神经递质。通常,突触前膜释放神经递质,这些神经递质结合并刺激突触后膜上的受体。一个普通的神经元与其他神经元之间有成千上万的突触或连接,它们共同组成复杂的神经网络。这些神经网络负责大脑的所有功能。突触连接和神经元一样,都能不停地发生变化,这种现象叫作神经可塑性。

研究人员通常将神经可塑性描述为"与神经系统的结构和功能相关的适应性改变的能力"。相应地,研究人员经常讨论两种类型的神经可塑性,即功能性神经可塑性和结构性神经可塑性。

功能性神经可塑性是指大脑改变和适应神经元功能特性的能力,在运动神经元的病理变化发生后,可以依赖于先前的运动或活动记忆,将功能从大脑的受损区域转移到未受损区域。

结构性神经可塑性通常被理解为大脑改变其神经元连接的能力。基于这种类型的神经可塑性,在整个生命周期中不断产生新的神经元并将其整合到中枢神经系统中。如

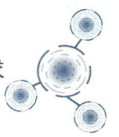

今,研究人员使用多种截面成像方法[如磁共振成像(MRI)、计算机层析成像(CT)]来研究人脑的结构变化。这种类型的神经可塑性经常研究各种内部或外部刺激对大脑解剖结构的影响。脑中灰质比例或突触强度的变化被认为是结构性神经可塑性的例子。

在康复医学领域,神经可塑性可以而且正在被利用的方式有很多。神经可塑性表明,大脑并不是"硬接线"的固定电路,大脑可以成长、改变和发展,直到死亡。如前文所述,通过功能性神经可塑性,与特定功能相关的大脑活动可以从大脑的受损区域转移到未受损区域。神经可塑性至少部分地解释了脑卒中后物理治疗的功能结果,因为患者通过限制诱导运动疗法或功能性电刺激等疗法改善了受影响肢体的功能。

2.3.4 镜像神经元

镜像神经元最早由意大利的神经科学家发现。他们在研究中发现猴子在观察其他个体执行动作时,会引起其大脑中负责该动作执行的前运动皮质腹侧神经元放电,这种放电与它自身执行该动作的放电相似(见图2-10)。前运动皮质腹侧神经元是一类特殊的视觉运动神经元,指个体在执行某个行为或者在观察其他个体执行该行为时产生冲动的神经元,这类神经元可以"映射"其他个体类似或同一动作,因此被称为镜像神经元。

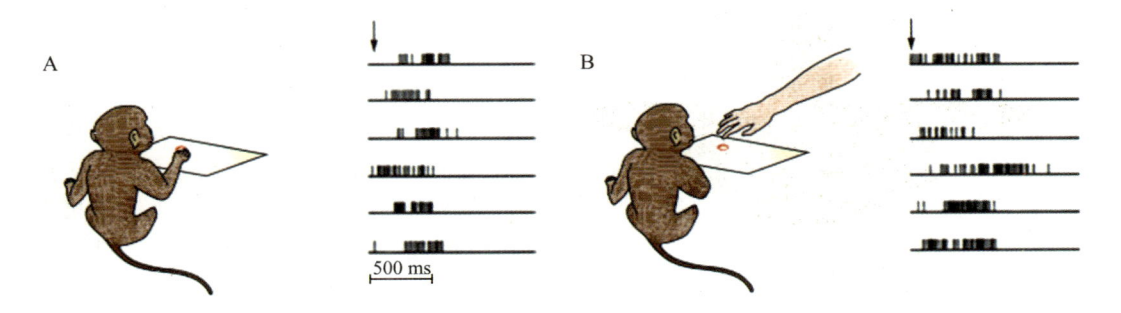

图2-10 镜像神经元例子(注:A和B分别是猴子在抓取物体和观察到试验者抓取物体时F5区的镜像神经元活动)

所有镜像神经元构成了镜像神经元系统,该系统为机体提供了动作执行与动作感知的"观察-执行匹配机制"。该系统不仅在个体执行动作时兴奋,而且在观察其他个体执行相同或相似动作时也兴奋。研究发现,镜像神经元主要涉及的脑区位于枕叶、颞叶、顶叶视觉相关区域及两侧额顶运动区顶下回喙部、中央前回和额下回后部的边缘镜像神经元系统和额顶镜像神经元系统。

镜像神经元在动作观察、动作模仿、运动想象、运动再学习等过程中起重要作用。随着各种技术的不断成熟,基于镜像神经元理论的康复疗法越来越多地被应用到患者的功能恢复中。如镜像疗法以镜像神经元理论为指导,应用先进的虚拟现实技术,由具有特殊映射功能的镜像神经元直接在观察者大脑中映射出他人的情绪、动作并参与动作的理解、模仿、共情、社会认知等,帮助患者康复。

2.4 康复辅助的未来发展趋势

随着脑机接口、机器人、虚拟现实、大数据等工程技术的发展,以及生物力学、康复工程等自然科学的研究深入,以自然科学为理论、工程技术为手段、群体特征为导向、个体参数为基础的康复辅助创新设计必将走向深度的学科融合和技术融合,在智能化、数字化、个性化、网络化等方面无限拓展(见图2-11)。

(1)智能化。当前医生、治疗师根据自己的专业知识与临床经验对患者进行检查、制定相应的康复治疗方案,康复效果参差不齐。康复辅助机器人可以自动检查评估患者病症,通过大数据、专家知识库等技术自动产生康复策略,并对康复结果进行量化分析、优化康复方案。

(2)数字化。当前康复检查评估判断主要以个人经验为判断依据或采用量表的方式,大多数量表也是个人主观判断打分,所以不同医生对同一患者的评估结果差异大。康复辅助机器人可以实现数字化、评估量化,避免人为主观因素,评估结果更科学精准。与此同时,康复辅助机器人的数字化使得评估数据、训练数据、管理规范保持一致成为可能,有望通过数字化的系统为患者提供标准化的服务。

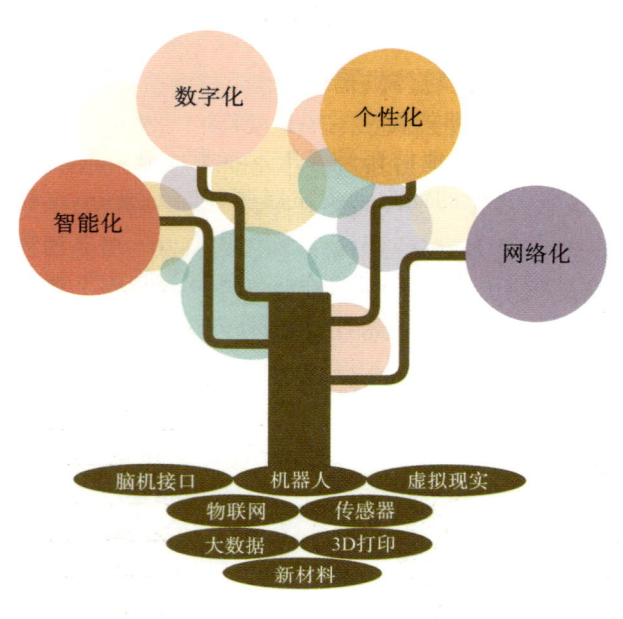

图2-11 康复辅助的未来发展趋势

(3)个性化。康复辅助机器人可以根据不同患者进行自适应调整。如可根据不同的患者的身高体重等情况自动调节机器参数,以方便患者穿戴;检测不同患者在康复训练过程的特征参数,通过人工智能算法学习并自动优化参数等来自适应患者的个性化需求,进而增强康复效果。

(4)网络化。物联网、通信技术等技术的蓬勃发展,可以使康复辅助机器人实现网络化管理。不仅如此,网络化以及数字化的综合运用,有望连接院内院外的康复场景,让患者在医院、社区、家庭等不同场景接受同等效果的康复治疗,让远程康复成为可能。

2.5 本章小结

本章首先介绍了康复概念与范畴,并对康复手段进行了详细说明;然后,以康复需求与供给矛盾日益凸显为背景,引出康复辅助机器人临床应用的必要性,并介绍了康复辅助机器人的分类;接着,为了更好地指导康复辅助机器人设计,介绍了康复辅助中用到的运动控制、运动学习以及主要的生理学理论;最后,就康复辅助未来的发展趋势展开了讨论。

第 3 章
康复辅助机器人的整体设计方法

3.1 康复辅助机器人的设计流程

康复辅助机器人的设计流程可以大体概括为：①功能和需求分析。在设计康复辅助机器人之前，首先需要进行功能和需求分析。这包括与康复领域专业人士、康复患者和医疗机构进行沟通和讨论，了解康复辅助机器人的应用场景、目标用户的需求以及康复治疗的具体要求。通过收集和分析这些信息，结合人体运动学相关理论，确定康复辅助机器人的功能和性能指标。②硬件和软件设计。硬件部分包括机械结构、运动控制系统、传感器系统以及通信系统等，用于实现机器人的运动控制和信息反馈。软件部分包括控制算法、用户界面、数据存储以及处理等，用于实现机器人的智能控制和用户交互。③样机功能检测。完成硬件和软件设计后，需要制作康复辅助机器人的样机，并进行功能检测和性能评估。样机功能检测包括机器人的运动性能测试、控制系统的稳定性测试、传感器系统的准确性测试等。此阶段的目标是验证机器人是否满足设计要求，并及时调整和改进机器人的设计。④临床转化应用。在完成样机功能检测后，可以将康复辅助机器人应用于临床实践中进行康复治疗的实际应用和评估，这涉及与康复专业人员和患者合作。通过与康复专业人员的密切合作，对机器人的性能和效果进行评估和改进，以确保机器人在康复治疗中的有效性和安全性。图 3-1 展示了康复辅助机器人的整体设计流程。

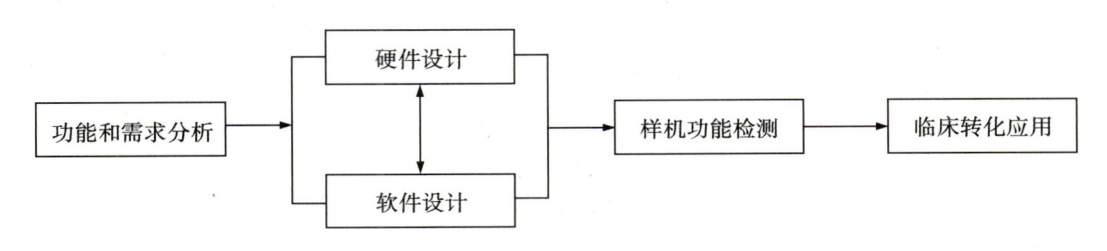

图 3-1 康复辅助机器人的整体设计流程

3.1.1 康复辅助机器人的硬件设计流程

在进行康复辅助机器人的硬件设计时,需要考虑机器人的机械结构设计、传感系统设计、运动控制设计以及辅助结构设计等方面。图 3-2 展示了康复辅助机器人的硬件设计框架。

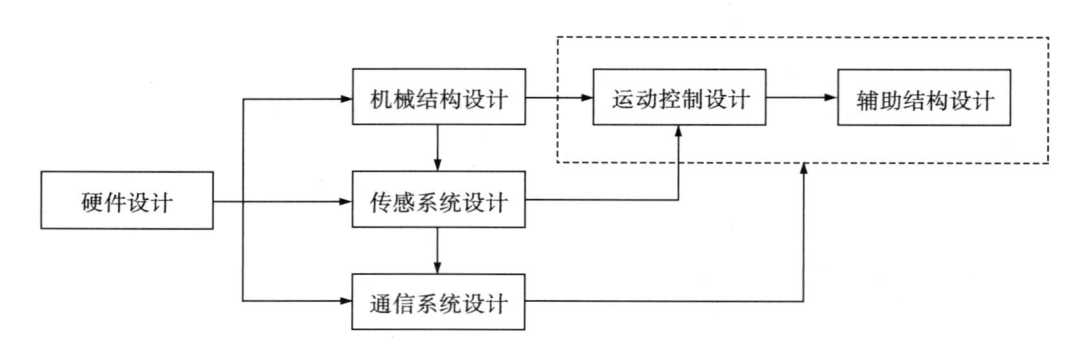

图 3-2 康复辅助机器人的硬件设计框架

整体机械结构设计是康复辅助机器人系统设计中基础的部分,是整个机器人能够顺利实现预定目标的前提,它决定了机器人的整体结构形式、关节自由度、传动机构等。在机械结构设计中,需要根据康复辅助机器人的需求和人体运动分析,确定机器人的运动范围和力度,并设计机械结构来实现这些要求。关节和传动机构的设计要考虑机器人的运动范围和精度,同时需要考虑机器人的稳定性和安全性。此外,机械结构设计还应简洁轻巧、易于控制。机械结构设计的成功与否,直接关系到整个系统控制的目标是否能实现以及康复效果的好坏。机械结构设计不但要结合康复医学理论,了解肢体运动的特点,又因为与人体直接接触这一特点必须考虑整个系统的安全性以及舒适性等。

康复辅助机器人的硬件设计流程中,传感系统设计是非常重要的一环。传感系统主要用于获取环境信息、人体运动数据和力/力矩等关键参数,以支持机器人的感知、控制和交互。

机器人运动控制系统是指用于控制机器人机械结构运动的一系列组件,主要包括电机、伺服驱动器、运动控制器等,是硬件设计流程中的一个关键组成部分。它负责控制机器人的运动和姿态,从而实现精准的康复辅助功能。运动控制系统设计的重点是保证机器人的运动控制精度和灵活性。

辅助结构设计主要是指存储系统、显示系统等部分的设计,它们丰富了数据管理和存储方案以及机器人与患者的交互和信息传递方式。

康复辅助机器人的硬件设计需要充分考虑康复训练的需求和机器人的特点,通过科学合理的设计流程,实现机器人的高精度、高稳定性和高灵活性的要求。

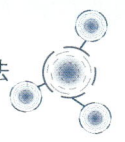

3.1.2 康复辅助机器人的软件设计流程

针对康复辅助机器人的需求分析以及硬件设计，明确软件的整体架构设计。在整体架构设计阶段，需要定义机器人的软件架构和模块化组件，这包括控制算法设计、传感信息集成、用户界面设计、数据管理与分析、验证和测试等。架构设计还需要考虑系统的可扩展性、灵活性和实时性。康复辅助机器人的软件设计框架如图 3-3 所示。

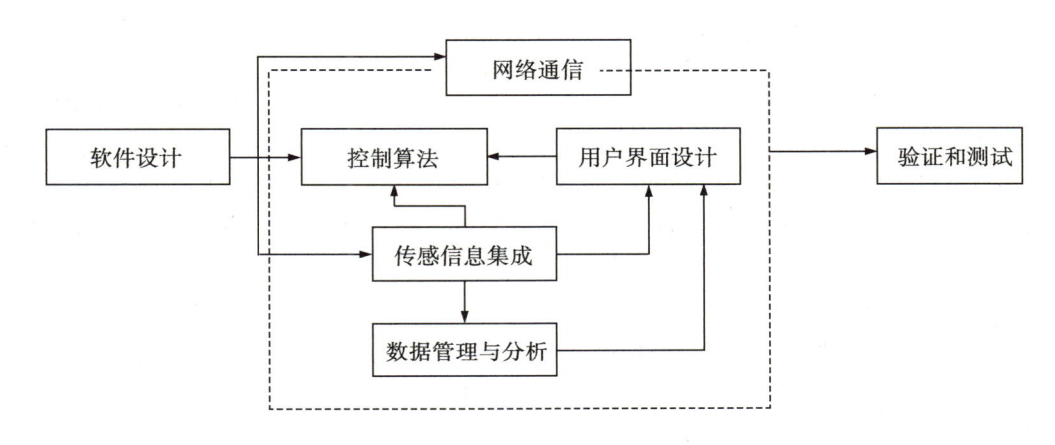

图 3-3　康复辅助机器人的软件设计框架

针对康复辅助机器人的运动控制，需要设计合适的控制算法，这可能包括运动规划算法、反馈控制算法和运动序列生成算法等。控制算法设计要根据康复训练的特点和机器人的动力学模型，确保机器人能够按照预定的轨迹和力度执行运动。最常用的控制算法为比例积分微分（proportion integration differentiation，PID）控制，为了实现柔顺控制，可以考虑加入阻抗控制。

康复辅助机器人通常使用多种传感器来获取患者和环境的信息。在软件设计中，需要将传感器数据集成到系统中，这可能涉及编码器、力传感器、触觉传感器、摄像头等多种设备的数据获取和处理。

为了方便患者和康复专业人员的使用，机器人需要具备直观、易用的用户界面。软件设计流程中需要设计用户界面，包括交互界面和显示界面，以实现用户与机器人的交互、参数设定和数据监控等功能。

康复辅助机器人通常需要记录和管理患者的康复数据，以及进行数据分析和评估。在软件设计中，需要设计相应的数据管理模块，确保康复数据的准确记录、存储、分析，为康复过程提供有价值的参考和反馈。

3.1.3 康复辅助机器人的样机性能检测

完成硬件和软件设计后，需要制作康复辅助机器人的样机，并进行功能检测和性能评估，检验机器人的性能和稳定性，并进行优化和改进。康复辅助机器人的样机性能检测需要针对机器人的不同功能和性能指标进行测试和评估,主要包括运动精度测试、负载能力测试、运动速度测试、稳定性测试、安全性测试、功能测试(测试机器人的各项功能,包括运动控制、力矩控制、运动规划、传感器读取和数据处理等)、用户体验测试(评估机器人的易用性、可靠性和实用性等,以便进一步优化改进机器人的设计和性能)等。

通过上述测试和评估,可以全面了解康复辅助机器人的性能和功能,为机器人的优化改进和推广应用提供有力支持。

3.1.4 康复辅助机器人的临床转化应用

在完成样机功能检测后,可以将康复辅助机器人应用于临床实践中。该阶段具体包括以下步骤。

(1)康复治疗计划制定。康复专业人员根据患者的具体情况和康复目标,制定个性化的康复治疗计划,康复辅助机器人的功能和特性将被考虑在内,以确保机器人的应用与整体治疗目标和方法相一致。

(2)康复治疗实施。康复辅助机器人作为治疗方案的一部分,帮助患者进行康复训练和活动。机器人根据设定的康复计划,提供实时指导、反馈和调整,辅助患者进行运动练习、肌肉训练、平衡训练等。康复专业人员监督并指导机器人的使用,确保治疗的安全性和有效性。

(3)康复效果评估。在康复治疗过程中,康复辅助机器人的应用可以通过定量和定性的方法评估康复效果。康复专业人员可以使用相关评估工具和方法,对患者的康复进展、功能改善、生活质量等方面进行评估。通过与传统治疗方法的比较,评估机器人辅助康复的疗效和治疗效果的差异。

(4)机器人性能改进。在临床实践中,收集机器人的使用数据和患者反馈信息,以评估机器人的性能和效果。康复专业人员与机器人开发团队合作,分析评估结果并提供反馈,以改进机器人的设计、功能和算法。通过不断迭代和优化,提高机器人的适应性、交互性和康复效果,以更好地满足临床需求。

(5)康复辅助机器人的接受度和可行性评估。除了康复效果评估外,还可以评估康复机器人在临床环境中的接受度和可行性。通过患者、康复专业人员和其他利益相关者的反馈和调查,评估机器人的易用性、用户满意度、安全性和可操作性等。根据评估结果,进一步优化机器人的设计和功能,以增加其在临床实践中的实际应用。

通过完成以上步骤,康复辅助机器人在临床转化应用中可以实现与康复专业人员的紧密合作,制定个性化的康复治疗计划,以帮助患者进行康复训练和活动。相关人员还可评估康复效果和机器人的性能,以进一步改进和优化机器人的设计和功能。这样的临床转化应用将为康复治疗提供更个性化、精确和有效的支持。

3.2 康复辅助机器人的整体设计环节

3.2.1 机械结构的设计

根据康复医学所提出的理论以及机器人系统的性能要求,在机械结构设计过程中就必须要考虑以下原则。

(1)系统具有较好的柔顺性和较高的安全性。因为康复辅助机器人的服务对象是患者,为了避免患者受到二次伤害并提高康复效果,需要采取相应的措施,如改善驱动方式、控制策略以及设计急停系统等。

(2)自由度要尽量模仿人体。人体运动是多自由度的合成运动,因此,机械结构设计应该尽量模仿人体运动状态,充分考虑多自由度的运动,使康复训练更加合理、更加科学。

(3)机械结构长度和宽度应该可调。当采用机械结构驱动人体运动时,不同身高体重的患者对机械结构的长度和宽度的要求也不一样。因此,设计人员必须考虑这些因素,以满足大部分患者的需要。

(4)选取合适的材料。考虑到机械结构的重量、加工条件的限制以及系统的成本问题,应该选取质量轻、易于加工的材料。机械结构设计还必须方便传感器以及气压元件等的安装。总之,应设计一个轻便、易于加工、成本低廉的系统。

3.2.2 运动控制的设计

运动控制设计是康复辅助机器人设计的核心。在运动控制设计中,需要设计控制算法和运动规划,以实现机器人的精准控制和患者的实时监测。此外,还需要选择合适的动力系统和驱动器,以实现机器人的运动和力度调节。

3.2.3 电器系统的设计

电器系统设计是康复辅助机器人设计的重要组成部分。在电器系统设计中,需要选择合适的电源系统和电器元件,如电机、传感器、控制板等。此外,还需要设计电路板和布线,以保证电器系统的稳定运行。

3.2.4 传感系统的设计

传感系统设计是康复辅助机器人设计的重要组成部分。在传感系统设计中,需要选择合适的传感器,如力传感器、角度传感器、位移传感器等,以获取患者的运动状态和力度等数据。此外,还需要设计传感器的接口和信号处理模块,以实现传感器数据的准确采集和处理。

3.2.5　通信系统的设计

通信系统设计是康复辅助机器人设计的必要组成部分。在通信系统设计中,需要选择合适的通信协议和通信接口,以实现机器人与外部设备的数据交换。此外,还需要设计数据传输模块,以实现数据的安全传输和实时处理。

3.2.6　存储系统的设计

存储系统设计是康复辅助机器人设计的重要组成部分。在存储系统设计中,需要选择合适的存储介质和存储容量,以存储机器人的控制程序、数据和日志等。此外,还需要设计存储管理模块和数据管理模块,以实现数据的高效管理和访问。

3.2.7　显示系统的设计

显示系统设计是康复辅助机器人设计的辅助组成部分。在显示系统设计中,需要选择合适的显示屏和显示接口,以实现机器人的数据显示。此外,还需要设计显示管理模块和用户界面模块,以实现用户与机器人的交互。

3.3　康复辅助机器人的关键设计环节

3.3.1　人体运动分析

人体运动分析是研究和分析人类运动行为的过程,其主要目的是深入了解人体的运动机制、运动模式和运动控制,以推断肌肉、关节和骨骼的功能状态,并为康复、运动训练、人机交互等领域的研究和实践提供科学依据。此外,通过对运动过程的分析和研究,可以简化运动过程,方便运动标准化、提高运动效率。

人体运动分析主要包括运动目标检测、人体运动跟踪以及人体运动识别与描述等。人体运动分析主要包括运动目标检测、人体运动跟踪以及人体运动识别与描述等。虽然人体结构是由多个关节点连接组成的非刚体结构,但在运动分析中,通常会将人体的各个关节点视为刚体连接,以简化运动分析的复杂性,因此对运动人体的分析实际上是对关节点运动的分析。图 3-4 为人体运动分析常用的运动模型。

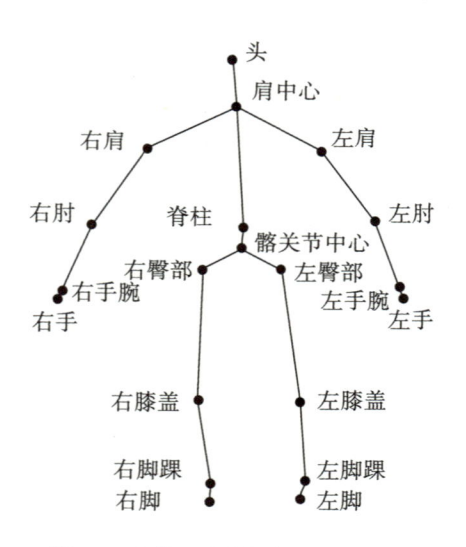

图 3-4　人体运动分析常用的运动模型

对于比较精细且重要的关节,如手部各个关节,其运动模型可以进一步细化。常用的手部运动模型如图 3-5 所示。

现代运动分析系统主要通过应用不同技术追踪粘贴在皮肤上的反光标记球的移动轨迹,配合多连杆运动模型,计算关节运动,包括运动位移、速度、加速度等。常见的运动捕捉设备可分为光学式(Vicon、NOKOV)、电磁式、惯性式测量装置(如惯性测量单元 IMU)。随着成影技术的发展,深度视频相机、高速激光扫描仪等测距设备已经可以实现以无标记点方式进行运动捕获,如 Kinect 等。

3.3.2 机械结构的运动学仿真

康复辅助机器人的设计不仅需要满足人体的生理结构特征,同时还要考虑患者训练的安全性、舒适性等,最重要的是设计必须符合人体运动学特征,因此对康复辅助机器人进行运动学的

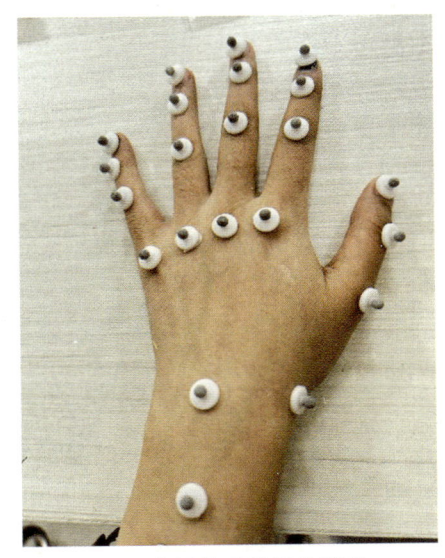

图 3-5 常用的手部运动模型

分析和研究是十分必要的。在研究康复辅助机器人运动学时,主要考虑的是在静止状态下机器人结构的各构件之间的位置参数关系。机器人运动分析主要是对运动时杆件末端的空间位置关节角度之间的关系进行研究,一般通过空间坐标的矩阵变换对机器人运动规律进行描述。

机器人运动学主要包括正运动学和逆运动学两部分。正运动学是指已知机器人各关节的角度或位置,求出机器人末端执行器的位置和姿态;逆运动学是指已知机器人末端执行器的位置和姿态,求出各个关节的角度或位置。机器人运动学基础理论是机器人运动学建模技术的基础。

机器人运动学建模方法主要有基于 Denavit-Hartenberg(DH)方法的运动链式模型、基于坐标变换的运动学模型、基于位移向量法的运动学模型等。

3.3.2.1 基于 DH 方法的运动链式模型

DH 方法是一种对机器人进行建模的方法,它可以将机器人运动链建立起来,并对每个关节的运动方向、长度和角度进行描述。采用 DH 方法对机器人建模,可以有效地简化机器人的运动学分析,为机器人控制系统的设计提供便利。

DH 方法的建模步骤主要包括:

(1)确定机器人的坐标系,建立虚拟的世界坐标系和机器人坐标系。

(2)确定机器人各关节的运动轴线,按照 DH 表达法(见图 3-6)确定机器人关节的自由度和约束等条件。

(3)建立机器人的运动链,确定机器人各个部分间的运动关系,并计算出相应的转移

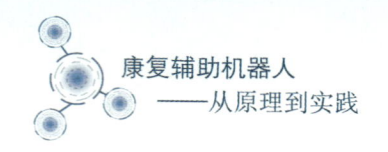

矩阵。

通过建立DH方法的运动链模型,可以对机器人进行运动学分析,从而实现机器人的优化运动控制和精确位置控制。

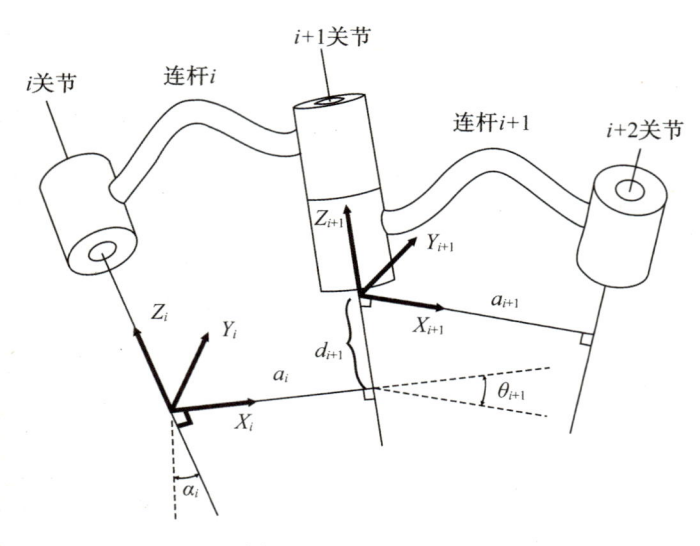

图3-6 DH表达法

对于图3-6的各参数,沿着轴方向为正,逆时针转动为正。连杆参数可以定义为:a_i表示沿X_i轴,从Z_i移动到Z_{i+1}的距离;α_i表示绕X_i轴,从Z_i旋转到Z_{i+1}的角度;d_i表示沿Z_i轴,从X_{i-1}移动到X_i的距离;θ_i表示绕Z_i轴,从X_{i-1}旋转到X_i的角度。因为a_i对应的是距离,因此通常设定$a_i > 0$,然而α_i、d_i和θ_i的值可以为正,也可以为负。

3.3.2.2 基于坐标变换的运动学模型

坐标变换法是一种常用的机器人建模方法,它可以对机器人的运动轨迹和姿态进行描述,并规定了机器人坐标系的变换规律。坐标变换法将机器人的运动建模为一系列坐标系的变换,通过坐标系的变换,可以精确地描述机器人的运动轨迹和姿态。坐标变换法的建模步骤如下:

(1)确定机器人的起始坐标系和目标坐标系,这些坐标系对应机器人的关节和工具末端。

(2)对机器人的各个部分和运动轨迹进行坐标系的变换,得到机器人的运动关系和姿态变化。

(3)利用矩阵代数方法,将上述变换计算出来,得到机器人的运动学模型。

坐标变换法的优点在于可以将机器人的运动轨迹和姿态描述得非常准确,可以满足对机器人运动控制的高精度要求。

3.3.2.3 基于位移向量法的运动学模型

位移向量法是一种机器人运动学建模的有效方法,它采用区间分布法描述机器人运动方式。位移向量法通过对机器人坐标系的位移和姿态进行计算,得到机器人的运动学

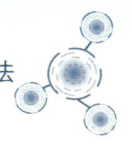

模型。位移向量法的建模步骤如下：

(1) 确定机器人坐标系的基准点和方向，确定机器人的起始姿态和目标姿态。

(2) 设定机器人的参考面和参考系，确定机器人的运动轨迹。

(3) 根据机器人的运动轨迹和姿态变化，计算机器人的位移向量和旋转矩阵。

(4) 将各个位移向量和旋转矩阵进行组合，完成机器人运动学模型的建立。

位移向量法建模比较简单，计算量小，适用于对机器人运动学分析要求不是很高的情况。

在建立完运动学模型后，可选择合适的仿真软件，如 MATLAB SolidWorks、RobotStudio 等，进行机器人的运动学仿真分析。通过输入机器人的关节运动轨迹或末端执行器的运动命令，仿真软件将模拟机器人的运动，并输出关节角度、位置、速度、加速度等数据。人们可根据仿真结果，评估机器人的运动性能和可行性；可根据需要，对机器人的设计参数进行调整和优化，以改善机器人的运动特性和性能。

3.3.3 机械结构的动力学仿真

机器人动力学仿真是指利用计算机模拟和计算技术，对机器人系统在运动过程中的力学特性进行模拟和分析的过程。它可以用于预测机器人系统在不同工况下的运动行为、力学性能和控制效果，为机器人设计、优化和控制提供重要的参考和指导。

机器人动力学研究的是机器人的运动和作用力之间的关系。机器人的动力学问题包括动力学正问题和动力学逆问题。动力学正问题是根据给定的关节驱动力/力矩，求解机器人对应的运动，需要求解非线性微分方程组，计算复杂，主要用于机器人的运动仿真。动力学逆问题是已知机器人的运动，计算对应的关节驱动力/力矩，即计算实现预定运动需要施加的力/力矩，不需要求解非线性方程组，计算相对简单，主要用于机器人的运动控制。

机器人是一个具有多输入、多输出的复杂动力学系统，存在严重的非线性，因此需要非常系统的方法对机器人进行动力学研究。常用的机器人动力学建模方法有：拉格朗日(Lagrange)动力学方法、牛顿-欧拉(Newton-Euler)动力学方法、高斯(Gauss)动力学方法、凯恩(Kane)动力学方法等。

机器人动力学研究的步骤包括动力学建模、解算、仿真、优化及控制等。机器人的动力学建模是动力学仿真的基础，机器人动力学模型的一般形式：

$$M(q)\ddot{q} + V_m(q,\dot{q})\dot{q} + G(q) = \tau \tag{3-1}$$

式中，$q, \dot{q}, \ddot{q} \in \mathbf{R}^n$，分别为各关节的角度位置、角速度以及角加速度；$M(q) \in \mathbf{R}^{n \times n}$，为惯性矩阵；$V_m(q,\dot{q}) \in \mathbf{R}^{n \times n}$，为向心矩阵；$G(q) \in \mathbf{R}^n$，为重力向量；$\tau \in \mathbf{R}^n$，为控制输入向量。机器人的动力学建模就是为了求解相应的惯性矩阵、向心矩阵和重力向量，以便根据公式(3-1)得到机器人的控制输入。

机器人常用的动力学建模方法有以下几种。

3.3.3.1 牛顿-欧拉动力学建模方法

牛顿-欧拉法是机器人动力学建模中最常用的方法之一。它是一种基于牛顿第二定

律和欧拉角动力学方程的动力学建模方法,可以用来描述机器人的运动学和动力学特性。这种方法中将机器人看作是由一系列刚体组成的系统,每个刚体都有自己的质量、惯性矩阵和运动状态。通过对每个刚体的运动状态进行建模,可以得到机器人的整体运动学和动力学特性。

3.3.3.2 拉格朗日动力学建模方法

拉格朗日法是另一种常用的机器人动力学建模方法。它是一种基于能量守恒原理的方法,可以用来描述机器人的运动学和动力学特性。在这种方法中,机器人被看作是由一系列质点组成的系统,每个质点都有自己的质量、速度和位置。通过对每个质点的运动状态进行建模,可以得到机器人的整体运动学和动力学特性。

3.3.3.3 高斯动力学建模方法

高斯法是一种常用的机器人动力学建模方法,它基于高斯原理,对机器人系统的运动学和动力学特性进行建模和分析。该方法的原理是利用高斯原理将机器人系统的动力学方程近似为高斯形式的概率分布函数。具体来说,它假设机器人系统的状态变量(例如位置、速度、加速度)符合高斯分布,并使用高斯分布的参数来描述系统的动力学行为。在高斯动力学建模方法中,首先需要通过机器人的运动学方程计算得到机器人的位置、速度和加速度等状态变量。然后,利用高斯分布的参数,如均值和协方差矩阵,来描述这些状态变量的分布情况。通过对这些分布进行状态估计和更新,可以推导出机器人系统的动力学方程。

3.3.3.4 凯恩动力学建模方法

凯恩法是一种基于虚功原理的动力学建模方法,用于描述物体系统的动力学行为。根据凯恩原理,系统中每个物体的运动都受到外力和内力的作用,而物体的运动是在满足约束的条件下进行的。因此,通过分析物体之间的相互作用力、约束关系和运动状态,可以建立物体系统的动力学方程。

在凯恩动力学建模方法中,首先需要确定机器人系统的自由度和坐标系,以及机器人的质量、惯性和几何参数。然后,根据机器人的运动约束和力学特性,应用凯恩原理对机器人系统进行动力学建模。具体来说,建立动力学模型的过程包括以下步骤:

(1)确定系统的坐标系:选择适当的坐标系来描述机器人的运动和力学特性。

(2)确定广义坐标:选择一组适当的广义坐标来描述机器人系统的自由度。

(3)确定约束关系:分析机器人系统的约束条件,包括几何约束和运动约束。

(4)确定外力和内力:确定作用在机器人系统上的外力和内力,如重力、惯性力、接触力等。

(5)应用凯恩原理:根据凯恩原理,对系统中每个物体的虚功进行求和,并应用约束力和外部力的相关性质。

(6)建立动力学方程:通过对虚功求和得到系统的动力学方程,方程中包括质量、惯性和力学参数。

在动力学模型建立完成后,还需利用计算机软件和数值方法,对机器人的动力学方

程进行数值求解和仿真。通过分析仿真结果，了解机器人在不同工况下的运动轨迹、关节力和扭矩、能量消耗等信息，这有助于评估机器人的性能，并进行优化和改进。

3.3.4 传感器选择及检测电路设计

3.3.4.1 位置信号检测电路

在康复辅助机器人中，位置信号检测电路起着关键作用，其主要功能是检测和测量机器人关节或末端执行器的位置，以提供准确的位置反馈信号，从而使系统可以对机器人的位置进行闭环控制。

位置信号检测电路通常包括位置传感器、信号调理电路和数据采集部分。位置传感器用于直接或间接测量机器人的位置，常用的传感器包括编码器、光电开关、霍尔效应传感器等。编码器是一种常用的位置传感器，通过测量旋转轴的角度或线性位移来提供位置反馈。光电开关和霍尔效应传感器则常用于检测机械部件的位置开关状态。这些传感器将位置信息转换为电信号，并输入到信号调理电路中。

信号调理电路对传感器输出的位置信号进行放大、滤波和处理，以确保信号的稳定性和准确性。放大器将传感器输出的弱信号放大到适合控制系统使用的电平范围，以提高信号的灵敏度和可靠性。滤波器用于去除噪声和干扰，确保只有有效的位置信号被传递给控制系统。信号处理部分涉及数字信号处理技术，如采样、数模转换和滤波算法，以进一步优化位置信号的质量。

数据采集部分负责将经过信号调理的位置信号转换为数字信号，并传输给控制系统进行实时监测和控制。数据采集设备通常包括模数转换器（ADC）和数据总线接口，用于将模拟位置信号转换为数字形式，并通过数据总线与控制系统进行通信。

位置信号检测电路的准确性和稳定性对康复辅助机器人的运动控制至关重要。通过实时监测和反馈机器人的位置信息，控制系统可以对机器人进行精确的位置调节和控制，实现对康复运动的精细控制和调整。这对于康复辅助机器人的运动准确性、安全性和适应性至关重要，使机器人可以提供有效的康复训练和辅助功能，帮助患者恢复和改善受损的运动功能。

3.3.4.2 力/力矩信号检测电路

在康复辅助机器人中，力/力矩信号检测电路起着关键的作用，它用于测量和检测机器人与患者或环境之间的交互力/力矩。通过准确地测量和传输力/力矩信号，康复辅助机器人可以实现对力的控制和调节，从而提供精确的力/力矩反馈和协助患者康复训练。

力/力矩信号检测电路通常由几个重要组件组成，包括力/力矩传感器、信号调理电路和数据采集系统。这些组件协同工作，使得机器人能够实时获取和处理力信号。

力/力矩传感器是力/力矩信号检测电路的核心部件，它负责直接感知和测量机器人所受到的力/力矩。力/力矩传感器的选择取决于具体的应用需求和力/力矩测量范围。常见的力/力矩传感器包括应变片传感器、压力传感器等，这些传感器可以将力的作用转化为电信号，通常是电阻或电压的变化。

信号调理电路在力/力矩信号检测电路中起着重要的作用,它负责对传感器输出的信号进行放大、滤波和线性化等处理,以使信号能够准确反映所测量的力/力矩。信号调理电路通常包括放大器、滤波器、模数转换器等元件。放大器用于放大传感器输出的微弱信号,以增强信号的幅度。滤波器则用于去除噪声和干扰,以提高信号的质量和稳定性。模数转换器将模拟信号转换为数字信号,以便于后续的数字信号处理和分析。

数据采集系统用于采集和记录经过信号调理处理的力/力矩信号,它通常由数据采集卡或模块、计算机或嵌入式系统组成。数据采集系统能够以高速率采集和存储力信号数据,并提供接口用于后续的数据分析和处理。通过对采集到的力/力矩信号进行分析,可以评估患者的运动状态、力量输出等信息,并为康复辅助机器人提供相应的控制指令。

康复辅助机器人中的力/力矩信号检测电路能够实时感知和测量机器人与患者或环境之间的力量交互,这对于康复辅助机器人的控制和反馈至关重要。通过准确地测量和传输力/力矩信号,康复辅助机器人能够提供精细的力反馈,以帮助患者恢复运动功能、改善肌肉控制和协调性。同时,它还能够监测和记录患者的力量输出和恢复进展情况,为康复训练的评估和调整提供依据。因此,力/力矩信号检测电路在康复辅助机器人中扮演着至关重要的角色,为康复治疗提供了有效的支持和指导。

3.3.5 运动控制系统的设计

3.3.5.1 运动控制系统的简介

运动控制系统也可称为"电力拖动控制系统"(control systems of electric device)。运动控制系统的任务是通过对电机电压、电流、频率等输入电量的控制,来改变工作机械的转矩、速度、位移等机械量,使各种工作机械能按照人们的期望运行,以满足生产工艺及其他应用的需要。

运动控制系统由电动机及负载、功率放大与变换装置、控制器及相应的传感器等构成,其结构如图3-7所示。

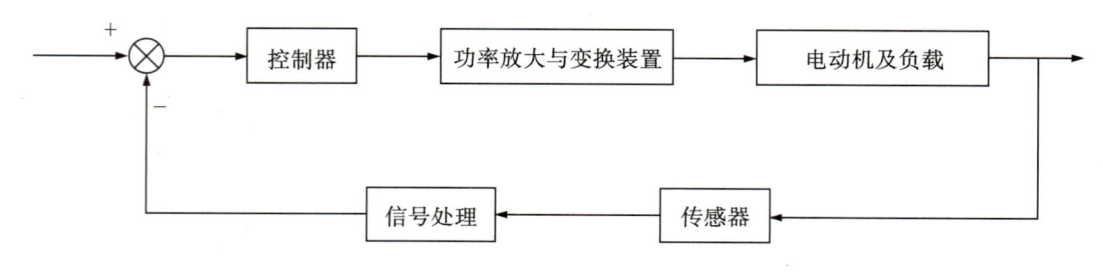

图 3-7 运动控制系统及其组成

3.3.5.2 驱动方式的选择

驱动部分是机器人系统的重要组成部分,机器人常用的驱动方式可分为以下几类。

(1)气压驱动。气压驱动使用压力范围通常为 0.4~0.6 MPa,最高可达 1 MPa。气

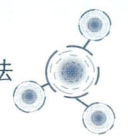

压驱动的主要优点是气源易获取,一般工厂都由压缩空气站供应压缩空气;驱动系统具有缓冲作用,结构简单;成本低,可以在高温、粉尘等恶劣的环境中工作。气压驱动的缺点是功率质量比小,装置体积大,同时由于空气的可压缩性使得机器人在任意定位时精度不高。气压驱动适用于易燃、易爆和灰尘大的场合。

(2)液压驱动。液压驱动系统用2～15 MPa的油液驱动机器人,体积较气压驱动小,功率质量比大,驱动平稳,且系统的固有效率高,同时液压驱动调速比较简单,能在很大范围内实现无级调速。用电液伺服控制液体流量和运动方向时,机器人的轨迹重复性有所提高。液压驱动的缺点是易漏油,这不仅影响系统工作稳定性和定位精度,而且污染环境。液压驱动多用于要求输出力较大、运动速度较低的场合。

(3)电气驱动。电气驱动是利用各种电机产生的力/转矩,直接或经过减速机构去驱动负载,减少了由电能变为压力能的中间环节,可以直接使机器人做出要求的动作。由于电气驱动具有易于控制,运动精度高,响应快,使用方便,信号监测、传递和处理方便,成本低廉,驱动效率高,不污染环境等诸多优点,它已经成为最普遍、应用最多的驱动方式,20世纪90年代后生产的机器人大多数采用这种驱动方式。

3.3.5.3　电机的选择

一般直流控制系统中采用的电机为步进电机和伺服电机两种,但两者在控制方式上存在差别,步进电机为基于脉冲串的开环控制,而伺服电机为闭环控制。同时,步进电机与伺服电机相比有低速时平滑性较差(低速时会有振动)、过载时出现失步、响应速度慢等缺点,因此虽然伺服电机价格较高,但直流控制系统更需要它体积小、质量轻和良好的控制性等特点。

3.3.5.4　伺服系统的特征及组成

伺服系统控制对象包括伺服电机、驱动装置和机械传动结构。伺服系统的功能是使输出快速而准确地复现给定的输入,伺服系统应满足如下基本要求:稳定性好、精度高、动态响应快、抗扰动能力强。

根据上述基本要求,伺服系统应具备如下的基本特征:必须具备高精度的传感器,能准确地给出输出量的电信号;功率放大器以及控制系统都必须是可逆的;具有足够大的调速范围及足够强的低速带载性能;具有快速的响应能力和较强的抗干扰能力。

根据伺服电机的种类,伺服系统可分为直流和交流两大类。直流伺服系统是以直流电源为驱动源的,其中包括直流电机和直流驱动器。直流伺服系统的工作原理是通过对电机施加不同的电压来控制电机的转速和位置。直流伺服系统具有响应速度快、转矩可调、控制精度高等优点。交流伺服系统是以交流电源为驱动源的,其中包括交流电机和交流驱动器。交流伺服系统的工作原理是通过变频器将交流电源的频率和电压转换为交流电机所需的电压和频率,进而控制电机的转速和位置。交流伺服系统具有结构简单、功率密度高、成本相对较低等优点。直流伺服系统通常采用位置反馈控制,通过编码器等位置传感器获取电机的位置信息,并与给定的位置进行比较,进而控制电机的转速和位置。交流伺服系统则通常采用矢量控制或磁场定向控制,利用电流传感器获取电机

的电流信息,通过对电流和磁场的控制来实现对电机的转速和位置的控制。

3.3.6 通信系统的设计

康复辅助机器人的通信系统主要用于传递控制信号与反馈信息,通信系统需要具有准确、高效、抗干扰的特性。康复辅助机器人的通信系统设计中有一些关键要点需要考虑,以确保系统的稳定性、可靠性等性能。

3.3.6.1 拓扑结构

通信系统的拓扑结构是指不同设备或节点之间连接和组织的方式,它定义了数据传输的路径和节点之间的关系。常见的通信系统拓扑结构包括星型、总线型、环型、网型和树型等(见图3-8)。

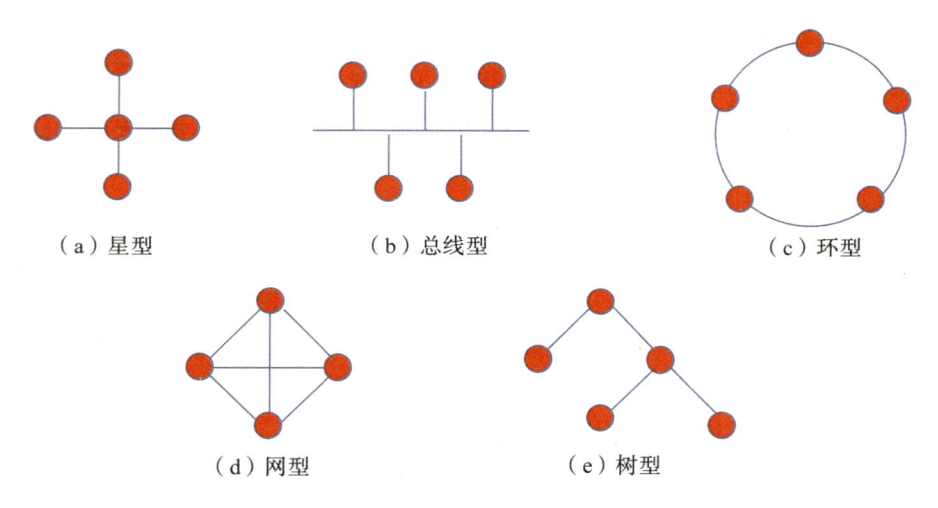

(a) 星型　　(b) 总线型　　(c) 环型

(d) 网型　　(e) 树型

图3-8　通讯系统的拓扑结构类型

(1) 星型拓扑结构。在星型拓扑结构中,所有设备或节点都连接到一个中心节点上,形成一个星型网络。中心节点负责路由和转发数据。该结构的优势包括:①易于管理和维护,故障检测和故障隔离相对容易。②独立性高,一个设备故障不会影响整个网络的正常运行。③容易扩展和升级,可以通过添加新的设备到中心节点来实现扩展和升级。

(2) 总线型拓扑结构。在总线型拓扑结构中,所有设备或节点都连接到一个共享的总线上。数据在总线上传输,并通过总线上的信号传递给目标节点。该结构的优势包括:①成本低,需要的连接线缆较少。②易于扩展,可以通过添加新的设备到总线上来实现扩展。③数据传输简单,节点之间可以直接进行通信。

(3) 环型拓扑结构:在环型拓扑结构中,设备或节点通过一个闭合的环路相连。每个节点将数据传输到下一个节点,直到达到目标节点。该结构的优势包括:①数据传输效率高,数据在环路上沿着固定的方向传递。②可靠性高,一个节点故障不会影响整个网络的运行。③易于管理和故障检测。

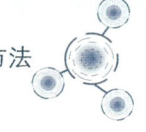

(4)网型拓扑结构:在网型拓扑结构中,每个设备或节点都与其他设备直接相连,形成一个多对多的连接方式。该结构的优势包括:①高度可靠,如果一个连接出现故障,数据可以通过其他路径传输。②灵活性高,节点之间可以直接通信,无须经过中心节点。③支持大规模网络,可以扩展大量的节点。

(5)树型拓扑结构:在树型拓扑结构中,设备或节点按照树的结构连接起来,形成多级结构。该结构的优势包括:①易于管理,具有层次结构,节点之间的关系清晰。②故障隔离性强,一个节点故障不会影响整个网络的运行。③数据传输效率高,可以通过选择合适的路径来优化数据传输。

不同的拓扑结构适用于不同的应用场景和需求,选择合适的拓扑结构可以提高通信系统的效率、可靠性和可管理性。

3.3.6.2 网络通信协议

在网络通信领域中,常用的网络通信协议类型有以下几种,每种协议都具有不同的特点和优势,适用于不同的应用场景。

(1)TCP/IP(transmission control protocol/internet protocol)。TCP/IP 是互联网通信的基础协议,提供了可靠的数据传输和网络连接。TCP/IP 的主要优势包括:①可靠性高,TCP/IP 采用确认、重传和流量控制等机制,确保数据的可靠传输,适用于对数据准确性要求较高的应用。②全球通用,TCP/IP 是互联网标准协议,被广泛应用于全球的网络通信,具有良好的兼容性和互操作性。③灵活性强,TCP/IP 支持多种应用层协议,可以适应不同类型的数据传输和通信需求。

(2)UDP(user datagram protocol)。UDP 是一种无连接的传输协议,提供了高效的数据传输和简单的通信机制。UDP 的主要优势包括:①低延迟,UDP 不需要建立连接和维护状态,数据传输较快,适用于对实时性要求较高的应用,如音视频传输和实时游戏。②简单,UDP 的通信机制相对简单,无须复杂的握手和状态管理,减少了通信的开销和复杂性。③支持广播和多播通信,UDP 可以将数据同时传输给多个接收者,适用于需要向多个终端发送相同数据的应用。

(3)HTTP(hypertext transfer protocol)。HTTP 是一种应用层协议,用于在 Web 浏览器和 Web 服务器之间传输数据。HTTP 的主要优势包括:①简单,HTTP 使用简单的请求-响应模型,易于理解和实现,适用于 Web 页面的数据传输和交互。②广泛支持,HTTP 被广泛支持和采用,成为互联网上最常用的协议之一,与其他协议和应用层技术集成良好。③高可扩展性,HTTP 支持通过头部字段和扩展标准来实现更丰富的功能和应用,如 HTTP 缓存、认证和安全等。

(4)FTP(file transfer protocol)。FTP 是一种在客户端和服务器之间传输文件的协议。FTP 的主要优势包括:①具有文件传输功能,FTP 提供了可靠的文件传输机制,支持文件的上传、下载和删除等操作。②控制访问,FTP 可以设置访问权限和身份验证,保护文件的安全性,适用于需要对文件进行控制和管理的场景。③具有目录管理,FTP 支持目录操作,可以浏览和管理远程服务器上的文件和文件夹。

(5)SMTP(simple mail transfer protocol)。SMTP 是一种用于电子邮件传输的协

议。SMTP 的主要优势包括：①可靠的邮件传输，SMTP 提供可靠的邮件传输机制，确保邮件能够准确地传递到目标邮箱。②允许跨网络通信，SMTP 可以在不同的邮件服务器之间进行邮件传输，实现跨网络的邮件通信。③支持邮件队列管理，SMTP 支持邮件队列管理，能保证邮件的传输顺序和可靠性，适用于大规模邮件传输和邮件服务器的管理。

这些网络传输协议各具特点，在康复辅助机器人的通信系统设计中，可以根据具体需求和应用场景选择合适的协议，以实现可靠的数据传输和有效的通信。

3.3.6.3 通信技术

（1）以太网（ethernet）。以太网是一种广泛应用于有线局域网的传输协议，它提供了高速、可靠的数据传输，适用于大型网络和需要高带宽的应用。以太网的主要优势包括：①高速传输，以太网支持千兆位和百兆位传输速率，提供快速的数据传输。②稳定性，以太网具有稳定的连接和低延迟，适用于对实时性要求较高的应用。③可扩展性，以太网支持多种拓扑结构和设备之间的灵活连接，可方便地扩展和管理网络。

（2）WiFi。WiFi 是一种无线局域网技术，常用于移动设备和无线网络连接。WiFi 的主要优势包括：①支持无线连接，WiFi 提供无线连接，使设备可以在无线网络覆盖范围内进行通信和数据传输。②灵活性高，WiFi 可以在多个设备之间建立点对点或基于网络的连接，使设备之间的通信更加便捷。③移动性强，WiFi 可以实现设备在不同网络访问点之间的平滑切换，使移动设备能够在网络覆盖范围内自由移动。

（3）蓝牙（bluetooth）。蓝牙是一种短距离无线通信技术，常用于设备之间的数据传输和连接。蓝牙的主要优势包括：①低功耗，蓝牙使用低功耗技术，适合于电池供电设备和移动设备，可以实现长时间的无线通信。②连接简便，蓝牙设备可以方便地进行配对和连接，无须复杂的设置过程。③支持多设备连接，蓝牙支持多设备同时连接，可以实现设备之间的并行通信。

为保证稳定的信息传输，目前康复辅助机器人多采用有线数据传输搭配无线数据传输的方式。

3.3.7 软件系统开发

康复辅助机器人的软件开发主要包括上位机和下位机两个部分。

上位机是指与机器人系统进行交互的计算机或控制台，通常由康复专家、技术支持人员或医疗人员使用。上位机的主要功能包括但不限于以下几点。

（1）监控和控制：上位机可以监控康复辅助机器人的运行状态和各个关键参数，包括关节角度、力量传感器数据、用户运动数据等。通过上位机，操作员可以实时掌握机器人的工作情况，并对机器人进行远程控制，调整运动模式、运动范围等。

（2）数据采集和分析：上位机可以实时接收和存储康复辅助机器人的传感器数据，如力传感器、位置传感器的数据等。这些数据可以用于分析和评估患者的康复进展、运动能力等指标。通过上位机的数据分析功能，康复专家可以为患者制定个性化的康复计划。

(3)用户界面和交互:上位机通常具有友好的用户界面,可提供直观的操作和交互方式。通过上位机用户界面,操作员可以进行参数设置、运动模式选择、实时数据显示等操作,实现与机器人系统的交互。

下位机是指康复辅助机器人系统中负责运动控制和任务执行的实际机械装置和控制器。下位机的主要功能包括但不限于以下几点。

(1)运动控制:下位机负责实现康复辅助机器人的运动控制,它根据上位机的指令和输入信号,控制机器人的关节运动、位置变换等。下位机包括驱动电机、传动装置和运动控制算法等。

(2)传感器数据采集:下位机通过安装的传感器,如力传感器、位置传感器等,实时采集康复辅助机器人的运动数据和环境信息。这些数据将被传输到上位机进行分析和处理。

(3)安全保护:下位机通常具有安全保护功能,包括碰撞检测、力量限制、应急停止等。它可以检测机器人与环境或用户之间的接触,并采取相应的保护措施,以确保康复过程的安全性。

3.3.8 样机功能检测与验证

样机功能检测与验证是康复辅助机器人研发过程中的重要环节,旨在评估和验证机器人的安全性、性能、电磁兼容性、环境可靠性、软件质量和零部件功能。通过以下几个方面的检测和测试,可以确保机器人的功能在设计和制造阶段达到预期要求。

(1)机器人安全测试。这一测试的目的是确保康复辅助机器人在操作和交互过程中的安全性能合格。它包括多个方面的检测,如耐压测试、绝缘测试、泄漏电流测试、接地电阻测试、碰撞检测、紧急停止功能测试、机器人动作范围和限制测试等。碰撞检测主要测试机器人是否能够及时感知到与其碰撞的对象,并采取适当的措施避免碰撞。紧急停止功能测试验证机器人是否具备紧急情况下迅速停止运动的能力,以确保用户的安全。机器人动作范围和限制测试旨在确定机器人的运动范围并设置适当的限制,防止超过安全范围。

(2)机器人性能测试。这一测试关注康复辅助机器人的运动性能、精度和稳定性。其中包括对机器人定位精度的测试,以确保其能够准确地定位和控制运动。速度控制测试用于评估机器人在各种速度下的稳定性和精确性。负载能力测试用于确定机器人能够承受的最大负载,并验证其在负载下的性能表现。

(3)机器人电磁兼容性测试。这一测试旨在评估康复辅助机器人与周围电磁环境的兼容性。它包括机器人的抗干扰能力测试,以确保机器人在电磁干扰环境下能够正常工作。同时,还包括电磁辐射水平测试,以确保机器人不会对周围设备和人体产生不良影响。

(4)环境可靠性测试。这一测试旨在评估康复辅助机器人在各种环境条件下的可靠性和适应性。其中,温度测试用于确定机器人在不同温度条件下的稳定性和性能,湿度测试用于评估机器人对湿度变化的适应能力,振动测试用于测试机器人在振动环境中的稳定性和可靠性。此外，环境可靠性测试还有高/低温试验、光照老化试验、温度循环试验、湿热试验、普通盐雾试验、淋雨试验、沙尘试验、耐碎石试验、复合盐雾试验、防尘防水试验等。

（5）机器人软件测试。康复辅助机器人的软件测试用于评估机器人控制系统和算法的正确性和可靠性。它包括对机器人感知、决策和执行能力的测试。感知能力测试确保机器人能够正确地感知和理解周围环境，决策能力测试验证机器人在面对不同情况时能够做出正确的决策，执行能力测试涉及机器人执行任务的准确性和稳定性。

（6）机器人零部件测试。这一测试旨在评估康复辅助机器人的各个关键零部件的性能和可靠性。例如，对减速器、控制器、电机和传感器进行性能测试，以确保它们能够提供准确的控制和反馈；连接器和接口测试用于验证机器人的各个部件之间的连接和通信是否可靠。

通过这些测试，可以发现和解决潜在问题，提高机器人的质量和可用性，确保它们能够有效地帮助患者恢复功能和改善生活质量。

3.4　康复辅助机器人的硬件开发平台

3.4.1　三维运动捕捉系统

三维运动捕捉系统在康复辅助机器人设计中的应用非常广泛，它能够实时追踪人体的动作和姿态，为机器人提供准确的参考数据和反馈信息。下面详述三维运动捕捉系统在康复辅助机器人设计中的具体应用。

（1）运动分析和仿真。三维运动捕捉系统可以实时捕捉患者的运动数据，并将其转化为数字化的人体模型。这些数据可以用于进行运动分析和仿真，通过对患者的运动模式和动作进行定量评估，帮助工程师了解康复过程中的运动特征和变化规律。基于这些数据，可以优化机器人的运动路径、速度和力度，以实现更准确和个性化的康复训练。

（2）实时姿态反馈。三维运动捕捉系统可以实时跟踪患者的姿态和动作，将其反馈给康复辅助机器人。这种实时姿态反馈可以帮助机器人实时调整自身的动作和力度，以更好地适应患者的需求和能力。例如，在康复辅助机器人设计中，当患者需要进行特定的运动训练时，三维运动捕捉系统可以即时捕捉患者的动作，并将数据传输给机器人，使机器人能够实时调整力度和速度，与患者进行协同运动。

（3）姿势校准和运动跟踪。三维运动捕捉系统可以用于姿势校准和运动跟踪，以确保机器人和患者之间的准确互动。通过对患者的姿势进行实时跟踪，系统可以帮助机器人识别和调整与患者的相对位置，使机器人能够正确地响应患者的指令和运动需求。这种姿势校准和运动跟踪功能可以提高机器人的精确度和响应性，确保康复过程的安全性和有效性。

（4）数据分析和个性化康复。通过对三维运动捕捉系统采集的数据进行分析，可以

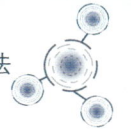

提取患者的运动特征和康复进展的指标。基于这些分析结果，工程师可以制定个性化的康复计划和训练策略，为患者提供更有针对性的康复辅助。此外，三维运动捕捉系统还可以记录康复过程中的数据，用于评估康复效果和研究分析，为康复辅助机器人的改进和优化提供依据。

综上所述，三维运动捕捉系统在康复辅助机器人设计中起到了至关重要的作用。它能够提供准确的实时运动数据和姿态反馈，支持机器人的运动分析、姿势校准和运动跟踪，从而制定个性化康复方案和进行数据分析。这些功能使得康复辅助机器人能够与患者实现更精确、协同和安全的互动，提高康复训练的效果和质量。

3.4.2 AnyBody 与 OpenSim

AnyBody 和 OpenSim 都是基于人体力学的仿真软件，它通过建立人体模型和进行运动学分析，模拟人体在不同活动和运动状态下的力学行为。

AnyBody 和 OpenSim 提供了多种人体建模工具。人们可以利用这些建模工具，根据具体的康复辅助机器人需求，建立包括骨骼、肌肉、关节和软组织等的人体模型。这些模型可以根据个体的生理特征和运动能力进行个性化定制，以准确模拟人体的力学行为。

通过 AnyBody 和 OpenSim 的运动学分析功能，人们可以对康复辅助机器人的运动进行仿真和评估。工程师可以对机器人在特定任务或活动中的运动进行模拟，并了解机器人与人体之间的交互作用和力学特性。这有助于优化机器人的运动设计，确保其与人体的协同性和安全性。

AnyBody 和 OpenSim 结合了人体力学和生物力学的理论和方法。人们可以利用 AnyBody 和 OpenSim 进行力学分析，了解机器人对人体的影响和作用力。工程师可以评估机器人在不同关节和肌肉群上的力学负荷，以及机器人对人体关节和组织产生的应力和应变情况。这有助于工程师在设计机器人时采用合理的力学参数和控制策略，以最大程度地减少机器人对人体的不良影响。

3.4.3 SolidWorks 与 Adams

SolidWorks 是一款强大的三维计算机辅助设计软件，它可以用于康复辅助机器人的机械设计和建模。以下是 SolidWorks 在康复辅助机器人设计中的作用。

（1）机械设计和建模。SolidWorks 提供了丰富的建模工具和功能，可以用于创建康复辅助机器人的三维模型。工程师可以使用 SolidWorks 进行机械零件的绘制和优化，以实现机器人的精确设计。它支持参数化设计，可以进行参数化建模和快速设计迭代。

（2）碰撞检测和运动分析。康复辅助机器人在操作过程中需要保证安全性和稳定性。SolidWorks 具有碰撞检测功能，可以检测机器人的各个部件之间是否存在碰撞或相互干扰，以避免机器人在操作过程中发生意外。此外，SolidWorks 还提供了运动分析工具，可以模拟和分析机器人的运动轨迹、关节角度等，帮助工程师优化机器人的运动性能。

(3)虚拟装配和模拟。SolidWorks的装配功能使得工程师能够进行康复辅助机器人的虚拟装配。通过在SolidWorks中进行装配操作,工程师可以验证机器人的可行性、检查零件之间的配合关系,并进行运动模拟和优化。这有助于提前发现和解决设计问题,减少实际制造和测试阶段的成本和时间。

Adams是一款专业的多体动力学仿真软件,可以用于康复辅助机器人的动力学分析和模拟。在康复辅助机器人设计中,Adams的应用主要包括以下几个方面。

(1)动力学模拟和分析。Adams可以对康复辅助机器人进行动力学仿真和分析。通过建立机器人的多体模型,包括各个关节、连接和驱动装置,Adams可以模拟机器人在运动过程中的动力学行为,如关节力矩、加速度、速度和位移等。这有助于评估机器人的性能和稳定性,优化机器人的运动控制算法和设计参数。

(2)碰撞检测和力反馈。Adams可以进行碰撞检测和碰撞响应分析,以确保康复辅助机器人在操作过程中不会与周围环境或患者发生碰撞。此外,Adams还可以模拟和分析机器人的力反馈系统(例如力传感器和执行器)的作用,以实现对患者的力控制和力交互。

(3)控制系统仿真。Adams提供了控制系统仿真功能,可以模拟和分析康复辅助机器人的控制算法和控制器性能。工程师可以将控制算法集成到Adams中,模拟机器人的控制过程,并评估控制算法的稳定性、准确性和响应性能。这有助于优化机器人的控制系统,提高机器人的运动精度和用户体验。

通过综合应用Solidworks和Adams,工程师可以在机械设计和动力学仿真两个方面对康复辅助机器人进行综合设计和优化。Solidworks提供了强大的机械建模和结构设计工具,使工程师能够设计出具有良好机械性能和外观的机器人结构。而Adams则可以帮助工程师分析和改进机器人的运动控制系统,优化机器人的动力学性能和运动精度。这两个软件的结合应用可以提高康复辅助机器人的设计效率和质量,促进康复辅助机器人在康复领域的应用和发展。

3.4.4 3D打印技术

3D打印技术也被称为"增材制造"(additive manufacturing),是一种通过逐层堆积材料来创建三维物体的制造方法。与传统的减材制造(subtractive manufacturing)相比,3D打印技术是一种以添加材料的方式进行制造的技术,通过逐层添加材料,逐步构建出所需的物体。它具有快速制造原型、支持定制化制造、制造复杂结构和零件、材料多样性、制造成本低等优势。

3D打印技术在康复辅助机器人设计中具有重要的作用,主要体现在以下几个方面。

(1)快速制造原型。康复辅助机器人设计需要不断的迭代和优化,而3D打印技术可以快速制作出机器人的原型。工程师可以使用SolidWorks或计算机辅助设计软件(CAD)创建机器人的三维模型,然后利用3D打印技术将其转化为实体原型。这样,工程师可以快速验证和测试机器人的外观、尺寸、结构等是否合格,及时进行修改和改进。

(2)支持定制化制造。康复辅助机器人需要与患者的身体进行紧密的配合,以提供

有效的辅助功能。3D 打印技术可以根据患者的具体需求和身体特征，定制制造机器人的部件。通过扫描患者的身体或特定部位，可以获取准确的尺寸数据，然后利用 3D 打印技术制造出与患者身体匹配的定制化部件，以提供更好的舒适度和适配性。

（3）制造复杂结构和零件。康复辅助机器人设计中可能涉及复杂的结构和零件，而传统的制造方法往往难以实现这些结构和零件的制作。3D 打印技术可以通过逐层堆积材料的方式，制造出复杂的结构和零件，从而满足机器人设计的特殊要求。例如，可以打印出具有复杂内部结构的轻量化零件、个性化的握把、关节连接器等，以增强机器人的功能和性能。这种灵活性使得康复辅助机器人能够更好地适应患者的需求。

（4）快速修复和替换。康复辅助机器人在使用过程中，部件可能会损坏或磨损，需要进行修复或替换。利用 3D 打印技术，可以快速制造出需要的零件，并进行修复或替换。这可以大大减少维修时间和成本，提高机器人的可用性和可靠性。

（5）材料多样性和优化。3D 打印技术可以使用多种类型的材料进行打印，包括塑料、金属、弹性材料等。根据机器人的功能和需求，可以选择合适的材料进行打印，以实现特定的机械性能，提高耐久性和适应性。此外，工程师还可以通过优化 3D 打印的工艺参数和结构设计，提高零件的强度、刚度并减轻零件的质量。

3D 打印技术在康复辅助机器人设计中发挥着重要作用。它可以满足机器人设计和制造过程中的多方面需求。这为康复辅助机器人的设计、改进和维护提供了灵活、高效和创新的解决方案。

3.4.5 电路开发系统平台

电路开发系统平台包括许多不同的软件和硬件工具，用于设计、模拟、测试和验证电路。电路开发系统平台中的一些常见工具和设备有以下几种。

（1）EDA 软件。EDA（electronic design automation，电子设计自动化）软件是用于电路设计和仿真的关键工具。常见的 EDA 软件有 Cadence Allegro、Mentor Graphics PADS、Altium Designer、OrCAD、KiCad 等。

（2）SPICE 仿真工具。SPICE（simulation program with integrated circuit emphasis，集成电路模拟仿真程序）是一种常用的电路仿真工具，用于模拟和验证电路的性能。常见的 SPICE 仿真工具包括 LTspice、PSpice、HSPICE 以及 Ngspice。

（3）FPGA 开发板。FPGA（field-programmable gate array，现场可编程门阵列）开发板是用于设计和验证数字电路的硬件平台。它提供了可编程逻辑和 I/O 接口，用于实现和测试各种电路功能。常见的 FPGA 开发板包括 Xilinx Zynq、Altera（现在是 Intel）Cyclone 系列、Lattice iCE40。

（4）PCB 设计工具。PCB（printed circuit board，印制电路板）设计工具用于设计和布局电路板。它提供了绘制电路板图形、放置元件、连接电路和生成制造文件的功能。常见的 PCB 设计工具包括 Altium Designer、Cadence Allegro、Mentor Graphics PADS 和 Eagle 等。

（5）信号分析工具。信号分析工具用于检测和分析电路中的信号特性，包括频谱分析、时域分析、频域分析等。常见的信号分析工具包括 Tektronix Oscilloscope、Keysight Signal Analyzer、Agilent Logic Analyzer 等。

上述是电路开发系统平台中的一些常见工具和设备。不同的项目和需求可能需要使用不同的工具来完成电路设计、仿真和验证的任务。电路开发系统平台是康复辅助机器人设计过程中必不可少的工具，它可以提供以下几个方面的支持和功能。

(1) 电路设计和模拟。电路开发系统平台提供了强大的电路设计和模拟工具，这些工具可以用于设计机器人的各种电路和电子元件。设计师可以使用电路设计软件进行原理图绘制、元件选择和电路布局。通过仿真工具，可以对电路进行验证和性能评估，确保电路在实际应用中可以正常工作。

(2) PCB 设计和布局。电路开发系统平台中的 PCB 设计工具允许工程师进行康复辅助机器人的电路板设计和布局。工程师可以根据机器人的尺寸和形状，合理地放置电子元件，规划信号和电源线路，确保电路板的可靠性和性能。通过 PCB 设计工具，工程师还可以生成制造文件，以便进行生产和组装。

(3) 信号处理和控制。康复辅助机器人通常需要进行信号处理和控制，以实现运动控制、力传感和数据采集等功能。电路开发系统平台提供了相应的通信协议、接口和控制模块，通过设计和调试相应的电路，可以进行信号采集、滤波、放大及数字信号处理等操作，还可实现控制算法和反馈回路。以上操作和功能有助于实现康复辅助机器人的精确控制和运动监测。

(4) 电源管理和节能优化。康复辅助机器人通常需要适当的电源管理系统，以提供稳定可靠的电力供应，并减少能源消耗。电路开发系统平台可以设计和实现电源管理电路(包括电源适配器、电池管理、功率管理等)，以满足机器人的电源需求，并通过节能策略延长电池寿命和续航时间。

(5) 故障检测和维护。电路开发系统平台还可以集成故障检测和维护功能，用于检测和诊断机器人电路的状态和性能。通过设计合适的电路保护和检测机制，可以实现对电路的故障检测、过载保护、温度监测等功能，以确保机器人的可靠性和安全性。

3.4.6 运动控制系统的设计与仿真平台

运动控制系统的设计与仿真平台有许多种，常见的平台有 MATLAB/SIMULINK、LabVIEW、SimMotion、SolidWorks 以及 ADAMS 等。运动控制系统的设计与仿真平台能够为工程师和研究人员提供一个实验和验证机器人系统的虚拟环境，以优化系统设计和验证系统性能。

首先，设计与仿真平台为康复辅助机器人的运动控制系统提供了一个实验场景，使工程师能够对机器人的运动进行精确建模和仿真。通过建立机器人模型和环境模型，工程师可以模拟各种康复运动任务和场景，例如步态训练、关节活动范围恢复和肌肉力量恢复等。通过对机器人运动的仿真分析，工程师可以发现和解决潜在的问题，并进行必要的改进，以确保机器人在实际应用中能够准确、安全地执行所需的运动任务。

其次，设计与仿真平台提供了一个测试和验证控制算法的环境。康复辅助机器人的

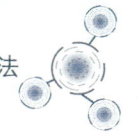

运动控制系统通常以复杂的算法和控制策略为基础，例如反馈控制、轨迹规划和力/力矩控制。在设计与仿真平台上，工程师可以实时运行这些算法，并观察机器人的响应和性能。通过模拟实际的康复情景，例如模拟特定的康复运动或模拟患者进行特定的康复任务，工程师可以验证控制算法的有效性和鲁棒性。这种测试和验证过程可以帮助工程师优化控制算法，以提高机器人的运动精确性、适应性和交互性。

此外，设计与仿真平台还允许工程师进行参数优化和系统优化。通过在仿真环境中修改不同的机器人参数、传感器设置和控制参数进行仿真实验，工程师可以评估不同配置对机器人性能的影响，并找到最佳的设计和配置。这种优化过程可以通过自动化搜索算法或试错法进行，以找到最优方案。优化的结果可以指导实际康复辅助机器人的设计和制造过程，以提高机器人的性能和效率。

再者，设计与仿真平台还可以帮助工程师进行系统集成和优化。康复辅助机器人通常由多个组件和子系统组成，包括感知系统、运动执行系统和控制系统等。通过仿真平台，工程师可以模拟这些组件之间的交互和协调，以确保它们能够顺利集成和工作。

设计与仿真平台在康复辅助机器人设计中是不可或缺的工具。它们提供了一个虚拟环境，供工程师开发、测试和优化运动控制系统，模拟机器人的动力学行为，验证控制系统的鲁棒性和适应性，并支持系统集成和优化。这些平台的使用可以提高康复辅助机器人的设计效率和质量，并确保机器人在实际使用中能够满足患者的需求和期望。

3.4.7 样机功能测试平台

样机功能测试平台是用于完成机器人安全检测、机器人性能检测、机器人电磁兼容性检测、环境可靠性测试、机器人软件测试、机器人零部件测试的平台。

（1）机器人安全检测。机器人安全检测平台是用于评估和确保机器人在操作和交互过程中的安全性的工具和设备。工程师可通过安全性能综合测试仪（五合一功能）完成康复辅助机器人的交流耐压测试、绝缘电阻测试、接地电阻测试、泄漏电流测试以及功率测试，还可通过测力台、激光测距仪以及各项传感器完成康复辅助机器人的碰撞检测以及限制测试。

（2）机器人性能检测。康复辅助机器人的性能测试主要考虑位姿/距离/轨迹位置准确度和重复性、多方向位姿准确度、位置稳定时间及超调量、拐角偏差、轨迹速度、人机交互力、机器人的柔顺性等。康复辅助机器人的性能测试主要依赖激光测距仪以及各项传感器。

（3）机器人电磁兼容性检测。康复辅助机器人的电磁兼容性检测主要依赖相应的电磁兼容检测设备。电磁辐射测试仪用于测量机器人在不同频率范围内产生的电磁辐射水平，包括频谱分析仪、磁场探测器和天线等组件，可以定量测量机器人的辐射功率和频谱特性。电磁感受性测试仪用于测试机器人对外部电磁场的感受性，包括电磁场发生器和传感器，可以模拟不同强度和频率的电磁场，并测量机器人在这些场中的响应。静电放电测试仪用于评估机器人的静电放电能力，可以模拟静电放电事件，并测量机器人的放电电流和放电时间，以确定其对静电干扰的抵抗能力。频谱分析仪用于分析机器人产

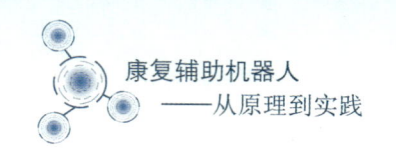

生的电磁信号的频谱特性,可以测量不同频率范围内的信号强度和频谱分布,以评估机器人的频谱使用和干扰情况。电磁干扰(electromagnetic interference,EMI)扫描仪用于检测机器人在电磁环境中的电磁干扰情况,可以扫描并识别机器人产生的电磁干扰源,并提供干扰的位置和强度信息。此外,为对康复辅助机器人进行电磁兼容检测,可能还需配备高性能 10 m 法半电波暗室、3 m 法电波暗室、30 m 法开阔试验场等。

（4）机器人的环境可靠性测试。康复辅助机器人的环境可靠性测试需要专门模拟相应的环境,应用的平台是相应的环境实验房,如高温、高压、振动、冲击实验房等。

（5）机器人软件测试。康复辅助机器人的软件测试包括源代码测试、功能测试、性能测试、渗透测试、开源代码测试等一些基础测试,以及嵌入式控制器/系统 HIL 测试(硬件在环测试)、嵌入式控制器/系统自动化测试等一些仿真测试。应用到的平台有运动控制模型仿真试验平台(YXMCP-ATCA-150)以及 MATLAB/SIMULINK 等。

（6）机器人零部件测试。康复辅助机器人的零部件测试主要是对减速器、电机、关节一体机、控制器、安全模块、调速电气传动系统、线缆、电池以及轴承等零部件进行尺寸、载荷、转速、稳定性等性能的测试。常用的设备有 Keyence 零件尺寸测量仪、转速继电器、XStress 机器人应力检测系统等。

3.5 康复辅助机器人的软件开发平台

3.5.1 MATLAB 和 SIMULINK

MATLAB 和 SIMULINK 在康复辅助机器人设计中扮演着重要角色。康复辅助机器人是指用于协助康复训练和治疗的机器人系统,它们能够辅助患者进行肢体运动训练、恢复身体功能以及改善运动能力。下面将详细说明 MATLAB 与 SIMULINK 在康复辅助机器人设计中的作用。

MATLAB 提供了丰富的工具和函数,可用于数据处理、信号分析和数值计算。在康复辅助机器人设计中,MATLAB 可以用于运动分析和建模。它能够对患者的运动进行数据采集和处理,并提取关节运动轨迹、姿态信息、力量和压力数据等。通过这些数据,工程师可以对运动模式和异常情况进行建模和分析,从而为机器人控制算法提供基础。

SIMULINK 是一个图形化的建模和仿真软件,可用于设计和测试控制算法。在康复辅助机器人设计中,SIMULINK 可以用于控制算法的开发和验证。通过 SIMULINK 的图形界面,工程师可以将不同的组件和模块连接起来,构建康复辅助机器人的控制系统模型。这些组件可以代表传感器、执行器、运动学模型、控制算法等。通过仿真模型,工程师可以评估控制算法的性能和效果,并进行调试和优化。

使用 MATLAB 和 SIMULINK 进行康复辅助机器人设计还具有以下优势。

（1）灵活性。MATLAB 和 SIMULINK 提供了灵活的编程和建模环境,允许根据具体需求定制康复辅助机器人系统。开发人员可以编写自定义的算法和函数,以及创建复杂的系统模型。

（2）快速原型开发。MATLAB 和 SIMULINK 提供了快速原型开发的能力。开发人员可以快速搭建康复辅助机器人的控制系统原型，并通过仿真进行快速迭代和验证，从而缩短开发周期。

（3）丰富的工具箱和函数库。MATLAB 和 SIMULINK 提供了丰富的工具箱和函数库，用于信号处理、控制系统设计、机器学习、优化等。这些工具箱可以满足康复辅助机器人系统的不同需求，如运动规划、轨迹控制、运动估计等。

（4）可以与硬件集成。通过支持的硬件连接和通信协议，MATLAB 和 SIMULINK 可以将康复辅助机器人系统与传感器、执行器等硬件设备进行连接和通信。

MATLAB 和 SIMULINK 为康复辅助机器人设计提供了强大的工具和环境。它们能够支持数据分析、建模、控制算法开发和系统仿真，为康复辅助机器人系统的设计和优化提供全面的支持。

3.5.2　LabVIEW 与虚拟仪器

LabVIEW(laboratory virtual instrument engineering workbench)提供了一个直观的图形化编程环境，允许用户通过拖放和连接图形化的函数块(称为虚拟仪器)来编写程序。这种图形化编程方法使得康复辅助机器人的开发和控制变得更加直观和可视化。在康复辅助机器人设计中，LabVIEW 与虚拟仪器的结合发挥了重要的作用。下面详细描述了 LabVIEW 与虚拟仪器在康复辅助机器人设计中的作用。

（1）数据采集与处理。LabVIEW 提供了丰富的工具和函数库，用于数据采集和处理。在康复辅助机器人设计中，可以使用 LabVIEW 来接收和处理来自传感器的数据，如关节角度、力量和压力等。这些数据可以用于运动分析、姿态估计和运动异常检测等。

（2）实时控制。LabVIEW 具有强大的实时控制功能，可以用于实时监测和控制康复辅助机器人系统。通过实时模块，LabVIEW 可以实现低延迟和高精度的控制算法。这对于康复辅助机器人的实时交互和反馈非常重要，以确保机器人的安全性和有效性。

（3）用户界面设计。LabVIEW 允许用户通过图形化界面设计工具来创建用户界面。在康复辅助机器人设计中，工程师可以使用 LabVIEW 创建交互式和可视化的用户界面，以便患者和操作员能够直观地与机器人系统进行交互和控制。

（4）算法开发与优化。LabVIEW 提供了丰富的信号处理、图像处理和控制系统设计工具。在康复辅助机器人设计中，工程师可以使用 LabVIEW 来开发和优化康复算法，如运动规划、轨迹控制和运动估计等。这样可以提高康复辅助机器人系统的精度、稳定性和效果。

（5）系统集成与部署。LabVIEW 具有强大的系统集成和部署能力。它可以与各种硬件设备、传感器和执行器进行连接，并支持常用的通信协议。这使得 LabVIEW 可以与康复辅助机器人的硬件系统进行无缝集成和通信。

LabVIEW 与虚拟仪器在康复辅助机器人设计中扮演着重要角色。它们提供了直观的图形化编程环境、丰富的功能库和工具，用于数据采集与处理、实时控制、用户界面设

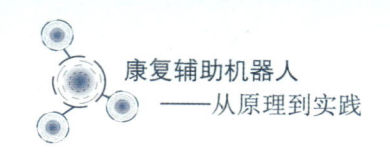

计、算法开发与优化以及系统集成与部署。这使得 LabVIEW 成为开发和控制康复辅助机器人系统的强大工具。

3.5.3　Python 与人工智能算法

Python 作为一种灵活且功能强大的编程语言，结合人工智能算法，在康复辅助机器人设计中扮演着重要的角色。

Python 在康复辅助机器人设计中的作用主要包括数据处理与分析、机器学习与模式识别、运动规划与控制以及人机交互等。

首先，Python 提供了丰富的数据处理和分析工具，如 NumPy、Pandas 和 SciPy 等库，用于处理康复辅助机器人采集到的运动数据、传感器数据和生物信号等。通过使用这些工具，工程师可以对数据进行预处理、特征提取、统计分析等操作，为后续的算法设计和优化提供基础。

其次，Python 在机器学习与模式识别方面具有强大的能力。通过使用机器学习算法和深度学习框架（如 TensorFlow 和 PyTorch），康复辅助机器人可以训练模型来识别运动模式、预测患者康复进展等。这些模型可以帮助康复辅助机器人系统做出智能决策和调整，以提供更加个性化和有效的康复治疗。

再次，Python 还可以用于运动规划与控制。通过使用 Python 编写控制算法，康复辅助机器人可以实现精确的运动规划和执行，以满足患者的康复需求。例如，可以使用 Python 进行逆运动学计算，以确定机器人的关节角度和末端执行器的位置，从而实现精确的运动控制。

最后，Python 还可以用于人机交互方面。通过使用 Python 的图形用户界面库，如 Tkinter 或 PyQt，工程师可以创建友好的用户界面，使患者和操作员能够直观地与康复辅助机器人进行交互和控制。这样可以提高用户体验，提高用户在康复过程中的参与度和积极性。

Python 与人工智能算法在康复辅助机器人设计中发挥着重要作用，包括数据处理与分析、机器学习与模式识别、运动规划与控制、人机交互和算法优化等方面。通过利用 Python 的强大功能和丰富的库，工程师可以实现康复辅助机器人系统的智能化，提升康复辅助机器人的性能和效果，为患者提供更好的康复治疗体验。

3.5.4　Unity 与虚拟现实技术

Unity 是一种强大的游戏引擎和开发平台，而虚拟现实技术则提供了沉浸式的交互体验。在康复辅助机器人设计中，Unity 与虚拟现实技术的结合发挥了重要的作用。

Unity 和虚拟现实技术可以实现以下几个方面的功能和应用。

（1）沉浸式环境。Unity 提供了强大的图形渲染和物理模拟功能，结合虚拟现实技术，可以创造出高度逼真的虚拟环境。在康复辅助机器人设计中，康复辅助机器人可以利用 Unity 创建逼真的康复场景，让患者感受到真实的运动和环境，增加康复训练的沉

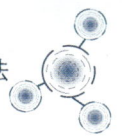

浸感和吸引力。

（2）交互式体验。Unity和虚拟现实技术的结合，使得患者可以直接参与到康复训练中。通过手柄、传感器或其他交互设备，患者可以与虚拟环境中的对象进行互动，进行康复训练动作的模拟和执行。这种交互式的体验可以提高患者的主动性和参与度，增加康复训练的效果和乐趣。

（3）实时反馈与调整。Unity可以实时获取患者的动作数据和生理信号，然后通过虚拟现实技术将这些数据可视化并反馈给患者。患者可以通过虚拟现实场景中的反馈信息，了解自己的运动姿态、力量和进展情况。同时，医护人员也可以根据这些数据进行实时的康复训练调整和优化。

（4）康复训练方案设计。利用Unity和虚拟现实技术，医护人员可以根据患者的具体情况和康复目标设计个性化的康复训练方案。利用虚拟现实环境的灵活性和可定制性，康复辅助机器人可以创建各种场景和任务，满足不同患者的康复需求。同时，康复训练方案也可以根据患者的进展和反馈进行动态调整，从而提高康复效果和方案的个性化程度。

3.5.5　控制器上位机与下位机程序开发

在康复辅助机器人设计中，控制器上位机与下位机程序开发是关键的部分。

控制器上位机程序主要负责与下位机进行通信和控制，在控制器上位机程序的开发中，通常会使用编程语言如C++、Python等。上位机程序的主要任务包括以下几个方面。

（1）通信协议与接口。上位机程序需要与下位机建立通信连接，确保可靠的数据传输和命令交互。选择合适的通信协议（如TCP/IP等）以及实现相应的通信接口是必要的，以确保上位机与下位机之间能够进行双向的数据交换和控制指令的传递。

（2）数据处理与算法。上位机程序负责接收和处理下位机发送的传感器数据和状态信息。通过算法和数据处理技术，上位机可以对接收到的数据进行实时分析、处理和解释，提取有用的信息并做出相应的决策。

（3）控制指令生成与发送。上位机程序根据康复辅助机器人的控制策略和用户的指令生成相应的控制指令，并将其发送给下位机。这包括生成运动轨迹、调整控制参数、实现力反馈等操作，以实现对康复辅助机器人的精确控制。

（4）用户界面设计与交互。上位机通常包括一个用户界面，用于与患者或操作员进行交互。通过用户界面，用户可以设定康复参数、监控机器人状态、查看实时数据等。在上位机程序开发中，设计直观友好的用户界面是提高康复辅助机器人易用性和用户体验的重要因素。

下位机程序主要负责实际的机器人控制和运动。下位机程序的任务包括以下几个方面。

（1）接收上位机指令与数据。下位机程序需要接收上位机发送的控制指令和数据。通过通信接口，下位机程序能够接收上位机发送的运动指令、控制参数等，并进行相应的

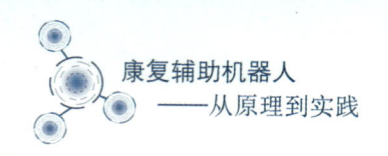

处理。

(2) 运动控制与执行。下位机程序根据接收到的控制指令,实现康复辅助机器人的运动控制。它负责完成驱动机器人关节、执行运动轨迹、实现力反馈等操作,以实现精确的运动和力控制。

(3) 传感器数据采集与处理。下位机程序负责接收和处理机器人内部和外部传感器的数据。它能够读取传感器的测量值、状态信息等,以提供给上位机程序进行进一步的处理和分析。

(4) 状态监测与故障处理。下位机程序可以监测机器人的状态,包括电机状态、力传感器状态、控制器状态等。在发生故障或异常情况时,下位机程序能够进行相应的故障处理,如停止运动、报警提示等。

综上所述,控制器上位机与下位机程序开发在康复辅助机器人设计中具有重要作用。上位机程序负责通信、数据处理、控制指令生成和用户界面设计,而下位机程序负责接收指令、运动控制、传感器数据处理和状态监测。通过上位机与下位机的协同工作,康复辅助机器人可实现运动的精确控制。

3.5.6 数据库开发

数据库开发是指设计、构建和维护数据库系统的过程。数据库是一个组织数据的集合,可以存储和检索大量结构化或非结构化数据。在数据库开发中,有许多重要的概念和技术需要掌握,下面将详述数据库开发的主要内容。

(1) 数据库设计。数据库设计是数据库开发的第一步,它包括确定数据库的结构和组织方式。在设计阶段,需要确定数据库的实体(entity)和属性(attribute),并建立它们之间的关系。常用的数据库设计方法有关系型数据库设计和面向对象数据库设计。

(2) 数据库模型。数据库模型是数据库设计的抽象表示,它定义了数据在数据库中的组织方式和相互关系。常见的数据库模型包括层次模型、网络模型、关系模型和对象模型。其中,关系模型是最常用的数据库模型,使用表格(称为关系)来组织数据,并通过键值之间的关系来连接不同的表格。

(3) 数据库管理系统(DBMS)。数据库管理系统是数据库开发的核心工具,是一个软件系统,用于管理数据库的创建、访问、维护和安全性控制。常见的关系型数据库管理系统包括 MySQL、Oracle、SQL Server 和 PostgreSQL。此外,还有许多面向特定领域或用途的数据库管理系统,如面向文档数据库(MongoDB)、面向键值存储(Redis)等。

(4) 数据建模。数据建模是数据库开发的关键步骤,它涉及将现实世界的问题转化为数据库模型的过程。数据建模使用概念工具,如实体-关系图(ER 图),描述数据之间的关系和约束。通过数据建模,可以定义数据库的表格结构、主键、外键、索引等。

(5) 数据查询语言。数据库开发中最常用的查询语言是结构化查询语言(SQL)。SQL 允许开发人员执行各种操作,如创建表格、插入、更新和删除数据,以及复杂的查询和聚合操作。除了 SQL,还有一些特定的数据库管理系统的查询语言,如 PL/SQL (Oracle 数据库)、T-SQL(SQL Server 数据库)等。

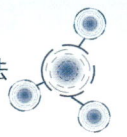

(6) 数据库编程。数据库编程涉及开发人员使用编程语言(如 Java、Python、C#等)与数据库进行交互的任务。这包括建立与数据库的连接,并编写代码执行各种数据库操作,如查询、更新和删除数据。此外,数据库编程还涉及处理事务和连接管理,以及处理在操作过程中可能发生的数据库错误和异常。

(7) 数据库优化和调优。在数据库开发过程中,性能优化是一个重要的方面。开发人员需要使用合适的技术和工具来优化数据库的性能,包括索引设计、查询优化、表格分区、缓存机制等。通过优化和调优,数据库的响应速度和处理能力均可以得到提高。

(8) 数据库安全性。数据库安全是数据库开发中必须关注的重要问题。开发人员需要采取措施来保护数据库中的敏感数据免受未经授权的访问、修改或破坏。这些措施包括使用访问控制、加密技术、备份和恢复策略,以及监控和审计数据库活动等。

(9) 数据库维护和管理。数据库开发不仅包括创建数据库,还包括后续的维护和管理。数据库维护和管理包括监控数据库性能、备份和恢复数据、执行数据库升级和迁移、检查数据完整性和一致性等。数据库管理员(DBA)通常负责数据库的维护和管理工作。

(10) 数据库扩展和集群。随着数据量的增长,数据库的扩展性变得尤为重要。数据库开发人员需要考虑数据库的扩展和集群方案,以满足高并发访问和大规模数据存储的需求。常见的解决方案包括垂直扩展(增加硬件资源)和水平扩展(分布式数据库和数据分片)。

综上所述,数据库开发涉及多个方面,包括数据库设计、模型建立、DBMS、数据建模、查询语言、编程、优化、安全性保证、维护和扩展等。掌握这些知识和技术,可以有效地设计、构建和管理各种类型的数据库系统。

3.6　本章小结

本章主要介绍了康复辅助机器人的整体设计方法。首先,探讨了康复辅助机器人设计的大体流程,包括功能和需求分析、硬件和软件设计、样机功能检测、临床转化应用等方面。然后,介绍了康复辅助机器人的整体设计所包含的环节并详细介绍了其关键部分。最后,对康复辅助机器人的整体设计中所用到的平台、软件等进行了较为全面的介绍。希望通过本章的介绍,可以让读者明白康复辅助机器人的设计方向和目标。

第4章
康复辅助机器人的人机交互方法

4.1 康复辅助机器人的人机交互

4.1.1 康复辅助机器人的人机交互的概述

人机交互是康复辅助机器人的重要组成部分。康复辅助机器人的人机交互是指机器人与患者之间的相互作用和信息交流过程。这种交互是通过技术手段实现的,旨在支持和辅助康复过程。康复辅助机器人的人机交互包括传感和感知、引导和指导、实时反馈和评估、力度调整和辅助、个性化适应和调整以及情感支持。

传感和感知是指机器人通过搭载各种传感器(如摄像头、压力传感器、陀螺仪等),对患者的姿势、动作和力度进行感知和检测。这些传感器可以捕捉患者的运动状态和身体参数,为机器人提供与患者的交互基础。引导和指导是指机器人可以通过语音提示、屏幕显示或物理动作等方式引导和指导患者进行康复训练;该功能可以提供明确的指令、示范正确的动作,并帮助患者掌握正确的运动技巧。实时反馈和评估是指机器人能够对患者的运动进行实时反馈和评估;该功能可以分析患者的动作准确性、速度、平衡等指标,并及时向患者提供反馈,这有助于患者纠正错误、改善运动技巧,并提供实时的康复进展评估。力度调整和辅助是指机器人可以根据患者的需要和能力,调整提供的力度和辅助力;该功能可以根据患者的实时反馈,提供适当的阻力或额外的力量,以帮助患者完成康复训练。个性化适应和调整是指机器人可以根据患者的个体特点和康复需求进行个性化适应;通过分析患者的数据和反馈,机器人可以调整训练计划、提供恰当的挑战,并与患者建立起个性化的交互方式。情感支持是指机器人可以通过情感表达和互动来提供情感支持;该功能可以通过表情、声音和语调等方式表达情感,回应患者的情感需求,提供鼓励、安慰和赞扬等,提高患者的治疗参与度。

康复辅助机器人的人机交互旨在通过技术和人工智能的支持,与患者建立有效的交流和互动,提供个性化、精准和积极的康复支持,促进患者的康复进程。

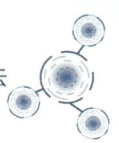

4.1.2 康复辅助机器人的人机交互的发展

康复辅助机器人的人机交互伴随着机器人技术的发展逐渐进步,其发展主要分为六个阶段,分别为初期阶段、传感器操作阶段、实时反馈指导阶段、个性化适应阶段、感知智能化阶段和协作与社交互动阶段。

(1)初期阶段(21世纪之前)。在康复辅助机器人的早期阶段,人机交互主要依靠简单的按钮、控制杆或遥控器来操控机器人。在这个时期,机器人的交互功能相对有限,主要集中在机器人的控制和运动方面。

(2)传感器操作阶段(2000年至2004年)。随着传感器技术的发展,康复辅助机器人开始引入各种传感器,如摄像头、力传感器、加速度计等。这些传感器使机器人能够感知患者的运动和姿势,实现更自然的交互方式。以力控制为例,在安全性方面,可以通过力反馈来获取患者当前的运动状况信息,以实时调节患者所受到的接触力,从而避免康复训练中的伤害风险。相关研究人员提出了一种自适应患者协作控制策略,旨在提高踝关节辅助康复训练的有效性和安全性。

(3)实时反馈指导阶段(2005年至2009年)。随着计算能力的提升,康复辅助机器人开始能够实时分析和评估患者的运动,并提供实时反馈和指导。机器人可以通过语音提示、屏幕显示或物理动作等方式向患者提供指导,帮助他们纠正错误和改善运动技巧。

目前,在康复辅助机器人系统中,在患者的运动意图实时分析和评估方面,最成熟的人机交互技术是利用惯性传感器和力传感器来反馈患者的运动状态,实现对患者运动意图的识别。除此之外,基于EMG信号、EEG信号、眼电信号等分析患者运动意图的方法也受到了国内外康复专家的广泛关注。相关研究人员提出了一种通过在大腿上安装单个惯性传感器来检测步态康复辅助机器人的步态事件的方法,该方法利用线性回归模型实时获取用于检测脚跟撞击的自适应阈值。这种方法可以实时适应患者的步态特征,并提供准确的步态事件检测。

(4)个性化适应阶段(21世纪10年代)。在这一阶段,康复辅助机器人越来越注重个性化的康复训练。机器人通过数据记录和分析,能够根据患者的能力和恢复进展,调整训练计划和提供相应的挑战。这使得机器人能够为每个患者提供定制化的康复支持。为实现个性化的康复,康复辅助机器人需要对患者的体征信息进行监测。基于量表的主观性评价、基于力学指标的客观识别、基于生物化学指标的客观评测、基于电生理信号的疲劳评价等都可以有效地对患者的体征信息进行监测,进而帮助康复辅助机器人提供个性化康复训练方案。

(5)感知智能化阶段(21世纪10年代末至今)。近年来,随着深度学习和模式识别等人工智能技术的进步,康复辅助机器人开始具备更高级的感知和智能化能力。机器人能够更准确地感知和理解患者的动作、姿势和力度,并根据患者的实时反馈提供更精准的指导和支持。

(6)社交互动阶段(未来展望)。未来将更加注重康复辅助机器人与患者之间的协作与社交互动。康复辅助机器人将不仅是一个辅助工具,更是一个与患者共同完成康复训

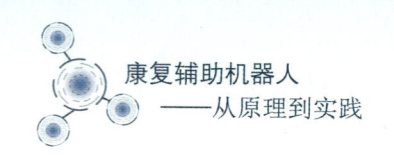

练的合作伙伴。这种人机之间的情感互动将提高患者治疗参与度。

4.1.3 康复辅助机器人的人机交互的作用

康复辅助机器人的人机交互在康复过程中发挥着重要的作用,人机交互可以引导和指导患者进行特定任务,并实时反馈和评估康复效果,完成个性化的适应和调整。在康复过程中,人机交互还可以激发患者动力、提供鼓励,同时完成对数据的记录和分析,最终提高患者的独立性和自主性。康复辅助机器人的人机交互的作用具体包括以下几个方面。

(1)引导和指导。康复辅助机器人通过语音提示、屏幕显示或物理动作等方式引导和指导患者进行康复训练。它提供明确的指令和示范,帮助患者采用正确的姿势和动作,确保他们按照正确的方式进行康复运动。

(2)实时反馈和评估。康复辅助机器人能够实时分析和评估患者的运动,并提供即时的反馈。它可以检测患者的动作准确性、速度、平衡等指标,并向患者提供实时的反馈信息。这有助于患者纠正错误、改善运动技巧,并提供康复进展评估。

(3)个性化适应和调整。康复辅助机器人可以根据患者的个体差异和康复需求进行个性化适应。通过分析患者的数据和反馈,机器人能够调整训练计划和提供相应的挑战,以满足每个患者的特定需求。

(4)激发动力和提供鼓励。康复辅助机器人能够通过情感表达和互动来激发患者的动力和积极性。它可以通过语音、表情和声音等方式提供鼓励和赞扬,提高患者治疗参与度。这对于患者坚持康复训练、克服困难具有重要意义。

(5)数据记录和分析。康复辅助机器人能够记录患者的康复数据,如运动记录、进展情况等,并进行存储和分析。这些数据可以用于评估患者的康复进展和治疗效果,并为医护人员提供参考和决策支持。

(6)提高患者独立性和自主性。康复辅助机器人可以帮助患者提高独立性和自主性。它可以提供必要的支持和辅助力,使患者能够更好地完成日常生活中的康复活动,减少对他人的依赖。

4.2 康复辅助机器人的传统人机交互方式

4.2.1 命令行交互

命令行交互(command-line interface,CLI)即命令行界面。康复辅助机器人的 CLI 是指用户通过输入的命令行指令来与机器人进行交互的方式。虽然命令行交互相对简单,但在康复辅助机器人中仍然发挥着重要的作用。CLI 是一种基于文本的交互方式,用户通过键盘输入特定的命令,然后机器人根据这些命令执行相应的操作。康复辅助机器人可以通过命令行交互来完成一系列功能,如启动机器人系统、选择康复训练模式、设

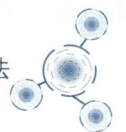

定训练参数等。在康复辅助机器人中,命令行交互具有灵活性和定制性的特点。用户可以根据自身需求输入适当的命令,控制机器人进行特定的操作。例如,用户可以输入"start"命令启动机器人系统,然后通过进一步的命令选择具体的康复训练模式(如平衡训练、肌力训练等)。命令行交互还可以用于设定康复训练的参数。用户可以输入相关命令来调整训练的难度、时间、重复次数等参数,以满足自身的康复需求。例如,用户可以输入"set difficulty high"来设定训练难度为高级水平,或输入"set duration 20 minutes"来设定训练时长为 20 分钟。通过命令行交互,用户还可以获取机器人的状态和数据。用户可以输入命令来查询当前训练进度、完成的动作次数、康复进展等信息。例如,用户可以输入"get progress"来获取当前训练进度,或输入"get data"来获取康复训练的数据记录。

尽管命令行交互在康复辅助机器人中具有一定的局限性,但它仍然是一种简单而有效的交互方式。通过命令行交互,用户可以快速地与机器人进行互动,保证康复训练的进行,并获取相关的信息和数据。此外,命令行交互也为机器人的开发和调试提供了方便,使开发人员能够对机器人进行更精细的控制和调整。

4.2.2 图形界面交互

图形界面交互是屏幕产品的视觉体验和互动操作部分。康复辅助机器人的图形界面交互是指通过可视化的图形界面来与机器人进行交互的方式。相比于命令行交互,图形界面交互提供了更直观、友好的用户体验,使用户能够通过图形化的控件和界面进行康复训练的操作和管理。以下是对康复辅助机器人图形界面交互的详细描述。

图形界面交互通过使用图形元素、控件和视觉效果,提供了一种可视化的交互方式。用户可以通过点击按钮、拖动滑块、选择菜单等操作与机器人进行交互。康复辅助机器人的图形界面通常由多个界面组成,包括主界面、训练选择界面、参数设置界面等。

首先,主界面是用户与康复辅助机器人进行交互的入口。它通常包括机器人的状态显示、训练模式选择、训练进度展示等功能。用户可以通过点击相应的按钮或选项来选择特定的康复训练模式,并在主界面上观察训练进度和结果。

其次,训练选择界面提供了康复训练模式的选择和浏览功能。用户可以通过图形界面浏览可用的康复训练模式,例如平衡训练、肌力训练、灵活性训练等。通过点击相应的图标或选项,用户可以选择特定的训练模式,并进入相应的训练界面。

参数设置界面允许用户对康复训练的各项参数进行调整和配置。用户可以通过图形界面调整训练的难度级别、时间设置、重复次数等参数,以满足自身的康复需求。参数设置界面通常提供了可调节的滑块、输入框等控件,使用户能够直观地进行参数调整。

最后,图形界面交互还可以提供实时反馈和数据展示功能。康复辅助机器人可以通过图形界面显示患者的训练进度、动作准确性、运动轨迹等信息。用户可以在图形界面上观察自己的康复训练效果,并根据反馈进行相应的调整和改进。图形界面交互还可以通过图表、图像等可视化手段展示康复数据和进展。康复辅助机器人可以记录患者的训练数据并以图形形式(例如曲线图、柱状图等)呈现,以便用户更好地了解自己的康复进展和趋势。

4.2.3　直接操纵交互

直接操纵最早是由施奈德曼（Ben Shneiderman）提出的，它通常体现为所谓的图形用户[WIMP，WIMP是指窗口（window）、图标（icon）、菜单（menu）和鼠标（pointer）]界面。康复辅助机器人的直接操纵交互与传统的计算机的直接操作交互不同。康复辅助机器人的直接操纵交互是指通过直接的人机接触和操作来进行交互的方式。这种交互方式基于机器人与患者之间的物理接触和运动，使患者能够通过与机器人直接互动的方式来进行康复训练。

首先，康复辅助机器人通过传感器和反馈装置实现与患者的直接交互。机器人可以配备力传感器、压力传感器、惯性传感器等，以感知患者的运动和力度。通过这些传感器，康复辅助机器人能够准确地捕捉患者的动作，如手臂的抬举、腿部的伸展等。其次，康复辅助机器人可以通过力反馈来与患者进行直接操作交互。当患者进行康复训练动作时，康复辅助机器人可以通过力反馈装置向患者施加适当的力量和阻力，以引导和调节患者的运动。这种力反馈可以帮助患者正确执行动作，并提供实时的指导和调整。最后，康复辅助机器人还可以通过姿态调整和关节限制来实现直接操作交互。康复辅助机器人可以根据患者的康复需求和训练目标，调整自身的姿态和关节角度，以适应不同的训练动作和需求。这种姿态调整和关节限制可以帮助患者正确进行运动，并保证训练的安全性和有效性。

通过康复辅助机器人的直接操作交互，患者能够与机器人进行实时的互动和合作。机器人可以根据患者的运动状态和反馈，调整自身的运动和力度，以实现更精准和个性化的康复训练。

4.3　康复辅助机器人的新型人机交互方式

虽然传统的康复辅助机器人交互方式能够完整、准确地实现机器人的交互功能，但是其操作流程较为繁琐，智能程度较低，不能满足人们日渐增长的智能化需求。随着康复辅助机器人的发展，多种新型的人机交互方式被用于康复辅助机器人，以提高康复辅助机器人的康复辅助效果。

4.3.1　语音交互

康复辅助机器人的语音交互是指通过语音技术实现机器人与患者之间的交流和指导。通过语音交互，患者可以使用口头命令与机器人进行沟通，获得实时的指导、反馈和支持。为了实现语音交互，需要机器人具有语音识别、语音合成能力。

4.3.1.1　语音识别

为实现康复辅助机器人的语音交互，要求机器人具备语音识别技术，能够识别患者的口头命令和指令。患者可以通过简单的语音指令告知机器人他们的意图，例如开始或

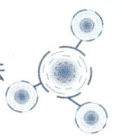

停止某项康复动作、调整运动速度或强度、提出特定问题等。语音识别系统能够将患者的语音转换为机器可理解的指令。目前,语音识别技术常用的方法包括随机模型法、神经网络法和概率语法。这些方法在语音识别领域被广泛应用,并取得了良好的效果。

(1) 随机模型法。随机模型法的核心思想是通过提取特征、训练文本、分类文本和判断文本的步骤来进行语音识别。在随机模型法中,有三种主要的技术:矢量量化技术、隐马尔科夫模型理论技术和动态时间规整技术。

矢量量化技术将语音信号分割成小的时间段,并将每个时间段的特征表示为一个矢量。这些矢量经过压缩编码,可用于训练和识别过程中的特征匹配。

隐马尔科夫模型理论技术将语音信号视为一个马尔科夫过程,其中隐藏状态表示音素或单词,观测状态表示特征向量。通过建立隐马尔科夫模型,系统可以对观测状态和隐藏状态之间的概率关系进行建模。

动态时间规整技术用于解决语音信号的时间上的变化和长度不匹配的问题。该技术通过动态规划算法,将输入信号的特征序列与模型中的特征序列对齐,从而实现更准确的语音识别。

(2) 神经网络法。神经网络法是一种模拟人类神经活动的方法,具有较强的分类和映射能力。在语音识别中,神经网络法结合了传统方法和神经网络的优势,显著提高了识别效率和准确性。常用的神经网络模型包括深度神经网络和循环神经网络等。这些模型能够从大量的语音数据中学习特征表示,并对输入的语音进行分类和识别。

(3) 概率语法。概率语法是一种用于语音识别的方法,通过建立概率模型来推断最可能的语音序列。它基于概率论的理论基础,将语音识别问题转化为概率计算问题,并利用统计方法进行建模和推断。

4.3.1.2 语音合成

机器人通过语音合成技术实现与患者的语音反馈和指导。一旦机器人理解了患者的指令,它就可以通过语音合成技术产生合成的语音输出,以回应患者的需求。这种语音反馈可以包括指导性的语音提示(例如正确的姿势、动作技巧和注意事项)以及积极的鼓励和激励,以增强患者的参与感和动力。目前,常用的语音合成技术包括波形合成法、参数合成法和规则合成法三种。

(1) 波形合成法。波形合成法是一种简单的语音合成方法,适用于短词汇的合成。波形合成法使用语音编码技术,存储适当的语音单元,合成时通过解码、波形编辑、平滑处理等步骤输出所需的短语、语句或段落。波形合成法分为波形编码合成和波形编辑合成两种形式。波形编码合成直接存储或压缩语音发音波形,合成时解码并输出。波形编辑合成则从音库中选择自然语言的合成单元的波形,进行编辑和拼接输出。

(2) 参数合成法。参数合成法也称为分析合成法,是一种复杂的语音合成方法。为了节约存储容量,参数合成法首先对语音信号进行分析,提取出语音的参数,并以压缩的形式进行存储,然后根据这些参数合成语音。参数合成法一般包括发音器官参数合成和声道模型参数合成两种形式。发音器官参数合成法直接模拟人类的发音过程,将发音器官的状态转换为语音信号。声道模型参数合成法则使用声道模型来描述声音的生成过

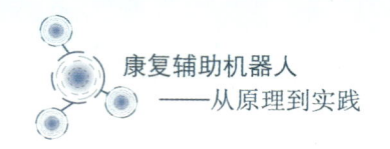

程,通过控制声道模型的参数来合成语音。

(3) 规则合成法。规则合成法是一种基于规则和规则库的语音合成方法。它使用一系列语音合成规则和规则库,根据输入的文本信息生成相应的语音输出。规则合成法通常基于语音合成引擎,通过对输入文本进行解析和处理,匹配相应的合成规则,然后根据规则进行音素或音节的合成和拼接,最终生成语音输出。

通过康复辅助机器人的语音交互,患者可以在康复训练过程中得到及时的指导和反馈,从而提高训练的准确性和效果。语音交互具有简单易用、直观便捷的特点,尤其适合那些无法进行手部操作或对其他交互方式有限制的患者。此外,语音交互还可以增加患者与机器人之间的互动性和康复参与感,提高康复训练的乐趣。

4.3.2 触摸交互

触觉是生物体与外界环境物体直接接触时的重要感觉之一。它的主要任务是通过接触对象获取目标对象以及环境的多种物理信息,并对机器人与对象、环境的相互作用中涉及的物理特征进行检测和感知。触觉在机器人领域中发挥着重要作用,因为它是实现机器人与外部环境直接交互的必要媒介,也是一种非常重要的知觉形式。康复辅助机器人通常配备有触摸传感器或压力传感器,这些传感器可以安装在机器人的末端执行器、机器人的表面或机器人的手柄等位置。通过感知患者的触摸或压力反馈,机器人能够获取患者触摸的位置、力度和持续时间等信息。

如图 4-1 所示是具有压力感知能力的康复外骨骼。压力信号可以作为使用者与康复外骨骼交互的输入。通过对压力信号进行分析,康复外骨骼可以判断患者是否完成特定任务,并进行操作评分。

4.3.3 头部或眼球追踪交互

眼球追踪交互是康复辅助机器人中一种重要的交互方式,它利用眼动追踪技术来检测和分析患者的眼球位置和运动,以实现人机交互和康复训练的目的。这项技术的应用为康复领域带来了许多创新和改进,为患者提供了更加个性化、直观和灵活的康复体验。眼球追踪技术可以用于多种康复任务。

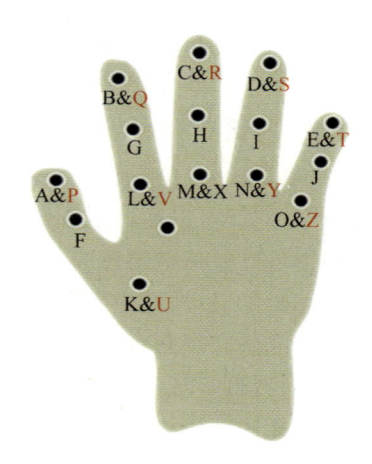

图 4-1 压力感知康复外骨骼

(1) 通信和控制。患有运动障碍的人可以使用眼球追踪交互来与机器人进行交流和控制。他们可以通过凝视特定的符号或按钮来选择和发送信息,以与机器人进行交互并表达他们的需求和意图。

(2) 动作指导。康复辅助机器人可以利用眼球追踪交互来指导患者进行运动康复训练。通过追踪患者的凝视点,机器人可以实时感知患者的运动意图,并提供相应的指导和反馈,帮助患者正确执行运动动作,提高康复效果。

(3) 辅助导航。眼球追踪交互可以用于辅助患者在日常生活中的导航和定位。机器人可以追踪患者的凝视点，帮助他们识别和定位目标物体或位置，并提供相关的导航指引，增强患者的独立性和移动能力。

(4) 虚拟现实训练。眼球追踪交互可以与虚拟现实技术结合，为患者提供沉浸式的康复训练环境。通过追踪患者的眼球运动，机器人可以实时调整虚拟环境，使其与患者的凝视点保持一致，提供更加真实和个性化的康复训练体验。常见的基于眼球追踪的虚拟现实的模型如图 4-2 所示。该模型将凝视引导的机器人与上肢康复虚拟环境相结合。模型中使用的上肢康复虚拟环境专门围绕基于凝视的意图检测构建，旨在使患者在上肢康复虚拟环境中获得更多的自由度。

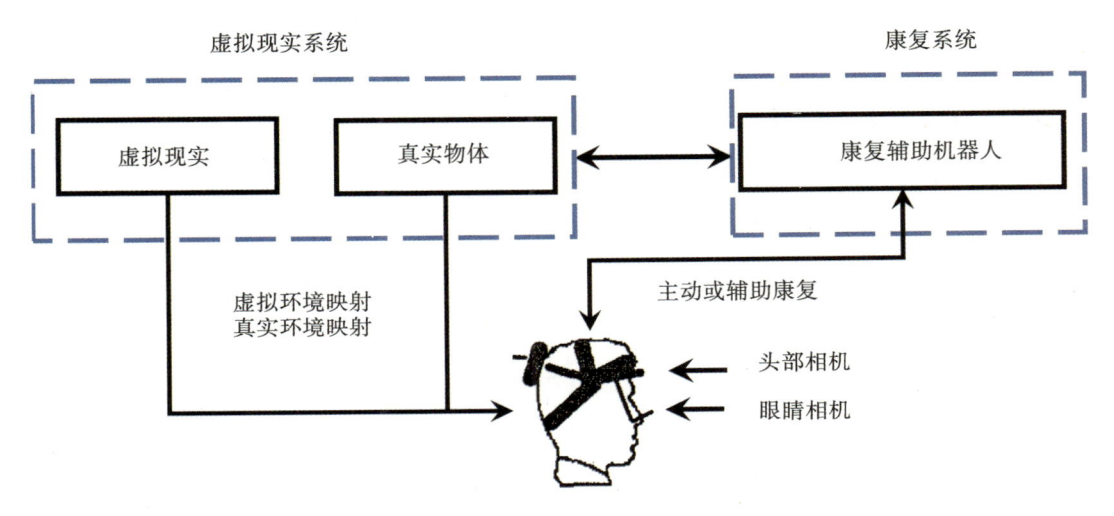

图 4-2 基于眼球追踪的虚拟现实的模型

4.3.4 脑机接口交互

康复辅助机器人的脑机接口（brain-machine interface，BMI）交互是指通过记录和解读大脑活动，实现人脑与机器人之间的直接通信和互动。脑机接口技术将神经信号转化为控制指令，使患者能够通过意念来操纵机器人进行运动或执行任务。

基于脑机接口技术的康复技术有三种主要类型：第一种是利用脑机接口系统来控制假肢和其他外部设备；第二种是利用脑机接口技术帮助肢体仍然存在但神经连接受阻的残疾人直接控制肌肉完成基本动作；第三种是结合神经科学，利用脑机接口系统对中枢神经系统进行再恢复，以恢复肢体在合理生理电位下可以重建的功能。

脑机接口技术在康复治疗领域有着广阔的发展前景。然而，大多数人对脑机接口的认知仍然相对有限，对其应用也不够了解。将脑机接口技术应用于康复训练中可以增加训练的功能和乐趣，并提高康复效果。通过应用脑机接口技术，康复辅助机器人可以帮助脑瘫患儿提高独立生活能力和基本交流能力。脑机接口技术的应用范围广泛，一旦智

力障碍的脑瘫患儿具备基本的交流和运动能力，就可以使用该技术进行康复训练。

常见的脑电系统如图4-3所示，一般由信号采集、信号处理、控制设备、反馈四个部分组成，信号处理部分一般包含预处理、特征提取和特征分类三个部分。脑机接口技术通常通过不同的设备来采集和记录EEG。对采集到的原始信号先进行预处理（如滤波和去除伪迹等操作），然后进行特征提取和分类。通过将分类结果转换为相应的控制指令，可以实现对轮椅、机械臂、机器人等外部设备的控制。为了增强脑机接口系统的适应性和实用性，通常会设置反馈环节，用于提供被控制外部设备的变化信息。这样，使用者可以根据反馈信息有意识地调整信号采集过程。反馈环节通常包括传感器或相机等设备，用于获取被控制对象的信息。这些反馈信息可以帮助使用者更好地理解和调整他们的EEG。

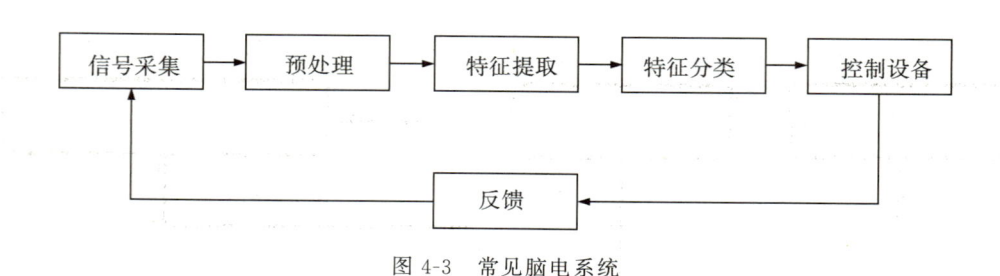

信号采集 → 预处理 → 特征提取 → 特征分类 → 控制设备 → 反馈 →（回到信号采集）

图4-3 常见脑电系统

4.4 康复辅助机器人的感知反馈

康复辅助机器人的感知反馈是指机器人通过不同的传感器和技术与患者进行交互，提供针对患者行为和状态的反馈信息。这种感知反馈可以帮助患者在康复训练中更好地理解和调整自己的动作，增强他们的参与度，以及提高康复效果。

4.4.1 视觉反馈

由于根深蒂固的习惯或低自我效能感，通常患者在治疗过程中不愿意超越已有的表现水平。为使得患者超越已有的表现水平，提高患者的康复效果，视觉反馈被加入到康复过程中，使机器人疗法比传统的人工辅助疗法和以往的机器人康复应用更加有效。视觉进展和视觉扭曲是两种用于康复辅助机器人的视觉反馈操纵方法。

（1）视觉进展是一种视觉反馈策略，它强调并鼓励患者逐步改善他们的表现。通过提供准确的、逐渐改变的视觉信息，患者能够清楚地看到他们的进步。这种正向的反馈可以增强患者的动力和自信心，鼓励他们更积极地参与康复训练。视觉进展可以通过逐渐增加任务难度、增加目标要求或提供实时表现指标等方式实现。

（2）视觉扭曲是另一种视觉反馈策略，它通过逐渐改变视觉信息来激励患者改善他们的表现。视觉扭曲可以以微小且几乎察觉不到的方式改变患者所看到的图像或环境，从而引导他们调整动作或姿势，以适应新的视觉信息。这种扭曲可以通过改变物体形

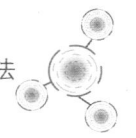

状、大小、位置或视觉反馈的时间延迟等方式实现。使用视觉扭曲的目的是激发患者的适应性和学习能力，促使他们改进运动技能或纠正错误动作。

视觉进展和视觉扭曲需根据康复目标和患者需求来选择。视觉进展强调逐步改善和正向反馈，适用于患者需要明确目标和动力激励的情况。而视觉扭曲则通过提供新颖的、具有挑战性的视觉情景，鼓励患者主动调整和适应，适用于患者需要促进适应性和学习能力提升的情况。这两种方法的综合应用可以帮助患者更好地参与康复训练，并获得更好的康复效果。

4.4.2　听觉反馈

康复辅助机器人的听觉反馈是指通过声音和音频信号向患者提供反馈信息，以帮助他们在康复训练中调整和改进动作。听觉反馈可以通过以下方式实现。

（1）声音提示。康复辅助机器人可以通过发出声音来引导患者完成正确的动作。这些声音包括简单的指令声音，如"抬起手臂"或"保持平衡"，以帮助患者正确执行特定的动作。

（2）音效反馈。康复辅助机器人可以通过不同的音效来反馈患者的动作表现。例如，当患者执行正确的动作时，机器人可以发出肯定的声音或音效，以鼓励和奖励他们的努力。

（3）语音指导。康复辅助机器人可以使用语音合成技术提供详细的指导和说明。通过语音指导，机器人可以向患者解释正确的动作执行方法、提供实时反馈和调整建议，以帮助他们更好地理解和实施康复训练。

（4）音乐疗法。康复辅助机器人可以结合音乐疗法的原理，通过播放音乐来激励患者参与康复训练。音乐的节奏和旋律可以帮助患者调整动作的速度等，提供额外的动力和乐趣。

通过听觉反馈，康复辅助机器人可以增强患者对动作执行的感知和意识，提供实时的指导和调整，以及增加他们的动力和参与度。这种听觉反馈可以在康复训练中起到激励、引导和提供即时反馈的作用，帮助患者更好地恢复功能和提高康复效果。

4.4.3　震动体感反馈

康复辅助机器人的震动体感反馈是指通过震动装置向患者传递触觉反馈，以增强他们在康复训练中的感知和体验。这种反馈方式可以帮助患者更好地理解和执行康复动作，提供额外的信息和引导。震动体感反馈包括以下几个部分。

（1）震动提示。康复辅助机器人可以使用震动来提示患者执行某个特定的动作。例如，在特定的时间点或特定的位置上触发震动，以指示患者进行下一步动作或调整姿势。

（2）强度调节。康复辅助机器人可以根据患者的表现和需求，调整震动的强度。这样可以根据患者的感觉和能力提供适当的触觉刺激，帮助他们更好地感知和理解动作执行过程。

(3) 错误提示。康复辅助机器人可以使用震动来提示患者执行动作时出现错误或不正确的姿势。通过不同的震动模式或频率，可以向患者传达需要纠正的信息，以帮助他们改进动作。

(4) 动态反馈。康复辅助机器人可以根据患者的动作质量和准确性，实时调整震动的模式和频率。例如，当患者执行动作正确时，机器人可以提供持续而稳定的震动反馈；而当患者出现错误时，震动可以变得更强或更弱，以引起患者的注意。

通过震动体感反馈，康复辅助机器人可以提供即时、个性化的触觉刺激，帮助患者更好地感知和调整动作执行过程。这种反馈方式可以增加患者对康复训练的参与度和专注度，提供额外的引导和支持，进一步促进康复效果的提升。

4.4.4　电刺激触觉反馈

康复辅助机器人的电刺激触觉反馈是指通过电刺激装置向患者传递触觉反馈，以增强他们在康复训练中的感知和体验。这种反馈方式利用电流或电脉冲刺激患者的皮肤，使患者产生触觉感知，以提供额外的信息和引导。以下是一些常见的电刺激触觉反馈方式。

(1) 电刺激提示。康复辅助机器人可以使用电刺激来提示患者执行某个特定的动作。例如，通过在特定的肌肉区域施加电刺激，以指示患者进行下一步动作或调整姿势。

(2) 强度调节。康复辅助机器人可以根据患者的需求和感受阈值，调整电刺激的强度。这样可以根据患者的感觉和能力提供适当的触觉刺激，帮助他们更好地感知和理解动作执行过程。

(3) 错误提示。康复辅助机器人可以使用电刺激来指示患者执行动作时出现错误或不正确的姿势。通过在特定的肌肉区域施加不同的电刺激模式或强度，康复辅助机器人可以向患者传达需要纠正的信息，以帮助他们改进动作。

(4) 动态反馈。康复辅助机器人可以根据患者的动作质量和准确性，实时调整电刺激的模式和强度。例如，当患者执行动作正确时，机器人可以提供持续而稳定的电刺激反馈；而当患者出现错误时，电刺激可以变得更强或更弱，以引起患者的注意。

通过电刺激触觉反馈，康复辅助机器人可以提供个性化和精确的触觉刺激，帮助患者更好地感知和调整动作执行过程。这种反馈方式可以增加患者对康复训练的参与度和专注度，提供额外的引导和支持，进一步促进康复效果的提升。另外，需要注意确保电刺激的安全性和舒适性，以确保患者的舒适感和健康。

4.4.5　其他种类的反馈

除了视觉、听觉、震动体感和电刺激触觉反馈之外，康复辅助机器人还可以提供其他种类的反馈来增强康复训练的效果。

(1) 力反馈。康复辅助机器人具有力传感器和执行器，在患者的运动过程中可以施加合适的力量反馈。这种反馈可以模拟真实世界中的力量交互，帮助患者感知力的大

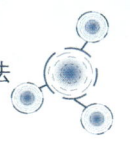

小、方向和变化,并在必要时提供辅助力或阻力,以增强训练效果。

(2)压力反馈。康复辅助机器人可以使用传感器来感知患者与机器人接触的压力分布和变化。通过在机器人表面或接触部位施加相应的压力反馈,可以提供触觉感知,帮助患者掌握适当的接触力度和姿势控制。

(3)弹性反馈。一些康复辅助机器人具备可调节的弹性元件,通过模拟肌肉和关节的弹性特性,为患者提供反馈感知。这种反馈可以改变机器人的刚度和回弹性,使患者感受到仿真的弹性反应,并促进他们的动作协调和控制能力的提高。

(4)温度反馈。通过在机器人表面或接触部位应用热或冷刺激,康复辅助机器人可以向患者提供温度感知的反馈。这种反馈可以激活患者的皮肤感知系统,增强触觉体验,并在必要时提供指导和调整的信息。

(5)姿势反馈。康复辅助机器人可以通过内置的传感器来监测患者的姿势。基于这些数据,康复辅助机器人可以提供实时的姿势反馈,帮助患者调整姿势并保持正确的姿态,避免错误的运动模式。

(6)动作定向反馈。康复辅助机器人可以使用声音或光信号来指示患者进行特定的动作。例如,当患者完成特定的动作或达到特定的目标时,机器人可以发出声音或点亮 LED 灯,以提供正向的动作定向反馈。

4.5 人机交互中的关键技术

4.5.1 基于 EEG 的运动意图解码

4.5.1.1 EEG 的检测

EEG 是一种非侵入性记录脑电活动的电生理监测方法,电极沿着头皮放置,然后通过放置在头皮上的多个电极,记录大脑在一段时间内自发进行的电活动。它在临床上可用于诊断癫痫病、睡眠障碍、麻醉深度、昏迷、脑病和脑死亡,也是实验心理学领域中提供大脑活动的一种工具,而且还是一种神经成像方法,在计算神经科学中得到了广泛应用。脑电所采集的数据仅为部分神经元的活动,而脑内的具体活动情况是无穷多的。为了解决这个问题,科学家采用了许多办法,这些方法包括无损伤方法和损伤方法两类。无损伤方法包括:增加电极,通过高密度记录电极的数据,结合复杂的数学程序和若干假设,进行分析运算;与高空间分辨率的脑功能成像方法结合。损伤方法包括:手术中的颅内技术、脑损伤或脑局部切除患者的颅外记录、动物模型的急慢性埋藏电极记录等。由于损伤方法均有一定的创伤性,在目前的研究中无损伤方法使用比较广泛,易被大众接受。

目前,市场上脑电采集系统的原理大同小异,最大的区别在于电极种类以及抗干扰能力不同,常见的电极有干电极、湿电极还有特殊电极。干电极脑电帽在实验的准备阶段比较方便,但是信号质量稍差于湿电极。湿电极是通过导电膏或盐水来减少电极与皮肤之间的阻抗的,它在准备阶段花费时间比较长,但是信号质量比干电极好。湿电极还分为金属电极和非金属电极，金属电极的导电性要高于非金属电极，但是在一些特殊场景（例如磁共振）中金属电极不适用，这时就需要使用非金属电极。干电极脑电帽如图4-4所示。干电极脑电帽通过贴在头皮表面的非植入型电极采集人的EEG，其中也包含眼电信号与EMG。非侵入式脑机接口设备包含14个信号采集通道（AF3、F7、F3、FC5、T7、P7、O1、O2、P8、T8、FC6、F4、F8、AF4）与2个参考位置电极（CMS和DRL），电极分别位于各耳机臂的最顶端，依据10—20国际标准导联系统，它们可以位于头部两侧的各个部位，信号传感器及电极分布图如图4-5所示。

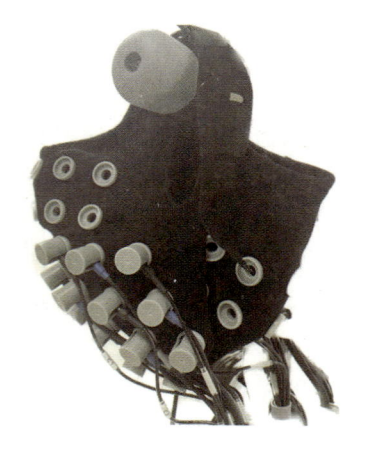

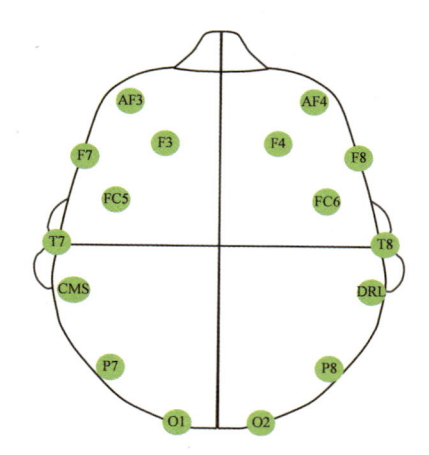

图4-4　干电机脑电帽　　　　图4-5　信号传感器及电极分布图

4.5.1.2　EEG的预处理

EEG信号在采集过程中可能受到许多干扰，例如肌电干扰、眼电干扰和环境噪声。预处理步骤用于降低这些干扰的影响，并增强所需的EEG信号。预处理包括滤波、去噪、伪迹去除、坏道修复、降采样、校正参考和数据分割等技术。

（1）滤波：滤波是EEG预处理中常用的步骤之一，用于去除不需要的频率成分。常见的滤波方法包括带通滤波和陷波滤波。带通滤波可以选择保留特定频率范围的信号，如0.5～40 Hz，以滤除低频和高频噪声。陷波滤波则用于去除特定频率的干扰，如电源频率的干扰（如50 Hz或60 Hz）。

（2）去噪：使用信号处理技术（如均值滤波、中值滤波或小波去噪等）来减少噪声干扰。

（3）伪迹去除：使用各种方法来去除记录过程中可能引入的伪迹，例如眨眼或咀嚼引起的伪迹。

（4）坏道修复：坏道是指EEG电极或通道无法正常采集到信号的情况。在预处理中，可以采用插值方法或替代方法来修复坏道，以保证整个信号记录的完整性。

（5）降采样：降采样是将采样频率降低到较低的频率，以减少数据量和计算复杂度。在降采样之前，需要确保信号中没有超过降采样频率一半的频率成分，以避免混叠。

（6）校正参考：EEG信号通常以参考电极为基准进行记录，但不同参考选择可能会影

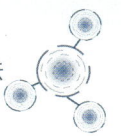

响结果。校正参考是将 EEG 信号转换为不同的参考电极设置,如平均参考、零参考或参考电极群。

(7)数据分割:将连续的 EEG 信号按较短的时间段进行分割,以便进行后续的数据分析和处理,如事件相关分析。

4.5.1.3　EEG 的特征提取

EEG 信号的特征提取是提取能够反映受测者不同状态下脑电特征的过程,这些特征可用于特征分类或直接用于控制外部设备。特征提取方法主要分为时域分析方法、频域分析方法和时频域分析方法三种,需根据信号的类型选择适合的方法。

时域分析方法包括过零点分析、直方图分析、方差分析、相关分析、峰值检测、波形参数分析以及相干平均和波形识别等。这些方法直接从时域上提取特征参数,可用于 EEG 的分类、识别、跟踪和瞬态分析。时域分析法通常结合滤波和采样,以去除时域噪声,常用的滤波方法包括带通滤波和卡尔曼滤波。另外,小波变换(连续小波或离散小波)也可以提取 EEG 信号的时变特征。

频域分析方法包括功率谱估计法和参数模型法。功率谱估计法反映信号的频率成分,分析 EEG 各频段的功率和相干性,揭示信号的规律。参数模型法可实现自动提取和定量分析,具有高频率分辨率和平滑的谱图,适用于短数据处理,常用于 EEG 的动态分析。常用的频域特征包括功率谱密度、自适应自回归模型参数或小波频带能量,提取方法包括快速傅里叶变换、自适应自回归模型和小波变换等。

考虑到 EEG 信号的复杂性和非平稳性,传统的时域和频域分析存在不确定性。因此,在实际应用中,常将时域特征值与频域功率谱相结合,用于 EEG 信号的特征提取。其中,小波变换是目前常用的时频域分析方法之一。

4.5.1.4　EEG 的识别与分类

特征识别与分类是在 EEG 特征提取的基础上,对特征信号进行分类识别,以用于控制不同的事件。下面是一般的 EEG 识别与分类的步骤。

(1)特征选择。在特征提取后,可以进行特征选择,以减少特征的维度并提高分类性能。常用的特征选择方法包括统计方法(如方差分析、相关性分析)、降维方法(如主成分分析、线性判别分析)等。

(2)训练样本准备。准备标记好的训练样本,包括不同类别的 EEG 信号数据和对应的类别标签。样本标签可以是脑电活动状态(如放松状态、注意状态)、事件相关电位等。

(3)分类器训练。使用机器学习或模式识别算法,基于提取的特征对分类器进行训练。常用的分类算法包括支持向量机、人工神经网络、随机森林、朴素贝叶斯等。训练过程中,将特征和对应的类别标签输入分类器,分类器通过学习特征和类别之间的关系,建立分类模型。

(4)模型评估与优化。对训练好的分类模型进行评估和优化。评估模型的性能指标可以包括准确率、召回率、精确率、F1 值等。根据评估结果,可以对模型进行调优(如调整分类器参数、优化特征选择方法等),以提高分类性能。

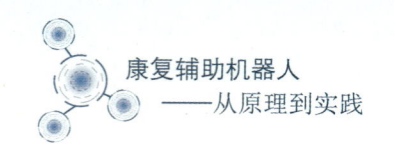

(5)测试与应用。将优化后的分类模型应用于新的未知 EEG 信号进行分类预测。根据模型的分类结果,可以对脑电活动状态进行识别、对事件相关电位进行检测等。

4.5.1.5 脑电运动意图解码的典型实例

脑机接口技术可以在人脑与外界环境之间建立起联系的通道,其主要作用是对用户的 EEG 信号进行特征提取,并将提取的信息分类转换为控制外界设备的特定命令。所以,严重运动残疾的患者可以通过脑机接口技术实现对康复机器人的控制,从而更积极主动地参与康复治疗。

(1)上肢康复辅助机器人的脑机接口研究。基于 EEG 信号的异步脑机接口系统的整体结构框图如图 4-6 所示。该系统由以下四个主要部分组成:视觉刺激模块、信号采集模块、信号处理模块和输出控制模块。信号采集模块用于接收和记录用户的 EEG 信号,并将其传输到信号处理模块进行进一步的处理和分析。信号处理模块采用特定的算法和技术,对采集到的 EEG 信号进行特征提取、分类和识别。最后,输出控制模块将分类的结果发送给上位机,以控制上肢康复辅助机器人进行相应的运动或操作。

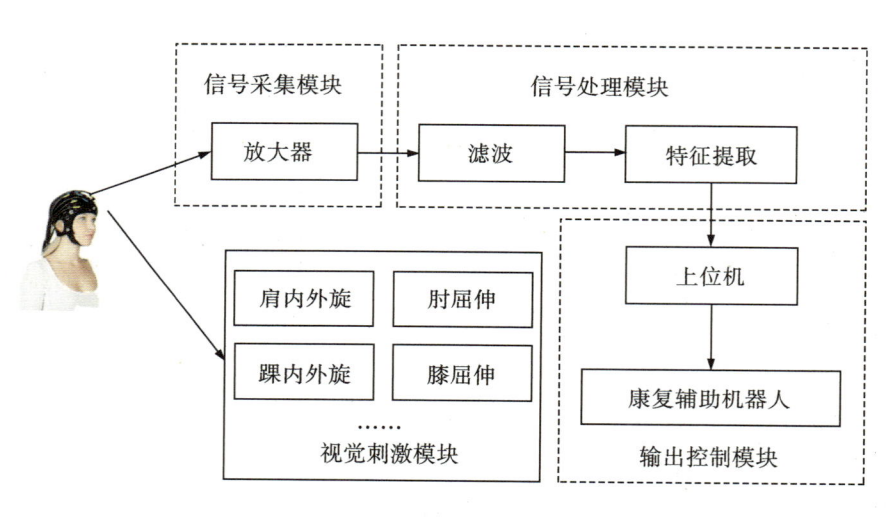

图 4-6 异步脑机接口系统的整体结构框图

(2)基于振荡的脑机接口可能会施加非直观的控制范例(例如,重复的足部运动图像来控制手的功能)。近年来,低频时域信号在脑机接口领域也引起了人们的关注,因为这些信号被证明可以编码更多的运动信息,特别是运动相关皮层电位(movement related cortical potentials,MRCPs)。在为 BCI 设计直观的控制范例时,MRCPs 表现出不同的现象。例如,MRCPs 甚至对同一肢体的各种单一运动进行编码,如手张开、手闭合或不同的抓取动作,这些动作可以通过基于脑电图的脑机接口检测到,并通过神经假体转化为运动。脊髓损伤患者的 MRCPs 在运动想象和运动尝试中存在,但有证据表明它们被改变了。脊髓损伤患者基于 MRCPs 的康复示意图如图 4-7 所示。

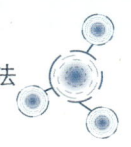

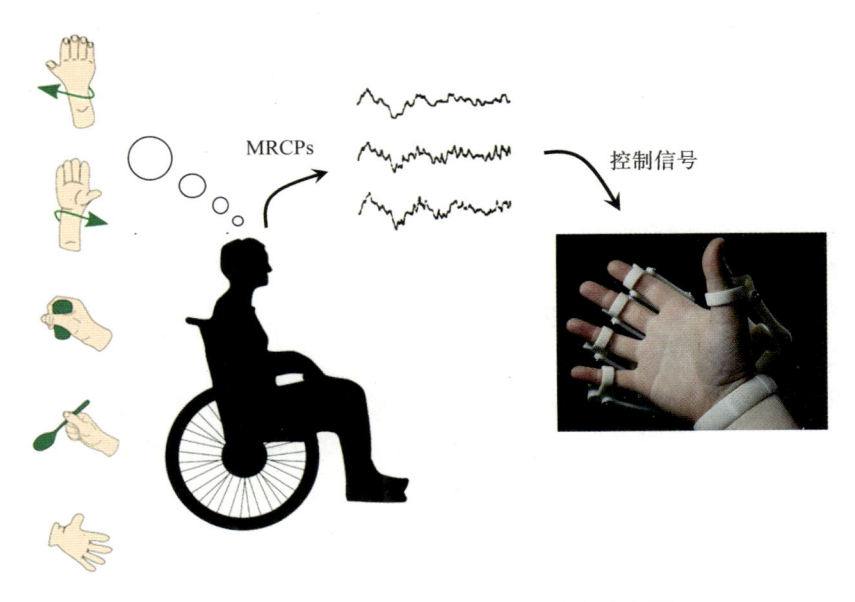

图 4-7　脊髓损伤患者基于 MRCPs 的康复示意图

4.5.2　基于 EMG 的运动意图解码

4.5.2.1　EMG 信号的检测

EMG 信号是一种用于检测肌肉活动的生理信号。它通过记录肌肉收缩和放松时产生的电信号来评估肌肉活动的强度、时序和模式。EMG 信号的检测步骤包括电极放置、信号采集。

(1) 电极放置：将表面电极或针电极放置在感兴趣的肌肉上。表面电极适用于非侵入性测量，而针电极适用于更深层的肌肉测量。

(2) 信号采集：使用生理信号采集设备将 EMG 信号记录下来。这些设备通常包括放大器和数据采集系统，用于放大和数字化 EMG 信号。

4.5.2.2　EMG 信号的预处理

EMG 信号的预处理是在进行进一步分析之前对原始 EMG 信号进行处理和准备的步骤。预处理旨在去除噪声、增强有用的信号成分并提高后续分析的准确性和可靠性。常见的 EMG 信号预处理步骤如下。

(1) 带通滤波。使用带通滤波器对原始 EMG 信号进行滤波，以去除低频和高频噪声。低频噪声通常是由于肌肉运动的直流成分或电源干扰引起的，而高频噪声可能是来自电源干扰、电极运动或肌肉震颤等。常用的带通滤波器设置通常在 20~500 Hz 之间。

(2) 去直流偏移。去除 EMG 信号中的直流成分，以消除基线偏移和电极偏移对信号的影响。这可以通过高通滤波器或直流偏移校正算法来实现。

(3) 均衡化和增益调整。进行信号均衡化和增益调整，以确保不同通道或肌肉之间

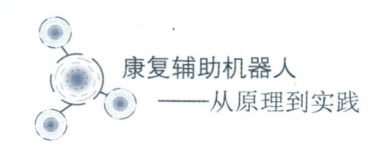

的信号幅度一致。这有助于消除由于电极放置位置或电极特性不同而引起的信号差异。

(4)去伪迹。在 EMG 信号中可能存在的伪迹是由肌肉运动之间的互相干扰或电极之间的串扰引起的。去伪迹的方法包括基于独立成分分析的伪迹去除和基于空间滤波的伪迹去除。

(5)时域平滑。对 EMG 信号进行时域平滑处理,以减少高频噪声和快速变化。常用的平滑方法包括移动平均法和中值滤波法。

(6)着重区域选择。根据研究或应用的需要,选择感兴趣的时间段或特定肌肉区域进行进一步分析。这可以通过标记肌肉收缩开始和结束的时间点或结合解剖知识选择感兴趣的肌肉区域来实现。

EMG 信号的预处理过程需要根据具体研究的目的和信号特点进行调整和优化。这些预处理步骤的目标是提高信号质量、减少噪声干扰并保留感兴趣的肌肉活动特征,以便进行后续的分析和解释。

4.5.2.3 EMG 信号的特征提取

EMG 信号的特征提取是指从原始的 EMG 信号中提取出可辨别的特征,用于后续的分类、识别或分析。下面是常见的 EMG 信号特征提取方法。

(1)时域特征提取。时域特征反映了 EMG 信号在时间上的变化情况。常用的时域特征包括:均值(EMG 信号的平均值,反映了肌肉活动的强度水平)、均方根(EMG 信号的平方均值的平方根,反映了肌肉活动的能量)、方差(EMG 信号的离散程度,反映了肌肉活动的变化程度)、肌电零交叉率(EMG 信号过零的频率,反映了肌肉活动的快速变化情况)。

(2)频域特征提取。频域特征反映了 EMG 信号在频率上的分布情况。常用的频域特征包括:功率谱密度(power spectral density,EMG 信号在不同频段上的能量分布)、频带能量(将 EMG 信号分成多个频带,计算各个频带上的能量)、主频率(EMG 信号的频谱中具有最大能量的频率)。

(3)时频域特征提取。时频域特征能够反映 EMG 信号在时间和频率上的变化情况。常用的时频域特征提取方法包括:短时傅里叶变换(将 EMG 信号分成多个时间窗口,计算每个窗口上的频谱)、小波变换(将 EMG 信号分解为不同尺度的小波系数,提取不同频率成分的能量)。

特征提取方法要根据具体应用和需求进行选择,实际应用中可以结合多个特征提取方法来获得更全面的信息。同时,预处理技术(如滤波、去基线漂移等)也可以在特征提取前应用,以提高特征的准确性和稳定性。特征提取是 EMG 信号分析的重要一步,对于后续的分类和识别具有关键作用。

4.5.2.4 EMG 信号的识别与分类

EMG 信号的识别与分类是指通过分析和处理 EMG 信号,将其归类为不同的动作或肌肉活动类型。这一过程可以通过以下步骤实现。

(1)特征选择。根据特征的重要性和相关性,选择最具区分度的特征子集。常用的

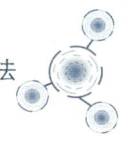

特征选择方法包括相关性分析、信息增益、互信息等。

(2) 分类器设计。选择合适的分类算法或模型，将提取的特征输入分类器进行训练和分类。常用的分类器包括支持向量机、人工神经网络、决策树、随机森林等。

(3) 模型训练。使用已标记的 EMG 信号数据集对分类器进行训练，使其学习不同动作或肌肉活动的模式和规律。

(4) 交叉验证。通过交叉验证方法评估分类器的性能，如 K 折交叉验证、留一法等。这有助于评估分类器的泛化能力和准确性。

(5) 实时分类。将实时采集到的 EMG 信号输入训练好的分类器中，进行实时的动作识别和分类。

在 EMG 信号的识别与分类中，关键的挑战包括信号噪声、个体差异、动作多样性和实时性等。因此，合适的特征提取和选择、适用的分类算法和模型、有效的训练和评估方法都是关键因素。此外，数据预处理和特征标准化也对分类结果的准确性和稳定性有重要影响。

EMG 信号的识别与分类在康复医学、肌肉活动控制、人机交互等领域具有广泛应用，可以实现肢体运动控制、虚拟现实交互、智能义肢控制等应用场景。

4.5.2.5　EMG 运动意图解码的典型实例

(1) 基于 EMG 信号的上肢康复训练。EMG 信号是由神经兴奋引起肌肉运动而产生的复杂生物电信号。它在临床医学、假体控制和康复工程等领域都有广泛应用。传统的康复训练缺乏反馈和主动性，依赖康复训练医生。然而，对于轻度上肢损伤的患者，他们的肌肉仍能轻微收缩，患侧 EMG 信号可以准确地反映运动意图，因此可以直接利用患侧 EMG 信号来控制康复机械臂辅助康复训练。对于中晚期上肢损伤较重的患者，患侧 EMG 信号的动作意图可能不够准确，但可以提取健侧 EMG 信号作为参考，与患侧康复机械臂进行协同训练。通过探测 EMG 信号并将其转化为运动意图，外骨骼式康复训练机械臂可以辅助患者完成相应的运动。这种方式利用 EMG 信号来捕获患者进行肌肉运动时肌肉产生的电信号，通过肌肉的运动产生的电信号来控制患侧肢体的动作，促进脑意识的再形成和患侧肌肉的再学习能力。因此，这种基于 EMG 信号的控制方法可以有效地实现上肢受损患者的自主康复训练。上肢 EMG 信号处理系统框图如图 4-8 所示。

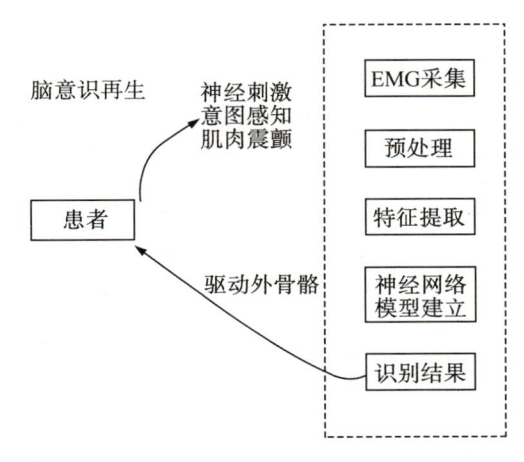

图 4-8　上肢 EMG 信号处理系统框图

(2) EMG 信号的下肢运动意图的映射。人体运动意图识别的信号主要包括机械信号、生物力学信号和神经信号。其中，机械信号和生物力学信号是人体与外部环境交互的信号，不是人体本身的运动意图，无法准确映射人体运动意图；机械信号和生物力学信号存在滞后性，影响意图识别效果；EEG 信号需要穿戴脑电帽才能获得，且信号易受到干

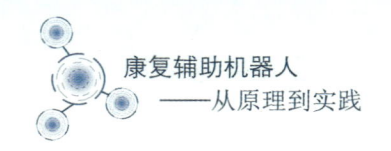

扰。EMG信号不仅是中枢运动神经的直接反映,能够解码人体运动意图,同时还具有预测性和易获取性的特点,成为映射人体运动意图的主要依据之一。比例肌电法是较早开展研究以及应用的方法,其主要思想是在量化的EMG信号与下肢运动学和动力学之间建立线性数学关系,其中,量化的EMG信号主要是滤波处理后的EMG信号的幅值。比例肌电法控制细致外骨骼示意图如图4-9所示。

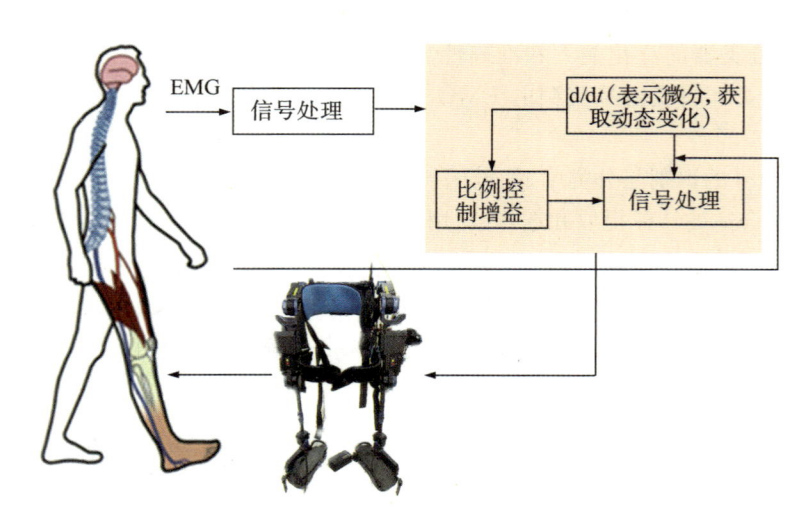

图4-9 比例肌电法控制细致外骨骼

4.5.3 基于行为学信号的运动意图解码

4.5.3.1 行为学信号的检测

行为学信号是指人类行为活动过程中产生的各种生物信号,包括运动信号、声音信号、姿势信号、语言信号等。这些信号可以提供人类个体行为、动作执行、交流行为和情绪状态等方面的信息。除了ECG和EMG信号外,运动信号和生物化学信号也是研究的重点。

运动信号检测是指使用传感器(如加速度计、陀螺仪等)来检测和记录身体运动的变化,以研究姿势、步态、手部动作等。生物化学信号检测包括皮肤电活动、心率变异性、血压和皮肤温度等指标的检测,用于研究情绪、压力和生理反应等。通过采集和分析这些行为信号,人们可以获得对个体行为和心理状态的客观量化数据,进而深入了解行为模式、认知过程、情绪体验等。这对于心理学、人机交互、行为研究和临床诊断等领域具有重要意义。

4.5.3.2 行为学信号的处理

采集到的行为学信号需要进行预处理,包括滤波、去噪、补偿等,以提高信号的质量和准确性。常用的预处理方法包括低通滤波、高通滤波、均值滤波、小波变换等。

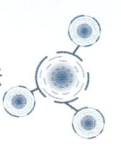

4.5.3.3 行为学信号的分析

从预处理的行为学信号中提取与特定运动相关的特征,用于描述和表示运动信号的特点。特征可以包括时间域特征(如幅值、斜率、时长)、频域特征(如功率谱、频率成分)和时频域特征(如小波系数、瞬时频率)。

4.5.3.4 行为学信号的识别与分类

使用机器学习、模式识别和信号处理算法对提取的特征进行分类和识别,通过训练模型实现对不同运动模式或动作的自动分类和识别。常见的方法包括支持向量机、人工神经网络、随机森林等。

4.5.3.5 行为学运动意图解码的典型实例

位姿保持型康复训练是一种传统的康复训练方法,其将康复训练分为单个康复位姿下的保持训练环节与不同康复位姿之间运动的动作训练环节。在完成位姿保持型康复训练时,主要面向运动任务进行康复训练。

图 4-10 为一个简单的用于位姿康复的轮椅,可用来进行上肢位姿康复和下肢位姿康复。位姿康复轮椅的设计考虑了人体背部曲线,以增加患者在坐卧状态下的舒适感。中部椅背经过相应设计,与椅座衔接处装有电机,用于调节椅背和椅座之间的角度,以实现坐姿和卧姿的转换。此外,座椅还采用开口设计,既可辅助患者保持站立姿势,也增加了下肢活动的空间。座椅的两侧设有可调节扶手,前端还有扶手杆,旨在保证患者运动时的稳定性和安全性。座椅下端设置有转动机构和升降机构。转动机构可使座椅在水平方向上旋转 90°,方便患者近距离上下;升降机构则可调节座椅的高度,以满足不同腿长患者的需求。对于上肢位姿康复,位姿康复轮椅上设有机械装置来训练手部的抓握和伸展。采用二连杆机构对手臂进行位姿训练,使手臂能够完成伸展和弯曲动作。下肢训练机构包括踏车式康复训练器和二自由度的位置调节装置。踏车式康复训练器和位置调节装置配合使用,可以在矢状面内规划下肢的运动轨迹,并提供水平移动和倾角调节功能,以满足下肢训练的需求。

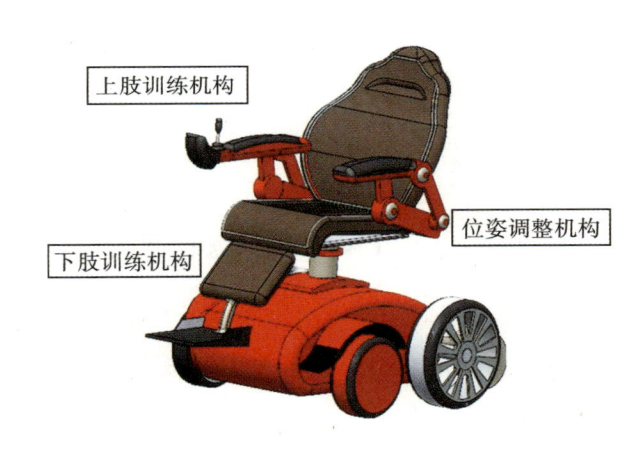

图 4-10 位姿康复轮椅

4.5.4 其他运动意图识别方法

除了利用 EEG 信号和 EMG 信号进行运动意图识别之外,还有其他一些方法可以用于运动意图识别,包括以下几种。

(1)情感识别。人的情感状态可以通过面部表情、语音特征、心率变异性等生理信号

进行识别。情感识别可以用于判断用户的情绪状态,从而影响康复辅助机器人的工作模式和交互方式。

(2)姿势识别。通过使用摄像头或深度传感器等设备,可以对人体的姿势进行识别和跟踪。姿势识别可以用于捕捉用户的肢体动作,从而推测其运动意图。

(3)语音识别。通过分析用户的语音指令或语音信号,可以识别用户的意图和需求。语音识别可以用于控制康复辅助机器人的运动和功能,从而利用语音交互来进行康复训练。

(4)视觉识别。利用计算机视觉技术可以对用户周围环境中的物体、人体动作等进行识别和分析。通过分析用户的视觉输入,可以了解其所关注的对象和意图,并相应地调整机器人的行为。

(5)生物力学分析。通过使用惯性测量单元、压力传感器等设备,可以测量用户的运动轨迹、力量和平衡状态等生物力学参数。这些参数可以用于推测用户的运动意图和康复进展情况。

以上方法可以单独应用或结合使用,以提高对用户运动意图识别的准确性和可靠性。不同的方法适用于不同的康复场景和个体,综合考虑多种信号来源可以更好地实现康复辅助机器人的运动意图识别和控制。

4.6 本章小结

本章主要介绍了康复辅助机器人的人机交互方面的内容。人机交互是指用户与康复辅助机器人之间的信息交流和操作方式,对于提高康复效果和用户体验至关重要。首先,介绍了康复辅助机器人的人机交互的发展以及作用。其次,讨论了康复辅助机器人的交互方式,包括传统的交互方式和新型的交互方式。不同的交互方式适用于不同的用户群体和康复目标,可以根据实际需求选择合适的交互方式。再次,介绍了感知反馈技术在人机交互中的应用。感知反馈通过视觉、听觉、触觉等方式向用户传递信息,增强用户对康复辅助机器人的感知和理解。常见的感知反馈技术包括视觉显示、声音提示、震动体感和电刺激触觉等。最后,讨论了运动意图识别在人机交互中的重要性。通过分析用户的 EEG 信号、EMG 信号和其他运动相关信号,可以实现对用户的运动意图的识别和理解,从而实现康复辅助机器人的智能控制和个性化服务。

综上所述,人机交互是康复辅助机器人设计中的关键要素,通过合理选择交互方式、应用感知反馈技术和运动意图识别等方法,可以提高康复辅助机器人的可用性、安全性和用户满意度,为患者的康复训练提供更好的支持和帮助。

第 5 章
康复辅助机器人的控制方法

5.1 康复辅助机器人的控制目标

康复辅助机器人的控制目标是实现功能恢复、实现运动协调和控制、提供个性化和适应性的辅助支持、确保动作精度和准确性以及安全性和舒适度。通过实现这些目标，康复辅助机器人可以为患者提供个性化、有效和安全的康复治疗和辅助支持。

（1）功能恢复。康复辅助机器人的主要目标之一是帮助患者恢复受损的功能。通过精确的控制和辅助支持，康复辅助机器人可以协助患者进行康复运动和活动，促进肌肉力量、关节灵活性和平衡能力的恢复。康复辅助机器人的控制系统旨在提供适当的辅助力度和运动支持，以帮助患者重新获得日常生活中的功能和独立性。

（2）运动协调和控制。康复辅助机器人的控制目标之一是协助患者实现运动的协调和控制。通过对患者的运动进行监测和分析，康复辅助机器人可以根据患者的能力水平和康复进展，提供合适的辅助支持。康复辅助机器人的控制系统能够调节运动速度、加速度和减速度等参数，以确保患者在康复过程中的安全性和舒适度。

（3）个性化和适应性。康复辅助机器人的控制目标是提供个性化和适应性的辅助支持。康复辅助机器人的控制系统可以根据患者的需求和能力水平，调整辅助力度、运动参数和运动轨迹。通过实时的反馈和感知，康复辅助机器人可以适应患者的变化，并根据患者的反馈和康复进展进行自适应调整，以达到最佳的康复效果。

（4）动作精度和准确性。康复辅助机器人的控制目标之一是实现高度精确和准确的动作执行。康复辅助机器人的控制系统通过精细的运动规划和控制，以及反馈信息的实时调整，确保机器人的动作执行准确性。这对于支持患者进行精细和复杂的康复动作以及日常生活活动的恢复非常关键。

（5）安全性和舒适度。控制系统通过监测患者的动作和提供适当的辅助力度，预防潜在的风险和损伤。康复辅助机器人的控制算法和安全机制能够及时检测异常情况并采取相应的措施（例如停止或调整机器人的动作），以确保患者的安全和舒适。

5.2 康复辅助机器人的控制系统层级

考虑到上肢外骨骼康复辅助机器人不仅仅要带动患者患肢运动,还要完成信息采集、运动建模、算法实现等功能,为保证系统功能完善、安全可靠、灵活开放,上肢外骨骼康复辅助机器人采用分层式控制系统,如此可提高康复辅助机器人执行命令的速度,并提供给治疗师简单便捷的操作界面。分层式控制系统主要分为底层运动控制系统和上层主控计算机管理系统两部分。康复辅助机器人的控制框架如图 5-1 所示。

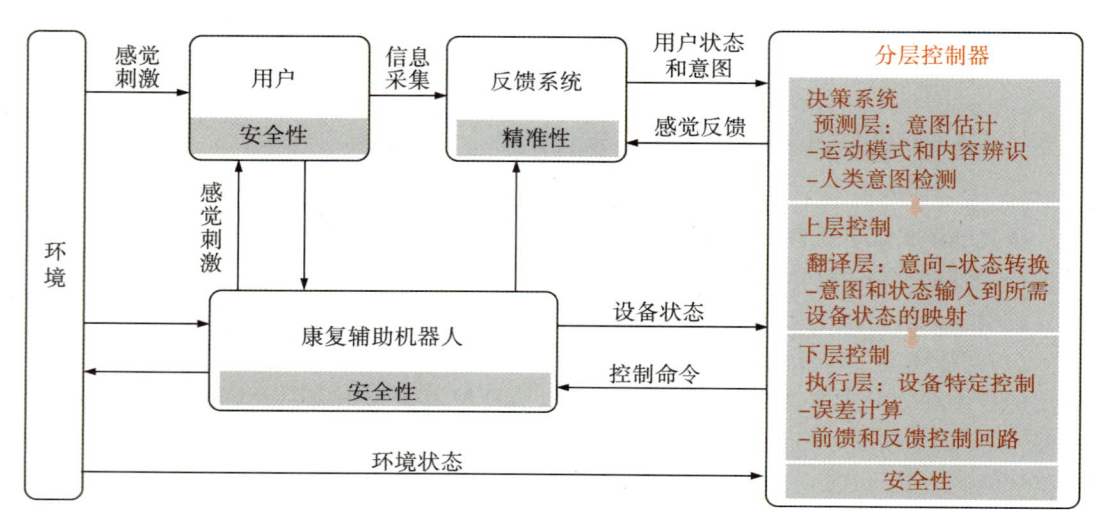

图 5-1 康复辅助机器人的控制框架

5.2.1 底层控制

底层控制是机器人控制系统的最底层,直接与硬件执行器和关节交互。它接收由上层主控计算机管理系统形成的运动控制指令序列,从而控制康复辅助机器人驱动执行机构按照相应的任务来规划运动。与此同时,底层控制处理反馈系统获取的交互信息(如力度、位置和姿态等),将处理后的信息提供给上层主控计算机管理系统并进行信息融合,以便形成新的控制指令控制执行器和关节来实现相应的运动和力度调节。底层控制确保机器人按照上层控制或决策系统的指令执行准确、平稳和安全的动作。

5.2.2 上层控制

上层控制位于底层控制之上,主要负责将用户的运动意图转换为底层控制器要跟踪的期望设备状态以及机器人的运动规划和运动控制。它涉及机器人的姿态控制、轨迹规划和运动学控制等。上层控制根据患者的康复需求和目标,通过算法和模型进行规划和控制,生成合适的控制命令,并将其传递给底层控制层来执行。上层控制根据患者的运动能力、康复进展和治疗目标,调整机器人的动作类型、速度、加速度和减速度等参数,以实现精确的运动控制。

5.2.3 决策系统

决策系统主要负责整体的决策和策略制定。它基于上层控制提供的信息和环境感知,进行全局的决策,确定机器人的行为和任务执行策略。在这个层级中,康复辅助机器人通过估计用户的意图,理解用户的康复目标,并根据环境的变化进行决策,以适应不同的康复需求和场景。决策控制可以实现路径规划、任务调度和行为规划等功能,以实现机器人在复杂环境中的智能决策和行为。

5.2.4 反馈系统

反馈系统是康复辅助机器人控制系统的重要组成部分,负责获取机器人与患者和环境交互的反馈信息,它包括力传感器、位置传感器、视觉传感器等。反馈系统收集患者与机器人之间的交互信息,并将其传递给上层控制和决策系统。反馈信息包括患者施加的力度、机器人的位置和姿态等。这些反馈信息使决策系统能够实时了解患者的状态和运动情况,以及机器人的运动执行情况。基于这些信息,决策系统可以调整康复辅助机器人的辅助力度、运动控制和动作规划,以满足患者的康复需求。

这些层级之间的信息交互和协作使康复辅助机器人能够根据患者的需求和康复目标提供精确的辅助支持。底层控制执行上层控制或决策系统生成的控制命令,上层控制规划和控制机器人的运动,决策系统制定康复治疗策略和方案,反馈系统提供实时的患者状态和环境信息。这样的综合控制系统确保机器人能够安全、准确地与患者合作,实现有效的康复治疗和辅助功能。

5.3 康复类机器人的控制系统开发

布伦斯特伦(Brunnstrom)将偏瘫肢体功能的恢复过程根据肌张力的变化和运动功能情况分为六个阶段来评定脑卒中后运动功能的恢复过程[①]。表 5-1 描述了不同部位不同时期的运动恢复情况。

5.3.1 针对不同时期康复训练的典型控制方法

5.3.1.1 康复早期

康复早期(Brunnstrom Ⅰ、Ⅱ期)的主要表现是肌张力下降,肌腱反射减弱,关节活动度小,患者对患肢的控制几乎接近于无,这个时候需要进行大量的、反复的被动训练,

---

① 姜荣荣,陈艳,潘翠环.脑卒中后上肢和手运动功能康复评定的研究进展[J].中国康复理论与实践,2015,21(10):1173-1177.

帮助患者跟踪预定义的轨迹,以提高运动能力,减少肌肉萎缩,有效地保持关节的长期韧性。

被动训练(见图 5-2)中多采用轨迹跟踪控制策略,其基本思想是根据患者病情确定患者的关节活动范围。目前,多种控制方法已经应用于康复辅助机器人,尽管存在混合使用的情况,但主要可以概括为 PID 控制、滑模控制、计算转矩控制、模糊控制等。上述方法仅是位置跟踪控制,力-位置混合控制可用于调整施加在患者身上的输出力。

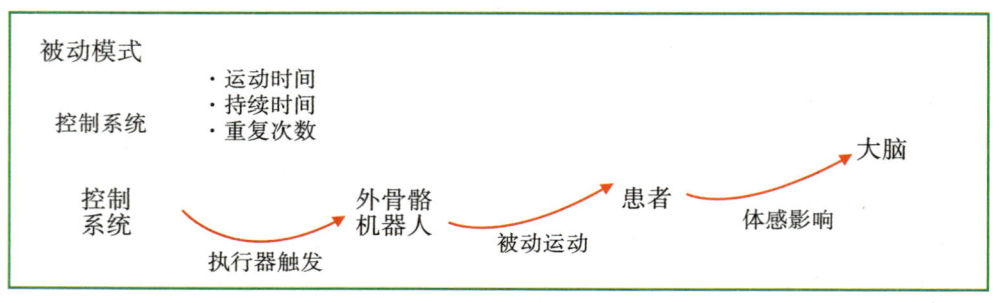

图 5-2 被动模式训练示意图

表 5-1 不同部位不同时期的运动恢复情况

分期	运动特点	上肢	手	下肢
Ⅰ期(迟缓期)	无随意运动	无任何运动	无任何运动	无任何运动
Ⅱ期(痉挛期)	引出联合反应、共同运动	仅出现协同运动	仅有细微的屈曲	仅有极少的随意运动
Ⅲ期(联合运动期)	随意出现的共同运动	可随意发起协同运动	可有钩状抓握,但不能伸指	在坐位和站立位上,有髋、膝、踝的协同性屈曲
Ⅳ期(部分分离运动期)	共同运动模式打破、开始出现分离运动	出现脱离协同运动的活动;在肩 0°(肩关节放松,自然状态下)、屈肘 90°的条件下,前臂可旋前、旋后;肘伸直情况下,肩可前屈 90°;手臂可触及腰骶部	能侧捏和松开拇指,手指有半随意的小范围伸展	在坐位上,可屈膝 90°以上,足可向后滑动。足跟不离地的情况下踝可背屈
Ⅴ期(分离运动期)	肌张力逐渐恢复,有分离精细运动	出现相对独立于协同运动的活动;肩前屈 30°~90°时,前臂可旋前、旋后;肘伸直时肩可外展 90°;肘伸直,前臂中立位,上肢可举过头	可做球状和圆柱状抓握,手指可同时伸展,但不能单独伸展	健腿站,病腿可先屈膝,然后伸髋;伸膝完成后,踝可进行背屈

续表

分期	运动特点	上肢	手	下肢
Ⅵ期（运动大致正常期）	运动接近正常水平	运动协调近于正常,手指指鼻无明显辨距不良,但速度比健侧慢(≤5 s)	所有抓握都能完成,但速度和准确性比健侧差	在站立位,可使髋外展到抬起该侧骨盆所能达到的范围;在坐位下伸直膝可内外旋,下肢合并可足内外翻

5.3.1.2 康复中期

康复中期（Brunnstrom Ⅲ、Ⅳ期）的主要表现为肌张力开始逐渐增大,患者自身具有一定运动能力,但状态不稳定、容易痉挛多发。该阶段被动训练和主动训练可结合使用,一方面使用被动训练逐步恢复患者肌力,另一方面采用主动训练激发患者的运动意图,重塑大脑神经通路,提高康复效果。

主动训练（见图 5-3）方法引入了患者作用力,使机器人的运动位置或速度能够根据患者所施加的作用力进行调整,实现患者主动参与康复训练的目的,常用的主动控制方法有自适应控制、阻抗/导纳控制、基于势场的控制等。

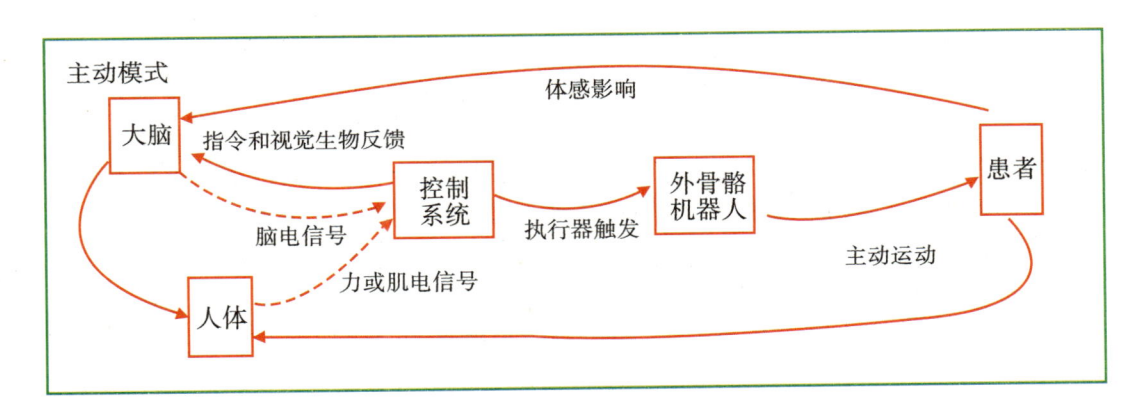

图 5-3 主动模式训练示意图

5.3.1.3 康复晚期

康复晚期（Brunnstrom Ⅴ、Ⅵ期）患者上肢的肌张力功能已经逐渐恢复,肢体运动的控制力和协调性已接近正常人水平,这个阶段的治疗主要是按患者需求进行、按需辅助训练,促使患者上肢及脑部中枢神经的康复。

按需辅助训练包括主动辅助模式和主动抵抗模式。主动辅助模式意味着当患者有一些自主运动但运动不足时,机器人提供辅助;而主动抵抗模式意味着在需要进行肌肉强化训练时,患者抵抗机器人提供的阻力进行训练。常用的控制方法主要包括协调控制、智能控制、基于模式的控制等。

5.3.2 针对不同部位康复训练的典型控制方法

5.3.2.1 上肢康复

上肢康复涉及恢复和改善患者的手臂、肩膀和上胸部等部位的功能。人体上肢的运动方向多样、复杂,活动范围大。对于不同的功能需求,末端式康复辅助机器人和外骨骼式上肢康复辅助机器人各有优势。上肢康复辅助机器人主要通过控制关节运动范围和力度来辅助患者的上肢运动。对上肢等关节自由度比较少的粗大关节,机器人的控制方法较为繁杂。

在被动训练中常用的控制方法有 PID 控制、滑模控制、计算转矩控制、模糊控制、力-位置混合控制等。在主动训练中常用的控制方法有自适应控制、阻抗/导纳控制、基于势场的控制、基于生理信号的控制、镜像控制等。在按需辅助训练中常用的控制方法有基于生理信号的控制、协调控制、智能控制、基于模式的控制等。为了获取更好的康复效果,将多种控制策略综合应用或采用智能化控制是未来发展的趋势。

5.3.2.2 手部康复

手部康复涉及恢复和改善患者的手指、手掌和手腕等部位的功能。相对于上肢康复,手部的自由度更多、灵活性更强,因此,手部康复需要更加复杂、精细的运动辅助,并要求运动辅助能够帮助完成多种手势动作的康复。

在被动训练中,通常采用简单的开关控制作为主要的康复方式。这意味着康复辅助机器人系统已经训练好了特定的手势和动作,患者可以通过触发开关或按下按钮来调用相应的康复动作。对于患者来说,这种方式比较简单,可以帮助他们恢复手指的不同功能。主动训练中常用的手部康复方法是基于生理信号的手势分类识别方法。这种方法利用患者的生理信号[如 EMG 信号、EEG 信号或近红外光谱(near infrared spectrum instrument,NIRS)信号],来捕捉手部肌肉活动或大脑活动的模式,并将其与相应的手势进行关联和分类。通过分析和识别这些生理信号模式,康复系统可以根据患者的意图和动作来实时调整机器人的辅助运动,促进手部功能的康复和改善。这样的个性化康复训练可以帮助患者增强肌肉力量、改善协调性和灵活性,最大程度地恢复和提高手部功能。

5.3.2.3 下肢康复

下肢康复大多应用外骨骼康复产品,因为下肢髋、膝、踝的运动方向都比较固定,而且下肢设备受重量和穿戴难度的影响较小。下肢康复辅助机器人主要辅助患者完成行走训练,运动轨迹比较单一,且因与地面接触、具有地面反作用力,故相较于上肢,下肢康复辅助机器人会有一些特有的运动控制策略。

下肢康复辅助机器人的运动控制策略可以分为基于位置的控制、基于电刺激的控制、基于力信息的控制、基于生物医学信号的控制和智能控制等。其中,基于位置的控制策略可分为轨迹跟踪控制、骨盆控制等;基于力信息的控制策略可分为阻抗控制、力/位混合控制、灵敏度放大控制(sensitivity amplification control,SAC)、零力矩点(zero moment point，ZMP)控制、地面反作用力(ground reaction force，GRF)控制等；基于生物医学信号的控制策略可分为基于表面肌电的控制、基于脑电的控制等；智能控制策略有神经网络控制等。

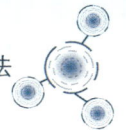

机器人的控制技术是一项融合传感、算法、信息、移动计算等为一体的复杂技术，要使其能够准确、快速地预判用户的意图，同时及时发出控制指令使机器人做出响应动作。目前，运用以往单一经典控制理论已经无法较好满足产品要求，将多种控制策略综合应用或采用智能化控制可以有效提高下肢康复辅助机器人控制系统的性能。

5.4 康复辅助机器人的控制系统开发

康复辅助机器人是一种更加复杂、全面的康复辅助设备，其不仅提供了代替性功能，还具备辅助性功能，以增强患者的运动能力。而相对于其他辅助类机器人来说，康复辅助机器人主要作用是提供最佳的外部支持和代替功能。因此，辅助类机器人更加注重与用户的交互，其控制系统更加依赖于用户的动作意图。

5.4.1 上肢假肢

上肢假肢是一种用于替代或补充失去的上肢部位的人工装置，旨在帮助患者恢复或改善上肢功能，使其能够进行日常生活和工作中的各种活动。

上肢假肢的控制方法主要涉及以下几种。

(1)机械开关控制。这是一种简单且常见的上肢假肢控制方法。机械开关通常被放置在假肢的接触面或患者的残肢处。当患者通过主动肌肉收缩或使用残肢施加压力时，机械开关会触发假肢的相应动作。这种控制方法适用于一些基本的开关控制，如开合手指或握持物体。

(2)表面肌电(surface electromyogram，sEMG)控制。这是一种常用的上肢假肢控制方法，通过在患者的皮肤表面放置电极，可以捕捉到患者肌肉的 sEMG 信号。这些信号可以用来识别患者的动作意图，进而控制假肢的动作。通过对 sEMG 信号进行信号处理和模式识别，上肢假肢可以将患者的动作意图转化为具体的假肢动作。

(3)脑机接口控制。脑机接口控制是一种先进的控制方法，通过捕捉患者的 EEG 来实现对假肢的控制。患者通过意念和意图来产生特定的脑电模式，然后上肢假肢对其进行信号处理和模式识别，将这些模式转化为控制指令，进而控制假肢的动作。尽管脑机接口控制在上肢假肢领域还处于研究阶段，但已经取得了一些进展。

(4)神经信号的控制。虽然截肢患者的部分肢体不存在了，但脑部负责运动的神经系统还在工作，当患者想要移动肢体时，在截肢末端仍然能探测出神经电信号，上肢假肢通过读取这些神经电信号，进行信号处理和模式识别，将这些模式转化为控制指令，也完成假肢的操控。

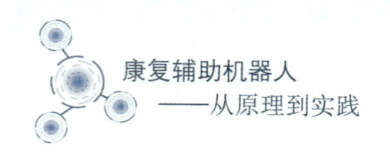

5.4.2 下肢假肢

下肢假肢是一种用于替代或补充失去的下肢部位的人工装置，旨在帮助患者补偿下肢功能，使其能够进行行走和执行其他日常活动。

下肢假肢的控制方法与上肢假肢的控制方法类似，主要涉及以下几种。

(1) 机械开关控制。这是一种常见的下肢假肢控制方法。机械开关通常安装在假肢和残肢的接触面上，当患者施加压力或通过残肢的运动触发机械开关时，假肢会执行相应的动作。例如，当患者迈出一步时，机械开关会感应到压力变化，并触发假肢的摆动动作。

(2) 步态模式识别控制。这种控制方法利用算法和模式识别技术，根据患者的步态模式来控制下肢假肢。通过监测和分析患者的步态参数（如步长、步频、踏步力等），下肢假肢可以识别出不同的步态模式，并相应地调整假肢的运动以实现自然的步行。

(3) EMG 控制。这种控制方法基于患者残肢肌肉的电活动。通过在患者的残肢肌肉上放置电极，可以采集到 EMG 信号。通过对 EMG 信号进行信号处理和模式识别，下肢假肢可以识别患者的动作意图（例如行走、弯曲或伸展膝关节等），并控制假肢的相应动作。

(4) IMU 控制。IMU 是一种小型传感器，可以测量和监测物体的加速度和角速度。在下肢假肢中，IMU 可以安装在关节处，以获取患者的下肢运动信息。通过分析 IMU 数据，下肢假肢可以推断出患者的步态模式和姿态，并根据这些信息控制假肢的运动。

(5) 地面反作用力控制。一些下肢假肢具有压力敏感的传感器，用于检测患者脚底与地面的接触压力分布。这些传感器可以提供关于患者步行和平衡状态的信息，并据此控制假肢的运动和稳定性。例如，通过检测前脚掌的压力来判断是否开始摆动阶段。

(6) BCI 控制。脑机接口是一种先进的控制方法，通过捕捉患者的 EEG 来实现对下肢假肢的控制。患者通过意念和意图来产生特定的脑电模式，然后下肢假肢对其进行信号处理和模式识别，将这些模式转化为控制指令，进而控制假肢的动作。

5.4.3 辅助抓握外肢体

辅助抓握外肢体用于帮助失去手部功能或手部功能受损的患者实现抓握和握持物体。它可以为患者提供额外的力量、支持和控制，以增强他们的手部功能，提高日常生活的独立性和生活质量。

辅助抓握外肢体的控制方法主要包括以下几种。

(1) sEMG 控制。类似于上肢假肢的控制方法，通过在患者的肌肉表面放置表面肌电传感器，可以捕捉到肌肉的电活动信号。通过对这些信号进行信号处理和模式识别，辅助抓握外肢体可以将患者的动作意图转化为外肢体的控制指令。例如，患者想要进行特定的手指运动时，外肢体会模仿相应的动作。

(2) 压力传感控制。外肢体通过可以安装的压力传感器来检测患者手部施加在物体上的压力。通过检测手部的压力分布和变化,辅助抓握外肢体可以根据患者的意图实时调整抓握力度和握持力度。这种控制方法可以使辅助抓握外肢体更加适应不同的物体和任务要求。

(3) 运动惯性传感控制。一些辅助抓握外肢体使用惯性传感器来检测患者手部的运动和姿态,这些传感器可以测量手部的加速度、角速度和姿态角度等参数。通过分析这些运动数据,辅助抓握外肢体可以实现与患者手部运动的同步,并根据需要提供支持和控制。

(4) 远程控制。一些辅助抓握外肢体具备远程控制功能,患者可以使用其他控制设备(如开关、遥控器)来控制外肢体的动作。这种控制方法适用于那些无法使用肌肉控制或有严重运动障碍的患者,使他们能够独立地操控外肢体进行抓握动作。

5.4.4 辅助行走机器人

辅助行走机器人是一种康复辅助设备,旨在帮助行动不便或下肢功能受损的患者实现行走和移动。它可以提供稳定的支撑、平衡控制和动力助推,帮助患者恢复或改善行走功能,提高其生活质量和独立性。

辅助行走机器人的控制方法主要包括以下几种。

(1) 反馈控制。辅助行走机器人可以通过主动控制来感知患者的意图并相应调整动作。这种控制方法使用传感器(如压力传感器、惯性测量单元等)来监测患者的姿态、步态和运动状态,并通过反馈控制算法来实时调整机器人的运动。例如,辅助行走机器人可以根据患者的步伐来调整步行速度、步长和脚部的摆动。

(2) sEMG 控制。类似于上肢和下肢假肢的控制方法,辅助行走机器人可以利用 sEMG 信号来识别患者的动作意图。通过在患者的肌肉表面放置表面肌电传感器,可以捕捉到肌肉的电活动信号,并通过信号处理和模式识别将其转化为机器人的控制指令。这种控制方法使机器人能够与患者的运动同步。

(3) BCI 控制。脑机接口是一种先进的控制方法,通过捕捉患者的 EEG 信号来实现对机器人的控制。患者通过意念和意图来产生特定的脑电模式,然后辅助行走机器人对其进行信号处理和模式识别,将这些模式转化为机器人的运动控制指令。脑机接口控制在辅助行走机器人领域仍处于研究阶段,但具有广阔的应用前景。

5.5 经典控制方法

借助上述康复辅助机器人的动力学模型,下面将对被动训练、主动训练以及按需辅助训练模式下的控制方法进行详细介绍。

5.5.1 PID 控制

在对患者进行被动训练时,最常用的控制方法就是 PID 控制。因为上肢康复外骨骼机器人的模型复杂并难以建立,而 PID 控制具有动态特性可调、不依赖于被控对象的模

型的特点,通过 PID 控制调整系统参数可以获得满意的控制效果。

简单来说,PID 控制的原理是根据给定值和实际输出值构成控制偏差,将这个偏差按比例、积分和微分等形式线性组合成控制量,进而对被控对象进行控制。通常,人们将常规 PID 控制器作为一种线性控制器。

有研究证明可采用线性 PID 控制方法,通过上肢外骨骼主手对 MARSE-4 外骨骼机器人进行遥操作,规定其沿预定轨迹运动[1]。验证实验表明,MARSE-4 能有效跟踪期望轨迹并对患者的腕部、肘部及前臂的运动进行被动治疗,达到满意的训练效果。另外,有研究提出了一种不依赖于详细系统动力学模型的 PID 控制器设计方法,保证了机器人的渐近稳定性[2]。该研究利用 EXO-UL7 这一外骨骼系统的控制器参数的理论结果,对系统性能进行了仿真评估,验证了系统的半全局渐近稳定性。

为了实现良好的控制性能,对于上肢康复外骨骼机器人控制方法的选择,学者们更偏好于将经典 PID 控制方法与其他方法相结合。基于此,将 PID 控制与神经补偿结合使用,减小了系统误差并提高了系统适应性[3]。有研究提出了基于神经网络的全局 PID 滑模控制方法,用于有界不确定性机器人的跟踪控制,给出了控制系统稳定性和收敛性的数学证明[4]。仿真结果表明,该方法消除了抖振和稳态误差,实现了满意的轨迹跟踪。由此可见,多种控制方法的混合使用相对于单独使用传统的 PID 控制方法性能更优越。

5.5.2 滑模控制

滑模控制属于非线性控制方法,凭借响应快速、鲁棒性强等优点被广泛使用。与 PID 控制方法不同,滑模控制可以在动态过程中,按系统当前状态有目的地发生变化,迫使系统按照预定滑动模态的状态轨迹运动。滑模控制的发展是以滑动模态的选择为基础的,从只能实现渐近稳定的线性超平面的传统滑模控制到终端滑模控制,再到非奇异终端滑模控制,如今到快速终端滑模控制。滑模控制不断发展,控制性能也愈加优越。

有学者设计出一种模块化控制体系,采用快速终端滑模方法驱动外骨骼执行康复任务。在该控制器中,假设除了与某些参数有界性有关的经典属性外,所有模型函数都是未知的[5]。同时,扰动也被认为是有界的。这允许了位置和速度在有限时间收敛到期望的轨迹。该控制器已经应用于实时驱动具有三自由度的上肢外骨骼。经实验验证,该控

---

[1] RAHMAN M H, K-OUIMET T, SAAD M, et al. Tele-operation of a robotic exoskeleton for rehabilitation and passive arm movement assistance[C]//IEEE. 2011 IEEE International Conference on Robotics and Biomimetics. Piscataway, N. J.: IEEE, 2011: 443-448.

[2] YU W, ROSEN J. A novel linear PID controller for an upper limb exoskeleton[C]//IEEE. 49th IEEE Conference on Decision and Control. Piscataway, N. J.: IEEE, 2011: 3548-3553.

[3] YU W, ROSEN J. Neural PID control of robot manipulators with application to an upper limb exoskeleton[J]. IEEE transactions on cybernetics, 2013, 43(2): 673-684.

[4] KUO T C, HUANG Y J. Neural network global sliding mode PID control for robot manipulators[J]. Lecture notes in engineering and computer science, 2007, 1: 470-474.

[5] MADANI T, BOUBAKER D, DJOUANI K. Modular-controller-design-based fast terminal sliding mode for articulated exoskeleton systems[J]. IEEE transactions on control systems technology, 2017, 25(3): 1133-1140.

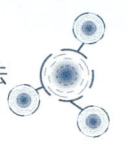

制器具有有效性和鲁棒性。

　　面对非线性系统中未知但有界的动态不确定性以及受测人体动力学模型未知等问题,相关学者提出了使用鲁棒自适应积分终端滑模控制方法对三自由度上肢外骨骼进行控制,实现患者的被动康复运动。该控制方法可利用积分终端滑动模态曲面,使滑模跟踪误差在有限时间内收敛到零。该滑模控制系统的设计保证了滑模的可达性和有限时间内良好的跟踪性能[1]。该控制方案在不增加任何约束的情况下消除了奇异性问题。以一名健康的受试者为实验对象,使用外骨骼来执行与被动手臂运动相对应的轨迹。结果表明,该控制方法能有效地用于康复训练,控制力矩在实际应用中是便于获得和实现的。

　　针对机器人系统出现的由于建模不确定性以及受到未知扰动的问题,相关学者设计了基于有限时间扰动观测器的非奇异快速终端滑模控制的五自由度上肢康复外骨骼[2]。通过有限时间扰动观测器估计未知扰动并同时进行补偿,该方案可在小于 0.05 s 的时间内估计出扰动且误差为零,相较于此前诸多其他传统方案大大缩短了时间。该方案通过准确的扰动估计,使用滑模控制来跟踪要求的关节角度,从而减轻了抖振效应,使外骨骼的角度跟踪误差在有限的时间内快速降到零,保证了收敛精度。值得注意的是,系统的初始状态会影响有限时间收敛,从而导致实际应用会有局限性。在固定时间控制方法中,解析时间则不受初始状态的影响。因此,固定时间滑模控制将会是下一步需要关注的研究方向。

5.5.3　模糊控制

　　模糊控制是具有逻辑推理的一种控制方法,适用于对难以建模的系统进行鲁棒控制,并且其控制形式简单、易于实现,属于"白箱"控制。滑模控制方法最主要的缺点之一就是易产生抖振现象,为了解决这一问题,引入了模糊控制与滑模控制相结合的方法。有学者提出了一种基于 PID 滑模面以及模糊控制律的改进模糊滑模控制方法,保证了系统的鲁棒性和最优位置控制性能[3]。还有学者设计出一种七自由度上肢康复外骨骼机器人,采用了模糊控制与滑模控制结合的控制策略,既对外界的干扰和未知的动力学模型有很强的鲁棒性,又消除了抖振现象,提高了控制性能[4]。

　　在未知外界干扰、未知输入饱和、未知动力学建模的情况下,工程师利用模糊近似设计了扰动观测器来补偿未知输入饱和、模糊近似误差引起的扰动力矩。自适应模糊控制

---

[1]　RIANI A,MADANI T,HADRI A E,et al. Adaptive integral terminal sliding mode control of an upper limb exoskeleton[C]//IEEE. 2017 18th International Conference on Advanced Robotics (ICAR). Piscataway, N. J.:IEEE, 2017:131-136.

[2]　YANG P,MA X,WANG J,et al. Disturbance observer-based terminal sliding mode control of a 5-DOF upper-limb exoskeleton robot[J].IEEE access,2019,7:62833-62839.

[3]　WU Q,WANG X,DU F,et al. Modeling and position control of a therapeutic exoskeleton targeting upper extremity rehabilitation[J]. Proceedings of the institution of mechanical engineers part C:Journal of mechanical engineering science,2017,231(23):4360-4373.

[4]　RAHMANI M,RAHMAN M H. An upper-limb exoskeleton robot control using a novel fast fuzzy sliding mode control[J]. Journal of intelligent and fuzzy systems:Applications in engineering and technology,2019,36(3):2581-2592.

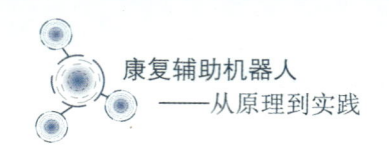

采用更新的参数机制和额外的扭矩输入，利用干扰观测器通过前馈环施加到机器人外骨骼来抵消干扰。通过这种方法，系统不需要任何内置的扭矩传感器。同时工程师利用状态反馈和输出反馈控制对上肢外骨骼进行了大量的实验，验证了所提方法的有效性。

5.5.4 自适应控制

在上肢康复外骨骼机器人执行控制任务时，会出现被控系统参数不确定或参数出现未知变化等问题。自适应控制方法可以通过参数在线校正或估计解决这类问题。考虑到动力学建模情况未知以及环境干扰等问题，在给定前臂位置期望轨迹的情况下，利用自适应模糊逼近器估计人与机器人系统的动态不确定性，并利用迭代学习方法对未知时变周期扰动进行补偿。该控制方案无须精确的外骨骼模型，即可实现对机器人的有效控制。

有学者研究了具有五自由度的上肢康复外骨骼机器人，该机器人受到不确定动力学、干扰力矩、不可全状态测量和不同类型的驱动故障的影响[1]。因此，他们提出了一种基于滑模控制策略的自适应非线性控制方案。该方案将高增益状态观测器与动态高增益矩阵相结合，将模糊神经网络分别用于状态向量和非线性动态估计。利用动态参数，该方案为同时处理模糊神经网络逼近误差、扰动力矩和驱动故障的影响提供了一种有效的方法。仿真结果表明，采用这一方法可以获得较低振幅的无抖振力矩，且具有响应快、跟踪精度高等优点。在接下来的研究中，学者们将对基于观测器的自适应容错控制器进行设计。

下面介绍一种基于 EMG 信号的神经模糊外骨骼控制器的有效自适应控制，该控制过程分为三个阶段，分别是输入信号选择阶段、姿态区域选择阶段、神经模糊控制阶段。当外骨骼的使用者发生改变时，外骨骼的控制器必须使用所提出的适应策略来适应新用户的物理和生理条件。控制器通过用户的运动意图指示器进行自适应调整。该指示器可以有效地指示关节的各项运动和肘关节、肩关节的协同运动。同时，肌肉活动水平也在外骨骼的适应阶段根据用户的情况或康复阶段进行调整。实验结果证明了该自适应方法的科学有效性。

为了确保在参数不确定性和环境干扰下轨迹跟踪的准确性，有学者提出一种基于径向基函数网络的神经模糊自适应控制方案[2]。通过李雅普诺夫稳定性理论，证明了该方案的稳定性。对一名健康受试者与两名脑卒中患者进行位置跟踪实验和频响实验，实验结果表明，与级联 PID 控制器和模糊滑模控制器相比，神经模糊自适应控制器具有更加出色的控制性能，能够获得较低的位置跟踪误差和较好的频响特性。

相关学者研究了输入饱和状态下上肢外骨骼的控制设计，提出了利用神经网络来近

---

[1] MUSHAGE B O, CHEDJOU J C, KYAMAKYA K. Fuzzy neural network and observer-based fault-tolerant adaptive nonlinear control of uncertain 5-DOF upper-limb exoskeleton robot for passive rehabilitation[J]. Nonlinear dynamics, 2017, 87(3): 2021-2037.

[2] WU Q, WANG X, CHEN B, et al. Development of an RBFN-based neural-fuzzy adaptive control strategy for an upper limb rehabilitation exoskeleton[J]. Mechatronics: The science of intelligent machines, 2018, 53: 85-94.

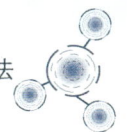

似不确定的机器人动力学的自适应控制器①。该控制器采用辅助系统来处理输入饱和的影响,使用状态反馈和输出反馈、根据测量的反馈误差在线估计不确定性,代替了基于模型的控制。通过干扰观测器实现在线抑制未知干扰,从而实现了轨迹跟踪。但该方法在面对较小饱和度时仍具有一定的局限性。因此,在线学习控制方案有望在不久的将来被开发出来,以优化控制性能。

5.5.5 力位混合控制

力位混合控制方法最先由雷伯特(Raibert)等学者提出,用来解决机器人在受限环境中的控制问题,该问题可以简单地描述为在某些方向上需要对机器人进行位置控制,而在另外的方向上需要控制机构与外界的相互作用力。因此,在力位混合控制中,当机器人和外部环境相接触时,其任务空间自然地被分割为两个子空间,即位置子空间和力子空间,并在相应的子空间中完成位置和力的跟踪控制。

有学者提出了一种基于PD控制器(PD控制器是PID控制器的变种,P和D分别表示比例和微分)的算法,可以用于主动辅助训练。PD控制器可对系统中的非线性项进行补偿,用于轨迹跟踪控制,并通过患者的主动力或主动力矩预测人的主观运动意图。但是这种预测信号是在患者运动后得到的,因此实时性较差②。

还有学者提出的力位混合控制结合了模糊逻辑。模糊控制在系统中的作用是处理系统的非线性项和不确定项,保证目标以恒定的力在期望的方向上移动。将传统的PI控制器(PI控制器是PID控制器的变种,P和I分别表示比例和积分)和具有模糊逻辑的PI控制器进行对比,在稳定性和快速性方面,具有模糊逻辑的PI控制器性能更优。实验证明,这种控制器在控制机器人运动和接触力方面比较稳定,并且可以在运动中对外部环境施加恒定的力。但是这种控制器在评估其康复效果的有效性方面仍显不足,需要进一步改进③。

基于ALEX康复机器人使用一种FFC控制器,可以根据患者的康复情况提供所需的辅助力或阻力,并对机器人进行了重力和摩擦力的补偿。患者的关节位置和主动力通过编码器和力传感器测量。在实验时,患者偏离预定轨迹较大,需要较长时间才能适应④。

---

① HE W,LI Z J,DONG Y T, et al. Design and adaptive control for an upper limb robotic exoskeleton in presence of input saturation[J]. IEEE transactions on neural networks and learning systems, 2019, 30(1): 97-108.

② CHEN J C, ZHANG X D, WANG H, et al. Control strategies for lower limb rehabilitation robot[C]//IEEE. 2014 IEEE International Conference on Information and Automation (ICIA). Piscataway, N. J.: IEEE, 2014: 121-125.

③ JU M S, LIN C C, LIN D H, et al. A rehabilitation robot with force-position hybrid fuzzy controller: hybrid fuzzy control of rehabilitation robot[J]. IEEE transactions on neural systems and rehabilitation engineering, 2005, 13(3): 349-358.

④ BANALA S K, AGRAWAL S K, KIM S H, et al. Novel gait adaptation and neuromotor training results using an active leg exoskeleton[J]. IEEE/ASME transactions on mechatronics, 2010, 15(2): 216-225.

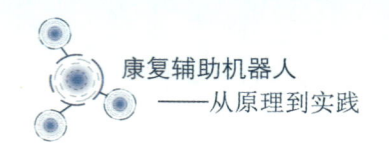

5.5.6 阻抗/导纳控制

自霍根（Hogan）提出"阻抗控制"的概念以来，经过不断的研究发展，如今阻抗控制已经成为机器人领域的经典控制方法。阻抗控制建立在阻尼-弹簧-质量模型的基础上（见图 5-4）。阻抗控制可分为基于力的阻抗控制和基于位置的阻抗控制（即导纳控制），且两者对偶。基于力的阻抗控制认为位置上的误差是产生力的原因，因此阻抗控制是指将位置误差传输给控制器，控制器将位置误差转换为力误差，随后控制器再控制机器人的关节力矩去消除位置误差（见图 5-5）。导纳控制则认为力是产生位置误差的原因，这种控制方式是将测量得到的力误差信息传送到导纳控制器中，控制器将其转换为位置修正量来修正期望位置，进而控制机器人关节位置（如图 5-6）。

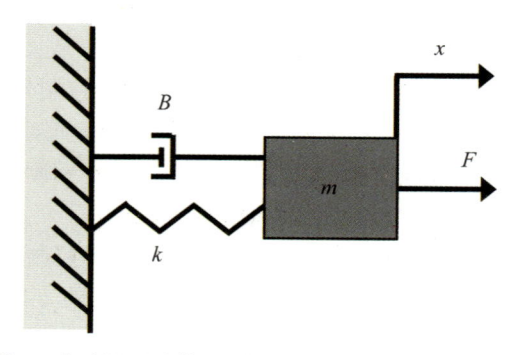

k 表示弹簧系数，B 表示阻尼系数，m 表示物体质量，F 表示施加在物体上的力，x 表示物体的位移。

图 5-4 阻尼-弹簧-质量模型

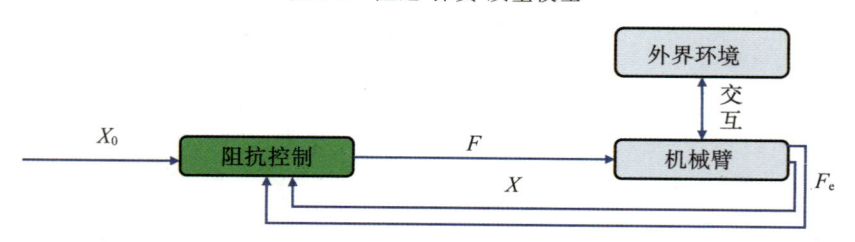

X_0 表示机械臂期望达到的位置，X 表示机械臂实际位置，F_e 表示人机交互力。

图 5-5 阻抗控制示意图

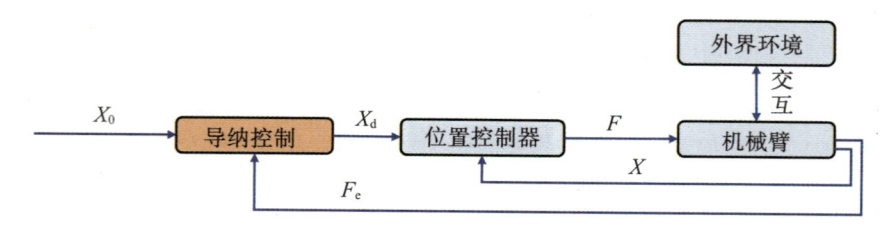

X_d 表示经过导纳控制器得出的机械臂期望位置，F_e 表示人机交互力，X 为机械臂实际位置。

图 5-6 导纳控制示意图

文忠等把阻抗控制理论运用到步行康复训练机器人系统中，提出了基于阻抗模型的步态轨迹自适应算法。仿真分析与样机实验表明，应用该自适应算法的机械腿可根据人机交互力矩的变化调整步态轨迹，并且通过阻抗参数的调节增强主动康复训练的柔顺性[①]。

有学者提出了一种利用生物信号对上肢康复外骨骼机器人进行自适应阻抗控制的方法。该方法通过建立人体上肢的参考骨骼肌肉模型，并进行实验校准，以匹配操作者的运动行为。同时，该方法采用阻抗算法通过 EMG 信号传输人体刚度，设计出最优的参考阻抗模型[②]。

除此之外，还有学者针对所研制的外骨骼机器人，提出了一种自适应导纳控制框架，用来处理人体的运动意图以及机器人动力学模型未知的问题。该框架由双控制回路构成，内环通过反馈机制处理机器人动力学的未知质量和惯性矩，外环考虑人体运动意图来调整交互模型，利用自适应技术对内环中的未知动态进行处理，保证了外环执行任务的效果。实验表明，该导纳控制框架在人与机器人的物理交互任务中具有较好的控制性能，能够有效地实现人体对外骨骼机器人的导纳控制[③]。

有学者提出了一种运用模糊逻辑推理方法调整阻抗控制参数的新型网络专家系统。该专家系统以专家先验知识为调整参数准则，首先对两名健全人和两名经股截肢患者进行实验，以量化网络专家系统的优化性能；然后将网络专家系统运用到膝关节假肢上，可得到规范的假肢运动学，以改善受试者步宽及步态对称性。与专家决策相比，网络专家系统调整控制参数更为省时，且无需人为干扰，使得膝关节动力假肢更为实用。

5.5.7 基于虚拟隧道的控制

有学者提出了一种患者合作式控制策略，其核心思想是在理想的路径空间周围建立具备主动柔顺性的虚拟墙，形成一条以理想路径为中心的虚拟隧道。患肢处于隧道内部时可自由运动，并可在运动前进方向上获得辅助力矩，从而轻松地完成沿着预定路径的康复运动训练；而当患肢处于隧道外部时，机器人将对其施加一个趋向于隧道中心的柔顺力，从而将患肢拉回至隧道内部，同时通过图形反馈模块给患者提供实时的视觉指导，提示患者主动调整患肢的运动方向[④]。

相关学者在标准的空间步态轨迹基础上设计了一个虚拟管道，允许患者偏离该标准轨迹一定距离。当患肢处在虚拟管道内时，机器人不提供辅助；只有当患肢超出通道边界时，机器人才会纠正患肢的运动。因此，该方法需要患者更强的肢体功能才能完成训练。如果

---

① 文忠,钱晋武,沈林勇,等.基于阻抗控制的步行康复训练机器人的轨迹自适应[J].机器人,2011,33(2):142-149.
② LI Z J, HUANG Z C, HE W, et al. Adaptive impedance control for an upper limb robotic exoskeleton using biological signals[J]. IEEE transactions on industrial electronics, 2017, 64(2): 1664-1674.
③ LI Z J, HUANG B, YE Z F, et al. Physical human-robot interaction of a robotic exoskeleton by admittance control[J]. IEEE transactions on industrial electronics, 2018, 65(12): 9614-9624.
④ DUSCHAU-WICKE A, ZITZEWITZ J V, CAPREZ A, et al. Path control: a method for patient-cooperative robot-aided gait rehabilitation[J]. IEEE transactions on neural systems and rehabilitation engineering, 2010, 18(1): 38-48.

患者肢体运动能力较差，将很难顺利完成训练，从而降低其主动参与的积极性。他们还提出一种基于速度场、滑动窗的虚拟隧道控制策略。当患肢处于远离虚拟隧道位置时，机器人将控制患肢以给定速度向隧道中心运动，该给定速度与患肢偏离隧道中心的距离成正比。同时，他们还设计了沿虚拟隧道以给定速度前进的滑动窗，机器人根据患肢与滑动窗相对位置的不同对患肢施加助力或者阻力[1]。

此外，还有学者通过对任务路径周围建立虚拟管道的方式对患者的主动运动进行限制，避免患者较大偏离任务路径；同时，基于空间与时间两个维度对肢体运动进行辅助，通过牺牲部分空间自由度，使得患者能够调节训练的节奏，从而激发患者主动参与训练的积极性[2]。

5.5.8 基于生理信号的交互控制

5.5.8.1 基于 sEMG 信号的控制策略

sEMG 信号能够反映特定肌肉群的激活程度，因而基于 sEMG 信号的交互控制策略可使机器人由被动接受指令方式向主动理解人的行为意图方式转变，进而能够更加细致地监督与控制患者肢体的运动，且具有更大的灵活性与更高的灵敏度。因而，通过对 sEMG 信号的分析，康复辅助机器人可以提取人的运动意图（包括运动类型和力量的大小），作为控制信号辅助患者进行康复训练。

对于偏瘫患者而言，可以运用健侧肢体控制患肢进行运动训练。利用患肢残存的 EMG 信号，设计交互控制策略，可以激励患者主动收缩患肢肌肉，从而更有效地促进患肢功能的康复；对于患肢肌肉严重萎缩的情况，可以通过健全肌肉相关神经进行控制，从而使重度瘫痪患者也能基于 sEMG 信号进行康复训练。

彭亮等提出了一种基于 sEMG 信号及 Hopf 频率振荡器的上肢康复辅助机器人交互控制方法[3]。首先，采集反映患者运动意图的 sEMG 信号；然后，基于采集到的数据利用 Hopf 频率振荡器拟合肌肉节律性收缩特性；最后，用 Hopf 频率振荡器控制上肢康复辅助机器人辅助患者执行重复性的运动训练。该方法既考虑了正常运动模式的学习，又综合考虑了患者自身的运动意图与实际的运动能力。仿真分析与人机交互实验验证了该方法能够在较短时间内实现与患者运动意图的同步。

相关学者提出了一种针对偏瘫患者的人机交互训练策略[4]。该策略基于步行过程中受试者健侧下肢的 sEMG 信号，分析了正常行走过程中两侧下肢运动的协调性；在此基

---

[1] CAI L L, FONG A J, LIANG Y Q, et al. Assist-as-needed training paradigms for robotic rehabilitation of spinal cord injuries [C]//IEEE. Proceedings of the 2006 IEEE International Conference on Robotics and Automation, 2006. ICRA 2006. Piscataway, N. J.: IEEE, 2006: 3504-3511.

[2] HU J, HOU Z G, ZHANG F, et al. Training strategies for a lower limb rehabilitation robot based on impedance control [C]//IEEE. 2012 Annual International Conference of the IEEE Engineering in Medicine and Biology Society. Piscataway, N. J.: IEEE, 2012: 6032-6035.

[3] 彭亮, 侯增广, 王卫群. 康复机器人的同步主动交互控制与实现[J]. 自动化学报, 2015, 41(11): 1837-1846.

[4] YIN H Y, FAN Y J, XU L D. EMG and EPP-integrated human-machine interface between the paralyzed and rehabilitation exoskeleton[J]. IEEE transactions on information technology in biomedicine, 2012, 16(4): 542-549.

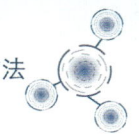

础上利用模糊神经网络识别患侧下肢的运动意图,进而实现了患者和步态康复机器人的交互控制。对两名健康志愿者的实验表明,采用该交互训练策略可实现受试者与机器人之间的实时交互,进而在机器人辅助的情况下完成主动步态康复训练。

5.5.8.2 基于EEG信号的控制策略

在基于EEG信号的控制策略中,sEMG信号很难用于肌肉严重萎缩的重症脑卒中患者,运用BCI是解决这一问题的另一个途径。EEG信号能真实反映运动思维是否产生,肢体瘫痪患者可以通过运动想象表达运动意图,控制康复训练机器人自主进行康复训练,它使得患者不需要肌肉系统也能够与外界环境进行交互。研究表明,肢体瘫痪患者可以通过运动想象激活受损的脑皮层,促进其重组或重建;运用脑机接口进行思维训练能够实现神经可塑性,对于脑卒中患者具有重要意义。据此研究人员提出,让肢体瘫痪患者通过想象特定动作表达运动意图,主动参与康复训练,同时采集其运动思维所引发的EEG信号进行运动想象模式分类,基于分类结果实现运动意图识别,再将识别结果转换为康复训练机器人的控制指令,使其带动患肢完成训练动作,从而提高康复训练效果。

有学者从想象手臂运动过程中提取的EEG信号中解码出三维轨迹信息。通过非侵入式脑电记录仪记录患者想象执行或观察另一受试者手臂执行复杂的三维上肢运动轨迹过程中产生的EEG信号,并从三个维度解码该信号中所蕴藏的运动指令[1]。

有学者提出基于EEG信号驱动的融合虚拟现实、BCI和机器人的下肢康复训练系统,该系统能够主被动联合激励患者。其中,基于镜像神经元理论,虚拟现实可以增强运动神经中枢的视觉刺激,而视觉刺激可通过镜像神经元主动刺激运动控制神经元;机器人被动刺激运动知觉神经元;EEG信号检测受试者运动意图,控制主被动联合刺激。实验表明,受试者可以直接使用此系统,并不需要先接受训练;并且,所有受试者均可成功获得由EEG信号驱动的康复训练[2]。还有学者提出基于脑机接口驱动的外骨骼康复系统,该系统具有4个自由度,能够辅助上肢进行8种不同的康复运动。患者可通过无线脑电设备采集EEG信号进而控制机器人运动。实验表明,该系统能够正确区分有意识思维与志愿者中性状态,并利用此信息驱动外骨骼进行不同的运动[3]。还有一些学者则利用基于EEG信号的脑机接口实时检测患者意图水平以在线调整机器人辅助康复训练强度[4]。被动速度场控制器作为机器人底层控制器,根据运动想象的意图水平改变轮廓

---

[1] XU B G, PENG S, SONG A, et al. Robot-aided upper-limb rehabilitation based on motor imagery EEG[J]. International journal of advanced robotic systems, 2011, 8(4): 88-97.

[2] GOMEZ-RODRIGUEZ M, GROSSE-WENTRUP M, HILL J, et al. Towards brain-robot interfaces in stroke rehabilitation[C]//IEEE. 2011 IEEE International Conference on Rehabilitation Robotics. Piscataway, N. J.: IEEE, 2011: 1-6.

[3] BUCH E, WEBER C, COHEN L G, et al. Think to move: a neuromagnetic brain-computer interface (BCI) system for chronic stroke[J]. Stroke: A journal of cerebral grculation, 2008, 39(3): 910-917.

[4] KIM J H, BIESSMANN F, LEE S W. Decoding three-dimensional trajectory of executed and imagined arm movements from electroencephalogram signals[J]. IEEE transactions on neural systems and rehabilitation engineering, 2015, 23(5): 867-876.

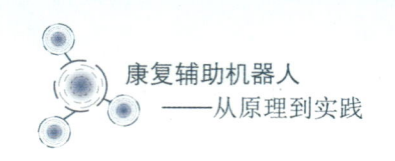

线跟踪任务的速度,以训练多关节协调性与同步性;当存在外部施加力时,该控制器也能确保机器人-患者系统整体的耦合稳定性。从线性判别分析分类器提取的后验概率值可实时反映患者运动想象水平,通过直接调整被动速度场控制器的速度参数调节跟踪速度,从而连续地控制康复辅助机器人。当患者意图增强时,被动速度场控制器提高机器人速度以激励患者主动参与完成训练任务。同时,该方法能够在线调整任务难度与机器人辅助力大小。结合患者在线控制训练任务速度的表现,该方法可确保患者整个训练过程中的主动参与性,提高机器人辅助治疗的效果。

5.5.9 协调控制

随着康复训练不断深入,患者需要外骨骼机器人提供的帮助会越来越少。为了响应被控对象性能随时间变化,提高人机交互的水平,有学者提出了协调控制方法。

对外骨骼机器人的协调研究,是为了增强机器人的行为能力,解决其运动控制方面的问题。考虑到患者在恢复过程中运动能力不断增强,其主观运动意图明显,这时要求控制方法的目的是调节运动过程中的协调效应,即控制各关节位置或相对于其他关节的速度,以保证上肢康复外骨骼机器人能够柔顺运动,不对人体造成二次伤害。相关学者设计了一个双臂外骨骼系统,提出了非对称双手协调控制策略以执行协作操作,保证了运动的柔顺性[①]。

5.5.10 智能控制

在人工智能飞速发展的大环境下,用于上肢康复外骨骼机器人的一些自身具有学习能力的智能控制方法逐渐得到研究人员的重视,例如神经网络控制方法、强化学习控制方法。有学者提出了一种基于贪心神经网络控制器的神经损伤患者上肢康复训练方案。该方案包括一个基线控制器和一个高斯径向基函数网络,高斯径向基函数网络用于模拟受试者的功能能力,并为受试者提供相应的任务挑战。为了鼓励受试者主动参与训练,学者基于贪心策略对评价受试损伤程度的高斯径向基函数网络的权向量进行了更新,使受试者提供的最大力量随时间的推移逐步被学习。同时,根据受试者的任务表现,采用挑战等级修正算法对任务挑战进行调整。实验表明,所提出的控制器对提高受试者在训练过程中的自愿参与度具有巨大的潜力。然而,该工作仅使用平均误差作为评估受试者任务绩效的指标。如何对运动质量进行更准确的评估(例如是否可以通过对照临床试验来评估该控制方法的治疗效果),是未来的一个研究重点。除神经网络控制方法之外,已有大量研究表明强化学习控制方法适用于上肢康复外骨骼机器人的控制。引入强化学习控制方法不但可以降低系统设计时,过多依赖于专家知识、先验知识、精确的训练样本以及示教信息等内容,还可以通过与被控对象间的交互,逐步优化系统的控制性能。强

---

① ZHANG X, XU G H, XIE J, et al. An EEG-driven lower limb rehabilitation training system for active and passive costimulation[C]//IEEE. 2015 37th Annual International Conference of the IEEE Engineering in Medicine and Biology Society (EMBC). Piscataway, N. J.:IEEE, 2015:4582-4585.

化学习是控制模拟上肢功能性电刺激系统的一种方法①。还有学者应用强化学习设计了一种用于外骨骼系统的非线性控制器。强化学习方法通过与环境的相互作用来学习,为了有效地利用收集到的数据,通常使用人工神经网络模型来模拟大量的经验片段。将该控制方案与 PID 控制比较,并对 5 名健康受试者在平面伸展实验中的表现进行比较。结果表明,两个控制器都能准确地驱动手臂到目标位置,平均绝对误差小于 1°。但强化学习控制在整定时间、位置精度和平滑度方面明显优于 PID 控制②。

有学者提出了一个机器人训练器的框架。它是用户自适应的,既不需要特定的期望轨迹,也不需要用户的运动系统的物理模型,通过使用无模型强化学习来实现这一点。在该研究中,采用了一种策略梯度类型的强化学习算法作为康复辅助机器人训练的核心。该学习算法的目标是使任务完成度最大化,同时使机器人的辅助力最小化。策略梯度类型的强化学习算法的一个优点是可以选择对任务有意义的状态和策略表示并合并领域知识,这通常在学习过程中比基于值函数的方法需要更少的参数;另一个优点在于它是一种无模型方法。基于以上优点,该算法已应用于机器人学习研究中,包括人机交互研究③。还有学者在 2016 年提出直接从用户和机器人之间的交互来学习辅助策略,将辅助策略的学习问题表述为策略搜索问题。为了减轻用户在数据获取方面的负担,开发了一个基于数据效率的模型强化学习框架,并使用开发的实验平台,验证了该方法的有效性。对于机械臂辅助控制任务的学习实验,仅通过 30 s 的交互就可以获得可实现机器人控制任务并减少用户 EMG 信号的适当辅助策略④。基于以上基础,另外一些学者又在 2017 年对模型强化学习框架进行了改进。在成本函数中并没有明确提供所需的轨迹,而是只考虑用户通过 EMG 信号测量的肌肉运动来学习辅助策略,使用户通过自己的意图动作来执行任务。由于 EMG 信号是通过肌肉产生的而不是机器人协助产生的,所以 EMG 信号可以被理解为当前协助的"成本"。将改进的方法应用到 1 自由度的外骨骼机器人上,并进行一系列的实验。结果表明,该方法学习了正确的辅助策略,明确地考虑了用户和机器人之间的双向交互只有 60 s,同时能够有效地处理机器人动力和运动轨迹的变化⑤。到目前为止,临床研究还不能证明机器人治疗优于传统方法,根据个体的运动缺陷进行个性化的机器人辅助治疗可能有助于实现这一目标。因此,个性化控制这一智能控制方法

---

① XIAO Z G, ELNADY A M, WEBB J, et al. Towards a brain computer interface driven exoskeleton for upper extremity rehabilitation[C]//IEEE. 5th IEEE RAS/EMBS International Conference on Biomedical Robotics and Biomechatronics. Piscataway, N. J.:IEEE,2014:432-437.

② LUO L C, PENG L, WANG C, et al. A Greedy assist-as-needed controller for upper limb rehabilitation[J]. IEEE transactions on neural networks and learning systems, 2019, 30(11): 3433-3443.

③ FEBBO D D, AMBROSINI E, PIROTTA M, et al. Does reinforcement learning outperform PID in the control of FES-induced elbow flex-extension[C]//IEEE.2018 IEEE International Symposium on Medical Measurements and Applications (MeMeA). Piscataway, N. J.: IEEE, 2018: 1-6.

④ OBAYASHI C, TAMEI T, SHIBATA T. Assist-as-needed robotic trainer based on reinforcement learning and its application to dart-throwing[J]. Neural networks, 2014, 53: 52-60.

⑤ HAMAYA M, MATSUBARA T, NODA T, et al. Learning assistive strategies from a few user-robot interactions: Model-based reinforcement learning approach[C]//IEEE.2016 IEEE International Conference on Robotics and Automation (ICRA). Piscataway, N. J.: IEEE, 2016: 3346-3351.

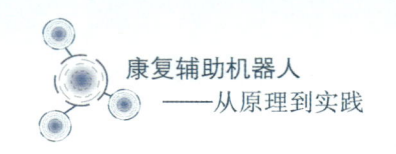

开始广受关注。相关学者提出了一种统计方法——自动个性化机器人康复。该方法使用不同的运动表现指标来评估运动改善效果并在治疗期间适应运动任务。有学者将该方法在患者身上进行测试，并将测试结果与接受传统物理治疗的类似患者进行比较。试验结果显示，使用个性化机器人方法训练的受试者在临床测试、运动学和肌肉活动方面有更好的康复效果[1]。还有学者设计了一种基于患者定制方法的三维上肢康复机器人系统，它通过将患者包含在控制回路中，实时调整治疗特性以适应患者的需求。该系统由7自由度机器人手臂、自适应交互控制系统和患者性能评估模块组成。它通过一个不显眼的感知系统记录患者的生物力学数据，评估患者的生物力学状态，更新机器人的控制参数，以修改三维空间中的辅助水平和任务复杂性。通过对健康受试者进行实验，学者验证了该系统的可靠性，并提供了二维和三维空间的结果[2]。

有学者考虑到如何优化上肢外骨骼康复辅助机器人的效用，采用最陡梯度这一新的原则进行运动性能的选择[3]。其原理是基于映射整个工作空间的运动性能，选择位于性能最好和最差之间最陡峭的过渡区域的运动。为了评估该原则的好处，学者进行了对照实验，分别比较了15次机器人辅助触达训练对两组因脑卒中而患有中重度慢性上肢偏瘫者上肢运动障碍改善的效果。与对照组相比，实验组有明显改善，但是实验也表明该方法更加适用于短期训练。在未来的发展中，下一步将是评估较长时间的个性化培训的效果以及这个原理是否适用于其他运动障碍（如步态运动）或者其他设备（如下肢外骨骼），甚至一些不需要辅助力的设备。

5.5.11 基于模式的控制

脑卒中患者的康复是一个漫长的过程，每个康复阶段所需的康复训练方式不同。康复辅助机器人被希望能够拥有类人的智能控制策略，即能够学习和识别不同的患者状况，并像人类一样基于经验采取精确的控制措施，相关学者基于模式的控制为上述设想提供了途径。基于模式的控制框架如图 5-7 所示。

---

[1] PIERELLA C, GIANG C, PIRONDINI E, et al. Personalizing exoskeleton-based upper limb rehabilitation using a statistical model: A pilot study[C]//MASIA L, MICERA S, AKAY M, et al. Converging Clinical and Engineering Research on Neurorehabilitation III: Proceedings of the 4th International Conference on NeuroRehabilitation. Berlin: Springer, 2019: 117-121.

[2] PAPALEO E, ZOLLO L, SPEDALIERE L, et al. Patient-tailored adaptive robotic system for upper-limb rehabilitation[C]//IEEE. 2013 IEEE International Conference on Robotics and Automation. Piscataway, N. J.: IEEE, 2013: 3860-3865.

[3] ROSENTHAL O, WING A M, WYATT J L, et al. Boosting robot-assisted rehabilitation of stroke hemiparesis by individualized selection of upper limb movements-a pilot study[J]. Journal of neuroengineering and rehabilitation, 2019, 16(1): 42-55.

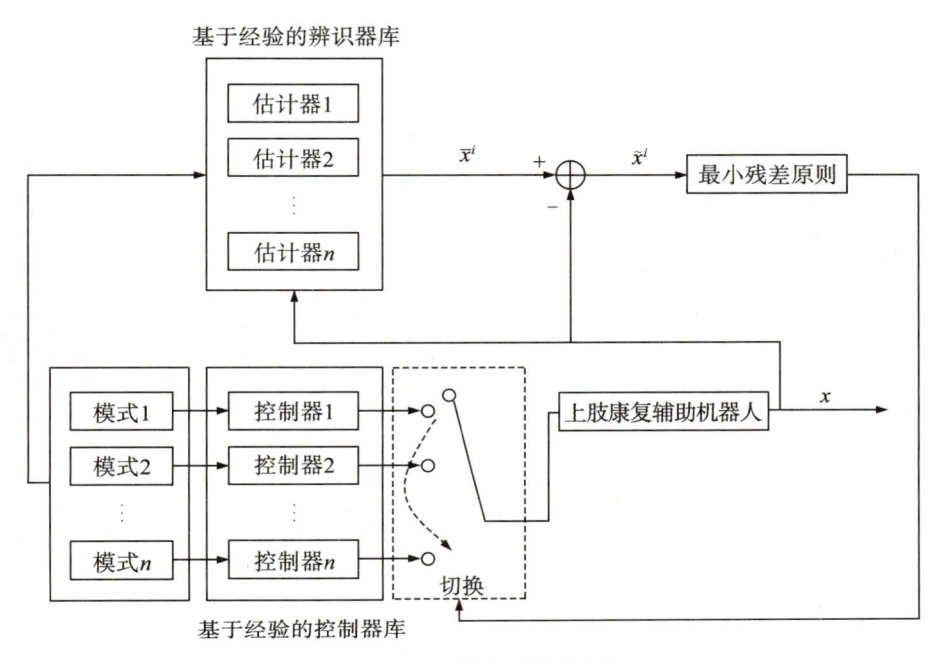

图 5-7　基于模式的控制框架

在非线性系统的自适应神经网络控制理论的基础上，通过研究径向基函数网络的局部学习能力和对部分持续激励条件的满足，确定动态系统动力学的学习理论得以发展。按照这种理论，一类合理设计的自适应神经网络控制器能够在跟踪控制的同时实现对闭环动力学的学习，而学习到的知识被储存在神经网络中，可用于相似的控制任务并保证稳定性，从而实现更好的控制性能。而在确定学习理论的基础上所实现的动态模式识别，是一种智能方法。它通过有效利用确定学习理论能够对动态系统学习的能力，精确定义动态模式，从而快速识别动态系统的运动行为和本质属性。控制系统的确定学习和基于确定学习的快速动态模式识别为基于模式的控制提供了基本的结构，其主要步骤包括：①沿周期轨迹学习康复辅助机器人系统未知动态，使用所学知识构建不同训练模式下的上肢康复辅助机器人控制器库。②准确地识别不同训练模式下的子系统动态，并使用所学知识构建估计库。③根据识别的控制状态，切换不同训练模式的控制器。④利用估计量快速识别控制状态的变化。基于模式的控制方法模拟了人的智能控制策略，建立了不同模式下基于经验的控制器库和基于经验的辨识器库，然后基于患者的康复水平以及患者的康复意愿进行模式的快速识别和控制器的快速切换，极大提升了系统性能。

5.6　本章小结

在康复过程中，康复辅助机器人的控制系统起着关键作用，它可以根据患者的需求和运动意图，实现对机器人的精确控制和制定个性化康复训练方案。本章介绍了康复辅助机器人的控制目标，控制系统的层级结构，不同时期、不同部位康复辅助机器人控制方法的异同以及常用的典型控制方法。

第 6 章
康复辅助机器人的有效性评价方法

6.1 康复辅助机器人有效性评价的概述

6.1.1 有效性评价的意义

评价是康复医学的特征之一,是康复训练的针对性、科学性、计划性的依据,是康复效果的保证。评价是康复治疗的重要环节,医生可通过评价了解患者功能障碍性质和严重程度,在治疗前、中、后期至少各进行一次评价。医生根据最新评价结果,制定康复治疗目标和治疗方案。康复训练是以初期评价为开始,末期评价为结束的,评价在整个康复训练过程中始终为主导。临床康复治疗流程如图 6-1 所示。

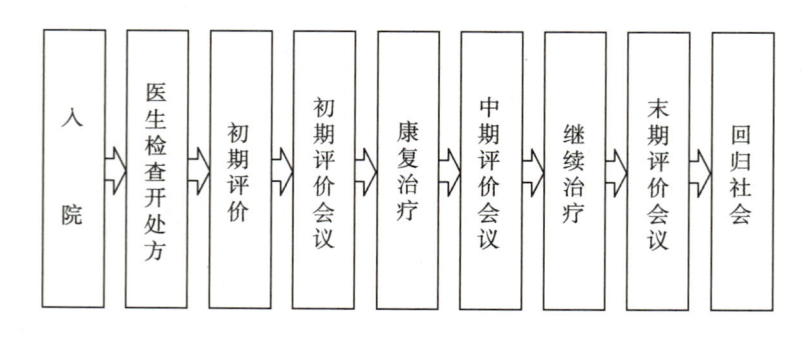

入院 → 医生检查开处方 → 初期评价 → 初期评价会议 → 康复治疗 → 中期评价会议 → 继续治疗 → 末期评价会议 → 回归社会

图 6-1 临床康复治疗的流程

对康复辅助机器人有效性评价的意义包含以下几个方面。

(1)评估康复效果。评价康复辅助机器人的有效性可以帮助确定其在康复过程中对患者的影响和效果。通过评价康复辅助机器人的康复辅助效果,康复专业人员可以了解其对患者功能恢复、运动能力提高和生活质量的影响程度。

(2)优化康复方案。通过评价康复辅助机器人的有效性,康复专业人员可以了解其在康复过程中的作用和局限性。这有助于优化康复方案,包括选择合适的康复辅助机器

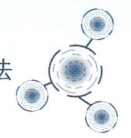

人、制定个性化的康复计划以及确定机器人应用的时机和持续时间。

（3）选择适合的康复辅助机器人。有效性评价可以帮助康复专业人员选择适合患者的康复辅助机器人。通过了解不同机器人的效果，康复专业人员可以根据患者的康复需求和目标选择最合适的机器人，提供个性化的康复治疗方案。

（4）促进技术发展和改进。有效性评价可以为康复辅助机器人的技术发展和改进提供反馈和指导。通过评估机器人的效果和性能，研究人员可以发现其存在的问题和改进的空间，从而推动技术的进步和创新。

（5）提供科学依据和证据。有效性评价可以为康复辅助机器人的临床应用提供科学依据和证据。通过科学研究和评估，可以产生可靠的数据和结论，从而支持康复辅助机器人的临床应用，并推动其在康复实践中的普及和应用。

6.1.2 康复类机器人有效性评价的目标

本节将从上肢康复、下肢康复和其他康复类机器人三个方面对康复类机器人的有效性评价目标进行介绍。

6.1.2.1 上肢康复（含手部）机器人

对于上肢康复机器人的有效性评价，包含以下几个方面。

（1）临床试验：进行临床试验以评估上肢康复机器人的有效性。试验可以包括随机对照试验或非随机对照试验，通过与传统康复方法进行比较，评估机器人康复方案的效果。通过收集和比较患者的康复指标（如上肢功能、肌力、活动范围等），来评估上肢康复机器人的有效性。

（2）功能评估工具：使用标准化的功能评估工具来评估上肢康复机器人的有效性。常用的功能评估工具包括 Fugl-Meyer 运动评定量表、Action Research Arm Test[①]、Box and Block Test[②] 等。这些评估工具可以定量地评估患者的上肢功能，并通过对康复前后的评估结果进行对比，来评估上肢康复机器人的有效性。

（3）生活质量评估：除了功能评估，还可以使用生活质量评估工具来评估上肢康复机器人对患者日常生活的影响。常用的生活质量评估工具包括 SF-36 健康调查表、Stroke Impact Scale[③] 等。这些评估工具可以评估患者在康复过程中的心理、社交和生活方面的改善情况，从而评估上肢康复机器人的有效性。

（4）运动分析：利用运动分析系统对上肢康复机器人进行客观分析。通过记录和分

---

① Action Research Arm Test（ARAT）：ARAT 是一种评估上肢功能的常用工具，特别是对于中风后患者的康复。它包括一系列的动作任务，涵盖了上肢的不同运动方向和功能，如握力、扭转、平板握力和手指控制。ARAT 通过观察患者在完成这些任务时的表现，来评估其手部功能和运动能力。

② Box and Block Test（BBT）：BBT 是一种评估手眼协调和手部功能的常用工具。在测试中，参与者被要求将一箱子中的方块一个一个地从一边移动到另一边，使用一个空的盒子来容纳方块。BBT 评估患者的手部协调、精细动作和手部功能，特别适用于评估上肢功能障碍患者的康复进展。

③ Stroke Impact Scale（SIS）是一种用于评估中风后患者生活质量的量表。它是一种自评量表，旨在评估中风患者的身体功能、认知功能、情感状态和社会参与等方面的影响。

析患者在康复过程中的运动数据(如运动轨迹、关节角度、力量输出等),来评估上肢康复机器人对患者的上肢运动恢复的效果。

(5)患者反馈:获取患者对机器人的主观反馈。可以通过面谈、问卷调查等方式收集患者对上肢康复机器人的便利性、舒适度等方面的评价,从而了解机器人的有效性。

综合运用上述方法,可以对上肢康复机器人进行全面的有效性评价。

6.1.2.2 下肢康复机器人

对于下肢康复机器人的有效性评价,包含以下几个方面。

(1)步态分析:使用运动分析系统对患者的步态进行评估。通过记录和分析患者在康复过程中的步态参数(如步长、步频、支撑相、摆动相等),来评估下肢康复机器人对步态的改善效果。可以使用传感器等设备进行步态分析。

(2)功能评估工具:使用标准化的功能评估工具来评估下肢康复机器人的有效性。常用的功能评估工具包括 Timed Up and Go 测试、6 分钟步行测试、Berg 平衡量表等。这些评估工具可以评估患者的下肢功能、平衡能力和步行能力,通过康复前后的对比,来评估下肢康复机器人的有效性。

(3)肌力测试:通过肌力测试来评估下肢康复机器人对患者下肢肌肉力量的改善效果。可以使用手持测力仪或其他力量测量设备对关键肌群的力量进行测试,比较康复前后的差异,以评估下肢康复机器人的有效性。

(4)活动范围评估:通过评估患者下肢关节的活动范围,来评估下肢康复机器人对关节柔韧性和活动度的改善效果。可以使用关节测量仪或手动测量方法,评估康复前后关节的屈曲、伸展、外展、内收等活动的变化。

(5)患者反馈:获取患者对下肢康复机器人的主观反馈。通过面谈、问卷调查等方式收集患者对下肢康复机器人的满意度、舒适度、便利性等方面的评价,从患者角度评估下肢康复机器人的有效性。

(6)临床试验:进行临床试验以评估下肢康复机器人的有效性。可以采用随机对照试验或非随机对照试验的方法,将康复方案与传统康复方法进行比较,通过收集和比较患者的康复指标(如步行速度、平衡能力、功能改善等),来评估下肢康复机器人的有效性。

综合运用以上方法,可以对下肢康复机器人进行全面的有效性评价。

6.1.2.3 其他康复类机器人

除了上肢和下肢康复机器人,还有其他类型的康复机器人,如言语康复机器人、平衡训练机器人等。对这些康复辅助机器人的有效性评价可以根据具体的康复目标和机器人的功能选择不同的评估方法,以下是一些常见的评估方法。

(1)语言评估:对于言语康复机器人,可以使用标准化的语言评估工具来评估康复效果。例如,使用阿肯西语言测验评估失语患者的语言能力,通过比较康复前后的得分,评估机器人的有效性。

(2)沟通交流评估:对于康复辅助机器人在沟通交流方面的应用,可以使用评估工具

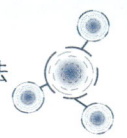

(如社交沟通问卷)来评估患者的社交能力、沟通技巧等,从而评估机器人的有效性。

(3)平衡评估:对于平衡训练机器人,可以使用平衡评估工具(如 Berg 平衡量表、动态步态指数等),评估患者的平衡能力。通过康复前后的对比,来评估机器人的有效性。

(4)知觉和认知评估:对于涉及知觉和认知康复的机器人,可以使用相应的评估工具来评估患者的感知和认知能力。例如,使用康奈尔医学评估量表评估儿童认知能力的改善情况,进而评估机器人的有效性。

(5)用户满意度和体验评估:可以通过患者和康复专业人员的反馈来评估机器人的有效性。通过收集用户的满意度、舒适度等主观反馈,并结合专业人员的意见和观察,来评估机器人的效果。

(6)实际应用评估:将康复辅助机器人引入实际康复环境,评估其对患者康复进程的实际影响。可以结合康复辅助机器人的可行性、有效性和实施过程中的问题,从实际康复结果的角度评估机器人的有效性。

根据具体的康复目标和机器人的功能特点,结合适当的评估方法,可以对各种康复类机器人的有效性进行评价,以指导康复实践并不断改进康复方案。

6.1.3 辅助类机器人评价的目标

四肢在人的生活和劳作中有巨大作用。失去肢体不仅给人的生活和生存造成巨大的困难,而且会给周围的人带来各种影响。辅助类机器人可作为假肢,装配在肢体残缺者体外,补偿缺失肢体的部分功能,使肢体残缺者恢复或重建一定的生活自理能力、工作和社交能力。

假肢评价的重点在于肢体残缺者穿戴假肢时对假肢接受腔、假肢对线和假肢的使用功能进行检查。接受腔是残肢与假肢的结合界面,对接受腔进行适合性检查的目的是确保穿戴假肢的舒适性。假肢对线检查的目的是确保假肢良好的生物力学特性。使用功能检查是针对假肢的功能代偿情况进行的检查。

6.1.3.1 上肢假肢

在评价辅助类机器人中的上肢假肢时,需要考虑以下评价目标。

(1)功能恢复:评估上肢假肢在恢复患者上肢功能方面的效果。这包括评估假肢的灵活性、精细动作完成能力、力量输出等,以及患者在日常生活中的功能恢复程度,如抓握、握持、操作工具等。

(2)运动协调和控制:评估上肢假肢在帮助患者实现运动协调和精确控制方面的效果。这包括评估假肢与患者自身肢体的协调性、假肢控制系统的响应速度和准确性等。

(3)感觉反馈和触觉恢复:评估上肢假肢在提供感觉反馈和恢复触觉方面的效果。这包括评估假肢是否能够使患者与外界进行感觉交互,以及恢复患者对物体形状、温度等触觉感知的能力。

(4)使用舒适度和适应性:评估上肢假肢的使用舒适度和适应性。这包括评估假肢的负重感、气候适应性、用户的皮肤接触状况等,以及患者对假肢的接受程度和日常使用

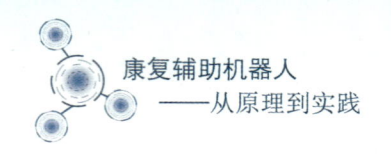

的便利性。

(5)心理和社会影响:评估上肢假肢对患者心理和社会方面的影响。这包括评估假肢对患者自尊心、情绪状态、社交参与等方面的影响,以及假肢对患者身份认同和社会融入的帮助程度。

通过综合评估这些目标,可以评估上肢假肢的有效性和患者满意程度,以指导假肢设计和康复方案的改进,并为患者提供个性化的康复服务。

6.1.3.2 下肢假肢

在评价辅助类机器人中的下肢假肢时,需要考虑以下评价目标。

(1)步态恢复和行走能力:评估下肢假肢在恢复患者步态和行走能力方面的效果。这包括评估假肢的支撑、摆动相、步长、步频等步态参数,以及患者的行走速度、平衡能力和行走距离等指标。

(2)动力输出和肌力恢复:评估下肢假肢在提供动力输出和帮助患者恢复肌力方面的效果。这包括评估假肢的能量存储和释放机制、步行效率、肌肉力量传递等能力,以及患者的肌力恢复程度。

(3)平衡和稳定性:评估下肢假肢在提供平衡支持和增强稳定性方面的效果。这包括评估假肢的平衡控制功能、稳定性和抗扰动能力,以及患者在站立和行走中的平衡能力。

(4)适应性和舒适度:评估下肢假肢的适应性和使用舒适度。这包括评估假肢的负重感、气候适应性、皮肤状况等,以及患者对假肢的接受程度和日常使用的便利性。

(5)长时间使用和耐久性:评估下肢假肢在长时间使用和耐久性方面的效果。这包括评估假肢的长时间穿戴舒适性、稳定性和耐久性,以及患者对假肢长时间使用的适应性和满意度。

(6)心理和社会影响:评估下肢假肢对患者心理和社会方面的影响。这包括评估假肢对患者自尊心、情绪状态、社交参与等方面的影响,以及假肢对患者身份认同和社会融入的帮助程度。

对下肢假肢的评价应考虑多个维度,并结合患者的主观感受和日常实际应用情况。

6.1.3.3 其他辅助类机器人

对于其他类型的辅助机器人,评价目标因其功能和应用领域而有所不同。以下是一些常见的评价目标。

(1)功能支持:评估辅助机器人在特定功能上的支持效果。例如,对于辅助行走机器人,评估其对患者步行能力的支持效果;对于辅助抓取机器人,评估其对患者手部功能的支持效果。

(2)自主性和独立性:评估辅助机器人在提升患者自主性和独立性方面的效果。这包括评估机器人是否能够帮助患者完成日常活动、提高自理能力和生活质量。

(3)互动和社交参与:评估辅助机器人在促进患者互动和社交参与方面的效果。这包括评估机器人与患者之间的交流、情感互动和社交支持情况。

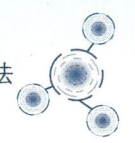

(4)疼痛和不适缓解：评估辅助机器人对患者疼痛和不适的缓解效果。

(5)心理和社会影响：评估辅助机器人对患者心理和社会方面的影响。这包括评估机器人对患者情绪状态、自尊心、社交参与等方面的影响。

(6)安全性和可靠性：评估辅助机器人的安全性和可靠性。这包括评估机器人的操作安全性、防护措施、故障率等，以确保患者的安全和机器人的可靠性。

评价过程应根据具体的辅助机器人类型和应用领域，选择合适的评估方法和指标，并综合考虑患者的主观感受和实际应用情况，以全面评估辅助类机器人的有效性和适用性。

6.2 人体功能性评测

康复评价的目的是帮助医生了解患者的康复水平，评价手段是采集和分析患者的各项信息，再将这些信息与标准值相对比。在康复医学领域，评价的重点是肢体运动功能的评价。

肢体运动功能评价可以获知患者的肢体功能以及肢体残存能力，能够判断出患者的生活独立情况，对于接下来康复计划的进行和康复成效的评判非常关键。

6.2.1 人体功能评测的分类

6.2.1.1 运动范围

运动范围评测是评估一个人在关节活动度和身体柔韧性方面的能力和限制程度。它可以帮助医疗专业人员了解关节的灵活性和肌肉的伸展能力，以及是否存在运动范围的缺陷或限制。以下是一些常见的运动范围评测的测量方法和关注的关节。

(1)关节测量方法。①角度测量：使用关节测量仪器，通过测量关节屈曲、伸展、外展、内展等活动的角度来评估关节活动度。②距离测量：使用测量工具，测量特定关节的活动范围，例如手指的指尖到手掌的距离。

(2)关注的关节。①上肢关节：如肩关节、肘关节、腕关节和手指关节。②下肢关节：如髋关节、膝关节、踝关节和足趾关节。③脊柱关节：如颈椎、胸椎、腰椎和骶骨关节。

通过运动范围评测，医疗专业人员可以了解个体的关节活动度，并根据评估结果制定相应的康复计划和治疗方案，促进患者运动功能恢复和提高患者日常活动的独立性。

6.2.1.2 动作灵活性

动作灵活性指动作的迅速、准确和协调等特征。它包括动作的速度、动作的频率两个方面，前者指肢体在单位时间内移动的距离，取决于动作方向或动作的轨迹特征，是衡量动作灵活性的指标之一；后者指操作者动作时所能达到的频率，也就是在单位时间内动作所重复的次数。

动作的频率与人体动作的部位、动作的持续时间、动作的习惯，以及操纵装置的形状、种类和尺寸等因素有关。譬如，以人体各部位的最大频率而言，手指动作每分钟为204～406次，手为360～431次，前臂为190～392次，上臂为99～344次，脚为300～378

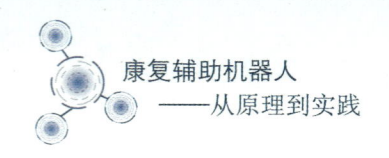

次,腿为330~406次。人的动作灵活性还与人的某些生物力学特性有关。人体较短部位的动作就比较长部位的动作灵活,较轻部位的动作比较重部位的动作灵活,体积较小部位的动作比体积较大部位的动作灵活。

6.2.1.3 运动精确性

评估运动精确性旨在评估一个人在执行动作和运动时的准确性和控制能力,这方面的评测通常应用于需要执行精确动作的运动项目、职业和康复领域。以下是一些常见的运动精确性评测方法和关注的方面。

(1) 目标命中测试。①投掷命中目标:例如投掷一个球、飞镖或箭,评估命中目标的准确性。②打击运动:例如击球运动,评估对球的击打准确性和目标命中率。

(2) 动作准确性评估。①姿势控制评估:评估特定动作或姿势的准确性,例如平衡姿势、体位调整等。②空间定位能力:评估个体在空间中的定位和定向能力,例如模拟环境中的导航任务。

(3) 视觉-运动协调评估。①手眼协调性:评估眼睛与手部动作之间的协调能力,例如接球、抓取等动作。②视觉跟踪和追踪:评估个体对于移动目标的视觉追踪和控制能力。

(4) 时间精确性评估。①反应时间测量:评估个体对于外部刺激的反应速度和准确性。②节奏控制:评估个体在特定节奏模式下的动作执行准确性。

评估运动精确性需要结合适当的测量工具、技术和评估指标。这些评估方法旨在评估个体在运动执行过程中的控制能力、精确性和准确性。

6.2.1.4 最大力输出

评估最大力输出是对一个人特定肌肉群或全身的最大力量和输出能力的评估。这方面的评测通常应用于运动表现、康复训练和体能测试等领域。以下是一些常见的最大力输出评测方法和关注的方面。

(1) 重量举起和推拉测试。①最大肌力测试:评估特定肌肉群在最大负荷下的力量输出能力,例如卧推、深蹲、硬拉等。②器械推拉测试:评估在特定器械上的最大力输出能力,例如坐姿推胸、划船器等。

(2) 握力测试。①力量握力测试:使用握力计或动力握力计测试手部肌肉群的握力。②压力握力测试:评估手指和手掌在应对压力时的力量输出能力。

(3) 爆发力评估。①垂直跳跃测试:评估下肢爆发力和垂直起跳能力,例如垂直跳跃高度测试。②动作加速测试:评估爆发力和加速度能力,例如加速度跑、爆发性起步等。

(4) 动态力量评估。①动作技能测试:评估在特定动作中的最大力输出能力,例如抓举、挺举、跳远等。②动作重复次数测试:评估在一定次数内的最大力量输出能力,例如最大重复卧推、深蹲等。

评估最大力输出通常需要专业的测量设备和技术,并且应由经验丰富的专业人员进行指导和监督。评估结果可以帮助医护专业人员了解个体特定肌肉群或全身的力量水平,根据评估结果可制定相应的训练计划和强化策略,以提高最大力输出能力、增加肌肉力量和改善运动表现。

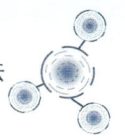

6.2.1.5 精确力控制

评估精确力控制旨在评估一个人在进行精细动作或需要细致力量调节的任务中的准确性和控制能力。这方面的评测通常应用于运动技能、手眼协调和康复训练等领域。以下是一些常见的精确控制评测方法和关注的方面。

(1) 静态精确力控制评估。①简单目标指向：评估个体在静态条件下准确指向目标的能力，例如用手指触碰特定点或靶心。②静态手眼协调：评估个体在静止状态下完成手眼协调任务的准确性，例如用手指在特定位置上进行精确触摸。

(2) 动态精确力控制评估。①精细运动技能测试：评估个体在要求精确力控制的动作中的准确性，例如精确投掷、准确击球等。②动态手眼协调：评估个体在动态环境下完成手眼协调任务的准确性，例如接球、击打移动目标等。

(3) 器械操作评估。①精确操作仪器：评估个体在需要进行精确力控制的器械操作任务中的准确性，例如使用手术器械进行精确操作。②细致手指操作：评估个体在需要细致手指力控制的任务中的准确性，例如做针线活、乐器演奏等。

(4) 视觉-运动协调评估。评估个体在视觉输入和手部运动之间的准确性和协调性，例如追踪移动目标、手眼连线等。

(5) 微调力控制评估。评估个体在微调力控制任务中的准确性，例如调整物体的压力、触觉辨别等。

评估精确力控制通常需要特定的测量设备和技术，例如力传感器、运动跟踪系统和视觉分析工具。这些评估方法旨在评估个体在精确力控制任务中的准确性和控制能力，以帮助了解个体的精细运动技能水平，制定相应的训练计划和强化策略，提高个体精确力控制水平。

6.2.1.6 运动协调性

协调是指人体进行平滑、准确、有控制的运动的能力，应包括按照一定的方向和节奏、采用适当的力量和速度、达到准确的目标等几个方面。协调与平衡密切相关。

评定运动协调性主要在于判断有无协调障碍，可为制定临床治疗和康复训练方案提供客观依据。评定运动协调性主要是观察被测试者在完成指定动作试验的过程中有无异常。指定动作试验包含指鼻试验、指-指试验、双手轮替试验、食指对指试验、拇指对指试验、握拳试验、拍膝试验、跟-膝-胫试验、旋转试验和拍地试验。上述试验主要观察动作的完成是否直接、精确，时间是否正常，在动作的完成过程中有无辨距不良、震颤或僵硬，增加速度或闭眼时有无异常。

6.2.2 常用功能评测工具

6.2.2.1 运动捕捉系统

运动捕捉系统可以用于评测人体功能的多个方面，通过捕捉和分析个体的姿势、运动轨迹和运动特征来进行功能评测。

运动捕捉系统的优势在于能够提供精确的动作数据和运动特征分析，通过追踪关节角度和身体姿态,评估个体在特定姿势下的稳定性和控制能力,捕捉个体在特定运动技能中的动作和运动轨迹,从而更全面地评估个体的功能状态和运动能力。通过应用运动捕捉系统,人们可以量化和客观地评估人体功能。运动捕捉系统的评估结果可为康复、运动训练和运动技能提高等提供有效的数据支持。

6.2.2.2 关节角度测量仪

关节活动度有多种具体的测定方法,也有多种测量工具,如量角器、电子角度测量计、皮尺等,必要时可通过X射线检查仪或摄像机进行测量分析。皮尺一般用于特殊部位的测量,如脊柱活动度、手指活动度等;临床上最常采用的关节角度测量工具是量角器。

6.2.2.3 肌电评测

肌电评测是一种用于评测人体肌肉活动的技术,通过测量肌肉产生的电活动来获取与肌肉收缩和松弛相关的信息。肌电评测可以提供有关肌肉功能、神经控制和运动模式的重要数据。

肌电评测通常使用肌电传感器,将电极放置在肌肉表面或穿刺到肌肉组织中,以测量肌肉电活动的信号。这些信号经过放大等处理后,可以展现肌肉活动的相关数据,如幅值、频率、时域特征和频域特征等。这些数据可用于分析和评估肌肉的功能状态、运动控制和适应性能力,也可用于分析和评估肌肉活动、动作、运动损伤以及进行生物反馈训练等,进而帮助患者进行康复效果的评价,辅助康复治疗。

6.2.2.4 脑电评测

脑电评测是一种用于评测人体脑电活动的技术,通过测量头皮上的电位变化来获取与大脑神经活动相关的信息。脑电评测可以测量关于人体大脑功能、认知状态和情绪体验的重要数据。

脑电评测通常将电极阵列放置在头皮上,以测量和记录EEG信号。这些信号经过放大、滤波等处理后,可以展现与大脑活动相关的数据。EEG信号可以通过时域、频域和时频分析等方法进行分析,从而得到与大脑功能状态相关的信息。根据EEG信号,人们可评估大脑活动与运动控制之间的关系,同时监测患者的认知功能,了解患者的情绪状态和情感体验。

6.2.2.5 足底压力分布评测

足底压力分布评测是一种用于评估人体步态和足部功能的方法,通过测量脚底的压力分布来获取与步态、姿势控制和足部功能相关的信息。足底压力分布评测可以测量关于足部负荷分配、平衡能力和步行模式的重要数据。

足底压力分布评测通常使用足底压力测量系统。该系统通常将传感器阵列嵌入鞋垫或足底垫上,以测量足底的压力分布。通过采集足底的压力数据并结合相应的数据分析方法,人们可以获得有关步态、姿势控制和足部功能的定量化信息,帮助了解患者身体的平衡状态、重心调整情况和动态稳定性,检测足底异常压力分布、足弓变形、足底肌肉功能不均衡等问题。

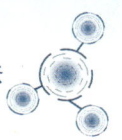

6.3 量表评测

6.3.1 量表在康复评测中的作用

量表在康复评测中扮演着重要角色,它们是用于量化和评估患者康复过程中特定领域的功能和状况的工具。以下是量表在康复评测中的作用。

(1)客观评估:量表提供了一种客观的评估方式,通过标准化的评分系统,使评估结果更加客观可比。这有助于消除主观性和个体差异的影响,提供更准确的评估结果。

(2)评估特定功能领域:在康复评估中量表可以针对不同的功能领域进行评估,如运动功能、平衡能力、日常生活活动、疼痛水平等。不同的量表可以测量和评估不同领域的功能状况,帮助康复专业人员了解患者的康复进展和需要重点关注的领域。

(3)基线数据和进展监测:通过量表评估,可以获取患者的基线数据,即康复治疗开始前的功能水平。随着康复过程的进行,可以定期使用同一量表进行评估,以监测患者的康复进展和变化。量表评估有助于康复团队了解治疗效果,调整康复计划并制定目标。

(4)研究和比较:量表在康复研究中具有重要的作用。通过在不同患者群体或康复干预组中使用相同的量表,研究人员可以比较不同群体之间的功能差异,评估康复干预的效果,并生成科学证据来证明特定康复干预的有效性。

(5)治疗规划和个性化护理:量表评估结果可为康复团队制定个性化的治疗计划提供依据。根据患者在不同功能领域的评估结果,可以确定治疗的重点、制定具体的康复目标,并监测康复进展,以便根据需要进行调整。

(6)患者参与和自我评估:部分量表可以由患者自行填写,促进患者的主动参与和自我评估。这有助于患者了解自身康复进展,增强对康复目标的认知和责任感,并给他们提供参与康复决策的机会。

量表在康复评测中具有标准化、客观性、可比性和重复性的特点,对康复过程中的功能评估、治疗规划和效果评估起到重要作用。它们提供了量化的数据和客观的指标,帮助康复专业人员制定个性化的康复方案,并提供科学依据来证明康复干预的有效性。

现在临床上应用较多的评价方法有 Brunnstrom 偏瘫上下肢功能评价法、上田敏偏瘫上下肢功能及手指评价法、Fugl-meyer 运动功能评价法。这些评价标准完全是用医师的主观印象对患者的康复动作给予评价,并且也不存在评价参数,有着敏感度、精确度不高的缺点。而康复辅助机器人具有数字化和精确控制等特点,这使得实现精确客观的康复评价成为一种可能,精准客观的康复评价也是一种趋势。

6.3.2 常用康复评测量表

目前,临床常用的以整体运动模式的恢复为标准的康复评价方法有很多种,下面介绍临床上常用的几种评价方法。

(1)Brunnstrom 等级评价法。这是最早临床使用的评分表格,属于半定量分析方法,对后续发展的评分方法有直接影响。Brunnstrom 等级评价法主要包括四肢和躯干的评价内容,还包括步态等方面内容,其中每一项分为五个功能等级。该方法一经问世就得到了临床医师广泛认可,目前仍然作为偏瘫患者恢复期的主要判别依据。Brunnstrom 等级评价法强调了对两侧肢体的评价,不仅对患侧肢体进行评价,而且将健侧肢体作为评价目标。

(2) 上田敏评价法。上田敏评价法是在 Brunnstrom 等级评价法对于偏瘫康复患者所经历的阶段过程的基本判断正确,但是定量评分目录还不够细致的问题上提出的,该方法是对 Brunnstrom 等级评价法的扩展和细化,将偏瘫恢复期过程增加到 12 期评定。从本质讲上两种方法没有区别,根据应用要求不同可以相互替换。

(3) Fugl-Meyer 量表评价法。Fugl-Meyer 量表评价法同样是在 Brunnstrom 等级评价法的基础上发展起来的,评价包括关节活动和疼痛、感觉、上肢反射及协调反应、下肢、平衡五个方面,是临床使用最多的评价方法。该方法的特点是内容详细并进行了量化,提高了评价的有效性和可信性,与姿势、步态、日常生活活动(activities of daily living,ADL)有明显的相关性;不足之处在于费时较长,需患者积极配合和精力集中,且运动能力的评价只限于肢体运动。

(4) Bobath 评价法。Bobath 评价法是由英国学者凯耶尔·波巴斯(Kalel Bobath)和贝达·波巴斯(Beda Bobath)夫妇共同创造的治疗和评价方法。Bobath 评价法对运动功能的评价主要在于姿势张力和运动模式两方面,认为姿势张力的改变和运动的不协调是运动功能障碍的基本原因,而肌力和关节活动度的改变是继发于姿势张力的改变和运动的不协调的。该方法不单独评价痉挛,通过评价运动模式就能充分反映患者的情况。Bobath 评价法的最大特点是检测本身就是治疗的一部分,是将评价与治疗融为一体的一种评价法。

以上几种评价方法在临床中应用广泛,可为确定康复患者的机能障碍并制定针对性康复训练计划提供依据。

6.4 基于运动行为的评测

6.4.1 运动行为评测的意义和方法

基于运动行为的康复效果评测是通过观察和分析患者在康复过程中的运动行为和功能表现,来评估康复效果和进展的方法。运动行为评测是评估个体在运动过程中的行为表现和运动技能的方法,它的意义在于提供客观的数据和信息,这些数据和信息可用于评估个体的运动能力、动作质量、功能水平和康复进展。通过运动行为评测,康复专业人员可以了解个体在康复过程中的运动表现,制定个性化的康复计划,以及监测康复效果和调整康复方案。以下是一些常用的基于运动行为的康复效果评测方法和指标。

(1) 运动技能评估:评估患者在特定运动任务中的技能水平和执行能力,可以使用标准化的运动评估工具(如运动评分量表)来评估患者的运动协调性、平衡能力、精细运动

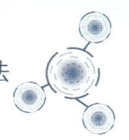

和整体动作质量。

（2）动作质量评估：评估患者在特定动作或运动模式中的动作质量和执行准确性，可以使用运动分析系统、视频分析或专门的评估工具（如动作质量评分量表）来评估患者的动作控制、姿势调整和动作流畅度。

（3）运动参数评估：评估患者在运动过程中的运动参数，如运动范围、力量输出和速度，可以使用运动分析系统、力量测量设备或其他运动测量工具来获取患者的运动参数数据，并评估康复效果和进展。

在能直接观察和检测的生理特征中，关节活动度直接反映偏瘫患者残留的运动功能水平，临床上也多有采用，且它可以进行实时检测。临床检测中，关节活动范围包括主动运动活动范围和被动运动活动范围。在康复辅助机器人训练系统中，在机器人主动训练模式下，主动运动活动范围是指患者主动完成肩（肘）关节活动时的活动范围；在机器人被动训练模式下，被动运动活动范围是指在机器人辅助条件下，患者完成动作的最大活动范围。除这两个指标外，康复辅助机器人采用患者在自然速度下运动的平均角速度值和在最快速度下运动的平均角速度值来评价患者的运动功能。关节的平均角速度指的是患者在一个动作周期内，每个数据点上的瞬时速度值的平均值 $\bar{\omega}$，计算公式如下：

$$\bar{\omega}=\frac{1}{N}\sum_{t=1}^{N}\omega(t) \tag{6-1}$$

式中，$\omega(t)$ 为 t 时刻数据点的角速度值，N 为数据点数量。

（4）动作时间评估：评估患者在特定动作或任务中的执行时间。可以使用计时器或专门的运动时间评估工具来评估患者的动作速度、反应时间和任务完成时间。

6.4.2 运动分析系统

运动分析系统是一种广泛应用于运动行为评测的工具，它利用传感器和摄像设备来记录和分析个体的运动数据。运动分析系统可以提供客观的定量化数据，用于评估个体的运动能力、动作质量、运动参数等方面。以下是一些常见的运动分析系统和其在运动行为评测中的应用。

6.4.2.1 三维运动捕捉系统

三维运动捕捉系统使用多个摄像头和被测者身上的标记点或传感器，以实时或离线方式记录和重建运动过程。该系统可以获取被测者的关节角度、身体部位的位置和运动轨迹，从而帮助康复专业人员评估运动的质量、协调性和对称性。Nokov 度量光学三维动作捕捉系统如图 6-2 所示。

在康复领域，三维运动捕捉系统广

图 6-2　Nokov 度量光学三维动作捕捉系统

泛用于步态分析、姿势控制评估和运动技能评估。下面是一些常见的人体功能评测领域和对应的运动捕捉系统应用。

（1）步态分析：通过捕捉关节角度和运动轨迹，评估个体的步态特征，如步长、步频、支撑时间等。运动捕捉系统可以提供详细的步态数据，帮助评估步态异常、行走模式改变或康复进展等。

（2）姿势与姿态控制评估：通过追踪关节角度和身体姿态，评估个体在特定姿势下的稳定性和控制能力。运动捕捉系统可用于分析身体姿势的变化、关节运动的准确性以及姿势控制的改进。

（3）运动技能评估：通过捕捉个体在特定运动技能中的动作和运动轨迹，评估其技能水平和运动准确性。运动捕捉系统可以提供精确的动作数据，帮助评估运动技能的改进和训练效果。

（4）运动分析与生物力学评估：通过捕捉关节力和力矩，评估个体在特定动作中的力学特性和肌肉活动。运动捕捉系统可提供运动力学数据，帮助评估运动模式、肌肉协调和力量输出等方面的功能。

（5）手眼协调评估：通过捕捉手部和眼部运动的协调性，评估个体在手眼协调任务中的准确性和反应能力。运动捕捉系统可以分析手部和眼部运动的时序关系，帮助评估手眼协调的改善和训练效果。

6.4.2.2　力板和压力传感器

力板和压力传感器可以测量个体的地面反作用力和足底压力分布，可以评估个体的平衡能力、步行模式、足部功能和足底负荷分配。力板和压力传感器可应用于步态分析、平衡评估和运动控制的研究和康复实践。

6.4.2.3　惯性测量单元

惯性测量单元是一种小型的惯性传感器，可测量个体的加速度、角速度和方向，可以评估个体的姿势调整、动作控制和运动模式。惯性测量单元被广泛应用于步态分析、姿势评估和运动技能训练。

运动分析系统的选择取决于评估的目标、研究或康复的需求以及可用的资源。

6.5　基于肌力的评测

肌力是指肌肉产生力量或抵抗力的能力，它是通过肌肉收缩产生的张力来实现的。肌力是肌肉功能的一个重要方面，对于执行日常活动、维持姿势、运动控制和运动性能至关重要。人们可以从最大肌力、动态肌力、静态肌力、力量耐力等方面来评估肌力水平。

肌力是实现正常运动和执行日常活动所必需的关键要素之一。通过评估患者的肌肉力量，可以了解他们是否能够完成特定的运动和功能任务。康复的目标之一是帮助患者恢复或改善肌肉力量，以提高其功能水平。

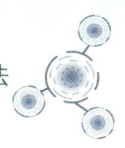

6.5.1 肌力评估的意义

肌力评估可以帮助康复专业人员了解患者的肌肉状况和功能水平。通过评估患者的肌力，可以了解肌肉群的强度、协调性和对抗阻力的能力。这有助于确定患者的肌肉功能缺陷和潜在问题，从而为制定个性化的康复计划提供指导。

6.5.2 肌力评估的方法

6.5.2.1 手动肌力测试

手动肌力测试是指通过医疗专业人员手动施加阻力来评估患者的肌肉力量和功能。这种测试基于以下原理：当医疗专业人员施加阻力时，患者的肌肉需要产生足够的力量来克服这种阻力。通过观察患者的抵抗能力和反应，医疗专业人员可以评估肌肉的力量水平。常用的手动肌力测试工具有以下几种。

（1）医学研究理事会肌力等级评定系统（medical research council 等级系统）：这是一种常用的手动肌力评估方法，将肌肉力量分为六个等级。0级：无肌肉收缩。1级：有肌肉收缩，但无法产生关节移动。2级：能够产生关节移动，但无法克服重力。3级：能够克服重力，但无法对抗轻度阻力。4级：能够对抗中度阻力，但无法对抗最大阻力。5级：能够对抗最大阻力。

（2）握力计：握力计是用来评估手部和前臂肌肉力量的常见工具，其中 Jamar 握力计是最常用的握力计之一。患者握住握力计，随后按照指示进行最大力的握持，测量握力的数值。根据握力计的读数，可以评估手部肌肉的力量。

（3）手臂肌肉力量测试：这种测试常用于评估上肢肌肉的力量。例如，医疗专业人员可以使用手臂屈曲和伸展测试来评估肱二头肌和肱三头肌的力量。在测试中，医疗专业人员施加手动阻力，要求患者克服阻力进行屈曲和伸展动作。

（4）下肢肌肉力量测试：这种测试常用于评估下肢肌肉的力量。例如，医疗专业人员可以使用膝关节屈曲和伸展测试来评估股四头肌和腘绳肌的力量。在测试中，医疗专业人员施加手动阻力，要求患者克服阻力进行屈曲和伸展动作。

6.5.2.2 动态肌力测试

动态肌力测试是一种评估患者在特定动作或功能任务中肌肉力量的测试方法。与静态肌力测试不同，动态肌力测试主要关注肌肉在运动和功能性任务中的表现。

动态肌力测试的原理包括以下几个方面。

（1）动作模式：动态肌力测试通常涉及特定的动作或功能任务，如步行、跑步、跳跃、推拉、举重等。这些动作要求肌肉产生力量来完成特定的运动模式。

（2）动作速度和力量输出：动态肌力测试考虑到了肌肉在不同速度和力量输出要求下的功能表现。例如，测试可以包括慢速和快速的动作、短时间和长时间的持续运动等，以评估肌肉在不同条件下的力量生成能力。

（3）功能性评估：动态肌力测试强调对肌肉力量在日常生活功能中的影响进行评估。

通过模拟特定功能任务（如上楼梯、抬重物等）来评估肌肉在实际功能要求下的表现。

（4）动作质量和控制：动态肌力测试还关注肌肉力量与动作质量和控制之间的关系。除了评估力量产生，动态肌力测试也会评估肌肉的协调性、稳定性和控制能力。

动态肌力测试旨在更准确地评估患者在日常活动和功能任务中的肌肉力量和功能表现。通过模拟实际的动作和功能任务，医疗专业人员可以获得更全面和实用的肌肉力量评估结果，进而为制定个性化的康复计划提供指导。

以下是几个常用的动态肌力测试设备。

（1）动作分析系统：动作分析系统使用摄像设备和相关软件来记录和分析患者在特定动作或功能任务中的肌肉力量和运动模式。该系统可以提供详细的动作数据，如关节角度、力量输出、速度等，以帮助评估肌肉的动态表现。

（2）动力平台：动力平台是一种测量地面反作用力的设备，可以评估患者在特定动作中的力量输出和反应。通过测量患者与平台的互动，可以获取关于肌肉力量和平衡控制的信息。

（3）跑步机：跑步机是一种常用的设备，用于评估患者在跑步或步行中的肌肉力量和运动表现。通过调整跑步机的速度和坡度，可以模拟不同的运动条件，并评估患者的力量和耐力水平。

（4）动力测力仪：动力测力仪是一种用于测量肌肉力量的设备，通常采用电阻、压力或张力传感器。患者进行特定动作时，动力测力仪可以测量力量的大小和变化，提供有关肌肉力量和功能表现的数据。

（5）弹力带和重力机器：弹力带和重力机器是常用的康复设备，用于提供阻力和调整负荷，以评估患者的肌肉力量和运动能力。

上述设备可以用于不同肌肉群的训练和评估。

6.5.2.3　各向同性肌力测试

各向同性肌肉测试是一种用于评估肌肉力量和功能的测试方法，它可以测量肌肉在各个方向上的力量表现。这种测试方法能够提供有关肌肉整体力量和平衡性的信息，有助于了解肌肉在多个方向上的力量分布和不平衡情况。以下是一些常用的各向同性肌力测试方法。

（1）各向同性手动肌力测试（isokinetic manual muscle test）：这种测试方法使用手动抗阻来评估肌肉在不同方向上的力量。测试人员会通过手动抵抗来测量患者或测试对象在特定动作中的力量表现。通过在不同关节角度下进行测试，可以获得肌肉在不同方向上的力量数据。

（2）各向同性动力平台测试（isokinetic dynamometry test）：动力平台是一种测量力量输出的设备，可以在各个方向上施加恒定的负荷，以评估肌肉的力量表现。通过动力平台，测试人员可以测量肌肉在不同运动模式和方向上的最大力量、爆发力和肌耐力等参数。

（3）各向同性电子力量测量（isokinetic electronic strength measurement test）：这种测试方法使用电子力量测量设备，通过测量肌肉对电子传感器的压力来评估力量。这种方法可以在各个方向上进行测试，并提供精确的力量输出数据。

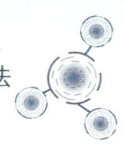

6.6 基于肌电的评测

肌电评估是一种基于肌肉电活动的康复评估方法,通过测量肌肉产生的生物电信号,可获得客观、量化的数据,这些数据可用于评估患者的肌肉功能和运动控制能力。肌电评估在康复领域中具有重要意义。通过分析肌肉活动模式和协调性,肌电评估还可以评估患者的运动技能,并提供生物反馈信号。进行运动控制训练,来促进康复过程中的肌肉功能恢复。基于肌电的康复评估方法为康复专业人员提供了有力的工具,帮助患者达到更好的康复效果并提高生活质量。

6.6.1 肌电评测的原理和应用

EMG 信号是由肌肉产生的生物电活动所形成的电信号。当神经系统向肌肉发送指令时,肌肉纤维会收缩并产生微弱的电流。这些电流在肌肉组织内传导并引发 EMG 信号的产生。EMG 信号是肌肉活动的生物电反应,可以被测量和记录。它通常被用于研究和评估肌肉功能、运动控制、运动协调性和运动技能。

首先,EMG 信号可以提供有关肌肉激活水平和肌肉收缩模式的信息。通过 EMG 信号的振幅和频率特征,人们可以了解肌肉的激活程度和肌肉收缩的快慢。这有助于评估肌肉的力量和耐力,并揭示患者可能存在的肌肉功能障碍。

其次,EMG 信号可以反映神经系统对肌肉活动的控制情况。通过分析 EMG 信号的时域和频域特征,可以评估神经系统对肌肉活动控制的协调性和精确性。这有助于了解神经-肌肉连接的状态,以及患者是否存在神经控制方面的问题。

再次,EMG 信号还可以揭示肌肉活动中的异常模式和不平衡情况。通过比较不同肌肉的 EMG 信号,可以评估肌肉间的协同作用和平衡性。这有助于发现肌肉的不平衡或不协调,如肌肉失活、过度紧张或协调失调等。

最后,EMG 信号还可以用于评估运动控制和动作执行的质量。通过分析 EMG 信号的时序特征和变化模式,可以了解运动执行的准确性和稳定性。这有助于评估患者的动作控制能力和姿势稳定性,并发现可能影响功能表现的问题。

对于肢体残疾患者,EMG 信号可以用作肌肉控制信号,用于驱动康复辅助装置或假肢等。通过捕捉残肢周围的残余肌肉活动,可以实现对康复装置的精确控制。

综上所述,EMG 信号能够反映患者肌肉活动、神经控制和肌肉功能等多个方面的信息。通过对 EMG 信号的测量和分析,我们可以评估肌肉的激活水平、神经控制状态、肌肉协同性和动作质量等,从而实现对肌肉功能状况的评估和解读。这为康复评估提供了一种客观而全面的方法,帮助康复专业人员了解患者的肌肉功能,并制定个性化的康复干预方案。

6.6.2 EMG 信号采集和分析方法

为了测量 EMG 信号,电极通常被放置在肌肉表面或穿刺到肌肉内部。其中表面肌电图是最常用的测量方法,通过将电极贴附在皮肤上来采集 EMG 信号。采集到的 EMG

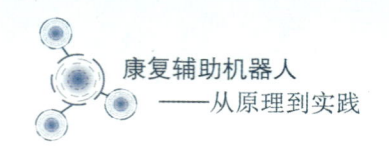

信号通常非常微弱，需要经过放大和滤波处理。

通常对 EMG 信号进行时域分析和频域分析，时域分析关注信号的振幅、时长和起始时间等特征，用于评估肌肉收缩的强度、时序和持续时间；频域分析关注信号在不同频率范围内的能量分布和频率成分，用于研究肌肉的频率特征和调节机制。通过对 EMG 信号的分析，可以获得有关肌肉功能和运动控制的信息。这些信息可以用于评估肌肉的活动水平、疲劳程度、协调性和运动技能。

针对不同的评估目的，EMG 信号的采集也存在差异。

（1）静态肌电评估。在静态肌电评估中，患者通常被要求保持特定的姿势或进行轻度的静态肌肉收缩。静态 EMG 信号的采集主要关注肌肉的静息活动水平和基础肌力，通常采集的信号是较低频率的，以捕捉肌肉的持续性激活状态。

（2）动态肌电评估。在动态肌电评估中，通常要求患者进行各种动作或运动任务，如步行、抬举物体或进行特定的功能性活动。在这种情况下，EMG 信号的采集主要关注肌肉的动态活动和肌肉力量的变化，信号的采集频率可能较高，以捕捉肌肉在不同运动阶段的活动模式和力量需求。

（3）肌肉疲劳评估。肌肉疲劳评估旨在了解肌肉在长时间或高强度活动后的表现。在这种情况下，EMG 信号的采集通常会持续一段时间，并记录肌肉活动的变化趋势，可以通过分析信号的频谱特征、时域特征和疲劳指标来评估肌肉的疲劳程度和恢复能力。

（4）反馈训练评估。在反馈训练中，采集 EMG 信号用于测量实时的生物反馈，以帮助患者调整肌肉活动和动作执行。在这种情况下，需要快速、准确地捕捉肌肉活动的变化，并将其转化为可视或可听的反馈信号。采集的信号需要实时处理和分析，以提供及时的反馈信息。

在进行肌电评测时，采集的数据常常需要与正常参考值、健侧数据或以前测得的数据进行对比。对比结果可以作为参考，帮助评估患者的康复进展和功能恢复水平。此外，还可以与特定的标准评估工具和量表（例如肌力评估、运动功能评定等）结合使用，以综合评估患者的康复情况。

6.7 基于脑电的评测

当脑功能受损时，例如因为创伤性脑损伤、脑卒中或神经退行性疾病等，患者可能存在认知、感知、运动和语言等方面的功能障碍。在这种情况下，康复的目标是通过各种干预措施，促进大脑的重新组织，以最大限度地恢复受损的功能。而由外力引起的肢体损伤不会直接导致脑功能退化，但长期肌肉萎缩、运动功能的丧失和运动控制的变化可能会对大脑的相关区域（例如运动皮层和运动相关的脑区）产生一定的影响。

康复过程中，脑功能的恢复是一个关键的因素。如果患者的脑功能恢复较好，大脑可以通过神经重组和重新连接来补偿受损区域的功能缺失。然而，如果脑功能的恢复受到限制或进展较慢，康复过程可能需要更多的时间和努力。了解患者的脑功能恢复状况可以帮助制定个体化的康复计划，选择适当的康复干预策略，并调整康复进展监测和评

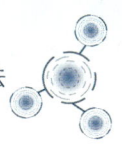

估方法，以最大限度地促进患者的功能恢复。

采用脑电信号来评估脑功能具有非侵入性、高时序分辨率、高灵敏度和直接反映神经活动等优势。这使得脑电评估成为一种重要的工具，用于研究和评估脑功能的状态、神经可塑性以及与认知、感知和运动等相关的脑功能过程。

6.7.1 脑电评测在康复中的应用

脑电是一种记录大脑电活动的方法，通过将电极放置在头皮上来检测和记录脑部神经元的电活动。这些电活动是由大脑中的神经元之间的电流流动产生的。EEG 信号可以提供有关大脑功能活动的信息。通过分析 EEG 信号，可以了解特定任务或刺激下大脑的激活模式，例如运动、言语、注意力、记忆等功能区域的激活情况。

首先，脑电可以用于评估运动功能的恢复。例如，在脑卒中康复过程中，通过记录患者的 EEG 信号，可以了解患者的运动皮层活动，并评估患侧与健侧之间的功能连接情况。这有助于判断运动功能的恢复程度，并指导康复训练的个体化设计，以促进神经可塑性和运动恢复。

其次，脑电还可以用于评估认知功能的恢复。在脑损伤或神经退行性疾病的康复过程中，EEG 信号可以提供关于认知活动的信息（如注意力、记忆和执行功能等）。通过分析 EEG 信号的特征，可以评估患者的认知状态和认知功能的变化，帮助制定针对性的康复策略和训练计划。

再次，脑电还可以用于评估感觉功能的恢复。例如，在康复过程中，EEG 信号可以记录和分析与触觉、视觉或听觉等感觉信息处理相关的脑区活动。这可以帮助评估感觉功能的恢复情况，检测感觉皮层的活跃性，并指导康复训练的调整。

最后，脑电还可以用于评估康复治疗的效果和监测康复进展。通过定期记录 EEG 信号，可以分析患者的脑功能状态随时间的变化，评估康复干预的效果，并调整康复计划以达到最佳的康复效果。

综上所述，脑电在康复评估中的应用范围广泛，可以提供关于运动功能、认知功能、感觉功能和康复进展的有价值信息。脑电评估为康复治疗的个体化设计和优化提供了科学依据，可促进患者的脑功能恢复。

6.7.2 EEG 信号的采集和分析方法

在康复评估中，EEG 信号的采集和分析方法的选择非常重要。EEG 信号的采集包括侵入式和非侵入式两种，在没有头脑外损伤的情况下，非侵入式采集方法更为常见。通常采用电极帽或粘贴电极阵列来实现多通道的 EEG 信号采集。通过对采集的 EEG 信号进行系列滤波、去除噪声和伪迹等预处理，可提高信号质量，便于进行脑电的分析。

常见的脑电分析方法包括时域分析、频域分析、事件相关电位（event-related potential，ERP）分析、准备电位和事件相关同步/解耦分析。时域分析用于研究 EEG 信号的波形特征，如振幅、幅度、时延和波形形态等。频域分析通过将时域信号转换为频谱图,研究 EEG 信号的频率成分和频率特征,如脑波频率的变化可以反映大脑活动的状态和调控情况。ERP 分析用于研究 EEG 信号与特定刺激或任务相关的事件相关电位,通过对多次刺激事件进行平均,可以提取出 ERP 波形,包括正向成分(例如 P300)和负向成分(例如 N400),这些波形的特征(例如振幅、时延和形态)可以用来评估感觉、认知和执行功能等。准备电位反映了大脑在预测和准备动作执行之前的活动,而事件相关同步/解耦则反映了大脑区域之间的协调程度。

此外,现代的脑电分析还可以结合机器学习和模式识别技术,以实现自动化的 EEG 信号分类和识别。通过训练算法对大量标记好的脑电数据进行学习,可以构建模型用于 EEG 信号的分类和识别,如对不同的脑电状态进行分类或识别特定的脑电模式。

6.8 综合评测方法的应用

在康复评估中,往往需要综合考虑康复患者的身体状况、功能能力、认知能力、心理状况等多个方面的指标,以全面了解患者的康复需求和进展情况。采用单一的评测方法无法达到全面了解康复水平或康复辅助机器人效果的目的。因此结合多种评测方法进行综合评测是有必要的,且具有重要意义。

6.8.1 多种评测方法的综合应用

在实际康复评估过程中,对于不同患者或同一患者康复的不同阶段,康复评估的目标和需求都存在差异。医护人员要根据患者的康复情况和临床需求,明确要评估的领域和指标,根据患者的特点和需求选择最合适的方法和工具进行评估。

假设有一位康复患者由于脑卒中导致上肢瘫痪。在康复评估中,我们可以综合应用以下评测方法。

(1)初始评估和病史收集。首先,与患者进行面谈,了解其病史、脑卒中发生的时间、手臂瘫痪的程度以及康复前的日常活动能力。这有助于获取患者的背景信息,为后续评估提供背景知识。

(2)上肢功能评估量表。使用适当的上肢功能评估量表,如 Fugl-Meyer 上肢评分表、上肢动作量表等,可以评估患者的肌肉协调性、手指和手腕活动范围、握力等指标。

(3)疼痛评估。对患者进行疼痛评估,了解其是否存在与上肢瘫痪相关的疼痛问题。可以使用疼痛量表(如视觉模拟量表)来评估疼痛的程度和影响。

(4)动作分析。通过观察患者进行特定动作或日常活动,了解其上肢的动作能力、肢体姿势和协调性。使用运动捕捉系统等技术进行动作分析,可以客观地量化患者的运动表现。

(5)空间感知和体感评估。评估患者的空间感知能力和身体感觉能力,包括对温度、疼痛和位置的感知能力。这可以通过触觉评估、两点辨别测试、位置感知测试等进行评估。

(6)肌电图评估。通过测量患者受影响上肢的肌肉活动情况,了解肌肉的电活动模

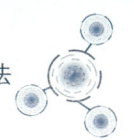

式以及激活顺序的异常情况。肌电图评估可帮助评估肌肉的功能状态和运动控制能力。

（7）肌力评估。使用手动肌力测试或设备辅助的肌力测量方法（例如手持动力测力计）对患者的上肢肌力进行评估。这可以评估患者不同肌群的力量水平，并确定肌肉的瘫痪程度。

（8）脑电图评估。使用脑电图评估患者的脑电活动。通过监测大脑的电活动，可以了解患者的脑功能状态，包括神经传导速度、脑电波谱等信息。脑电图评估有助于评估脑卒中对患者上肢功能的影响以及可能的异常脑电活动。

（9）心理评估。进行心理评估，可以了解患者的心理状况、情绪状态和认知能力。可以使用心理量表（例如焦虑抑郁量表、蒙特利尔认知评估量表），来评估患者的心理健康和认知功能。

（10）日常生活活动评估。通过观察和记录患者在日常生活中的活动表现（例如自理能力、握抓物品、自主进食等），来评估患者的日常生活功能和独立性。

（11）社交参与评估。评估患者在社交活动中的参与程度和适应能力，了解患者与他人的互动、交流和社交支持的情况。

综合应用以上评估方法可以提供多个方面的信息，包括上肢功能、肌肉活动模式、肌力、动作能力、感知能力、脑功能、心理状况等。通过综合评估结果，康复团队可以制定个性化的康复计划，包括肌肉训练、物理治疗、脑功能训练、感知训练、社交参与支持等，以促进患者的康复和功能恢复。康复团队还可以在康复过程中进行定期复评，以评估康复进展并调整治疗计划。

6.8.2 面向实际生活场景的评测

康复训练的目的是帮助患者恢复、改善或最大限度地提升其功能和生活质量。恢复独立生活能力、进行正常社会活动是大部分患者进行康复训练或使用康复辅助机器人的主要目标。

传统的康复评估往往局限于实验室或临床环境，无法完全反映患者在现实生活中所面临的挑战和需求。通过模拟真实生活场景（例如家庭、工作场所或社区环境），评估者能够观察患者在实际环境中的行动、社交交往、独立生活和参与社会活动的能力。这种评估方法可以提供更准确的信息，帮助康复团队了解患者的实际功能水平和问题，并据此制定个性化的康复计划。面向实际生活场景的评估还能够更好地衡量康复的实际效果，帮助患者更好地适应和参与日常生活，提高生活质量和独立性。

6.8.3 基于评测结果的康复辅助机器人调整和优化

康复治疗或训练是一个长期、螺旋式过程。根据评估结果不断调整训练计划或康复辅助机器人参数可以最大程度确保康复过程的个性化和有效性。通过评估患者的能力水平、康复进展和个体差异，专业的康复医师可以制定个性化的康复计划，强调重点训练领域，并适时调整训练的强度和难度。对于使用康复辅助机器人的患者，评估

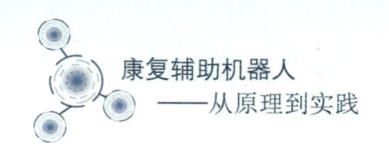

结果可以用来优化机器人的参数设置,以提供适当的支持和挑战。定期的评估和调整可以确保康复训练的适应性和有效性,帮助患者达到最佳的康复效果,提高患者的参与度和康复动力。

6.9　本章小结

本章首先介绍了在康复过程中进行有效性评价的重要性,并介绍了针对不同情况的不同评测目标;然后详细介绍了基于人体功能、运动行为等方面的量表评测、肌力评测、肌电评测、脑电评测等评估方法。康复评估的目的是对康复训练计划或康复辅助机器人参数等进行调整,促进患者的康复进程,在实际应用中需要综合运用多种评测方法对康复训练进行全面指导。

第 7 章
上肢康复辅助机器人的设计与应用

7.1 背景与提出

上肢康复辅助机器人是为帮助患有上肢和手部功能障碍的人们进行康复训练而设计的一种机器人系统。这些功能障碍可能是由于脑卒中、脊髓损伤、运动神经元疾病或其他神经肌肉障碍造成的。传统的康复方法通常需要医生或康复治疗师的直接参与，而上肢康复辅助机器人可以提供一种更加自主和可重复的康复训练方式。它可以为患者提供个性化的康复计划，根据他们的特定状况和康复进展进行调整。

上肢康复辅助机器人通常由机械臂、传感器、控制系统和用户界面组成。机械臂具有多个自由度，可以模拟人手的运动范围和力量。传感器用于监测患者的手部姿势、力量和运动轨迹等信息，以实时反馈给控制系统。控制系统根据患者的需求和康复目标，控制机械臂的运动，并提供相应的力量支持或阻力。用户界面则允许患者与机器人进行交互，例如设置康复参数、监测康复进展和接收反馈。

上肢康复辅助机器人的出现主要基于以下几个方面的考虑。

(1) 需求康复治疗的患者逐渐增加。随着人口老龄化和慢性疾病的增加，上肢和手部功能障碍的患者数量也在增加。传统的康复方法已经难以满足大量患者的需求，因此需要一种更高效、可扩展的康复方案。

(2) 患者对个性化治疗的需求。每个患者的康复需求和进展都可能有所不同。传统的康复方法通常是源自一般性的康复方案，而机器人康复系统可以根据每个患者的个体差异提供个性化的治疗方案，以最大限度地帮助患者康复。

(3) 提高康复效果和生活质量。上肢和手部功能障碍对患者的生活质量有重大影响。机器人康复系统，可以提供更加有效和全面的康复训练，帮助患者恢复手部功能，提高其日常生活的独立性和生活质量。

(4) 自主性和可重复性。机器人康复系统可以使患者在医生或康复治疗师的指导下进行更加自主和可重复的康复训练。这意味着患者可以在家中或其他非医疗环境中进行训练，减少对医疗资源的依赖。

(5)提供实时反馈。机器人通过传感器实时监测患者的动作和姿势,可以提供准确的反馈信息。这有助于患者更好地理解和调整他们的运动方式,促进康复效果。

(6)科技进步的驱动。机器人技术、传感器技术和人机交互技术的不断发展也推动着上肢和手功能康复辅助机器人的发展。先进的机器人技术和传感器技术使得设计和制造高度灵活、精确和安全的机器人系统成为可能。人机交互技术的发展使得机器人能够更好地与患者进行交互和合作,提供更加人性化和个性化的康复体验。

7.2 上肢康复辅助机器人的简介

7.2.1 上肢手臂康复辅助机器人的简介

上肢手臂康复辅助机器人是为上肢障碍患者设计的康复辅助机器人。因为上肢较手指更为粗壮且运动自由度较低,所以上肢手臂康复辅助机器人体积更大,所需的动力也更大。在日常康复训练中,上肢训练需要康复治疗师耗费大量的力气,然而通过外骨骼机器人的帮助,可以大大减小康复治疗师的工作量。

美国CAREX外骨骼机器人通过绳驱动的方式带动人体上肢手臂进行弯曲和伸展。上肢手臂康复辅助机器人可以根据患者的具体情况和康复需求提供个性化的康复训练。通过调整运动范围、力量和速度等参数,机器人系统可以根据患者的能力和康复进展程度提供适度的挑战和支持,使康复训练更加精准和有效。上肢手臂康复辅助机器人通常具备数据记录和评估功能,可以实时记录患者的运动数据和康复进展情况。这有助于康复专业人员对患者的康复进展进行客观评估,调整康复计划,并为患者提供个性化的反馈和指导。

7.2.2 手功能康复辅助机器人的简介

手功能康复辅助机器人是一种专门用于帮助患有手部功能障碍的人们进行康复训练的机器人系统。它利用先进的机器人技术、传感器和控制系统,提供个性化的康复方案和支持,以帮助患者恢复或改善手部的运动能力、协调性和功能性任务执行能力。根据结构设计,手功能康复辅助机器人主要分为手套式柔性康复辅助机器人和外骨骼式刚性康复辅助机器人两大类。

7.2.2.1 手套式柔性康复辅助机器人

手套式康复辅助机器人一般为柔性结构,柔性结构使手套式康复辅助机器人能够更好地贴合人手,避免在康复过程中引起二次损伤。韩国光州科学技术研究所的波伦·李(Boreom Lee)等人使用聚乳酸长丝作为连接材料设计并制造了一款手套式康复辅助机器人,聚乳酸长丝作为肌腱可提供足够的抓握力,并使用sEMG信号作为系统的控制信号,研究人员已在临床试验中初步验证了该机器人的可行性①。瑞士苏黎世联邦理工学院的托拜厄斯·巴策(Tobias Butzer)等人设计的一款轻质量、高舒适度的柔性康复辅助机器人,采用远程驱动系统,能够实现多种抓握模式,研究人员已在脑卒中患者的临床康复中验证了该机器人的性能②。

国内对于手套式柔性康复辅助机器人的研究同样有许多,同济大学杨濛等人研发的基于柔性制动器的手功能康复辅助机器人,使用柔性制动器驱动,能够提供稳定可靠的辅助。该机器人能够根据患者的康复需求,提供被动和镜像两种训练模式③。大连理工大学的研究人员设计了软体手功能康复辅助机器人。研究人员选用高弹性的硅胶材料作为驱动器,并对多腔软体关节以及关节的单个气室建立仿真模型,将驱动器的变形、应力等参数可视化。最后,研究人员还设计抓取、对指和手势实验对软体手功能康复辅助机器人的临床可行性进行了验证④。

手套式康复辅助机器人的结构简单,易于控制,不需要复杂的控制系统。但是它难以进行精确的运动控制,大部分只能做一些粗大运动,难以应用复杂控制算法进行力量和精细运动训练,只适用于康复训练早期的患者,难以满足康复训练中后期患者的需求。

7.2.2.2 外骨骼式刚性康复辅助机器人

目前,手功能康复辅助机器人大多为外骨骼式,使用刚性耦合结构。这是因为刚性机构力量传递性能更强。根据接触点不同,外骨骼式康复辅助机器人分为全接触式康复辅助机器人和指尖接触式康复辅助机器人两种,分别通过指尖接触或与手完全接触实现与手的交互。

相比于柔性康复辅助机器人,外骨骼由于其刚性设计结构能够更有效地进行力传递。印度坎普尔理工学院的阿尼班·乔杜里(Anirban Chowdhury)等人设计了一种完全可穿戴、便携和轻便的手康复辅助机器人⑤。该外骨骼式刚性康复辅助机器人将主动非协助模式与触发式被动协助结合,提高了康复过程中的人机交互效率,为使用手康复辅助机器人力传感器进行运动恢复的在线评估提供了一种方法,并且在临床试验中证明可以大幅度提升患者的手指输出力,但是每根手指仅有一个主动自由度,难以进行精细运动控制。美国赖斯大学的学者设计了一款名叫 Maestro 的手部康复辅助机器人,旨在辅助患者完成手部力量训练⑥。该装置开发了两个按需辅助控制器。学习力场控制利用神

---

① YOO H J, LEE S, KIM J, et al. Development of 3d-printed myoelectric hand orthosis for patients with spinal cord injury[J]. Journal of neuroengineering and rehabilitation, 2019, 16(1): 162-175.
② BUTZER T, LAMBERCY O, ARATA J, et al. Fully wearable actuated soft exoskeleton for grasping assistance in everyday activities[J]. Soft robotics, 2021, 8(2): 128-143.
③ 杨濛,卞永明,张圣良,等.基于柔性致动器的手功能康复机器人控制系统研究[J].中国工程机械学报,2021, 19(5):425-429.
④ 毕聪.面向手功能康复训练的软体机器人设计[D].大连:大连理工大学,2021.
⑤ CHOWDHURY A, NISHAD S S, MEENA Y K, et al. Hand-exoskeleton assisted progressive neurorehabilitation using impedance adaptation based challenge level adjustment method[J]. IEEE transactions on haptics, 2018, 12(2): 128-140.
⑥ AGARWAL P, DESHPANDE A D. Subject-specific assist-as-needed controllers for a hand exoskeleton for rehabilitation[J]. IEEE robotics and automation letters, 2017, 3(1): 508-515.

经网络学习特定对象所需的关节力矩模型,并基于此模型建立力场来辅助对象的手指关节运动。自适应辅助控制根据受试者表现进行在线估计,调整辅助力量,以鼓励受试者更积极地参与。

国内对于外骨骼式手刚性康复辅助机器人的研究也很多,哈尔滨工业大学的张福海等人设计的新型手功能康复辅助机器人系统能适应不同厚度和长度的手指[①]。该装置采用了基于Android系统的硬件系统和人机交互康复软件,控制系统采用基于比例微分逆动态控制的被动康复模式和基于阻抗控制的主动康复模式。两种康复模式可根据不同康复阶段的手指与康复辅助机器人的接触力进行主动切换。山东大学的李郑振等人设计了一款可以灵活控制拇指的主动康复设备(见图7-1)[②]。该设备从表面肌电中提取运动信息作为康复辅助机器人的控制信号,使用六个线性制动器,两个用于控制拇指,实现拇指的精细运动,其余四个线性制动器分别用于控制其他手指。

图 7-1 山东大学研制的外骨骼康复辅助机器人

7.3 上肢康复辅助机器人机械结构的设计

7.3.1 上肢人体解剖结构与运动分析

上肢是指从肩部到手部的部分,包括上臂(肩关节到肘关节)、前臂(肘关节到腕关节)和手部(包括手腕、手掌和手指)。

下面是上肢的主要解剖结构和相关的运动分析。

(1)肩关节。肩关节是上肢与躯干相连的关节,由肱骨头和肩胛骨的关节窝组成。它是一个多轴关节,能够实现多个方向的运动,包括屈曲、伸展、内旋、外旋、上举和下压等运动。

(2)肘关节。肘关节是上臂与前臂相连的关节,由肱骨、尺骨和桡骨组成。它是一个复合关节,主要实现屈曲和伸展运动。

(3)腕关节。腕关节位于前臂和手部之间,由桡骨和尺骨的远端与手舟状骨组成。腕关节可实现掌屈、掌伸、尺侧偏和桡侧偏等运动。

(4)手掌。手掌由掌骨组成,具有重要的握持和操作功能。手掌的运动包括掌屈和

---

① ZHANG F H, LIN L G, YANG L, et al. Design of an active and passive control system of hand exoskeleton for rehabilitation[J]. Applied sciences, 2019, 9(11):2291.

② 曾海滨.基于表面肌电控制的外骨骼手功能康复机器人研究[D].济南:山东大学,2019.

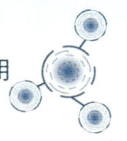

掌伸、掌侧偏和掌回内旋、掌对握等。

(5)手指。手指由掌指关节和指间关节组成，主要实现屈曲和伸展运动。拇指只有近、远两个关节，其余手指都有近、中、远三个关节。

运动分析可以通过观察和测量上肢关节的角度和运动轨迹来进行，这些工作可以通过使用传感器、摄像机和运动分析系统来实现。运动分析可以提供关于上肢运动范围、速度、力量和协调性等方面的定量数据，有助于评估上肢功能和指导康复训练。运动分析还可以用于研究上肢运动的生物力学特性和优化运动技能。

7.3.2 上肢手臂康复辅助机器人机械结构的运动学分析

7.3.2.1 机械结构设计

机械结构设计常用的软件是 SolidWorks，它具有操作简单易学、便于初学者快速上手等优点。此外，SolidWorks 还有以下优势。

(1)强大的建模功能。SolidWorks 提供了广泛的建模工具，可以创建复杂的机械结构模型。通过其直观的用户界面和丰富的功能，设计人员可以轻松绘制、编辑和修改各种零件和装配体的设计图，从而快速呈现设计理念。

(2)三维设计和模拟。SolidWorks 支持三维设计，设计人员可以在虚拟环境中构建机械结构模型，并进行实时的三维模型展示和检查。这有助于设计人员发现和解决设计问题，提高设计质量。SolidWorks 还提供了强大的仿真功能（例如应力和变形分析），帮助设计人员评估机械结构的性能和可靠性。

(3)快速的设计迭代。SolidWorks 具有参数化建模的功能，可以通过调整参数快速生成不同版本的设计。这使得设计迭代变得更加高效，设计人员可以快速尝试不同的设计方案和参数设置，以找到最佳的机械结构方案。

(4)自动装配和碰撞检测。SolidWorks 可以轻松进行装配设计，并提供自动装配功能。设计人员可以准确地放置和调整零件，确保各个零件之间的配合和协调。此外，SolidWorks 还可以进行碰撞检测，帮助设计人员发现和解决装配过程中的冲突问题。

(5)详细的工程图纸和文档。SolidWorks 可以生成详细的工程图纸和技术文档，包括零件图、装配图、剖视图、尺寸标注等。这些文档对于制造、装配和维护机械结构非常重要，提供了准确的制造指导和操作说明。

(6)与其他工程软件的集成。SolidWorks 可以与其他工程软件（如 CAD、CAE 和 CAM 软件）进行集成，实现数据的无缝传输和协同工作。这使得设计人员可以更好地与其他团队成员合作，共享设计数据，并加快从设计到制造的转换。

总体来说，SolidWorks 为设计人员提供了强大的工具和功能，有助于实现高质量和可靠的机械结构设计。利用 SolidWorks 进行机械结构设计可以提高设计效率、减少错误、优化设计方案，并且 SolidWorks 可以提供全面的设计文档和技术支持。

7.3.2.2 结构建模与运动学分析

运动学分析是研究物体或系统的运动状态和运动规律的一种方法。在机械结构设计中,运动学分析用于描述和分析机器人、机械装置或运动系统的运动特性,包括位置、速度、加速度和轨迹等方面的参数。运动学分析可以通过以下几个步骤进行。

(1)建立坐标系。通常使用笛卡尔坐标系或极坐标系来描述物体的位置和运动。

(2)运动描述。确定需要分析的物体或系统的运动方式。运动可以是平面运动(在一个平面内发生)或空间运动(在三维空间内发生),可以是直线运动、旋转运动或复杂的路径运动。

(3)运动参数计算。根据物体的位置随时间的变化,计算出各个时间点上的位置、速度和加速度等参数。位置是指物体相对于参考点或坐标系的位置,速度是指物体位置变化的速率,加速度是指速度变化的速率。

(4)轨迹分析。分析物体的运动轨迹,即分析物体在空间中运动路径的形状和特征。轨迹可以是直线、圆形、椭圆形或其他曲线形状,通过分析轨迹可以获得有关物体运动方式的信息。

(5)速度和加速度分析。通过计算物体的速度和加速度,可以了解物体的运动快慢和快慢的变化率。速度和加速度的方向和大小对于分析物体的运动特性和动力学行为非常重要。

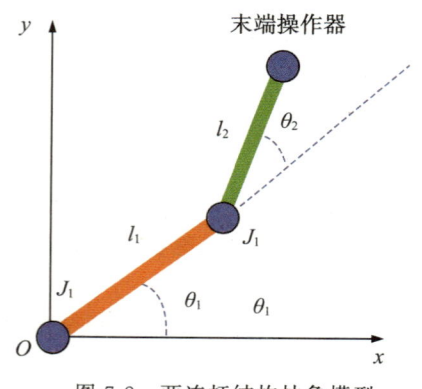

图 7-2 两连杆结构抽象模型

(6)运动优化和设计。根据运动学分析的结果,对机械结构进行优化和设计。通过调整结构参数、关节位置和传动方式等,以实现期望的运动特性和性能。

运动学分析在机械结构设计中扮演着重要的角色。它可以帮助设计人员理解和预测机械系统的运动行为,优化结构参数和设计方案,提高机械系统的运动性能和效率。此外,运动学分析还可以为控制系统设计和路径规划提供依据,实现准确和可控的运动控制。

上肢手臂康复辅助机器人并不需要太多的自由度,下面以两连杆结构为例进行推导说明。两连杆结构可以抽象为图 7-2 所示的模型。

如图 7-2 所示,图中 J_1、J_2 代表两个关节,l_1、l_2 为两个连杆,θ_1 为杆件 1 转动的角度,θ_2 为杆件 2 相对于杆件 1 转动的角度。利用 Denavit-Hartenberg 参数法(简称"DH 参数法")进行运动学分析具有简单方便等优势,因此本文仅介绍 DH 参数法。

$$\boldsymbol{P} = \boldsymbol{A}_1 \boldsymbol{A}_2 \boldsymbol{A}_3 \cdots \boldsymbol{A}_n \boldsymbol{P}_n \tag{7-1}$$

式(7-1)为 DH 参数法的通式,其中 $\boldsymbol{P}$ 为末端操作器在基坐标系下的坐标描述,$\boldsymbol{A}_n$ 为第 $n-1$ 个关节变换到第 n 个关节的回转变换矩阵,$\boldsymbol{P}_n$ 为末端操作器在第 n 个关节处坐标系的坐标描述。

结合图 7-2 可得式(7-2),因为结构绕 z 轴旋转,所以 $\boldsymbol{A}_1$ 容易得到,最终我们可以得到:

$$P = A_1 P_1 \tag{7-2}$$

$$A_1 = \begin{bmatrix} \cos\theta_1 & -\sin\theta_1 & 0 \\ \sin\theta_1 & \cos\theta_1 & 0 \\ 0 & 0 & 1 \end{bmatrix} \tag{7-3}$$

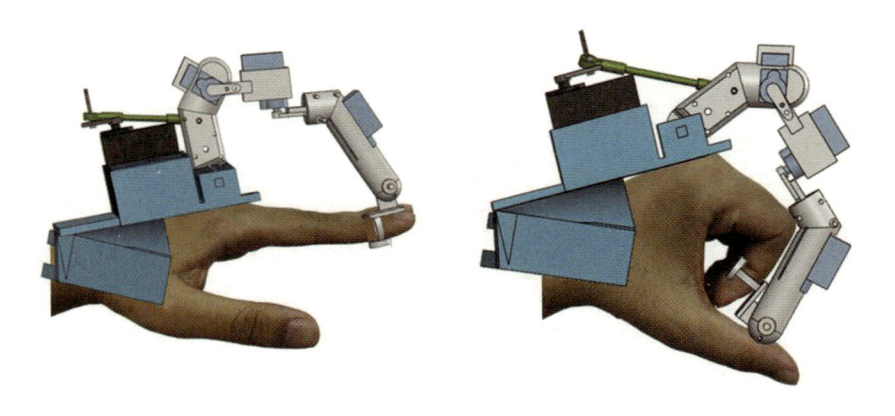

7.3.3 手功能康复辅助机器人机械结构的运动学分析

由于手功能康复辅助机器人具有更加复杂的运动方式、更高的运动自由度、更大的运动范围,手功能康复辅助机器人的建模应当更为复杂,而不仅仅是简单的两自由度结构。

如图 7-3 所示,手功能康复辅助机器人可以带动人手进行弯曲、伸展、内收和外展,具有四个自由度,因此它的运动学分析过程更为复杂。

图 7-3 手功能康复辅助机器人机械结构

手功能康复辅助机器人运动学模型如图 7-4 所示,在手功能康复辅助机器人机械结构的运动学分析中使用 DH 参数法确定连锁的齐次变换矩阵。无论关节的数量或类型如何,这些矩阵都可以用来对任何串联连杆机械手计算正向运动学解。图 7-4 中每个关节的变换矩阵如式(7-4)至式(7-7)所示。

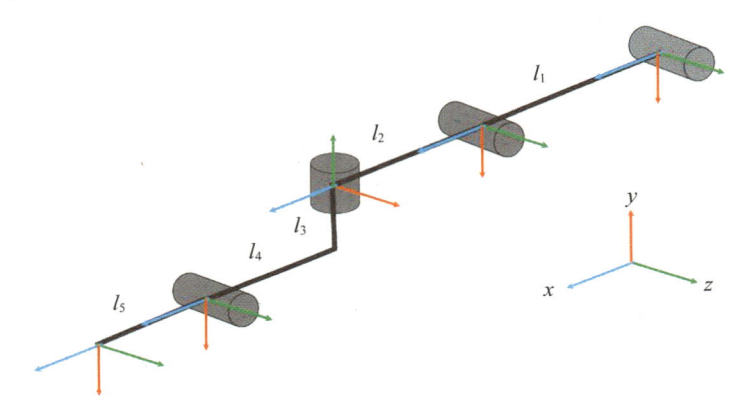

图 7-4 手功能康复辅助机器人运动学模型

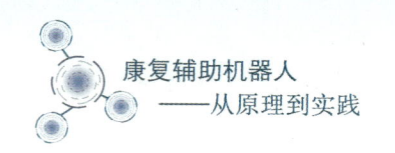

$$A_1 = \begin{bmatrix} C_1 & S_1 & 0 & L_1 C_1 \\ -S_1 & C_1 & 0 & -L_1 S_1 \\ 0 & 0 & 1 & 0 \\ 0 & 0 & 0 & 1 \end{bmatrix} \tag{7-4}$$

$$A_2 = \begin{bmatrix} C_2 & 0 & S_2 & L_2 C_2 \\ S_2 & 0 & -C_2 & L_2 S_2 \\ 0 & 1 & 0 & 0 \\ 0 & 0 & 0 & 1 \end{bmatrix} \tag{7-5}$$

$$A_3 = \begin{bmatrix} C_3 & 0 & S_3 & L_4 C_3 \\ -S_3 & 0 & C_3 & -L_4 S_3 \\ 0 & -1 & 0 & -L_3 \\ 0 & 0 & 0 & 1 \end{bmatrix} \tag{7-6}$$

$$A_4 = \begin{bmatrix} C_4 & -S_4 & 0 & L_5 C_4 \\ S_4 & C_4 & 0 & L_5 S_4 \\ 0 & 0 & 1 & 0 \\ 0 & 0 & 0 & 1 \end{bmatrix} \tag{7-7}$$

其中，S_i 代表 $\sin \theta_i$，C_i 代表 $\cos \theta_i$。此处的回转变换矩阵均变为 4 阶矩阵是因为存在平移运动，因此将平移产生的变化放在第 4 列，将矩阵扩展为 4 阶的矩阵。正运动学方程由变换矩阵生成，4 自由度机器人的正运动学解是这 4 个矩阵的乘积。手功能康复辅助机器人末端指尖相对于基础坐标系的姿势变换矩阵可以表示为：

$$A = A_1 A_2 A_3 A_4 = \begin{bmatrix} n_x & o_x & a_x & p_x \\ n_y & o_y & a_y & p_y \\ n_z & o_z & a_z & p_z \\ 0 & 0 & 0 & 1 \end{bmatrix} \tag{7-8}$$

式中

$$n_x = C_3 C_4 (C_1 C_2 + S_1 S_2) - S_4 (S_2 C_1 - S_1 C_2)$$
$$n_y = C_3 C_4 (S_2 C_1 - S_1 C_2) + S_4 (C_1 C_2 + S_1 S_2)$$
$$n_z = -S_3 C_4$$
$$o_x = -S_4 C_3 (C_1 C_2 + S_1 S_2) - C_4 (S_2 C_1 - S_1 C_2)$$
$$o_y = -S_4 C_3 (S_2 C_1 - S_1 C_2) + C_4 (C_1 C_2 + S_1 S_2)$$
$$o_z = S_3 S_4$$
$$a_x = S_3 (C_1 C_2 + S_1 S_2)$$
$$a_y = S_3 (S_2 C_1 - S_1 C_2)$$
$$a_z = C_3$$
$$p_x = (L_2 + L_4 C_3 + L_5 C_3 C_4)(C_1 C_2 + S_1 S_2) - (L_3 + L_5 S_4)(S_2 C_1 - S_1 C_2) + L_1 C_1$$
$$p_y = (L_2 + L_4 C_3 + L_5 C_3 C_4)(S_2 C_1 - S_1 C_2) + (L_3 + L_5 S_4)(C_1 C_2 + S_1 S_2) - L_1 S_1$$
$$p_z = -L_5 S_3 C_4 + L_4 S_3$$

其中 p_x，p_y 和 p_z 是末端指尖坐标系相对于参考坐标系的位置。通过多自由度全驱动手功能康复辅助机器人姿态变换矩阵 A，可以根据多自由度全驱动手功能康复辅助机器人关节的转动求取手功能康复辅助机器人末端指尖在基准坐标系下的坐标变化与姿态变换。

手功能康复辅助机器人具有更加复杂的运动学求解过程，但是只要掌握 DH 参数法，不论多复杂的运动系统，都可以通过该方式进行求解。

7.4 上肢康复辅助机器人动力系统的设计

7.4.1 动力系统组件的简介

7.4.1.1 电机的选择

提到动力系统，首先想到的就是利用电机为系统提供动力。根据需要的动力选择适配的电机是一个困难的问题，如果选取电机动力不足就会导致系统无法运行，如果选取电机动力过大可能会对人体造成损伤。选择电机时，需要考虑以下几个关键因素。

(1) 功率和扭矩要求。根据系统的功率需求和负载要求，确定所需的电机功率和扭矩。功率取决于系统的运动速度和负载的性质，而扭矩取决于负载的惯性、摩擦和所需的加速度。

(2) 运动控制要求。确定电机的运动控制要求，包括速度控制、位置控制和加速度控制等。不同的应用需要不同的控制精度和响应速度，应选择合适的电机以满足系统对运动控制的要求。

(3) 尺寸和重量限制。考虑系统的尺寸和重量限制，选择尺寸和重量适当的电机。在有限空间内，需要选择设计紧凑和高功率密度的电机，以满足系统的要求。

(4) 效率和能源消耗。考虑电机的效率和能源消耗。高效率的电机可以减少能源消耗和热量产生，提高系统的效率和性能。选择具有较高效率的电机，可以降低运行成本并延长电池寿命（如果适用）。

(5) 可靠性和寿命。评估电机的可靠性和寿命。考虑电机的制造质量、预测寿命和可维护性等因素。选择可靠性高、寿命长的电机，可以降低维护成本和系统故障的风险。

(6) 环境要求。考虑电机在特定环境条件下的工作要求，如温度、湿度、震动和防护等级。选择符合系统工作环境要求的电机，以确保其可靠性和稳定性。

(7) 成本因素。综合考虑电机的性能和成本之间的平衡。根据系统的预算限制，选择性价比最高的电机。

根据以上因素，可以选择适合系统的直流（DC）电机、步进电机或交流（AC）电机等不同类型的电机。在进行电机选择时，通常需要参考电机的技术规格表，表中包括额定功率、额定转速、额定电流、额定扭矩、效率等参数。此外，还可以咨询电机供应商或专业工程师，以获取更详细的建议和选择指导。

7.4.1.2　单片机的选择

近几年,Arduino 十分火热,具有很多的优势,是康复辅助机器人控制的良好选择。使用 Arduino 有以下几个好处。

(1)简单易用。Arduino 提供了易于学习和使用的开发环境,使得即使没有电子编程经验的人也能够轻松上手。它具有简洁的编程语言和丰富的库函数,可以快速编写和调试代码。

(2)开源系统。Arduino 是一个开源平台,有庞大的用户社区和资源支持。用户可以从社区中获取各种示例代码、项目教程和问题解答,这极大地降低了学习和开发的门槛。

(3)丰富的硬件支持。Arduino 有多种型号和版本的开发板,以满足不同项目的需求。这些开发板具有丰富的输入输出接口［如数字引脚、模拟引脚、串口、集成电路(I2C)、串行外设接口(SPI等)］,可以方便地连接各种传感器、执行器和外部设备。

(4)低成本和可靠性。Arduino 的价格相对较低,并且在市场上易获得。它们通常具有良好的质量和可靠性,适用于学习、原型设计和小规模生产等。

(5)跨平台兼容性。Arduino 的开发环境支持多个操作系统,包括 Windows、Mac OS 和 Linux 等。这使得开发者可以在自己喜欢的操作系统上进行开发,不受平台限制。

(6)可扩展性。Arduino 支持与其他硬件平台集成,如传感器模块、无线通信模块、显示屏等。这使得用户可以根据项目需求扩展功能,实现更复杂的应用。

(7)教育和学习资源丰富。Arduino 广泛应用于教育领域,有很多教学资源和课程可供选择。它被用于电子编程、物联网、机器人和自动化等课程教学,可以帮助学生快速入门并培养创造力和解决问题的能力。

总体来说,Arduino 具有易用性、开源生态系统、硬件支持丰富、低成本和可靠性等优势。它是一个理想的开发平台,适用于初学者、学生和爱好者进行电子项目开发、原型设计和学习实践。

7.4.1.3　电源的选择

在选择适当的电源时,也需要考虑以下几个因素。

(1)电源类型。根据应用的需求和电器设备的要求,选择合适的电源类型。常见的电源类型包括交流电源和直流电源。交流电源通常用于家庭用电和商业用电,而直流电源常用于电子设备、电池供电设备和低功率设备。

(2)电源电压和频率。电源的电压和频率应与设备的要求相匹配,以确保设备正常运行。

(3)输出功率和电流。根据设备的功率需求选择电源的输出功率和电流。设备的功率需求可以在设备的规格表或标签上找到。确保所选电源的输出功率和电流能够满足设备的需求,以避免过载或电源供电不足等问题。

(4)稳定性和可靠性。稳定的电源输出可以确保设备正常运行,并保护设备免受电源波动的影响。选择质量可靠、稳定性高的电源品牌或型号,以确保长期稳定的供电。

(5)安全性和保护功能。一些高品质的电源具有过载保护、过压保护、短路保护和过

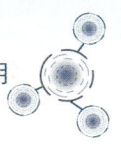

热保护等功能,可以保护设备和用户的安全。

(6)尺寸和接口。根据应用的需求和空间限制,选择合适尺寸的电源,并确保电源与设备的接口兼容。

(7)能效和环保。选择高能效的电源可以降低能源消耗和运行成本,并减少对环境的影响。一些电源可能具有能源认证,表明其能效符合相关标准。

在选择电源时,最好查阅设备的规格表、听取制造商建议或咨询专业人士,以确保选择的电源符合设备的要求,并能稳定、可靠和安全地供电。

7.4.2 上肢康复辅助机器人的动力学分析

图 7-5 是一种用于辅助上肢前臂旋转与腕关节屈伸的上肢前臂外骨骼机器人动力学模型,因为该机器人在 P 处和 B 处分别有两个关节,所以该机器人具有两个自由度,是一种桌面式外骨骼康复辅助机器人。同时,在 P 处建立图 7-5 中的基坐标系,B 处建立同样的参考坐标系,就容易得出 B 到 P 的变换矩阵,并且把 BC 作为一个回转关节也可以得到该处的变换矩阵。

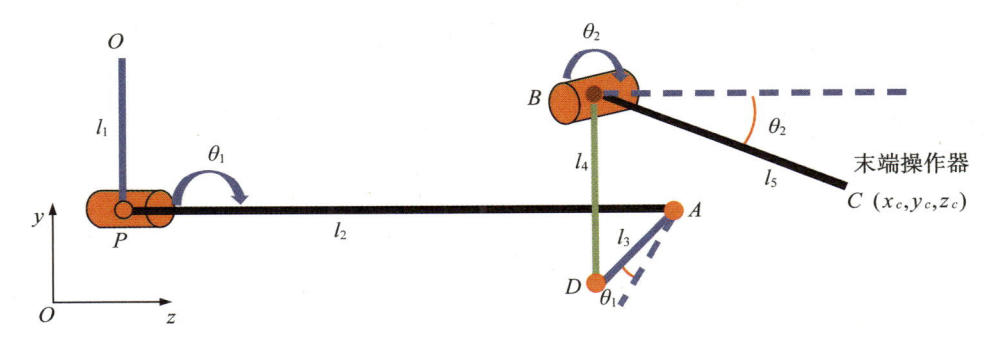

图 7-5 上肢前臂外骨骼康复辅助机器人动力学模型

在对模型有了一定了解之后,开始对其进行动力学分析。在动力学分析领域主要有两种方法,分别为拉格朗日法和牛顿-欧拉法,因为拉格朗日法用到了前面介绍的 DH 参数变换矩阵且计算较为简单,所以被广泛应用。下面利用拉格朗日法构建图 7-5 所示系统的动力学模型。

由 DH 参数法可得回转变换矩阵为:

$$\boldsymbol{A}_1 = \begin{bmatrix} \cos\theta_1 & -\sin\theta_1 & 0 & -l_3\cos\theta_1 \\ \sin\theta_1 & \cos\theta_1 & 0 & l_3\sin\theta_1 + l_4\cos\theta_1 \\ 0 & 0 & 1 & l_2 \\ 0 & 0 & 0 & 1 \end{bmatrix} \tag{7-9}$$

$$\boldsymbol{A}_2 = \begin{bmatrix} 0 & \cos\theta_2 & -\sin\theta_2 & 0 \\ 0 & \sin\theta_2 & \cos\theta_2 & 0 \\ 1 & 0 & 0 & 0 \\ 0 & 0 & 0 & 1 \end{bmatrix} \tag{7-10}$$

容易得到 $\boldsymbol{p}_{c1}=\boldsymbol{A}_1[0\ \ 0\ \ r_1\ \ 1]^T$，$\boldsymbol{p}_{c2}=\boldsymbol{A}_1\boldsymbol{A}_2[0\ \ 0\ \ r_2\ \ 1]^T$，其中 $\boldsymbol{p}_{c1}$ 和 $\boldsymbol{p}_{c2}$ 分别为杆件 1 和杆件 2 的质心位置。r_1 和 r_2 分别为关节 1（图 7-5 中 P 点）和关节 2（图 7-5 中 A 点）到杆件 1 和杆件 2 质心位置的距离。结合结构可得：

$$\boldsymbol{p}_{c1}=\boldsymbol{A}_1\left[0\ \ 0\ \ \frac{l_2}{2}\ \ 1\right]^T,\ \boldsymbol{p}_{c2}=\boldsymbol{A}_1\boldsymbol{A}_2\left[0\ \ 0\ \ \frac{l_5}{2}\ \ 1\right]^T,$$

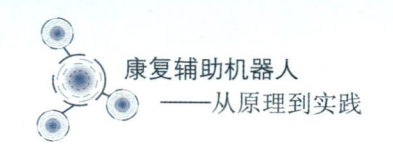

所以，可以求得：

$$\boldsymbol{p}_{c1}=\begin{bmatrix}-l_3\cos\theta_1\\ l_3\sin\theta_1+l_4\cos\theta_1\\ \dfrac{3l_2}{2}\\ 1\end{bmatrix} \tag{7-11}$$

$$\boldsymbol{p}_{c2}=\begin{bmatrix}-\dfrac{l_5}{2}(\cos\theta_1\sin\theta_2+\sin\theta_1\cos\theta_2)-l_3\cos\theta_1\\ \dfrac{l_5}{2}(\cos\theta_1\cos\theta_2-\sin\theta_1\sin\theta_2)+l_3\sin\theta_1+l_4\cos\theta_1\\ l_2\\ 1\end{bmatrix} \tag{7-12}$$

因此，两质心的速度为：

$$\boldsymbol{v}_{c1}=\frac{\mathrm{d}\boldsymbol{p}_{c1}}{\mathrm{d}t}=\begin{bmatrix}l_3\dot{\theta}_1\sin\theta_1\\ \dot{\theta}_1(l_3\cos\theta_1-l_4\sin\theta_1)\\ 0\end{bmatrix} \tag{7-13}$$

$$\boldsymbol{v}_{c2}=\frac{\mathrm{d}\boldsymbol{p}_{c2}}{\mathrm{d}t}=\begin{bmatrix}\dfrac{l_5}{2}(\sin\theta_1\sin\theta_2-\cos\theta_1\cos\theta_2)(\dot{\theta}_1+\dot{\theta}_2)+l_3\dot{\theta}_1\sin\theta_1\\ -\dfrac{l_5}{2}(\sin\theta_1\cos\theta_2+\cos\theta_1\sin\theta_2)(\dot{\theta}_1+\dot{\theta}_2)+\dot{\theta}_1(l_3\cos\theta_1-l_4\sin\theta_1)\\ 0\end{bmatrix}$$

$$\tag{7-14}$$

杆件 1 和杆件 2 的角速度分别为：

$$\boldsymbol{\omega}_1=\dot{\theta}_1\boldsymbol{z}_1=[0\ \ 0\ \ \dot{\theta}_1]^T \tag{7-15}$$

$$\boldsymbol{\omega}_2=\dot{\theta}_1\boldsymbol{z}_1+\dot{\theta}_2\boldsymbol{x}_1=[\dot{\theta}_2\ \ 0\ \ \dot{\theta}_1]^T \tag{7-16}$$

已知 $\boldsymbol{v}_{c1}$、$\boldsymbol{v}_{c2}$、$\boldsymbol{\omega}_1$、$\boldsymbol{\omega}_2$，那么就可以计算整个系统的动能 T：

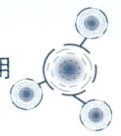

$$\begin{aligned}
T &= \frac{1}{2}m_1\,|\boldsymbol{v}_{c1}|^2 + \frac{1}{2}m_2\,|\boldsymbol{v}_{c2}|^2 + \frac{1}{2}I_1\,|\boldsymbol{\omega}_1|^2 + \frac{1}{2}I_2\,|\boldsymbol{\omega}_2|^2 \\
&= \frac{1}{2}m_1(l_3\dot{\theta}_1\sin\theta_1)^2 + \frac{1}{2}m_1(l_3\cos\theta_1 - l_4\sin\theta_1)^2\dot{\theta}_1^2 \\
&\quad + \frac{1}{2}m_2\left[\frac{l_5}{2}(\dot{\theta}_1+\dot{\theta}_2)\cdot(\sin\theta_1\sin\theta_2 - \cos\theta_1\cos\theta_2) + l_3\dot{\theta}_1\sin\theta_1\right]^2 \\
&\quad + \frac{1}{2}m_2\left[-\frac{l_5}{2}(\dot{\theta}_1+\dot{\theta}_2)\cdot(\sin\theta_1\cos\theta_2 - \cos\theta_1\sin\theta_2) + \dot{\theta}_1(l_3\cos\theta_1 - l_4\sin\theta_1)\right]^2 \\
&\quad + \frac{1}{2}\dot{\theta}_1^2(I_{zzc1} + I_{zzc2}) + \frac{1}{2}I_{xxc2}\dot{\theta}_2^2
\end{aligned} \quad (7\text{-}17)$$

式中，m_1 和 m_2 表示杆件 1 和杆件 2 的质量，I_1 和 I_2 表示杆件 1 和杆件 2 的转动惯量，I_{zzc1} 表示杆件 1 绕 z 轴的转动惯量，I_{zzc2} 表示杆件 2 绕 z 轴的转动惯量，I_{xxc2} 表示杆件 2 绕 x 轴的转动惯量。

因为整个系统置于桌面，势能可以被完全平衡掉。所以系统的总能量 $L=T-U$，其中势能 $U=0$，因此 $L=T$。

已知拉格朗日方程为：

$$\frac{\mathrm{d}}{\mathrm{d}t}\left(\frac{\partial L}{\partial \dot{\theta}_i}\right) - \frac{\partial L}{\partial \theta_i} = Q_i \quad (7\text{-}18)$$

将 L 带入其中，整理公式可以得到系统的动力学方程，具体如下：

$$\boldsymbol{M}[\theta]\begin{bmatrix}\ddot{\theta}_1 \\ \ddot{\theta}_2\end{bmatrix} + \boldsymbol{K}[\theta] = \begin{bmatrix}\tau_1 \\ \tau_2\end{bmatrix} \quad (7\text{-}19)$$

式中，$\boldsymbol{M}[\theta]$ 为系统的惯性系数矩阵；$\boldsymbol{K}[\theta]$ 为所有有角速度关节形成的力矩矢量矩阵；τ 为输出力矩。

经过如上的推导，可得到系统的动力学模型，动力学模型提供了对系统行为的深入分析。通过建立数学模型，人们可以研究系统内部的力、能量和运动关系，从而揭示系统的运动规律和特性。动力学模型可以用于预测系统的未来状态和行为。通过模拟系统的运动，人们可以推断在不同条件下系统的响应和结果。这有助于优化系统设计、调整参数和改进控制策略，以达到预期的性能和效果。

7.5 上肢康复辅助机器人控制系统的设计

7.5.1 上肢康复辅助机器人常见的控制方法

图 7-6 是一个机器人系统的控制结构图。控制器是机器人系统中的重要一环，它相当于是逻辑大脑，对机器人的执行器发送指令，控制机器人完成一系列的任务；同时，它还可以通过反馈的方式对机器人当前状态进行返回，以便对机器人行为进行调整。传统的控制算法是一种被动式的调节方法，根据偏差、偏差累积及偏差预警来调节系统控制输入。因为受系统的内部约束影响较小，因此，传统的控制算法适用性广。

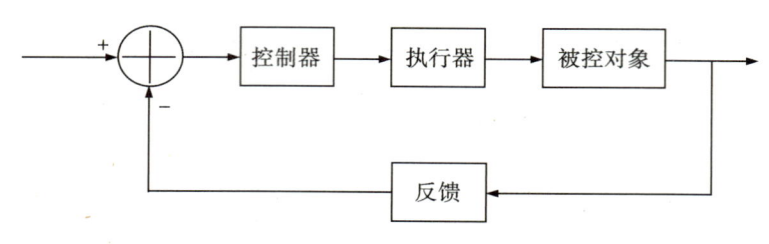

图 7-6 控制结构图

经典控制理论使用传递函数来描述系统,通过构建系统的微分方程,然后经过拉氏变换得到传递函数。经典的控制算法是将控制系统作为一个整体来研究,针对测量系统误差,经过控制器运算给定相应的控制信号。接下来将对一些具体的控制器进行介绍,以增加读者对控制器的认识。

7.5.1.1 PID 控制器

PID 控制器是自动控制领域中一种常见的控制器,简单易设计的结构和良好的鲁棒性使得其在工业控制中较为常见。PID 三个字母分别代表了比例(proportion)、积分(integration)和微分(differential)。

PID 控制器是对输入与反馈的偏差信号进行计算的控制器,其原理图如图 7-7 所示。比例调节计算偏差的倍数,线性快速跟踪偏差;积分调节计算偏差累积,因此能够起到稳定系统的作用;微分调节捕捉偏差的变化,因此能够提前预见偏差。在参数调节时,遵循以下原则。

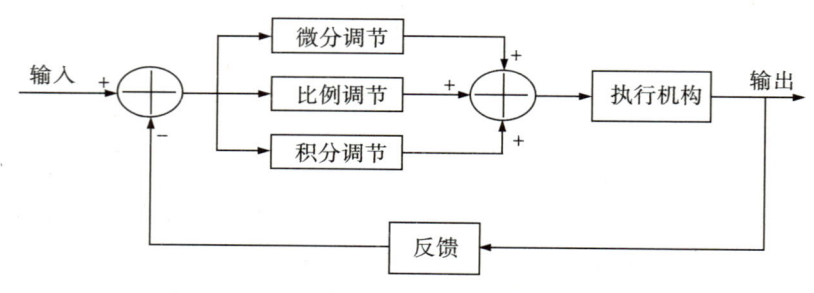

图 7-7 PID 控制器原理图

(1)比例调节作用。比例反应系统一旦出现了偏差,比例调节立即发挥调节作用以减少偏差。比例调节系数大,可以加快调节,更快地达到目标要求,减小误差;但是过大的比例会使系统的稳定性下降,甚至造成系统的不稳定。

(2)积分调节作用。积分调节的作用是使系统消除稳态误差,提高无差度。因当存在误差时,积分调节就发挥调节作用,直至无误差时,积分调节输出一常值。

(3)微分调节作用。微分调节的作用是反映系统偏差信号的变化率,具有预见性,能预见偏差变化的趋势,所以能产生超前的控制作用,即在偏差形成之前就消除掉。因此,微分调节可以改善系统的动态性能。在微分时间选择合适的情况下,可以减少超调,减缓震荡。微分作用对噪声干扰有放大作用,因此过度的微分调节对系统抗干扰不利。此外,当输入没有变化时,微分调节输出为零。微分调节不能单独使用,需要与另外两种调

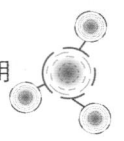

节相结合,组成 PD 或 PID 控制器。

PID 控制是一种经典的反馈控制方法,广泛应用于各个领域。以下是一些常见的应用场景。

(1)温度控制。PID 控制常用于温度控制系统,如加热器、冷却器和恒温设备等。通过测量温度并与设定值进行比较,PID 控制器可以调节加热设备或冷却设备的输出,使系统温度稳定在设定值附近。

(2)速度控制。PID 控制常用于调节机械系统的速度,例如电机的速度控制和伺服系统的速度控制。PID 控制器可以根据速度测量值和设定值之间的差异,调节电机的输出或控制伺服系统的位置,使实际速度与设定值保持一致。

(3)位置控制。PID 控制常用于位置控制应用,如机器人运动控制、航空航天设备和自动化生产线中的位置控制。通过测量位置偏差并与目标位置进行比较,PID 控制器可以调节执行器的输出,使实际位置接近设定位置。

总之,PID 控制在许多领域中都有应用,特别适用于需要快速响应和高稳定性的控制系统。PID 控制因简单且有效的控制原理而成为许多实时控制系统的首选方法。

7.5.1.2 阻抗控制

阻抗控制是一种基于力的控制方法,它通过控制机器人的阻抗来实现对机器人与环境交互的控制。阻抗是指机器人在受到外部力作用时所表现出的抵抗能力,它可以用阻抗矩阵来描述。阻抗控制的基本原理是将机器人的阻抗与环境的阻抗进行匹配,从而实现机器人与环境之间的力交互。阻抗控制的实现需要通过传感器来获取机器人与环境之间的力信息,然后将这些信息输入到控制器中进行处理。控制器根据机器人的阻抗和环境的阻抗来计算出机器人的运动轨迹和力输出,从而实现对机器人与环境交互的控制。

当机械臂和环境之间存在力交互时,采用阻抗传感器进行阻抗控制是一个很好的选择。在控制过程中,机械臂能够产生一个力的偏移量以抵抗环境力的干扰,基于位置的阻抗传感器控制原理如图 7-8 所示。传感器采集到力信号后,利用阻抗模型将它转化为位置修正量,再和期望的位置结合之后得到实际需要控制的位置信号。运动学反解就是利用运动学建立的模型将笛卡尔坐标系中的三维位置坐标转化为具体每个关节电机的角度,再通过一个位置控制器实现位置控制。

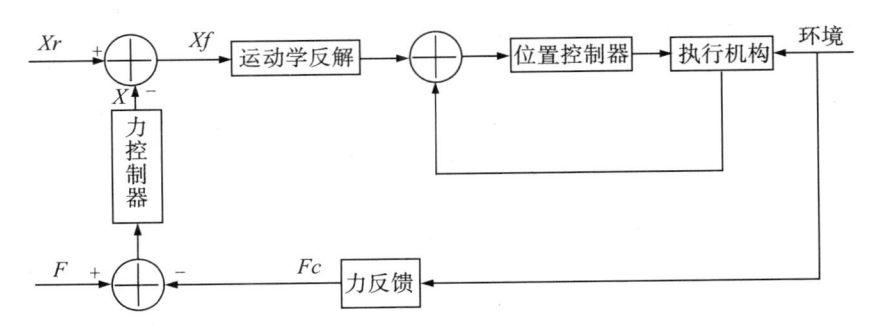

注:Xr 表示期望位置,X 为根据力计算出的位置偏移,Xf 为传递给执行机构的期望位置信号,F 为期望力,Fc 为人机交互力,也是实际测量力。

图 7-8 基于位置的阻抗传感器控制原理

阻抗控制在工业自动化、医疗卫生、服务机器人等领域都有广泛的应用。

在工业自动化领域，阻抗控制可以用于机器人与工件之间的力控制。例如在装配过程中，机器人需要对工件施加一定的力来完成装配任务，阻抗控制可以实现对机器人施加的力的精确控制，从而提高装配精度和效率。

在医疗卫生领域，阻抗控制可以用于康复辅助机器人的力控制。例如在康复训练中，机器人需要对患者施加一定的力来帮助其进行运动训练，阻抗控制可以实现对机器人施加的力的精确控制，从而提高康复效果。

在服务机器人领域，阻抗控制可以用于机器人与人类之间的交互控制。例如在服务机器人为人类提供服务时，机器人需要对人类施加一定的力来保证服务的质量和安全性，阻抗控制可以实现对机器人施加的力的精确控制，从而提高服务质量和安全性。

7.5.2 机器人辅助上肢运动轨迹训练的控制方法

当上肢康复辅助机器人具备一定的柔顺性时，可使患者在按照一定运动轨迹达到一定的主动参与度的同时，能有效应对可能发生的痉挛等意外情况，保证患者的训练安全。本节主要介绍基于运动轨迹的自适应导纳控制器，通过患者主动施加的人机交互力映射得到的位置偏移量对预定轨迹进行实时修正，并引入自适应准则，实现机械臂在安全空间内的柔顺控制。

关节空间的导纳数学模型可写作以下形式：

$$\tau_e = M(\ddot{q}_a - \ddot{q}_d) + B(\dot{q}_a - \dot{q}_d) + K(q_a - q_d) \tag{7-20}$$

式中，M、B、K 分别为转动惯性矩阵、阻尼矩阵、刚度矩阵，τ_e、q_a、q_d 分别为机器人关节的交互力矩、机器人关节的实际角位移、机器人关节的参考角位移。令位置偏移量 $q_e = q_a - q_d$，经拉普拉斯变换，可得：

$$q_e = \frac{\tau_e}{Ms^2 + Bs + K} \tag{7-21}$$

式中，s 为拉普拉斯变换中的复数变量，也可描述为复平面上的频率。

考虑导纳控制过程中，系统允许使用者通过人机交互力的作用在轨迹追踪过程中产生一定的自主偏移，而较大的人机交互力矩可能导致较大的位置偏移量，通过设置柔性区间，可使位置偏移量维持在一定的可接受的范围内，同时不会超出机器人工作安全区域。在柔性区间内，末端执行器偏离设定轨迹的距离越大，移动的阻力越大，基于以上思路，在位置偏移量 q_e 基础上提出一种基于导纳增益系数调整的自适应导纳控制模型，如下式：

$$\Delta q_e^{t+1} = q_e^{t+1} - q_e^t \tag{7-22}$$

$$\Delta q_{new}^{t+1} = \begin{cases} \varepsilon \cdot \Delta q_e^{t+1} & \|q_e^t\| \leqslant q_b \\ 0 & \|q_e^t\| > q_b \end{cases} \tag{7-23}$$

$$q_r^{t+1} = q_d^{t+1} + q_e^t + \Delta q_{new}^{t+1} \tag{7-24}$$

式中，为 $t+1$ 时刻的关节角度；ε 为导纳增益系数；q_r 为关节期望角位移；q_b 为关节最大允许偏移量。

导纳增益系数 ε 可根据位置偏移量的大小负相关地在 0～1 之间变化，起到平滑过渡

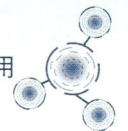

与快速改变的作用。当位置偏移量越小时,ε 值越接近于 1,此时应尽量保持患者在交互力矩作用下沿参考轨迹运动;当位置偏移量逐渐增大时,ε 值逐渐减小,此时应增大移动过程中的阻力,削弱患者在交互力矩作用下对参考轨迹的偏移;当偏移位置已达到柔性边界时,ε 值减小至 0,使得驱动关节的修正轨迹与参考轨迹维持在一定的范围之内。下面定义 3 种 $\varepsilon_i (i=1,2,3)$ 的表达形式:

$$\begin{cases} \varepsilon_1 = \dfrac{q_b - \|\boldsymbol{q}_e^t\|}{q_b} \\ \varepsilon_2 = e^{\left(\dfrac{\|\boldsymbol{q}_e^t\|}{\|\boldsymbol{q}_e^t\| - q_b}\right)} \\ \varepsilon_3 = \cos\left(\dfrac{\|\boldsymbol{q}_e^t\|}{q_b} \cdot \dfrac{\pi}{2}\right) \end{cases} \quad (7-25)$$

综上所述,自适应导纳控制器由自适应控制与导纳控制共同组成。其中,关节人机交互力矩通过导纳控制器产生位移偏移量,在自适应控制率下进一步调节所产生的偏移量,使其在一定的柔性区间内完成对参考角位移的修正。系统通过关节位置控制器及关节驱动器输出角位移与力矩信息,实现关节空间的闭环反馈控制。

7.5.3 机器人辅助上肢力量训练的控制方法

以手部力量训练为例,本节主要介绍基于按需辅助控制系统的力量康复训练和按需辅助控制器的设计,专注于康复中期患者手指力量的恢复。

按需辅助又叫作自适应辅助,为了优化康复训练效果并避免"松懈"效应,在整个运动和康复治疗过程中,应为每位脑卒中患者量身定制康复计划。也就是说,人类运动控制的"松懈"行为是指患者在试图优化完成任务的努力时,可能会学会仅提供完成任务所需的足够的力,并利用手功能康复辅助机器人协助完成动作,其中手功能康复辅助机器人提供了大部分动力。为了避免这种现象,只有当受试者不能主动完成任务时,才提供援助,并根据恢复阶段进行调整。例如,调整控制参数是患者合作策略的一个关键方面,通过这种策略,可以根据参与者的表现和需求自动调整辅助。本节介绍的按需辅助包含主动控制和被动控制两个方面,当患者可以主动完成任务时,康复辅助机器人进行主动辅助;当患者难以完成康复训练任务时,康复辅助机器人进入被动控制模式。

7.5.3.1 被动控制

被动控制过程中患者无法主动完成下一步动作,而是由机器人按照事先设定好的速度和运动轨迹辅助进行运动。在按需辅助控制中,康复辅助机器人使用经过运动捕捉系统获得的运动学信息,根据患者的手部关节长度计算出指尖运动轨迹,经过逆运动学计算,转换为机器人的控制信号,辅助人手完成康复训练。

7.5.3.2 主动控制

对于主动控制,虽然运动轨迹是固定的,但机器人应根据人手的输出力来调整其运动速度。应建立人手阻抗模型,确定人指尖输出力与运动速度之间的关系,这更加符合正常人手的生理特征。机器人根据期望的速度跟随人手进行运动,当人指尖输出力越大

时，机器人运动速度越快，这不仅能更好地辅助康复，更能作为评估康复状况的一种手段。

在主动控制中，康复辅助机器人被视为导纳：手指施加在机械结构上并由力传感器测量的力 F 应转换为康复辅助机器人的相应运动，相互作用力与系统所需运动之间的关系如公式(7-26)所示：

$$F_e - F_p = M\ddot{x} + B\dot{x} + Kx \tag{7-26}$$

式中，x 为指尖位置；M、B 和 K 为期望的阻抗参数，用于确定康复辅助机器人所需行为的惯性效应、阻尼和刚度，从而改变机器人的阻抗效应，导致机器人的柔顺性发生变化；F_e 为实际测量力；F_p 为静止状态下测得的人机交互力。所以，系统所需输入导纳的传递函数为：

$$G_a(s) = \frac{x(s)}{F_e(s) - F_p} = \frac{1}{Ms^2 + Bs + K} \tag{7-27}$$

所需坐标 $x(s)$ 用作位置控制的输入，包括指尖位置、速度、加速度。通过阻抗模型得到指尖加速度，通过积分得到指尖运动速度和运动距离，通过逆运动学将指尖运动速度和运动距离转换为关节空间的运动，并将关节空间的运动信息作为康复辅助机器人的控制信号，从而实现根据人手的输出力决定机器人的运动速度。

7.5.3.3 按需辅助控制

按需辅助控制器的关键在于当患者能够自主完成康复训练动作时，采用主动模式，机器人跟随人手进行运动。而当患者在康复训练的某一时期无法主动完成运动时，机器人辅助人手完成康复训练动作，即机器人只在患者有需要时进行辅助。主、被动控制的判断方法是看人手实时输出的指尖力能否超过设定的阈值，若能超过则进行主动控制，反之进行被动控制。通过改变指尖力阈值的大小可以增加或降低康复训练的难度，机器人能够根据患者的状况进行更精准地康复辅助，同时阈值的大小也可以作为康复训练效果的评估方法。按需辅助控制器的结构如图 7-9 所示。

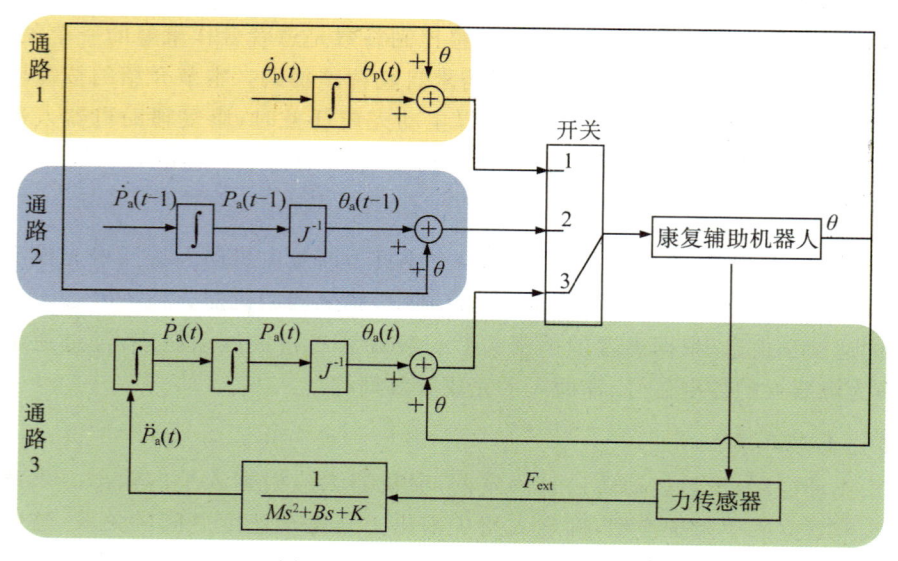

图 7-9 按需辅助控制器的结构

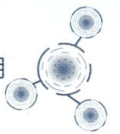

在图7-9所示按需辅助控制器中设定了两个被动控制器和一个主动控制器。设计两个被动控制器的目的是保证运动的平滑性,当从主动模式转变为被动模式时,通路2中的被动控制器会继承当前的运动速度进入被动康复状态,保证不会出现运动的卡顿。通路1中的被动控制器只在患者从来都没进入主动模式的情况下按照初始速度进行被动辅助,并不会继承之前的运动速度。通路3为主动辅助模式,三个通道根据实时的指尖力进行切换,只有实时的指尖力大于设定的阈值才会进入主动辅助模式,其余情况均开启被动辅助模式。患者在每次动作结束后重新进入控制器判断阶段,即上次动作时的速度只在当次运动中有效,不会保留到下次运动中。

对于指尖力阈值的设定,使用上次训练运动阶段力量平均值的15%作为阈值,随着患者的不断恢复,人手输出力逐渐增加,指尖力阈值逐渐增加,训练难度会逐渐提升,从而保证康复训练效果,实现指尖力量的训练提升。

7.5.4 机器人辅助手部精细运动的控制方法

针对手部精细运动控制,本书设计了一款基于径向基函数网络(RBFNN)的控制器,RBFNN于20世纪80年代被提出并得到了迅速的发展。RBFNN属于一种线性化参数网络,常用于函数逼近。RBFNN不仅结构简单,学习速度快,而且避免了多神经层的问题,可以满足控制系统的实时性要求。因此,本节采用RBFNN来逼近控制系统的未知项。只要有足够多的神经网络节点数以及适当的节点中心位置和方差,RBFNN就能够以任意精度逼近在集合Ω_z($\Omega_z \subset \boldsymbol{R}^m$)内的连续函数。

7.5.4.1 RBFNN控制器的设计

在控制工程中,RBFNN神经网络由于其普适逼近特性被广泛用于函数逼近器。RBFNN神经网络由输入层、隐形层和输出层组成。神经网络可以用来估计控制系统中的未知函数项。采用线性参数RBFNN神经网络对连续函数进行逼近:$F(z):\boldsymbol{R}^m \to \boldsymbol{R}$,$\Omega_z \subset \boldsymbol{R}^m$。可以表示为:

$$F(z) = \boldsymbol{W}^{*T}\boldsymbol{S}(z) + \varepsilon_z \quad \forall z \in \Omega_z \tag{7-28}$$

式中,$\boldsymbol{W}^* = [w_1^* \quad w_2^* \quad \cdots \quad w_l^*]^T \in \boldsymbol{R}^l$,是权重向量;$\boldsymbol{Z} \in \Omega_z$,是输入向量;$l$是神经网络节点数;$\varepsilon_z$是估计误差;$\boldsymbol{S}(z) = [S_1(\|z-\mu_1\|) \quad \cdots \quad S_l(\|z-\mu_l\|)]^T$,是以$\mu_i(i=1,2,\cdots,l)$为中心的径向基函数$S_i(\cdot)$的回归向量,高斯函数可以表示为:

$$S_i(\|z-\mu_i\|) = e^{\left[\frac{-(z-\mu_i)^T(z-\mu_i)}{\zeta^2}\right]} \tag{7-29}$$

式中,ζ代表方差;$\boldsymbol{\mu}_i = [\mu_{i1} \quad \mu_{i2} \quad \cdots \quad \mu_{im}]^T \in \boldsymbol{R}^m$,代表每个感受野的中心。反向运动学结果的符号定义为:

$$\boldsymbol{q}_{di} = [q_{di1} \quad q_{di2} \quad q_{di3} \quad q_{di4}]^T \in \boldsymbol{R}^4 \tag{7-30}$$

这里,神经网络控制用于实现参考关节轨迹的精确跟踪。康复辅助机器人手指的参考关节轨迹由关节角度值的时间序列组成,角度值由反向运动学获得的运动数据生成。角度矩阵$\boldsymbol{q}_i$($\boldsymbol{q}_i \in \boldsymbol{R}^4$)表示手指的实际关节位置。所有手指的动力学定义如公式(7-31)所示:

$$\tau = M(q)\ddot{q} + C(q,\dot{q})\dot{q} + G(q) + U(q) \tag{7-31}$$

其中,

$$M(q) = \mathrm{diag}\{M_1(q_1),\cdots,M_k(q_k)\}$$
$$C(q,\dot{q}) = \mathrm{diag}\{C_1(q_1,\dot{q}_1),\cdots,C_k(q_k,\dot{q}_k)\}$$
$$G(q) = [G_1^\mathrm{T} q(1), G_2^\mathrm{T} q(1) \quad \cdots \quad G_k^\mathrm{T} q(k)]$$
$$U(q) = [U_1^\mathrm{T} q(1), U_2^\mathrm{T} q(1) \quad \cdots \quad U_k^\mathrm{T} q(k)]$$
$$\tau = [\tau_1^\mathrm{T}, \tau_2^\mathrm{T} \quad \cdots \quad \tau_k^\mathrm{T}]^\mathrm{T}$$

定义 $z = \dot{e}_q + \Lambda e_q$, $q_r = \dot{q}_d - \Lambda e_q$, 其中 $e_q = q - q_d + kF_r$,

$$F_r = \begin{cases} 0, & F - F_i \leqslant 0 \\ F - F_i, & F - F_i > 0 \end{cases}$$

F_i 是实时指尖力, $\Lambda = \mathrm{diag}(\lambda_1, \lambda_2, \cdots, \lambda_n)$, λ_n 是大于零的常数,动力学方程可以表示为:

$$\tau - U(q) - F_i = M(q)\dot{z} + C(q,\dot{q})z + G(q) + M(q)\dot{q}_r + C(q,\dot{q})q_r \tag{7-32}$$

根据动力学方程,机器人的自适应控制器可设计为(这里的控制器是通用格式):

$$\tau = \hat{H}(q) + \hat{M}(q)\dot{q}_r + \hat{C}(q,\dot{q})q_r - Kz \tag{7-33}$$

$K = \mathrm{diag}(k_1, k_2, \cdots, k_i)$, $k_i > \frac{1}{2}$, $\hat{H}(q)$, $\hat{M}(q)$ 和 $\hat{C}(q,\dot{q})$ 是利用神经网络对模型中 $G(q) + U(q)$, $M(q)$ 和 $C(q,\dot{q})$ 逼近得到的,整个闭环控制系统如公式(7-34)所示:

$$M\dot{z} + Cz + Kz = (\hat{M} - M)\dot{q}_r + (\hat{C} - C)q_r + (\hat{H} - H) \tag{7-34}$$

基于 RBFNN 的逼近方法应用如公式(7-35)所示:

$$\begin{cases} M(q) = W_M^{*\mathrm{T}} S_M(q) + \varepsilon_M \\ C(q,\dot{q}) = W_C^{*\mathrm{T}} S_C(q,\dot{q}) + \varepsilon_C \\ H(q) = W_H^{*\mathrm{T}} S_H(q) + \varepsilon_H \end{cases} \tag{7-35}$$

式中, $W_M^{*\mathrm{T}}$, $W_C^{*\mathrm{T}}$ 和 $W_H^{*\mathrm{T}}$ 是权重矩阵; $S_M(q)$, $S_C(q)$ 和 $S_H(q)$ 是基函数矩阵; ε_M, ε_C 和 ε_H 是近似误差。基函数矩阵的定义如公式(7-36)所示:

$$\begin{cases} S_M(q) = \mathrm{diag}(S_q, \cdots, S_q) \\ S_C(q,\dot{q}) = \mathrm{diag}\left(\left[\dfrac{S_q}{S_{\dot{q}}}\right], \cdots, \left[\dfrac{S_q}{S_{\dot{q}}}\right]\right) \\ S_H(q) = [S_q^\mathrm{T} \quad \cdots \quad S_q^\mathrm{T}]^\mathrm{T} \end{cases} \tag{7-36}$$

式中,

$$S_q = [\varnothing(\|q - q_1\|) \quad \varnothing(\|q - q_2\|) \quad \cdots \quad \varnothing(\|q - q_n\|)]^\mathrm{T}$$
$$S_{\dot{q}} = [\varnothing(\|\dot{q} - \dot{q}_1\|) \quad \varnothing(\|\dot{q} - \dot{q}_2\|) \quad \cdots \quad \varnothing(\|\dot{q} - \dot{q}_n\|)]^\mathrm{T}$$

$\hat{M}(q)$, $\hat{C}(q,\dot{q})$ 和 $\hat{H}(q)$ 可以表示为:

$$\hat{M}(q) = \hat{W}_M^\mathrm{T} S_M(q), \quad \hat{C}(q,\dot{q}) = \hat{W}_C^\mathrm{T} S_C(q,\dot{q}), \quad \hat{H}(q) = \hat{W}_H^\mathrm{T} S_H(q) \tag{7-37}$$

最终,控制器表示为:

$$M\dot{z} + Cz + Kz = \tilde{W}_M^\mathrm{T} S_M(q)\dot{q}_r + \tilde{W}_C^\mathrm{T} S_C(q,\dot{q})q_r + \tilde{W}_H^\mathrm{T} S_H(q) \tag{7-38}$$

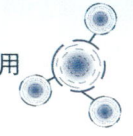

式中，$\widetilde{\boldsymbol{W}}_M^T = \widehat{\boldsymbol{W}}_M^T - \boldsymbol{W}_M^{*T}$，$\widetilde{\boldsymbol{W}}_C^T = \widehat{\boldsymbol{W}}_C^T - \boldsymbol{W}_C^{*T}$，$\widetilde{\boldsymbol{W}}_H^T = \widehat{\boldsymbol{W}}_H^T - \boldsymbol{W}_H^{*T}$。

通过以上公式，建立 RBFNN 控制器的模型，误差项引入指尖力，提升了控制系统的人机交互性能。RBFNN 控制器的输入为多自由度手功能康复辅助机器人关节空间的角度（q_1、q_2、q_3 和 q_4），输出为多自由度手功能康复辅助机器人关节空间的扭矩。控制器能够实现动态控制，实时与多自由度手功能康复辅助机器人交互，为手指精细运动控制的实现奠定了基础。

7.5.4.2　RBFNN 控制器的稳定性证明

一个控制系统能够正常工作的首要条件是保证系统是稳定的。因此，控制系统的稳定性分析是系统分析的首要任务。1892 年，俄国学者李雅普诺夫（Lyapunov）在《运动稳定性的一般问题》一文中，提出了著名的李雅普诺夫稳定性理论。该理论作为稳定性判别的通用方法，适用于各类控制系统。其原理如下：假设系统的状态方程为 $\dot{x} = f(x,t)$，其平衡点为 $x = 0$，如果存在一个具有连续一阶偏导数的标量函数 $V(x,t)$，并且满足条件（1）至（4），则系统的平衡状态是全局渐近稳定的。

(1) $V(0,t) = 0$。

(2) 对于所有的 $x \neq 0$，$V(x,t)$ 是正定的。

(3) 对于所有的 $x \neq 0$，$\dot{V}(x,t)$ 是负定的。

(4) 当 $\|x\| \to \infty$，$\dot{V}(x,t) \to \infty$。

对于我们之前所设计的控制器，选择下面的李雅普诺夫函数：

$$V = \frac{1}{2}\boldsymbol{z}^T \boldsymbol{M} \boldsymbol{z} + \frac{1}{2}tr(\widetilde{\boldsymbol{W}}_M^T \boldsymbol{Q}_M \widetilde{\boldsymbol{W}}_M) + \frac{1}{2}tr(\widetilde{\boldsymbol{W}}_C^T \boldsymbol{Q}_C \widetilde{\boldsymbol{W}}_C + \widetilde{\boldsymbol{W}}_H^T \boldsymbol{Q}_H \widetilde{\boldsymbol{W}}_H) \quad (7-39)$$

式中，$\boldsymbol{Q}_M$，$\boldsymbol{Q}_C$ 和 $\boldsymbol{Q}_H$ 是正定的权重矩阵。$\dot{V}$ 可以表示为：

$$\dot{V} = \boldsymbol{z}^T \boldsymbol{M} \dot{\boldsymbol{z}} + \frac{1}{2} \boldsymbol{z}^T \dot{\boldsymbol{M}} \boldsymbol{z} + tr(\widetilde{\boldsymbol{W}}_M^T \boldsymbol{Q}_M \dot{\widetilde{\boldsymbol{W}}}_M) + tr(\widetilde{\boldsymbol{W}}_C^T \boldsymbol{Q}_C \dot{\widetilde{\boldsymbol{W}}}_C + \widetilde{\boldsymbol{W}}_H^T \boldsymbol{Q}_H \dot{\widetilde{\boldsymbol{W}}}_H) \quad (7-40)$$

使用定理 $\dot{\boldsymbol{M}}(\boldsymbol{q}) - 2\boldsymbol{C}(\boldsymbol{q},\dot{\boldsymbol{q}}) = 0$，$\boldsymbol{M}(\boldsymbol{q})$ 为斜对称矩阵，上述公式可以改写为：

$$\dot{V} = \boldsymbol{z}^T \boldsymbol{M} \dot{\boldsymbol{z}} + \boldsymbol{z}^T \boldsymbol{C} \boldsymbol{z} + tr(\widetilde{\boldsymbol{W}}_M^T \boldsymbol{Q}_M \dot{\widetilde{\boldsymbol{W}}}_M) + tr(\widetilde{\boldsymbol{W}}_C^T \boldsymbol{Q}_C \dot{\widetilde{\boldsymbol{W}}}_C + \widetilde{\boldsymbol{W}}_H^T \boldsymbol{Q}_H \dot{\widetilde{\boldsymbol{W}}}_H) \quad (7-41)$$

理想的权重矩阵 $\boldsymbol{W}_M$，$\boldsymbol{W}_C$ 和 $\boldsymbol{W}_H$ 为常数矩阵，其中：

$$\begin{cases} \dot{\widetilde{\boldsymbol{W}}}_M = \dot{\widehat{\boldsymbol{W}}}_M \\ \dot{\widetilde{\boldsymbol{W}}}_C = \dot{\widehat{\boldsymbol{W}}}_C \\ \dot{\widetilde{\boldsymbol{W}}}_H = \dot{\widehat{\boldsymbol{W}}}_H \end{cases} \quad (7-42)$$

将公式（7-38）代入公式（7-41）可以得到：

$$\begin{aligned}\dot{V} = & -\boldsymbol{z}^T \boldsymbol{K} \boldsymbol{z} + tr\{\widetilde{\boldsymbol{W}}_M^T [\boldsymbol{S}_M(\boldsymbol{q})\dot{\boldsymbol{q}},\boldsymbol{z}^T + \boldsymbol{Q}_M \dot{\widehat{\boldsymbol{W}}}_M]\} \\ & + tr\{\widetilde{\boldsymbol{W}}_C^T [\boldsymbol{S}_C(\boldsymbol{q},\dot{\boldsymbol{q}})\boldsymbol{q},\boldsymbol{z}^T + \boldsymbol{Q}_C \dot{\widehat{\boldsymbol{W}}}_C]\} \\ & + tr\{\widetilde{\boldsymbol{W}}_H^T [\boldsymbol{S}_H(\boldsymbol{q})\boldsymbol{z}^T + \boldsymbol{Q}_H \dot{\widehat{\boldsymbol{W}}}_H]\} \end{aligned} \quad (7-43)$$

更新率的设计如公式(7-44)所示：

$$\begin{cases} \dot{\hat{W}}_M = -Q_M^{-1}[S_M(q)\dot{q}_rz^T + \sigma_M \hat{W}_M] \\ \dot{\hat{W}}_C = -Q_C^{-1}[S_C(q,\dot{q})q_rz^T + \sigma_C \hat{W}_C] \\ \dot{\hat{W}}_H = -Q_H^{-1}[S_H(q)z^T + \sigma_H \hat{W}_H] \end{cases} \tag{7-44}$$

式中，σ_M，σ_C 和 σ_H 是正数，将上述更新率代入公式(7-44)，可以得到：

$$\dot{V} = -z^T Kz - \sigma_M tr(\widetilde{W}_M^T \hat{W}_M) - \sigma_C tr(\widetilde{W}_C^T \hat{W}_C) - \sigma_H tr(\widetilde{W}_H^T \hat{W}_H) \tag{7-45}$$

使用杨氏定理，公式(7-45)可以改写为：

$$\begin{aligned}\dot{V} = &-z^T Kz + \frac{\sigma_M tr(W_M^{*T} W_M^*)}{2} - \frac{\sigma_M tr(\widetilde{W}_M^T \widetilde{W}_M)}{2} \\ &+ \frac{\sigma_C tr(W_C^{*T} W_C^*)}{2} - \frac{\sigma_C tr(\widetilde{W}_C^T \widetilde{W}_C)}{2} \\ &+ \frac{\sigma_H tr(W_H^{*T} W_H^*)}{2} - \frac{\sigma_H tr(\widetilde{W}_H^T \widetilde{W}_H)}{2}\end{aligned} \tag{7-46}$$

可以得到：

$$\dot{V} \leqslant -\eta V + \kappa \tag{7-47}$$

式中，

$$\eta = \min\left[2K, \frac{\sigma_M}{\lambda_{\max} Q_M}, \sigma_C \lambda_{\max} Q_C, \frac{\sigma_H}{\lambda_{\max} Q_H}\right]$$

$$\kappa = \frac{1}{2} tr(\sigma_M W_M^{*T} W_M^* + \sigma_C W_C^{*T} W_C^* + \sigma_G W_G^{*T} W_G^*)$$

考虑到 V 大于 0 并且 κ 是预先设定的常数与权重矩阵的乘积，只要我们保证 $\kappa \leqslant \eta$，可以得到 $\dot{V} \leqslant 0$。通过李雅普诺夫稳定性定理可以得知系统的闭环稳定性是有保证的。

7.5.5 机器人辅助手部抓握物体的控制方法

在机器人辅助人手进行抓握时，必然存在力学信号，因此需要对环境力进行处理，所以我们发现基于位置的阻抗控制适用于这种情况。

设手指期望的目标阻抗为 Z，则期望的抓握力与手指位置的动态关系为：

$$Z(X_r - X) = -F \tag{7-48}$$

式中，X_r、X、F 分别为手指参考位置、手指实际位置和手指与物体之间的抓握力。

易知阻抗模型为：

$$M_d(\ddot{X}_r - \ddot{X}) + B_d(\dot{X}_r - \dot{X}) + K_d(X_r - X) = -F \tag{7-49}$$

式中，M_d、B_d、K_d 分别为系统期望的惯性矩阵、系统期望的阻尼矩阵和系统期望的刚度矩阵。在公式(7-49)的基础上加入手指的期望抓握力 F_d，并且将抓握力误差信号 $F_e = F_d - F$ 作为食指目标阻抗模型的驱动量，以实现期望抓握力的跟踪，在公式(7-49)中代

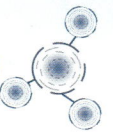

入抓握力误差信号可得到改进后的目标阻抗模型：

$$M_d(\ddot{X}_r - \ddot{X}) + B_d(\dot{X}_r - \dot{X}) + K_d(X_r - X) = F_e \quad (7-50)$$

令 $X_f = X_r - X$，则目标阻抗可以简化为：

$$M_d\ddot{X}_f + B_d\dot{X}_f + K_d X_f = F_e \quad (7-51)$$

对公式(7-51)进行拉氏变换可得到手指的目标阻抗在频域上的表示形式：

$$(M_d s^2 + B_d s + K_d)X_f(s) = F_e(s) \quad (7-52)$$

由公式(7-52)可得手指的位置修正量为：

$$X_f(s) = \frac{F_e(s)}{M_d s^2 + B_d s + K_d} \quad (7-53)$$

式中，s 作为复频域变量用于描述系统的动态特性，具体含义是将系统的动力学特性从时间域转换到频域，以便于分析和设计控制系统。位置修正量 X_f 与参考位置 X_r 之和作为修正过的手指期望位置。阻抗控制器中需要知道手指的抓握力和位置信息，利用角度传感器作为手指的位置检测元件，可以得到手指的实际位置信息；利用压力传感器可以获取手指的实际抓握力。

综上所述，在手功能康复辅助机器人辅助人手进行抓握活动时会存在一个机器人与环境的交互力，为使抓握活动能够精准进行，要对外骨骼机器人进行力位控制，因为阻抗控制具有控制力位混合信号的能力，且阻抗控制器结构相对简单、控制效果好，因此选用基于位置的阻抗控制器来对精细抓握活动进行控制。

7.6 上肢康复辅助机器人的实现与评价

7.6.1 上肢手臂康复辅助机器人的整机设计与实现

图 7-10 是一款 6 自由度的双臂外骨骼机器人，该机器人由众多连杆连接而成，通过魔术贴将人的上肢与外骨骼机器人固定在一起。在运转过程中，通过机器人的运动带动人上肢运动。这款机器人的电机全部都是内嵌式的，减小了该机器人的体积。而且机器人还设置了安全范围，保证机器人运动范围不会超过人体运动范围，确保使用过程的安全。机器人通过一个电源进行供电，在充满电的情况下该机器人可连

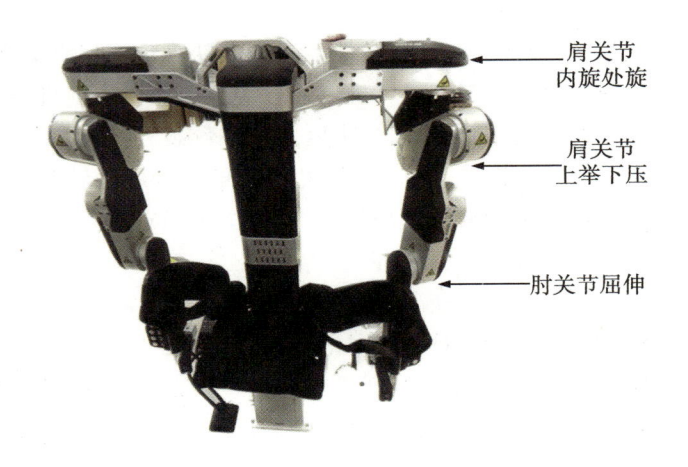

图 7-10 双臂外骨骼机器人

续工作几十个小时,大大提升了机器人的工作效率。在使用过程中,只需要患者坐在中间的黑色板凳上,双臂张开,利用魔术贴将人的上肢与机器人固定在一起,即完成了穿戴,操作十分简单方便。完成穿戴之后,可以通过上位机向外骨骼机器人发送控制指令,在此过程中上位机可以发送多种信号,如发送一连串的运动轨迹,机器人就会按照运动轨迹带领患者进行康复训练。此外,上位机也可以向机器人发送力矩信号,机器人会提供一定的力矩对人手进行支撑,整个操作过程十分简单方便。因此,该机器人的优势十分明显,在康复训练、科学研究等领域都很有价值。

该机器人能够实现肩关节的内旋外旋、上举下压以及肘关节的屈伸运动,具有众多的自由度,并且可以同时进行双臂训练。对比以往的上肢康复辅助机器人,该多自由度双臂康复辅助机器人还具有以下优势。

(1)增强人体力量。多自由度双臂外骨骼机器人能够辅助和增强人体双臂的力量。通过机器人的驱动装置,它能够提供额外的力矩和支持,使患者能够承担更大的负荷,完成更具挑战性的任务。这对于康复训练、工业生产和军事应用等领域都具有重要意义。

(2)增加运动范围。双臂外骨骼机器人的多自由度设计使得人体双臂的运动范围得到增加。它能够模拟人体灵活和多样的自然运动,使患者能够在多个平面和角度上执行更复杂的动作。这对于患者康复训练和执行精细操作任务非常有益。

(3)实时反馈和调整。多自由度双臂外骨骼机器人通常配备传感器和反馈系统,能够提供实时的运动数据和反馈信息。这使得机器人可以根据患者的运动状态进行调整和适应,提供恰当的支持和控制。这对于患者康复训练和学习新技能非常有帮助。

(4)个性化和可调性。多自由度双臂外骨骼机器人通常具有可调节的设计,可以根据患者的需求和身体特征进行个性化调整。这使得机器人能够适应不同患者的身体结构和运动能力,提供定制化的康复训练和辅助。

(5)数据记录和分析。多自由度双臂外骨骼机器人能够记录患者的运动数据,并提供数据分析和评估功能。通过分析患者的运动模式、力量和进展情况,它可以为康复专业人员提供有价值的信息,用于制定个性化的康复计划和评估康复效果。

(6)人机交互和安全性。多自由度双臂外骨骼机器人通常具有友好的人机交互界面和安全保护机制。患者可以通过简单的操作控制机器人的运动,并与机器人进行自然和直接的交互。同时,多自由度双臂外骨骼机器人在安全性方面也具有优势。它配备有安全传感器和控制系统,可以实时监测患者的运动状态和环境情况,以确保患者的安全。如果检测到异常情况,例如患者失去平衡或发生碰撞,机器人可以及时采取措施停止或调整动作,避免造成伤害。

总之,多自由度双臂外骨骼机器人具有增强人体力量、增加运动范围、实时反馈和调整、个性化和可调性、数据记录和分析、人机交互和安全性、康复效果评估、远程监控和指导、促进神经可塑性和恢复等功能和优势。这些功能和优势使得多自由度双臂外骨骼机器人成为康复训练、助力生产等领域的有力工具,也使得机器人可为患者提供有效、个性化和安全的辅助和康复支持。

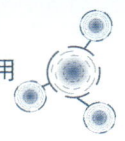

7.6.2 手功能康复辅助机器人的整机设计与实现

下面是山东大学康复工程实验室设计实现的一款 20 自由度手功能康复外骨骼机器人。康复辅助机器人硬件包括康复辅助机器人本体、Arduino、蓝牙模块、舵机、电池组、FSR 力传感器、PCA 接口扩展板(PCA 9685)以及 CD74HC4067 扩展板。康复辅助机器人整体设计结构如图 7-11 所示。机械结构采用 SolidWorks 进行设计和模拟,并通过 3D 打印制成,康复辅助机器人总质量为 800 g。

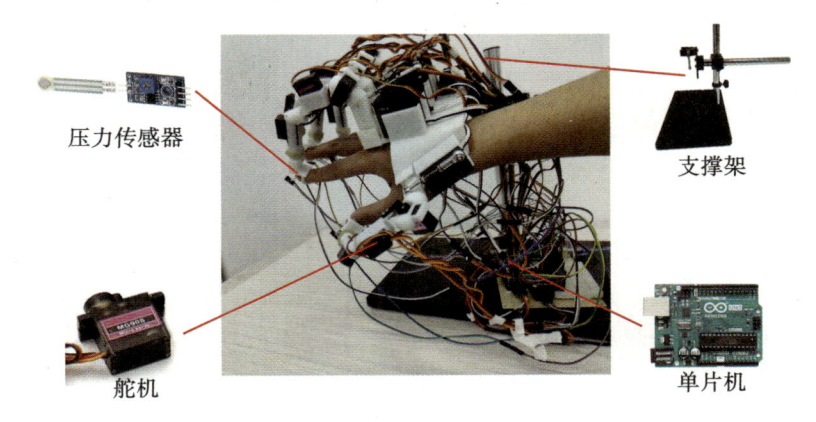

图 7-11　20 自由度手功能康复外骨骼机器人整体设计结构

考虑到太多舵机(20 个)会增加康复辅助机器人的质量,并给人手带来负担,设计人员使用了多自由度底座。康复辅助机器人可以连接多自由度底座以抵消康复辅助机器人的重力,多自由度底座可以调整康复辅助机器人的转向,以满足不同的训练需求。

20 自由度手功能康复外骨骼机器人的硬件设计以及连线如图 7-12 所示,由于 Arduino 接口数量有限,本机器人使用了 20 个舵机以及 10 个 FSR 力传感器,Arduino 自带的接口不能满足需求。本机器人使用了两个 IIC 接口的 16 路 PWM 驱动板 PCA9685 来驱动舵机,以及一块 CD74HC4067 模拟通道扩展板以满足设计需求。本机器人使用 5 台 MG995 伺服系统[输出扭矩为 13 kg/cm(1.274 N·m)]、15 台 SG90 伺服系统[输出扭矩为 1.6 kg/cm(0.157 N·m)],输出扭矩大于完成动作所需的扭矩,能够满足后续康复需求。

为了验证康复辅助机器人的运动性能,设计人员进行了抓取实验,以证明其具有辅助人手完成日常生活中绝大多数动作的能力。在抓取实验中,一名健康受试者佩戴康复辅助机器人,抓取各种物体,并采用传统的位置控制方法,验证康复辅助机器人结构的合理性。

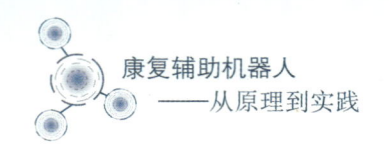

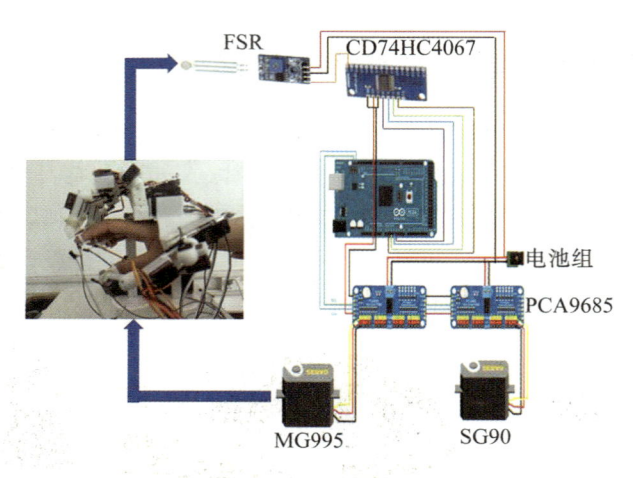

图 7-12　20 自由度手功能康复外骨骼机器人的硬件及连线

在抓取实验中，根据物体的形状和大小，机器人采用不同的手势（见图 7-13）。对于直径比较大的物体[见图 7-13(f)、(g)和(h)]，机器人采用五指抓取；对于小直径物体[见图 7-13(b)]，机器人采用捏取动作；对于钥匙[见图 7-13(a)]和信用卡[见图 7-13(c)]，机器人采用横向夹持。图 7-13(d)和(e)显示，康复辅助机器人可以帮助人类完成手拿笔和抓鼠标动作。康复辅助机器人可以实现三种基本抓取模式，即圆柱形抓取[见图 7-13(f)]、钩形抓取[见图 7-13(g)]和球形抓取[见图 7-13(h)]。康复辅助机器人可以帮助人手完成日常生活中几乎所有常见的动作。实验表明每个物体都能被稳定地握住。当受试者移动手时，没有一个物体滑落。抓取实验证明康复辅助机器人具有良好的结构设计、非常大的运动范围和自由度，能够辅助人手完成日常生活中绝大多数的精细运动，满足设计需求。

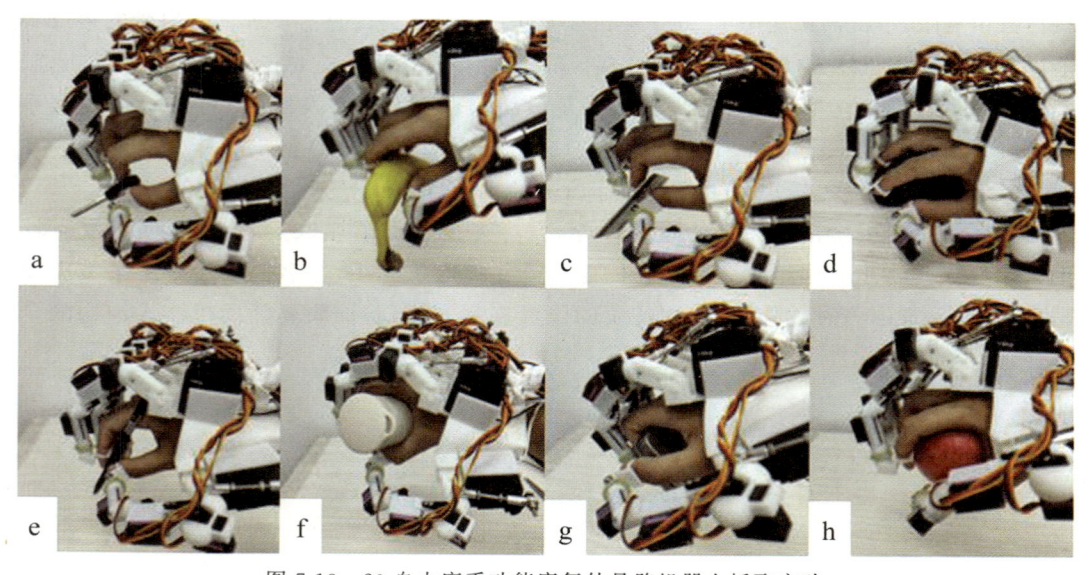

图 7-13　20 自由度手功能康复外骨骼机器人抓取实验

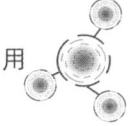

对比其他手功能康复辅助机器人，20自由度手功能康复外骨骼机器人具有以下几个优点。

(1) 精确控制能力。20自由度手功能康复外骨骼机器人采用多个自由度的驱动装置，能够实现对手部运动的精确控制。通过精确控制手指和手腕的运动，该机器人可以进行更细致和准确的康复训练，有助于恢复手部功能。

(2) 多模态康复。20自由度手功能康复外骨骼机器人通常具备多种康复模式，可以进行力度调整、协同运动、抓握训练等多种康复训练。这样可以满足不同患者的康复需求，针对不同的手部功能障碍进行个性化训练。

(3) 可调性和灵活性。20自由度手功能康复外骨骼机器人的驱动装置可以根据患者的康复需求进行调整和灵活配置；可以根据患者的手部运动能力和康复进展进行适当调整，以提供个性化的康复训练。

(4) 实时反馈和监测。20自由度手功能康复外骨骼机器人可以实时监测患者的手部运动和力度，并提供实时反馈。通过实时反馈，患者可以及时了解自己的运动状态和进展情况，从而调整姿势和运动方式。

总体来说，20自由度手功能康复外骨骼机器人具有精确控制、多模态康复、可调性和灵活性等功能和特点，可以提供一种高度个性化和有效的手部康复训练方案。它能够帮助患者恢复手部功能、提高手部运动能力，并提供实时反馈和数据分析，为康复过程的监测和评估提供支持。

7.6.3 上肢外骨骼康复辅助机器人的有效性评价方法

上肢外骨骼康复辅助机器人是一种创新的康复设备，可用于辅助和增强患者的上肢功能。为了评估上肢外骨骼康复辅助机器人的有效性，研究人员和临床专业人员采用了多种评价方法。下面将介绍一些常见的有效性评价方法。

(1) 功能评定量表。功能评定量表是一种常用的客观评估工具，用于评估患者的上肢功能和日常生活能力。例如，运动功能评定量表和上肢评定量表可用于评估患者的运动控制和功能恢复情况。通过比较康复前后的评分，可以评估上肢外骨骼康复辅助机器人对患者功能恢复的影响。

(2) 运动学分析。运动学分析是一种通过记录和分析患者的运动轨迹和关节角度等数据来评估康复效果的方法。使用运动捕捉系统和传感器，可以获取患者在使用外骨骼机器人时的运动数据。通过比较康复前后的运动参数，例如关节活动范围和平均关节角度，可以评估机器人对患者上肢运动能力的改善程度。

(3) 力度评估。力度评估用于评估患者在康复过程中的力量改善情况。使用力传感器或负荷传感器，可以测量患者在使用外骨骼机器人时的力度表现。这包括握力、抓取力和推拉力等方面的测量。通过比较康复前后的力度数据，可以评估机器人对患者力量改善的效果。

(4) 满意度问卷。满意度问卷是一种主观评估方法，用于评估患者对外骨骼康复辅助机器人的满意程度和体验感受。通过询问患者对机器人的舒适性、易用性、康复效果

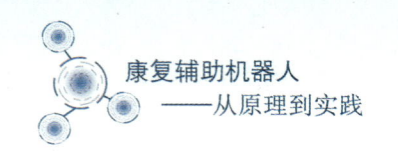

等方面的评价，可以了解患者对机器人的主观感受。同时，满意度问卷还可以收集患者对机器人改进的建议和意见，用于改进机器人的设计和患者的康复方案。

（5）病例研究和临床试验。病例研究和临床试验是评估上肢外骨骼康复辅助机器人有效性的重要方法。通过跟踪个别患者或进行大规模的临床试验，可以评估机器人在康复过程中的效果和成效。这些研究可以收集和分析康复前后的量化数据，如功能评定量表、运动学分析和力度评估等，以及患者的主观反馈。通过对多个患者或试验组的数据进行统计分析，可以得出对机器人有效性的定量评估和比较。

（6）脑影像学评估。脑影像学评估方法[如功能性磁共振成像（fMRI）和脑电图等]可用于评估机器人对患者神经可塑性和脑功能改善的影响。通过监测患者大脑的神经活动和连接模式，可以评估机器人康复训练对脑神经系统的改变和重塑效果。

（7）长期追踪和随访。了解康复辅助机器人的长期效果是评估其有效性的重要方面。通过长期的追踪和随访研究，可以评估患者在进行机器人康复训练后的长期功能改善和生活质量提高情况。这可以通过定期的复查评估、问卷调查和功能评定等方式进行。

综上所述，评估上肢外骨骼康复辅助机器人的有效性需要综合运用客观评定量表、运动学分析、力度评估、满意度问卷、病例研究和临床试验、脑影像学评估以及长期追踪和随访等方法。这些方法可以从不同的角度评估机器人对患者上肢功能、力量、运动能力和生活质量的改善效果。通过综合分析这些评估结果，可以全面评估上肢外骨骼康复辅助机器人的有效性，并为机器人的改进和康复方案的优化提供依据。

7.6.4 上肢外骨骼康复辅助机器人的临床应用

上肢外骨骼康复辅助机器人是一种创新的康复设备，可用于帮助患有上肢功能障碍的人们恢复和改善肌肉力量、运动能力和生活质量。这种机器人技术在临床应用中已经取得了显著的成效，并被广泛应用于各种上肢康复领域。首先，上肢外骨骼康复辅助机器人在脑卒中康复中发挥着重要作用。脑卒中患者常常出现上肢肌力减退、运动功能受限的情况，而外骨骼机器人可以提供辅助力量和导向运动，帮助患者重新学习和恢复上肢功能。通过与机器人的交互，患者可以进行适度的运动训练，增加肌肉力量和运动范围，促进神经可塑性和功能恢复。其次，上肢外骨骼康复辅助机器人在创伤性上肢损伤康复中也具有广泛的应用。无论是由于意外事故需要康复还是手术后的康复，上肢外骨骼机器人都可以通过提供支持来帮助患者恢复上肢功能。机器人的精确控制和可调节性使其能够适应不同程度和类型的上肢损伤，提供个性化的康复训练。此外，上肢外骨骼康复辅助机器人还在神经肌肉疾病康复中发挥着重要作用。例如，对于帕金森病患者而言，机器人可以提供稳定的支持和运动指导，帮助患者克服肌肉僵硬和不协调的问题。对于肌无力患者，机器人可以提供额外的力量和辅助，使他们能够完成日常生活中的上肢活动。再者，上肢外骨骼康复辅助机器人还在运动康复和运动训练中发挥重要作用。通过对机器人进行编程和设置，可以提供各种不同的运动模式和难度级别，以满足患者的训练需求。机器人可以记录和分析患者的运动数据，提供实时反馈和调整，帮助患者改善动作和运动效果,并且可以根据患者的恢复进展调整训练计划,以实现更好的康复效果。除了上述的临床应用领域外,上肢外骨骼康复辅助机器人还被广泛应用于科研研究和康复医学教育中。研究人员利用机器人系统进行运动分析和生物力学研究,以深入理解上肢康复过程中的运动特征和生理机制。此外,医学院校和康复机构可以利用这些机器人系统进行康复医学教育和培训,让学生和康复专业人员获得更多实践经验和技能。

总体来说,上肢外骨骼康复辅助机器人在临床应用中具有广泛的应用。它们能够提供个性化的康复训练,通过辅助力量和运动导向帮助患者恢复和改善上肢功能。这些机器人系统还能够记录和分析患者的运动数据,提供实时反馈和调整,以实现更好的康复效果。此外,它们在科研研究和康复医学教育中也扮演着重要角色。随着技术的不断发展,上肢外骨骼康复辅助机器人将继续为上肢康复领域带来更多的创新和进步。

7.7 本章小结

本章主要介绍了上肢康复辅助机器人的设计原理和应用。首先,介绍了上肢康复辅助机器人的设计目的,即帮助恢复和改善上肢功能。其次,探讨了利用 Solidworks 设计上肢康复辅助机器人机械结构的步骤,包括机器人的机械结构构建、运动学分析等方面。再次,介绍了机器人系统的动力系统设计方法,其中包括电机选择、电源供电、单片机编程环境、动力学分析等方面的内容。最后,介绍了上肢康复辅助机器人的控制系统设计,包括控制器的选择、控制方法的应用等。本章重点介绍了基于运动轨迹的控制器设计、上肢力量训练的控制器设计、无物体接触手部精细控制器设计和抓握物体时的手部精细控制器设计四个方面,并讨论了它们的应用场景和优势。本章还介绍了上肢外骨骼康复辅助机器人的样机实现以及它的优势,包括全驱动手功能康复辅助机器人和多自由度双臂外骨骼机器人的优点。这些机器人可以提供更大的运动范围、力量支持和实时反馈,帮助患者恢复肌肉力量和运动控制能力。本章还探讨了上肢康复辅助机器人的临床应用和有效性评价方法,强调了上肢康复辅助机器人在脑卒中康复、创伤性上肢损伤康复、神经肌肉疾病康复和运动康复等方面的重要作用。另外,本章还介绍了常用的有效性评价方法,包括运动分析、功能评定和患者反馈等。

通过本章的学习,读者可以深入了解了上肢康复辅助机器人的设计原理和应用,并了解了它们在康复领域的重要性。上肢康复辅助机器人的不断发展和创新将为患者提供更好的康复效果,并为康复医学领域的研究和教育带来更多机会和挑战。

第 8 章 下肢康复辅助机器人的设计与应用

8.1 下肢康复辅助机器人的概述

8.1.1 下肢康复辅助机器人的研究背景与发展现状

2021年,国家统计局公布了第七次全国人口普查结果。数据显示,我国60岁以上人口占比已达18.7%,65岁以上人口占比高达13.5%,比第六次全国人口普查分别增长5.44%和4.63%,同时年轻人的人口占比降低了6.8%,人口金字塔出现了持续萎缩的态势。根据世界卫生组织的标准,目前我国已经十分接近中度老龄社会(14%老年人口占比)。此外,我国的人口出生率低下问题也会加剧我国人口金字塔结构的失衡。过快的老龄化速度不仅会导致社会劳动力不足,也会增加我国养老保险体系的经济负担,同时也对我国的养老医疗服务体系提出了不小的挑战。肢体能力的退化以及脑卒中等心血管疾病往往会导致老年人肢体残障,其中最常见的就是脑卒中后遗症导致的行走能力障碍。拥有独立的行走能力是老年人不给家庭增加负担的基本前提,因此通过下肢康复帮助他们恢复行走能力是养老医疗服务中非常重要的一环。据统计,我国每年仅脑卒中新增病例就有数百万例,且幸存者有较高概率会丧失行走能力。面对数量如此庞大的残障老年人群,他们的康养问题势必将逐步成为我国社会关注的焦点,而帮助他们恢复独立行走能力并回到社会,则需要更多的康复医师以及大量的智能康复训练设备。

为了填补康复治疗领域中专业技术医师的缺口,世界范围内的学者都争相展开了关于下肢康复辅助机器人的研究。下肢康复辅助机器人是一种新型的智能化医用机器人,它涉及机械电子、人机交互、康复医学、智能传感等多种技术。下肢康复辅助机器人依据神经可塑性原理,为患者提供可以促进神经重塑、功能重组或增强下肢力量的特定训练,可以有效改善由于衰老退化或者疾病后遗症导致的肢体残障,适用于脑卒中术后、脊髓损伤、部分先天畸形等具有下肢康复需求的患者。目前,康复辅助机器人的有效性已经通过临床试验得到了初步验证。对于需要进行康复治疗的老龄特殊群体,提高康复辅助机器人在人机交互方面的感知与性能,可以为他们提供更加安全可靠的智能个性化训练

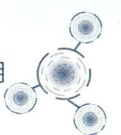

方案,还能感知、量化患者的训练状态信息,从而更加科学地为患者制定合理的训练计划,以加快他们下肢运动功能的恢复。

根据可介入时间与其训练方式,下肢康复辅助机器人主要可分为三类,分别是坐卧式、悬挂式与穿戴式。坐卧式下肢康复辅助机器人是能够最早进行治疗介入的康复辅助机器人,其适用时间段从康复早期持续至中后期。患者在训练时将以坐或卧姿倚靠在康复辅助机器人内部,而其下肢重量则是由康复辅助机器人完全支撑的,即便是早期没有站立能力的患者也能接受该类康复辅助机器人提供的训练。悬挂式下肢康复辅助机器人的主要特点是通过其配套的悬挂减重装置来帮助患者进行直立状态下的训练,康复中期患者在医护人员的协助下完成设备穿戴即可独立进行步态训练。此外,使用该类康复辅助机器人训练还能有效帮助患者建立重新站立的信心。穿戴式下肢康复辅助机器人主要为后期患者提供助力行走训练,它与悬挂式最大的不同是相对轻便且不受设备训练区域的限制,患者完成设备穿戴后即可在地势平坦环境内自由训练,该类康复辅助机器人多为外骨骼结构,部分设备还配有辅助用支撑拐杖。

8.1.2 下肢康复的重要性

下肢对人类的日常生活是至关重要的,它支撑着我们的身体,使我们能够行走、运动和参与各种活动。然而,下肢受到损伤或受疾病影响时,个体的生活质量和功能可能会受到严重影响。下肢康复的目标是帮助患者恢复下肢功能,重返正常生活并实现全面的康复。

下肢康复旨在帮助患者恢复和改善下肢的功能,从而提高个体的生活质量和独立性。通过物理疗法、康复训练和其他干预手段,下肢康复可以增强下肢肌肉的力量,改善关节的灵活性和协调性。这使得患者能够更好地行走、保持平衡和进行日常活动。除了功能的恢复和改善,下肢康复还可以减轻下肢的疼痛和不适。物理疗法技术(如热疗、冷疗和按摩)以及药物管理等方法可以缓解下肢肌肉和关节的疼痛,提高患者的舒适度和生活质量。下肢康复还有助于预防并发症的发生。下肢功能障碍可能导致肌肉萎缩、关节僵硬、血液循环不良和褥疮等并发症。通过下肢康复的干预,可以预防或减轻这些并发症,保持下肢组织的健康。恢复或改善下肢功能可以使患者能够独立行走,参与日常活动、工作和娱乐,这可以提升他们的自尊心、自信心和幸福感,改善整体生活质量。下肢康复对于个体的心理健康也具有积极的影响。康复过程中的支持、教育和心理辅导可以帮助患者应对康复挑战,增强他们的心理韧性和适应能力,减轻焦虑、抑郁等情况。此外,通过恢复下肢功能,下肢康复还可以促进患者的社交参与和社会融入。能够独立行走和参与活动可以增加他们的社交互动机会,改善社交关系,提升自我认同和生活满意度。最后,下肢康复有助于预防再伤和复发。通过教育和指导,康复专家可以帮助患者学习正确的姿势、运动技巧和日常行为习惯,从而减少再伤和复发的风险。

总而言之,进行下肢康复有助于患者恢复和改善下肢功能,减轻疼痛和不适,预防并发症,提高生活质量,促进心理健康,促进社交参与和社会融入,以及预防再次受伤。这些好处的实现需要康复专业人员的综合干预和个性化的康复计划。通过持续的努力和合作,患者可以取得积极的康复成果,进而改善他们的健康和生活。

8.1.3　机器人技术在康复领域的应用

机器人技术在康复领域的应用具有广泛而深远的影响。它们为康复患者提供了全新的支持和辅助手段,通过多种形式的康复训练和个性化的康复计划,促进患者的恢复和改善下肢功能。

首先,机器人技术在下肢康复中扮演着重要的角色。康复辅助机器人可通过物理疗法、康复训练和其他干预手段,针对患者的个体需求进行定制化的康复方案。机器人系统可以提供精确的力量和运动控制,帮助患者增强下肢肌肉力量、改善关节灵活性和协调性。例如,下肢康复辅助机器人能够模拟步行运动并提供支撑,辅助患者进行步态训练,促进他们的行走能力恢复。

其次,机器人技术在运动康复方面也具有广泛的应用。康复辅助机器人可用于进行肌肉锻炼、关节活动和平衡训练。通过传感器和控制系统,机器人能够监测患者的运动状态和进展,并提供个性化的辅助支持。例如,一些机器人可以根据患者的运动意图提供精确的力量支持,帮助患者完成肌肉锻炼和运动训练,促进康复。

再次,机器人助行器为下肢功能受损的患者提供了宝贵的支持。这些助行器能够提供稳定性和平衡性支持,帮助患者恢复行走能力。助行器通过传感器和算法检测患者的运动意图,并根据需要提供相应的支持力量。这种技术使得患者能够重新获得行走的自信和独立性,提高他们的生活质量。

最后,机器人技术在康复过程中还具有评估和监测的功能。康复辅助机器人能够评估患者的肌肉功能、关节灵活性和运动能力。通过测量力量、灵活性和运动范围等指标,机器人系统可以提供客观的数据,帮助康复专业人员了解患者的康复进展,并根据需要调整康复计划。

机器人技术在康复领域的应用涵盖了下肢康复、运动康复、助行支持、评估和监测等多个方面。这些技术为康复患者提供了创新和个性化的康复解决方案,促进他们的恢复和改善下肢功能。随着技术的不断发展和创新,机器人在康复领域的应用前景会越来越广阔,为康复医学带来新的可能性和希望。

8.1.4　下肢康复辅助机器人的优势

机器人技术与传统的康复手段不同,它为患者提供了全新的康复体验和个性化的康复方案。下肢康复辅助机器人的优势不仅体现在精确的控制和调节能力上,还表现在提供重复性和一致性的训练、激励患者主动参与、实时反馈和监测、个性化康复计划的制定以及提供安全保障等多个方面。

首先,下肢康复辅助机器人通过精确的控制和调节,能够提供个性化的康复训练和支持。机器人系统通过高精度的传感器和先进的运动控制技术,能够实时监测患者的运动状态,精确控制力量输出、关节角度和运动范围。这种精确性使得康复训练更加有效,能够满足患者特定的康复需求。

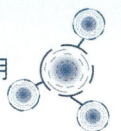

其次，下肢康复辅助机器人的重复性和一致性是其独特的优势之一。相比传统的人工康复训练，机器人能够以高度一致的方式提供训练任务，保证每一次运动的力量、速度和角度的准确性。这种一致性可以减少人为误差和不一致性带来的康复训练效果的波动，从而提高康复效果和训练的可重复性。

再次，下肢康复辅助机器人还可以激励患者主动参与，提升康复效果。机器人系统通过交互界面、虚拟现实技术和游戏化元素，将康复训练变得有趣、具有挑战性，激发患者的积极性和参与度。这种激励机制可以激发患者的康复动力，提高他们的康复训练投入度和积极性，使康复效果达到最好。

此外，下肢康复辅助机器人具备实时反馈和监测功能，为患者提供准确的运动状态和进展反馈。通过传感器和数据分析，机器人系统能够监测患者的肌肉力量、平衡性和姿势控制等指标，并及时反馈给康复专业人员和患者本身。这种实时反馈可以帮助康复专业人员调整康复计划、改进训练策略，并激励患者在康复过程中不断努力和进步。

另外，下肢康复辅助机器人能够制定个性化的康复计划，满足患者的具体需求和目标。通过机器人系统收集的数据和分析结果，康复专业人员能够制定针对患者的个性化康复计划。这种个性化计划能够根据患者的特定情况，调整训练强度、频率和内容，确保康复训练的个性化和针对性。

最后，下肢康复辅助机器人提供了安全保障，保护患者在康复过程中的安全性。机器人系统通过多重安全措施和保护机制，监测和控制力量输出、运动范围和速度，避免患者因不当姿势或过度运动导致的伤害风险。这种安全保障能够让患者在康复训练中更加放心，减少康复过程中的风险和不安全因素。

总之，下肢康复辅助机器人在精确控制和调节、重复性和一致性、激发主动参与的动力、实时反馈和监测、个性化康复计划以及提供安全保障等方面具有显著的优势。这些优势使得机器人技术成为现代康复领域中的重要工具，为患者提供更好的康复效果。通过机器人技术的不断发展和创新，下肢康复将迎来更加广阔的前景和可能性。

8.2 下肢康复辅助机器人的设计考虑与需求分析

在开发下肢康复辅助机器人时，设计考虑和需求分析是关键的阶段，决定了机器人系统的功能、性能和适用范围。下肢康复辅助机器人的设计需要充分考虑患者的康复需求、康复专业人员的要求、技术可行性以及安全性等多个方面。

8.2.1 康复目标与需求分析

康复目标的设定和需求分析是设计下肢康复辅助机器人的关键步骤，它们将直接影响机器人系统的功能和性能。康复目标是根据患者的具体情况和康复阶段制定的，它们可以包括恢复肌力、提高关节灵活性、改善平衡和协调性、增强步态模式、提升日常活动能力等。针对不同康复目标，下肢康复辅助机器人的需求分析可以具体包括以下几个方面。

(1)针对恢复肌力的目标,机器人系统应具备足够的力量和可调节性,能够根据患者的肌力水平提供适当的阻力和负荷,它还应具备精确的力量传输和控制能力,以确保患者的肌肉能够得到充分的激活和锻炼。

(2)针对提高关节灵活性的目标,机器人系统应具备可调节的关节角度范围和运动速度,能够提供多个关节的独立控制,以满足患者在康复过程中对特定关节的灵活性训练需求。

(3)针对改善平衡和协调性的目标,机器人系统应具备稳定的平衡控制和协调训练功能,可以通过提供多种平衡训练模式、引导正确的姿势和运动模式等方式,帮助患者提升平衡能力和协调性。

(4)针对增强步态模式的目标,机器人系统应具备步态分析和模拟功能,可以通过实时监测患者的步态特征和运动模式,提供恰当的反馈和引导,帮助患者改善步态异常。

(5)针对提升日常活动能力的目标,机器人系统应具备适应多种日常活动的能力,可以模拟常见的日常活动场景(如上下楼梯、踏步等),为患者提供相关的康复训练和模拟体验,以提高患者的日常功能水平。

8.2.2 患者特征与适应性

下肢康复辅助机器人的设计必须考虑不同患者的特征和需求,以满足广大康复人群的需求。本节将详细探讨下肢康复辅助机器人适用的患者特征和其适应性的相关因素,以确保机器人能够适用于不同的患者群体。

(1)下肢康复辅助机器人适用于具有下肢功能障碍的患者,包括截肢者、神经系统损伤患者、关节疾病患者等。这些患者可能面临肌力减退、关节活动度受限、平衡和协调能力下降等问题,需要针对性的康复训练来改善下肢功能。

(2)下肢康复辅助机器人的适应性需要考虑患者的生理特征,如年龄、性别、身体形态等。不同年龄段和性别的患者在肌肉力量、关节灵活性和协调性等方面存在差异,机器人系统应能够根据这些差异提供个性化的康复训练计划。

(3)患者的康复阶段和康复目标也是确定适应性的重要因素。有些患者可能处于早期康复阶段,需要进行基础性的肌肉激活和关节活动恢复;而其他患者可能处于后期康复阶段,需要进行高强度的肌肉锻炼和步态模式改善。机器人系统应能够根据患者的康复阶段和目标,提供相应的康复训练方案。

(4)下肢康复辅助机器人的适应性需要考虑患者的认知能力和合作程度。有些患者可能存在认知障碍或行为问题,对康复训练的理解和合作能力受到影响。机器人系统应提供简单直观的界面和指导,以促进患者的参与和合作。

(5)下肢康复辅助机器人的适应性还与患者的康复进展和个体差异有关。患者的康复进展可能会影响机器人系统对训练参数的调整和个性化康复计划的制定。机器人系统应具备实时监测和评估功能,根据患者的康复进展调整康复方案,以最大程度地满足患者的康复需求。

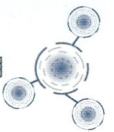

8.2.3 安全性与舒适度的要求

安全性是下肢康复辅助机器人设计的主要目标之一。机器人系统应具备安全防护措施(如安全传感器、急停按钮和紧急停机系统等),以确保在紧急情况下能够迅速停止机器人的运动。此外,机器人的力量和速度应适当控制,以防止过度施加压力或造成意外伤害。同时,机器人系统还应具备自动识别和纠正姿势偏差的能力,以避免不正确的姿势和运动导致的风险。

舒适度是下肢康复辅助机器人设计中不可忽视的因素。机器人系统应提供舒适的座椅、支撑装置和接触表面,以减轻患者在康复过程中的不适感。座椅和支撑装置应根据患者的身体尺寸和特点进行调整,以提供合适的身体支撑和确保稳定性。此外,机器人的运动轨迹和力量施加应平稳、连贯,并避免不必要的摩擦和压力,以提供良好的舒适度体验。

机器人系统还应考虑患者的个体差异和特殊需求。不同患者可能对座椅形状、压力分布、运动幅度和速度等方面有不同的需求和舒适度偏好。因此,机器人系统应具备可调节性和个性化设置的功能,以满足患者的特定需求,并允许康复专业人员根据患者的情况进行定制化调整。康复辅助机器人的操作和使用也需要充分考虑患者和康复专业人员的培训和指导。机器人系统应提供清晰易懂的用户界面、操作指南和培训材料,以帮助用户正确操作和使用机器人,避免潜在的操作错误和风险。

8.3 下肢康复辅助机器人的设计步骤

设计一台功能强大、安全可靠的下肢康复辅助机器人需要经过一系列有序的步骤和流程。本节将从概念设计、机械系统设计、传感器与感知系统设计、控制系统设计以及软件开发与编程等方面,详细介绍下肢康复辅助机器人的一般设计流程。

8.3.1 概念设计

设计下肢康复辅助机器人的第一步就是进行概念设计。这一阶段的工作目标是定义机器人的基本功能、形态、用户交互方式等关键属性,并构建初步的设计理念和指导原则。

首先,需要理解下肢康复辅助机器人的基本功能和应用场景。这种类型的机器人主要用于辅助下肢受伤或手术后的患者进行康复训练,比如帮助他们恢复行走、跑步、跳跃等基本运动能力。因此,在功能设计上,需要考虑这些基本的康复训练需求,同时也需要考虑用户在进行这些训练时可能会遇到的各种困难和挑战(如疼痛、无力、恐惧等),以便为机器人的设计提供方向。

基于这些功能需求,设计人员可以构建下肢康复辅助机器人的初步形态。形态设计需要考虑机器人的可穿戴性、舒适性、稳定性等因素。考虑到机器人需要紧贴用户的下肢并配合其运动,设想机器人有一个轻巧、紧凑的外形,可以方便地固定在用户的腿部,并通过可调节的结构,适应不同用户的身体尺寸。同时,机器人的外壳设计也需要考虑防护性和美观性,外壳不仅要保护内部的机械结构和电子设备,还要让用户感到舒适和愉悦。机器人形态设计要求如表 8-1 所示。

表 8-1　下肢康复辅助机器人形态设计要求

设计方向	形态设计要求
尺寸度	认知化、引导化,对用户认知焦点具有良性引导,比例和谐
均衡度	划分工作区域,比例平衡、稳定、吸引视觉
操作性	易操作,有提示,无干涉,精简信息
人性化	明确用户习惯和特点,减少误操作,产生丰富的联想和亲近感
一致性	设计符号、元素以及整体布局保持同一性
美观	简约、大方,凸显功能的特点

然后,设计人员还需要思考下肢康复辅助机器人的用户交互方式。作为一种高度智能的设备,机器人需要能够与用户进行有效的沟通和交互,以理解用户的需求,提供个性化的康复训练方案,并给予实时的反馈和指导。因此,机器人需要具有一套完整的交互系统(包括触摸屏、语音识别、振动反馈等多种交互方式),以适应不同用户的操作习惯和偏好。在确定了这些基本设计要素后,我们可以开始构建下肢康复辅助机器人的初步概念设计。我们可以利用草图、模型等工具,将设计理念和想法具象化,以便于讨论、评估和优化,同时,我们也需要进行市场调研和用户调研,了解潜在用户的需求和期望,以确保该设计能够满足市场和用户的实际需求。

下肢康复辅助机器人的概念设计是一项复杂而重要的工作。在这个阶段,我们需要深入理解机器人的功能需求,构建清晰的设计目标和指导原则,以及进行初步的形态和交互设计。这将为后续的机械系统设计、传感器和感知系统设计、控制系统设计以及软件开发和编程提供基础和指导。

8.3.2　机械系统设计

下肢康复辅助机器人的机械系统设计是一个关键的环节,涉及复杂的力学、材料学和人体工学等多门学科。此阶段的目标是设计出一种结构稳定、功能可靠、舒适耐用的机械系统,以适应不同用户的身体尺寸和运动习惯。

在进行机械结构设计之前,需要对人体基本尺寸进行分析,为后续康复辅助机器人悬吊减重支架尺寸的确定提供设计依据。根据人体测量学数据,中国 18～60 岁的人群中有 95% 的人身高不大于 1775 mm;人体的最大厚度选用第 95 百分位(百分位表示具有某一人体尺寸和小于该尺寸的人占统计对象总人数的百分比,第 95 百分位表示有 95% 的人的某一人体尺寸等于或小于该尺寸),其中男性为 245 mm,女性为 239 mm;人体最大宽度选用

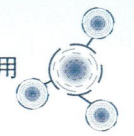

第 95 百分位，其中男性为 469 mm，女性为 438 mm；人体在站立时的肘高按照低百分位来选取，其中男性为 954 mm，女性为 899 mm；坐姿高按照第 95 百分位选取，为 901～958 mm。

在得到人体基本尺寸之后，进行下一步的设计。根据下肢康复训练的特性，机器人需要模拟人体下肢的主要关节（如髋关节、膝关节和踝关节）进行各种复杂的运动。因此，需要设计出一种多关节的机械结构，每个关节都可以独立或协同地进行旋转和翻转，以实现各种康复训练动作。然后选择合适的材料来制作机器人的主体部分和连接部件，选择的材料需要满足轻便、强度高、耐磨损和抗腐蚀等要求。例如，铝合金和某些高性能塑料是常用的材料，因为它们具有良好的力学性能和质量轻的特点。连接部件的设计需要保证可靠性和安全性，通常会采用高强度的螺丝或者某种快速解锁机制。接下来，考虑到人体工学的因素，机器人还需要有一定的可调节性，以适应不同用户的身体尺寸和运动范围。这可能需要在机械结构的设计中引入可调节的长度、角度和弹力等元素。此外，设计人员还需要设计出符合人体轮廓的接触部件，如垫子和带子，以确保用户在使用机器人时的舒适性和稳定性。在进行了这些基本设计后，设计人员需要对机械系统进行详细的力学分析和模拟，以验证其性能和可靠性，这可能包括静态力学分析、动态力学分析、疲劳分析和失效分析等。设计人员需要确保机器人在所有预期的工作条件下，都能保持稳定的结构性能，不会发生过度变形或破坏。

总体来说，下肢康复辅助机器人的机械系统设计是一项既复杂又精细的工作，涉及多种学科的知识和技能。通过科学的设计和严谨的验证，人们可以实现一个功能强大、操作舒适的下肢康复辅助机器人。

8.3.3 传感器与感知系统的设计

传感器与感知系统设计是下肢康复辅助机器人设计中的重要环节，它涉及选择和集成合适的传感器以获取患者和机器人之间的交互信息。常见的传感器包括力传感器、位置传感器、惯性测量单元（IMU）等。通过这些传感器的数据采集和处理，机器人能够感知患者的姿态、力量输入等关键信息，从而实现精准的康复训练和反馈控制。

首先，设计人员需要考虑哪些传感器是必要的。在下肢康复辅助机器人中，一般需要以下几类传感器：位置传感器（如编码器），用于确定机器人各个关节的位置和角度；力矩传感器，用于测量机器人施加的力和扭矩；肌电传感器，可以获取用户肌肉的活动情况；加速度传感器和陀螺仪，用于获取机器人和用户的运动状态，如速度和方向。这些传感器为机器人提供了丰富的感知能力，使其能够理解并适应用户的运动状态和康复需求。对于每种传感器，需要进行详细的设计和选择。传感器的选择需要考虑其测量范围、精度、响应速度、环境稳定性等因素。例如，选择位置传感器时，需要确定其测量范围是否可以覆盖机器人所有可能的关节角度、其精度是否可以满足控制需求、其响应速度是否足够快，以便在用户移动时提供实时反馈。此外，还需要考虑传感器的尺寸和质量，以确保它们不会影响机器人的整体性能和舒适度。

设计感知系统是下一步设计的关键环节。感知系统的主要任务是收集和解析传感器数据，以生成机器人的"感知"，即对环境和自身状态的理解。这通常需要复杂的数据处理和算法，包括信号处理、模式识别、机器学习等技术。例如，科研人员需要通过分析肌电传感器的信号，识别用户的肌肉活动模式，以判断他们想要进行什么样的运动；结合加速度传感器和陀螺仪的数据，计算出机器人和用户的精确运动状态。传感器与感知系统的设计还需要考虑安全性和可靠性。设计人员需要设计出冗余的传感器系统，以防止单个传感器的故障影响机器人的整体性能。另外，还需要为感知系统设计出健全的错误处理和故障检测机制，以确保在出现异常情况时，机器人可以安全地停止运动。

传感器与感知系统的设计是下肢康复辅助机器人的核心工作之一。通过精确的传感器和智能的感知系统，可以使机器人有能力理解和适应用户的康复需求，提供个性化的康复训练服务。

8.3.4 控制系统设计

控制系统设计是下肢康复辅助机器人设计中的关键环节，它涉及机器人的运动控制和反馈控制。设计团队需要选择合适的控制策略和算法，并结合传感器数据实现机器人的运动控制、力量控制和运动协调。同时，控制系统还需要具备实时性和稳定性，以保证机器人能够在康复训练中提供准确的力量和运动支持。

控制系统的设计首先要确立控制策略。一种常见的策略是基于反馈的控制策略，例如 PID 控制。在这种策略中，控制器会根据预定目标和当前状态的误差，计算出应用于机器人的控制信号。例如，如果用户想要抬起腿，但机器人的膝关节角度传感器检测到膝关节没有达到预期的角度，控制器就会生成一个使膝关节电机产生更大扭矩的控制信号。但是，下肢康复辅助机器人的控制更为复杂，因为它需要在不确定的环境中与用户进行交互。因此，设计人员可能需要采用更先进的控制策略，如模型预测控制（model predictive control，MPC），或者基于机器学习的控制策略，例如强化学习。这些控制策略可以使机器人更好地应对不确定性，并在与人交互时表现出更高的灵活性和适应性。

控制系统的设计还涉及控制器的实现。控制器通常由微处理器或数字信号处理器实现，需要进行详细的硬件设计和嵌入式软件编程。我们需要选择性能足够强大，但功耗和体积适中的处理器。我们还需要开发高效稳定的嵌入式软件，来实现控制算法和管理硬件资源。此外，为了提高安全性和可靠性，我们可能还需要设计一些特殊的硬件和软件特性，如故障检测和处理机制、实时操作系统等。

控制系统的设计最后需要进行验证和调试。验证可以通过仿真和实物测试两种方式进行。仿真可以在早期阶段发现设计中的问题，而实物测试则可以验证控制系统在实际环境中的性能。在这两种方式中，操作人员需要调试控制参数，使得控制器能够达到设计的性能目标，例如快速响应、稳定性、精确度等。

下肢康复辅助机器人的控制系统设计是一项富有挑战性的工作，涉及复杂的控制理论、硬件设计和软件编程。但是，一个优秀的控制系统可以大大提高机器人的性能，使其成为一个真正有用的康复工具。

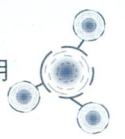

8.3.5 软件开发与编程

康复辅助机器人设计的第五步即软件开发与编程,是整个设计过程中至关重要的环节。这一步骤将使机器人能够实现高度自动化的功能,并确保其与用户的互动是安全、有效、舒适的。在设计康复辅助机器人的软件系统时,设计人员需要考虑众多因素,包括程序的架构、算法的选择和实现、人机界面的设计以及代码的测试和验证。

首先,设计团队需要确定软件的架构。对于康复辅助机器人,一个常见的架构是基于模块化设计,每个模块负责一项具体的任务,如数据采集、数据处理、控制命令生成等。这种架构有利于代码的复用和维护,也方便有针对性地进行优化和升级。在实现这种架构时,可以使用 Robot Operating System(ROS)、Arduino、Raspberry Pi 或类似的机器人软件框架,这些框架提供了一套完善的机器人编程工具和库,极大地方便了软件开发。

软件架构设计完毕后便可以开始具体的编程操作。编程语言的选择通常取决于具体的应用需求和开发团队的经验。例如,C语言和C++具有高效性和灵活性等优点,常被用于实时控制和嵌入式系统的开发;Python和MATLAB具有强大的科学计算和数据分析能力,常被用于数据处理和算法开发。在编程过程中,需要遵循一定的编程规范和最佳实践,以保证代码的质量和可维护性。通常,设计团队会选择一个可以提供足够功能而且有良好社区支持的开发环境和一个有强大库支持、适合应用的编程语言。然后,设计团队需要选择并实现各种算法,包括信号处理算法、模式识别算法、控制算法等。这些算法是机器人功能的核心,需要通过精确的编程实现。

然后,设计团队还需设计人机界面,这是用户与机器人交互的关键部分。人机界面需要友好、直观、易于操作。它应提供必要的信息反馈,如机器人的状态、训练进度等;同时,它还应允许用户进行必要的设置,如选择训练模式、调整参数等。人机交互可以通过触摸屏、语音交互或者专用的应用程序实现。

最后,设计团队需要对代码进行测试和验证。这一步是确保软件质量和安全性的关键,可以使用单元测试、集成测试和系统测试等多种测试方法,以确保每一部分的代码都能正确工作。不仅如此,机器人还需要进行长时间的稳定性测试,以确保软件在长期运行中的稳定性和可靠性。

康复辅助机器人的软件开发与编程是一项涉及广泛知识和技能的任务,需要进行深入研究和精心设计。然而,通过努力,康复辅助机器人可以变得更智能、更便捷、更有效,从而更好地服务于康复治疗。

8.4 下肢康复辅助机器人的关键技术与算法

下肢康复辅助机器人设计和实现的过程中涉及多种关键技术和算法,这些技术和算法的有效结合使机器人能够实现精准的动作控制,以满足个性化的康复需求。这些技术和算法主要包括步态生成与运动规划,动力学建模与控制,实时反馈与适应性控制,以及智能感知与人机交互。

8.4.1 步态生成与运动规划

步态生成是康复辅助机器人的核心功能之一,它主要涉及如何根据用户的身体条件和康复需求,生成适合的步行动作序列。而运动规划则是指定这些动作如何在具体时间和空间中进行,以实现平稳、自然的步行。步态生成和运动规划通常需要以一系列的生物力学数据和理论为基础,例如人体步行的力学模型、步行节律、步态稳定性分析等;同时,也需要考虑用户的特定情况,例如行走能力、平衡能力、肌肉力量等。

8.4.1.1 人体步态分析

步态是一种行为方式,除了受运动生理因素的影响,还受心理、认知、年龄、环境、疾病等因素的影响。下肢功能障碍是最常见的步行障碍,步态训练以生理因素为基础、结合步行的行为因素进行。不同关节和肌肉的组合运动有助于下肢功能的恢复,并提高肌肉耐力和心肺功能。下肢康复训练应尽可能保持患者原有功能,了解患者的下肢集群作用和步态周期各关节转角的变化,对下肢康复辅助机器人研究有着重要的意义。

(1)步态周期下肢集群作用。步态周期检测是研究步行规律的重要方法,是临床步态分析的基础,旨在通过运动学和生物力学分析下肢步态异常的影响因素。步态周期示意图如图 8-1 所示。

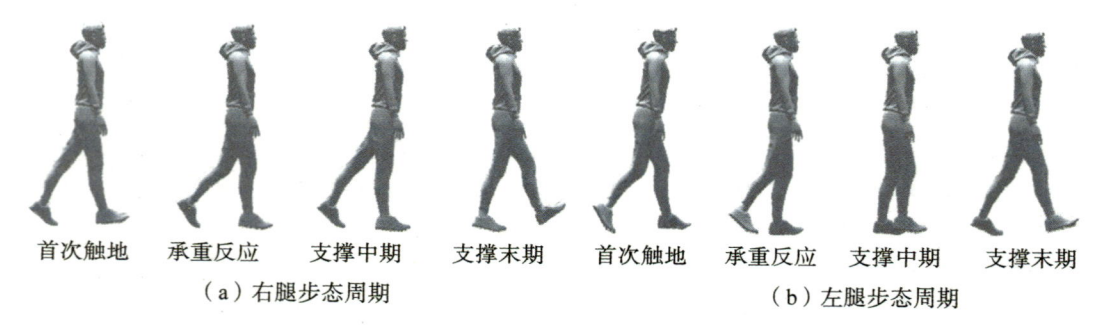

图 8-1 步态周期示意图

步行时下肢各关节协调运动与各肌肉活动有着复杂的联系,了解步态运动中关节与肌肉关系对机器人康复训练有着重要的理论意义。正常步行周期中主要肌肉作用时间如表 8-2 所示。

表 8-2 正常步行周期中主要肌肉作用时间

肌肉	步行周期
腓肠肌与比目鱼肌	支撑中期至蹬离,首次触地
臀大肌	摆动末期,首次触地至支撑中期
腘绳肌	摆动中期,首次触地至承重反应结束

续表

肌肉	步行周期
髂腰肌和股内收肌	足离地至摆动初期
股四头肌	摆动末期,首次触地至支撑中期,足离地至摆动初期
胫前肌	首次触地至承重反应结束,足离地至再次首次触地

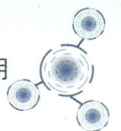

（2）步态周期各关节转角。慢性病和创伤导致的步行障碍是对患者日常生活影响最大的功能障碍。一组完整的步态周期是下肢的一侧从足部的落地到再次触地的过程,其中位置空间分为支撑相和摆动相,类似一个三连杆机构构型。关节的活动范围能够为康复辅助机器人运动空间提供最大弧度(即下肢关节的极限弧度),在最大和最小的极限弧度区间,下肢关节运动的角度为可达角度,也是康复辅助机器人运动的安全区域。正常步行周期中关节的活动范围如表 8-3 所示。

表 8-3　正常步行周期中关节的活动范围

步行周期	关节			
	盆骨	髋关节	膝关节	踝关节
首次着地	5°旋前	30°屈曲	0°	0°
承重反应	5°旋前	30°屈曲	0°~15°屈曲	0°~15°跖屈
支撑中期	中立位	30°屈曲~0°	15°~5°屈曲	15°跖屈~10°背曲
足跟离地	5°旋后	0°~10°过伸展	5°屈曲	10°背曲~0°
足趾离地	5°旋后	10°过伸展~0°	5°屈曲	10°背曲~0°
摆动初期	5°旋后	0°~20°屈曲	35°~60°屈曲	20°~10°跖屈
摆动中期	中立位	20°~30°屈曲	60°~30°屈曲	10°跖屈~0°
摆动末期	5°旋前	30°屈曲	30°屈曲~0°	0°

对患者进行步态分析能够对机器人下肢康复提供理论依据。通过病理分析和不同训练需求的分析,可知康复医学中的基于肢体智能运动训练治疗护理器(CPM)的直线运动和踏圆运动,能够针对不同程度受损的下肢的关节、肌肉和神经进行有效的康复训练。

8.4.1.2　步态数据的采集

对人体步态完全了解之后,进行步态数据的采集。以下是一种数据采集方式的介绍。在进行步态数据采集前,准备一台装有压力传感器的跑步机和一套运动捕捉系统。压力传感器用于收集受试者在行走过程中脚底的压力分布,运动捕捉系统则用于采集受试者的腿部运动。然后,组织步态采集试验。在这个试验中,尽可能多地邀请受试者,让受试者在跑步机上进行标准化的步行,同时使用运动捕捉系统收集他们的运动数据。记录下受试者的个体信息(例如身高、体重、腿长、年龄、性别等),以便后续分析。

8.4.1.3　步态生成与运动规划

在获取了足够多的步态数据之后，接下来的任务是从这些步态参数中生成一种适合大多数人行走的步态轨迹。这是一个非常复杂的任务，因为需要找到一个能够平衡各种步态参数、适合不同受试者的步态模型。

一个方法是使用机器学习算法。可以把步态参数作为输入，受试者的个体信息作为输出，然后训练一个神经网络来预测步态参数和个体信息之间的关系。然后，通过不断地迭代优化网络，找到一种能够最大化预测精度的步态参数组合，这就是通用步态轨迹。除了机器学习算法，还可以考虑使用统计方法。通过计算每个步态参数的平均值和标准差，然后选择那些离平均值最近、标准差最小的步态参数作为通用步态轨迹。这种方法的优点是简单直接，但缺点是可能会忽视步态参数之间的复杂关系。

在得到通用步态轨迹后，需要验证其效果。邀请一部分受试者，让他们在康复辅助机器人的帮助下进行步行，同时收集他们的步态数据和反馈。如果大多数受试者都觉得这种步态舒适自然，那么就可以认为这种步态轨迹是成功的。

总体来说，使用跑步机和运动捕捉系统收集步态数据，生成通用步态轨迹，是下肢康复辅助机器人步态生成与运动规划的重要步骤。通过这个过程，不仅可以理解人类步态的基本特性，还可以生成一种适合大多数人的步态轨迹，从而提高康复辅助机器人的适用性和效果。

8.4.2　动力学建模与控制

下肢康复辅助机器人与普通的工业机械臂不同，机器人机械腿作为机器人康复训练功能的执行机构，可为下肢运动障碍患者进行康复训练服务。机械腿动力学模型建立与仿真分析是设计柔顺性控制系统的理论依据，即将整个机械系统看作一个整体，利用拉格朗日法建立机械腿动力学模型。

8.4.2.1　动力学建模

动力学建模是根据物体的位移、速度、加速度求解关节的受力关系，想要实现柔顺性控制，有必要分析康复辅助机器人的动力学特性。机器人动力学研究的是关节驱动和关节角度的关系。在实际控制过程中，输入机器人关节扭矩值，可得到关节角度、速度和加速度，这属于动力学正向问题。相反，通过已知轨迹运动对应的关节角度、速度和加速度，求解所需要的关节力矩的过程属于动力学逆向问题。

运用拉格朗日法对康复辅助机器人进行动力学建模，建立动力学方程需要求解出下肢康复辅助机器人机械腿的总动能和总势能。根据各机械腿的角速度、质量、转动惯量和位置等参数单独求解出大腿部分、小腿部分、踝足部分的动能和势能，通过线性叠加即可求出系统的总动能和总势能。根据拉格朗日方程求出大腿关节、小腿关节和踝足关节的力矩的数学表达式，为机器人的控制建立完善的数学方程，以下是 n 连杆刚性机器人的动力学模型：

$$M(q)\ddot{q} + C(q,\dot{q})\dot{q} + G(q) = \tau \qquad (8-1)$$

式中,$M(q)$为机械腿惯量矩阵;$C(q,\dot{q})$为机械腿离心力和哥氏力相关项矩阵;$G(q)$为机械腿重力项矩阵。

运用拉格朗日方程得到康复辅助机器人各关节的力矩关于位置、速度和加速度的关系,为电机选型提供理论基础。

8.4.2.2 下肢康复辅助机器人的控制设计

对于脑卒中患者,术后初期需要根据康复程度进行被动康复训练,防止肌肉萎缩、改善机构组织的代谢、加强关节稳定性以及自我心理和生理认知。随着脑卒中患者病情的好转,可以利用康复辅助机器人智能化人机交互功能,基于患者意图进行人机耦合运动实现患肢功能恢复的主动康复训练。康复辅助机器人需要采用不同的控制,以满足不同阶段的脑卒中患者术后康复训练需求。

下肢康复辅助机器人康复训练动作分为主动训练和被动训练两种,被动康复训练适用于脑卒中术后初期患者,能够防止肌肉萎缩、避免关节粘连、促进血液循环;主动康复训练适用脑卒中术后初中期、生理状态较好并具有一定程度的思想意识的患者,因此主动康复训练在脑卒中术后初期患者中应用较少。具有主动或被动下肢康复训练功能的康复辅助机器人设备能够帮助患者重建自我心理和生理认知。

(1)被动控制。在直流伺服电机模型基础上,电机构成的位置控制调速系统是由关节角度位移$\theta_d(s)$以及角速度共同组成的位置环和速度环构成的双闭环系统。电机模型框图如图 8-2 所示,电机位置控制的模型框图如图 8-3 所示。

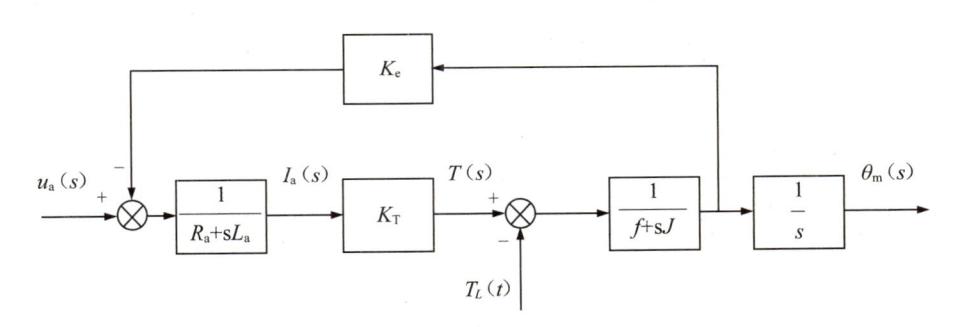

图 8-2 下肢康复辅助机器人电机模型框图

图 8-2 中,$u_a(s)$为关节伺服电机给定电压,R_a为直流电机转子线圈电阻,L_a为直流电机转子线圈电感,K_T为电机扭矩常数,K_e为电机的反电动势常数,$T(s)$表示扭矩,$T_L(t)$表示外加扭矩,J为转动惯量,f为常数,s为拉普拉斯变换后的复数,$\theta_m(s)$为电机输出。

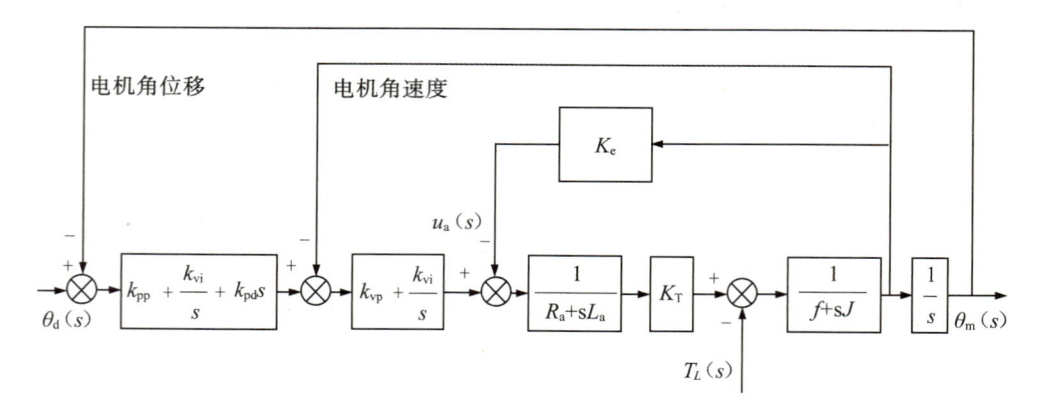

图 8-3 下肢康复辅助机器人电机位置控制的模型框图

图 8-3 中，k_{pp} 为比例系数，k_{vi} 为微分系数，k_{pd} 为积分系数，k_{vp} 为速度的比例系数，$\theta_d(s)$ 为关节伺服电机输出的角位移。基于康复医学的训练要求和医师对脑卒中患者下肢康复训练的要求，由医师拟定训练计划并对机器人下达命令，通过上位机生成机械腿运动轨迹，利用运动学逆解计算各关节位置，利用 PID 控制器对直流伺服电机下达命令，通过传动机构实现机器人康复训练动作。

（2）主动控制。机器人主动训练控制研究中，友好的协调机制能够避免康复训练带来的二次伤害，在训练中激发患者的主动意识，提升康复训练中的心理和生理上的认知。利用沙土在垂直载荷作用下应力和应变的关系对患者主动训练交互力进行控制研究。经验性沙土承压模型如式（8-2）所示。

$$\begin{cases} p = (k_1 + bk_2)\left(\dfrac{l}{b}\right)^n \\ F = pA \end{cases} \quad (8-2)$$

式中，p 为单位面积上的压力，Pa；b 为板的短边或圆形板的半径，m；n 为土壤修正变形指数；k_1 为修正内聚力变形模量；k_2 为修正摩擦力变形模量；l 为下陷量，m；F 为作用在压板上的垂直载荷，N；A 为承压面积，m²。

n、k_1、k_2 无量纲，是一组表征土壤特性的常数。对于沙土，$k_1=0$，因此式（8-2）可以简化下陷量与垂直作用力的关系为

$$l = b\left(\dfrac{F}{Abk_2}\right)^{\frac{1}{n}} \quad (8-3)$$

下肢康复辅助机器人主要服务对象为有下肢功能障碍的脑卒中术后患者，因此沙土模型中，患者足底作用力 F_a 与地面为非垂直关系，如图 8-4 所示。

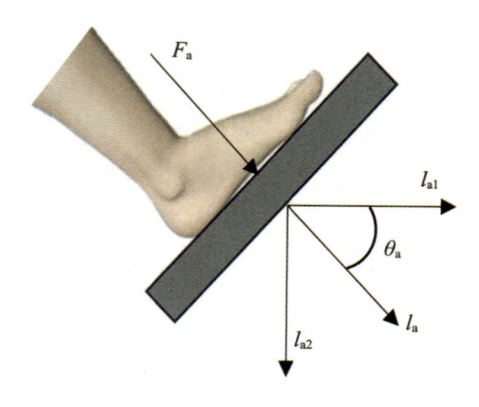

图 8-4 主动控制方法下的沙土模型

图 8-4 中，θ_a 为沙土实验中的患者作用力

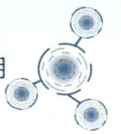

F_a 与 x 轴的夹角，l_a 为作用力方向沙土模型下陷量，l_{a1}，l_{a2} 分别为下陷量分量。

利用患者作用力 F_a，通过沙土模型计算出下陷量 l_a，向 x 轴、y 轴两个方向分解，并进行运动学反解，得到机械腿关节的期望位置 θ_q，利用位置控制器控制机械腿末端完成下陷运动 l_a。下肢康复辅助机器人主动控制方法框图如图 8-5 所示，图中，X_d 表示机械腿末端的期望位置，θ_e 表示位置偏差。

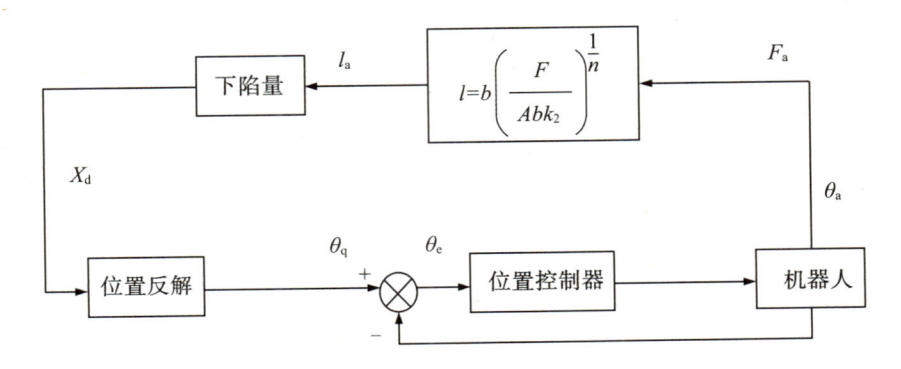

图 8-5　下肢康复辅助机器人主动控制方法框图

8.4.3　实时反馈与适应性控制

在下肢康复辅助机器人的设计和操作中，实时反馈与适应性控制是非常关键的部分。它们不仅可以帮助机器人进行精确的动作控制，还可以让机器人根据用户的实时反馈来调整其行为，以实现个性化的康复训练。

实时反馈主要是指机器人需要能够实时地获取并处理关于自身状态和周围环境的信息，以便进行实时的决策和行为调整。这些信息可能来自机器人的各种传感器（例如力传感器、位置传感器等），也可能来自用户的反馈（例如用户的身体反应、语音反馈等）。在康复训练中，实时反馈尤其重要。例如，通过监测用户的肌肉活动，了解用户的康复进度以及当前的康复负荷是否适宜。通过监测用户的心率和呼吸，了解用户的身体状况以及是否需要休息。通过收集用户的反馈，了解用户的舒适度以及是否需要调整康复方案。

适应性控制则是指机器人需要能够根据实时反馈来自我调整，以适应不断变化的环境和用户需求。例如，当用户的步态发生变化时，机器人需要能够实时调整其步态参数，以匹配用户的步态。当机器人检测到用户的肌肉疲劳时，它需要能够自动减小康复负荷，以防止用户过度劳累。当用户的康复进度达到一定程度时，机器人还需要能够自动调整康复方案，以进一步提高康复效果。

实现实时反馈与适应性控制需要一系列先进的技术和算法，包括传感器融合、模式识别、自适应控制、强化学习等。这些技术和算法不仅需要处理各种噪声和不确定性，还需要在实时和在线的条件下进行高效的运算。总体来说，实时反馈与适应性控制是下肢康复辅助机器人的重要特性，可以使机器人更智能、更个性化，从而提高康复的效果和用户体验。

8.4.4　智能感知与人机交互

智能感知涉及机器人对于其环境和用户的理解。它主要通过对传感器信息的处理和分析实现，使得康复辅助机器人能够理解和适应用户的特定需求和环境条件，智能感知是实现有效人机交互和个性化康复的基础。人机交互则包括用户界面设计、语音交互、以及适应性和个性化等。

（1）传感器数据融合。在下肢康复辅助机器人中，智能感知的首要任务是通过对各类传感器数据的融合来获取准确的环境和用户状态信息。例如，通过融合来自惯性测量单元的数据和压力传感器数据，获取更精确的关于用户行走状态的信息。同时，通过对温度传感器、皮肤电传感器等生理数据的监控和融合，了解用户的生理舒适度，从而调整机器人的行为。

（2）模式识别。模式识别是另一项重要的智能感知任务。在下肢康复辅助机器人中，可以使用模式识别算法来识别用户的步态模式、意图、疲劳状态等。例如，通过对用户的肌电图数据进行模式识别，预测用户的运动意图，并据此调整机器人的动作。同样，通过对用户步态进行分析，识别出其步态是否正常，是否有疲劳、跛行等情况，以便及时调整康复策略。

（3）智能决策。基于传感器数据融合和模式识别的结果，下肢康复辅助机器人还需要进行智能决策，以便适应性地调整其行为。例如，当机器人检测到用户疲劳时，它可以决定减少训练强度或建议用户休息。当机器人识别出用户步态异常时，它可以决定修改步态参数，或者提示用户进行更专业的医疗检查。同时，智能决策还涉及机器人的自主行为。例如，机器人可以根据环境信息和用户状态自主决定最佳的训练方式，以此优化康复效果。

（4）人机交互。人机交互主要包括用户界面设计、语音交互以及适应性和个性化等方面。用户界面设计是人机交互的一部分，关键在于如何将复杂的机器人控制技术以直观、简单易懂的方式呈现给用户。在下肢康复辅助机器人中，用户界面可能包括一个触摸屏面板，显示实时的训练数据（例如训练时长、步态参数等），同时允许用户调整训练参数（例如训练强度、速度等）。此外，用户界面还可以包括图形化的训练反馈（例如展示用户的步态轨迹、肌肉活动等），帮助用户更好地了解自己的康复进度。

语音交互则让用户能够通过语音命令来控制康复辅助机器人，这对于行动不便的用户来说非常有用。例如，用户可以通过语音命令来开始或停止训练、调整训练强度等。为了实现高效的语音交互，需要使用语音识别和自然语言处理的技术，将用户的语音命令转换为机器人可以理解的指令。

适应性和个性化是人机交互的另一个重要方面。每个用户的康复需求和康复进度都是不同的，因此机器人需要能够根据每个用户的情况来个性化康复训练。这可能涉及使用机器学习和人工智能的技术。例如，通过分析用户的历史训练数据和反馈，机器人可以学习如何适应每个用户的康复需求、如何调整训练参数来提高康复效果。

8.5 下肢康复辅助机器人的实现与评价

在下肢康复辅助机器人的设计和开发过程完成之后,接下来就是将设计实现为实体机器人,以及对这个实体机器人的功能性和性能进行评价。评价过程中最关键的两个部分是功能性与性能评价以及临床试验与用户反馈。

8.5.1 功能性与性能评价

功能性与性能评价是检验下肢康复辅助机器人设计和实现是否成功的关键环节。这一阶段的目标是验证和量化机器人的各项性能指标,确保它们满足设计目标和用户需求。

功能性评价主要是检查机器人是否能够完成预定的功能,例如支持用户进行下肢康复训练、提供实时反馈和个性化调整等。功能性评价通常涉及一系列的测试,通过这些测试来检查机器人的各项功能是否正常、是否存在任何故障或缺陷。

性能评价则是量化机器人的性能,例如步态准确性、反应速度、稳定性、耐久性等。性能评价通常涉及一系列的标准化测试,例如步态测试、负载测试、耐久性测试等。这些测试的结果可以被用来与设计目标进行比较,也可以被用来与其他康复辅助机器人进行比较。

8.5.2 临床试验与用户反馈

临床试验与用户反馈是验证下肢康复辅助机器人是否有效、是否能够满足实际用户需求的重要环节。

临床试验通常是在医疗机构进行的,目的是评估机器人在实际医疗环境中的效果。临床试验通常会涉及一组受试者,他们会在医疗专业人员的指导下使用康复辅助机器人进行一段时间的康复训练,然后通过一系列的临床评估来检查他们的康复进度。

用户反馈则是获取实际用户对于康复辅助机器人的感受和意见的重要方式。用户反馈可以通过问卷调查、面对面访谈或者在线评价等方式获取。通过分析用户反馈,了解用户对于机器人的使用体验,例如是否觉得机器人易于使用、是否满意机器人的康复效果、是否有改进的建议等。

8.6 典型下肢康复辅助机器人的案例研究

下肢康复辅助机器人作为一个集结了跨学科知识和技术的复杂系统,有许多设计和实施中的挑战和困难。在这一节中,我们将通过研究几个典型的下肢康复辅助机器人案例,来理解这些挑战和困难,以及研究如何克服它们。

8.6.1 Lokomat

Lokomat 是一种驱动下肢的康复辅助机器人,主要用于行走训练。它的设计理念主要是通过精确控制下肢关节的角度和力矩,来引导用户以正常的步态进行行走。Lokomat 包含两条机器人腿,这些腿与用户的腿通过一种刚性的外骨骼结构相连。Lokomat 还配备了一个身体重量支持系统和一个马达驱动的滑动台,以支持用户的行走。

Lokomat 的一个主要挑战是如何实现精确和稳定的步态控制。为此,它采用了一种基于力反馈的控制策略,以实现对关节角度和力矩的精确控制。此外,Lokomat 还使用了一种基于模型的控制策略,通过预测用户的行走意图,以提高步态的自然性和流畅性。

8.6.2 ReWalk

ReWalk 是一种可穿戴式下肢康复辅助机器人,设计目标是使下肢功能受损的用户能够独立行走。ReWalk 通过一种基于腰部倾斜的控制策略来实现步态控制。当用户的腰部向前倾斜时,ReWalk 会启动一步行走;当用户的腰部向后倾斜时,ReWalk 会停止行走。这种控制策略使得用户能够通过自然的身体动作来控制 ReWalk 的行走。

ReWalk 的一个主要挑战是如何保证用户的平衡和稳定。为此,ReWalk 采用了一种基于力矩反馈的控制策略,通过实时调整关节角度和力矩,来保证用户的平衡。此外,ReWalk 还配备了一系列的安全设备(例如手动控制器、紧急停止按钮以及防止倒塌的支撑结构),以保证用户的安全。

虽然下肢康复辅助机器人的设计和实施存在许多挑战和困难,但是通过创新的设计和精细的实施,设计人员可以克服这些挑战,成功地制造出下肢康复辅助机器人。

8.7 未来发展与应用前景

下肢康复辅助机器人是一个极其活跃和充满潜力的研究领域。由于其在改善生活质量、提高康复效率以及推动医疗技术创新等方面的巨大潜力,未来的发展趋势和应用前景将更加广阔。

8.7.1 发展趋势

首先,下肢康复辅助机器人将向更加个性化的方向发展。个体差异是康复治疗中的重要因素,因此,未来的康复辅助机器人将更加注重对个体的独特需求和偏好的适应和满足。这可能涉及更加个性化的步态生成和控制策略、更加精细的力量和感觉反馈以及更加个性化的用户界面和交互方式。

其次,下肢康复辅助机器人将向更加智能化的方向发展。随着人工智能和机器学习技术的发展,康复辅助机器人将能够更加智能地理解和响应用户的需求和行为。这可能

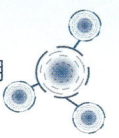

涉及更加智能的步态识别和预测、更加智能的反馈和调整以及更加智能的用户交互和学习。

最后，下肢康复辅助机器人将向更加普及化的方向发展。随着技术的发展和成本的降低，康复辅助机器人将更加容易被广大用户接受和使用。这可能涉及更加便捷的设备配置和操作、更加低廉的设备成本和使用费用以及更加广泛的应用领域和用户群体。

8.7.2 应用前景

随着下肢康复辅助机器人技术的发展，其应用前景也将更加广泛。在医疗康复领域，康复辅助机器人将为患者提供更加有效、更加方便、更加个性化的康复治疗。在日常生活领域，康复辅助机器人将帮助有行走困难的人进行行走，提高他们的生活质量和自立能力。在运动训练领域，康复辅助机器人将为运动员提供更加科学、更加精确、更加高效的训练和康复。

总体来说，未来的下肢康复辅助机器人将是更加个性化、更加智能化、更加普及化的。它将在各个领域发挥更大的作用、提供更好的服务、带来更多的福祉。

8.8 本章小结

本章详细探讨了下肢康复辅助机器人的设计与应用。首先，介绍了下肢康复辅助机器人的研究背景、发展现状以及它在康复领域的应用，强调了下肢康复的重要性并分析了使用下肢康复辅助机器人的优势。在设计考虑与需求分析部分，深入了解了康复目标与需求分析、患者特征与适应性以及安全性与舒适度的重要性。这些因素在设计下肢康复辅助机器人时都是必须要考虑的。其次，探讨了下肢康复辅助机器人的设计步骤，包括概念设计、机械系统设计、传感器与感知系统设计、控制系统设计以及软件开发与编程。每个步骤都是必不可少的，需要团队成员不断学习、合作和创新。在下肢康复辅助机器人的关键技术与算法部分，分析了步态生成与运动规划、动力学建模与控制、实时反馈与适应性控制以及智能感知与人机交互等技术。这些都是当前下肢康复辅助机器人技术发展的关键。再次，讨论了下肢康复辅助机器人的实现与评价，重点关注了功能性与性能评价、临床试验与用户反馈。最后，对几种典型的下肢康复辅助机器人进行了案例研究，并展望了未来的发展与应用前景。

本章的目的是希望读者能够全面理解下肢康复辅助机器人一般设计流程与控制实现方法，并能参与该领域的研究。未来，随着科技的发展，下肢康复辅助机器人将会在康复治疗中发挥更大的作用，帮助更多的患者恢复健康，提高生活质量。

第 9 章
上肢假肢机器人的设计与应用

9.1 上肢假肢的背景与发展现状

上肢假肢并不是现代文明的产物,远在原始文明阶段,人类就已经产生了制造假肢的想法并付诸实践。随着时间的推移和科学技术的不断进步,今天的假肢已经越来越趋于智能化、仿生化,其功能性和舒适性也得到了很大的提高。本节主要介绍上肢假肢的背景与提出、发展历史以及发展现状。

9.1.1 背景与提出

每年,世界上因为自然灾害、战争、交通事故、先天发育畸形、疾病等原因造成的截肢患者不计其数。据第二次全国残疾人抽样调查数据显示,我国各类残疾总人数为 8296 万人,占全国人口的 6.34%,其中肢体残疾人数为 2412 万人,占残疾人口的 29.03%。与第一次全国残疾人抽样调查相比,残疾人口总数显著增加,所占比例显著上升。而全世界共有截肢患者多达四百多万人,且以每年 15~20 万的速度在增长,这其中有 30% 是上肢截肢患者。上肢截肢患者缺失了正常的身体机能,生活难以自理,而假肢可以一定程度上弥补失去肢体的特定功能。在这样的背景下,上肢假肢的研究应运而生。与此同时,国家也大力扶持假肢技术的发展,从技术、资源、模式三个方向对康复辅助机器人产业发展给予支持。国家"十三五"发展纲要重要议题中重点强调了医疗护理领域机器人的发展;"中国制造 2025"是中国政府推行制造强国战略的首个十年行动纲领,强调在医疗健康、家庭服务、教育娱乐等领域推动服务机器人的应用需求。这一战略鼓励积极研发新产品,推动机器人标准化、模块化发展,并拓展市场应用。

9.1.2 发展历史

假肢并不是现代的发明,几千年来,人们因为各种各样的原因而失去身体的某个部位,身心遭受严重的打击,医生和手工艺者就制造了相应的替代品——假肢。如今,很少有古老的假肢幸存于世,因为它们的材料极易被腐蚀。但是,在地质与考古专家的发掘

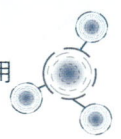

下，仍有一些古老的假肢不断被发现。假肢从数千年前发展到当代，一共经历了六个重要的发展阶段。

(1) 原始文明阶段。考古发现公元前 43000 年就有人使用原始工具进行截肢手术。公元前 1500 年，人工假肢的概念被提出。原始社会的假肢并没有人体肢体的基本运动功能，只是起装饰作用，材料也比较简单，从一开始的木材、石器到后来的青铜器和铁器。公元前 218~210 年的布匿战争中，一位罗马共和国的将军曾佩戴用铁皮制成的假肢手征战四方。

(2) 欧洲中世纪阶段。这一时期由于社会等级和医疗水平的限制，截肢手术失败率极高，假肢技术发展非常缓慢，假肢价格昂贵，只有富人和因战争而受伤的将士才可以安装使用假肢。

(3) 文艺复兴阶段。19 世纪初期的工业革命和文艺复兴极大地推动了社会科学的发展，也因此导致了医疗技术和假肢技术的飞速发展，一些铁匠和木匠被人们尊称为假肢制造者，这一时期出现了使用时间可长达半个世纪且带有活动关节的上肢假肢。

(4) 美国南北战争阶段。美国南北战争战况惨烈，共造成了美国三千多人进行了截肢手术，但也极大地推动了假肢的研发和假肢技术的进步。1839 年，木制假肢接受腔传入美国，成为美式假肢发展的母本。19 世纪 60 年代，美国研制出橡胶上肢假肢，具有一定的弹性和形变适应能力，佩戴相对舒适。

(5) 两次世界大战阶段。战争导致了大量的截肢患者的出现，德国、美国、日本等国家开始大力发展假肢行业，各类研发机构逐步建立。并且，这一时期由于科技的进步，各国开始研制主动动力假肢，假肢相关的行业标准也开始逐步建立、完善。

(6) 当代。20 世纪 60 年代，德国研制出组装式假肢，标志着假肢行业的一场重要变革。随后，其他先进国家开始先后将电气原理应用到假肢行业，并推出各种组装式假肢。20 世纪 80 年代，随着材料学和工程学的发展，采用合金、塑料等新型材料的各式假肢被成功研制。同时，在人体生物力学的启示下，提出了假肢解剖学适配和动态、静态对线这两大假肢装配的基本理论，使假肢作为一门学科有了长足的进步。20 世纪 90 年代之后，舒适、精密以及符合用户需求成了假肢技术的主要发展方向。随着假肢技术的不断完善，通过 EEG 信号、视觉信号以及声音信号控制的上肢假肢正在逐步开发应用。上肢假肢发展的最终目标是外形与人体上肢相似，同时尽可能地还原人体上肢的功能，即上肢假肢既具有感知能力又能实时实现人体上肢可以完成的各种简单或复杂的动作。

9.1.3 发展现状

1957 年，苏联成功研制出一种单自由度假肢。该假肢具有主动动力系统，并且可以通过 EMG 信号进行控制。这项研究说明通过人体自身的生理信息就可以控制假肢的运动，实现了上肢假肢技术的一次大飞跃，是上肢假肢发展历程中的一个里程碑。

1984 年，美国 Liberating Technologies 公司研发出了"波士顿肘"。这是一个单自由度的肘关节假肢，可以实现肘关节的前屈和后伸运动。波士顿肘配有肌电电极，通过 EMG 信号进行控制。该上肢假肢的末端可以连接奥托博克电动手、Centri 电动手、

Steeper 电动手和电动铁钩等末端执行机构。2001 年，该公司推出了波士顿数字控制系统手臂。该控制系统除了可以控制肘关节的运动，还可以控制与其相连的其他假肢关节的动作，如手掌、手腕、肩部等的运动。此外波士顿数字控制系统手臂还设有评估系统，可以评估截肢患者的肌肉对上肢假肢的适应能力，并且记录分析截肢患者最常用的假肢动作，以此制定合适的控制策略，使患者以最舒适的方式操作假肢。

1981 年，美国犹他大学研发出的"犹他手"代表了当时上肢假肢研发的最先进水平。2004 年，犹他大学研发出第三代"犹他手"。它通过芯片控制假肢，实现肘关节、腕关节和手掌的灵活运动。此外，第三代"犹他手"包含了 2 个微处理器，能同步控制 2 个关节的运动，即能实现不同关节的复合运动，从而使运动轨迹更为自然拟人化，进一步提高了上肢假肢的仿生性。当施加外部负载时，"犹他手"的肩关节仅需要 1.2 s 就可以从 0°运动到 135°，极大地提高了上肢假肢的性能。

2005 年，意大利博洛尼亚大学建立了"最优假肢结构确定"理论用以研究肩离断假肢，并于 2009 年研发出二自由度肩关节假肢。该肩关节能够布置在上臂腔体内，可承受手臂末端不少于 10 N 的垂直作用力。此外，该上肢假肢与人体手臂尺寸相似，质量未超过 1 kg，且终端可与 INAIL 肘关节兼容。

2007 年，为了研发新一代的上肢假肢，美国国防部开启了"进化的假肢"（evolutionizing-prosthetics）课题项目。这个项目要求研发出外观形状和人体上肢相近、运动关节和人体上肢相同、功能灵活、能像常人一样感知压力和温度的假肢。美国国防高级研究计划局的科研人员成功研发出假肢产品 Proto1。当有物体放置在假肢上时，假肢能感知到压力变化并做出反应，上肢假肢的发展获得了阶段性的进步。

国内近代以来假肢的发展始于 20 世纪 40 年代，当时在上海、北京、天津、沈阳等城市有几家私营的假肢作坊，但主要服务对象仍是上层社会的残疾人。改革开放以来，假肢行业出现了国营、民营、个体、合资、外资等多种经济体制并存的现象，全国各类假肢矫形器机构也增设到 600 多家。目前，国内假肢行业已逐步形成了包含生产、装配、教学、标准制定和质量检测的较完整体系。20 世纪 60 年代初，我国开始研制使用 EMG 信号的假肢控制技术，20 世纪 80 年代后国内高校和科研机构开始系统地研究上肢假肢，并取得了一些成果。1988 年，东南大学研发出基于微电脑控制的全臂假肢。2003 年，清华大学和杭州电子科技大学联合研发出能感知手部触觉的肌电电动假肢。2009 年，哈尔滨工业大学研制的 HIT 四指仿人灵巧手具有 4 个完全相同的手指、12 个可控自由度，通过腱传动系统传递运动和力。另外，该手还可以与 DLR 机器臂集成。2011 年，浙江工业大学将气动软体驱动器与刚性结构进行融合，设计、研发了气动柔性多指灵巧手。它具有 21 个可控自由度、5 个指端六维力传感器，并且具有柔性和抓持适应性。为了模拟人手的运动灵活性和柔顺性，浙江工业大学课题组还基于气动肌肉驱动器研发了全驱动无耦合柔性多指灵巧手。它由气动肌肉驱动和肌腱传动，具有 25 个独立可控自由度。

9.2 上肢假肢机器人的概述

上肢假肢机器人是一种设计用于替代或增强人类上肢功能的机器人技术，旨在帮助失去上肢的人重获日常生活的独立性和功能性。上肢假肢机器人的发展正在不断推进，目前已经有一些商用产品和研究项目投入使用。这些机器人可以为残疾人提供更大的独立性和更高的生活质量，帮助他们完成日常任务，如抓握物品、握手、写字等。上肢假肢机器人未来的发展可能还包括更加精确的运动控制、更加自然的触觉反馈以及更直接地与人类大脑进行交互的接口。本节主要介绍上肢假肢机器人的基本概念及其一般性的设计方法与应用方式。

9.2.1 上肢假肢机器人

假肢，也称"义肢"，是一种利用工程技术方法和手段，针对截肢者或肢体不完全缺损者而特别设计、制作和装配的人工假体，多采用铝板、木材、皮革、塑料等材料制作，其关节多采用金属部件。现在，假肢届的主流材料是钛合金和碳纤维。人造肢体用来补偿或替代残缺肢体的暂时性或永久性功能障碍，或者用来掩饰肢体伤残，与义体（义乳、假发、假鼻子等）的最大不同之处在于假肢的功能性更强。假肢按部位分类，有上肢假肢和下肢假肢之分。上肢假肢机器人用于补偿或替代患者失去的部分或全部上肢功能，它是一种电子机械装置，模拟人类的手臂及手的形状和功能，旨在帮助用户恢复

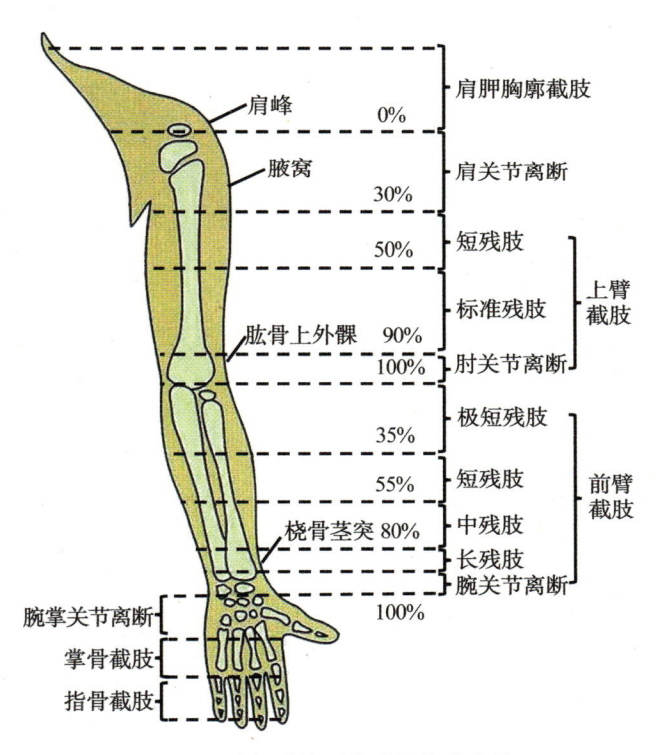

图 9-1 上肢假肢按照截肢部位的分类

或提高日常生活中的独立性和功能性。上肢假肢机器人通常由机械结构、动力学系统、传感器和控制系统组成，这些组件协同工作，使机器人能够执行各种动作，如抓握、握手、抬举物体等。上肢假肢机器人的目标是提供接近自然肢体运动和灵活性的功能，以便用户能够进行日常活动并参与社交互动。

上肢假肢机器人有不同的分类标准。上肢假肢按截肢部位可分为：①肩关节离断假肢；②上臂假肢；③肘关节离断假肢；④前臂假肢；⑤腕关节离断假肢；⑥部分手指假肢；⑦假手指。图 9-1 展示了上肢假肢按截肢部位的分类。上肢假肢机器人按结构可分为：①壳

式假肢,又称为"外骨骼式假肢"。壳式假肢是由壳体承担假肢的外力,且壳体外形制成人体形状的假肢。传统假肢都是壳式假肢,多由木材、皮革、铝板或塑料制作而成。②骨骼式假肢,又称"内骨骼式假肢"。其结构与人体肢体相似,由位于假肢内部的连接管或支条等承担外力,外部包裹用泡沫、塑料等软材料制成的整形装饰套。上肢假肢机器人按使用目的可分为:①装饰性假肢,又称"装饰手"或"美容手",是以装饰为主要目的、注重外观形状的假肢;②功能性假肢,功能性的脑肌电假肢内装有微电脑及小型驱动器,由患者大脑神经或肌肉发出 EEG 信号或 EMG 信号,通过假肢的信号处理模块接收信号来控制假肢的动作;③专用假肢,分为工具手和钩状手,主要目的是便于劳动。这些分类方式可以帮助人们理解上肢假肢机器人的不同类型和特征。在实际应用中,应该根据具体的需求和用户的情况来选择适合的上肢假肢机器人。

9.2.2 上肢假肢机器人的设计步骤

设计上肢假肢机器人的步骤可以根据具体需求的不同而有所变化。图 9-2 是一般性设计步骤概述。

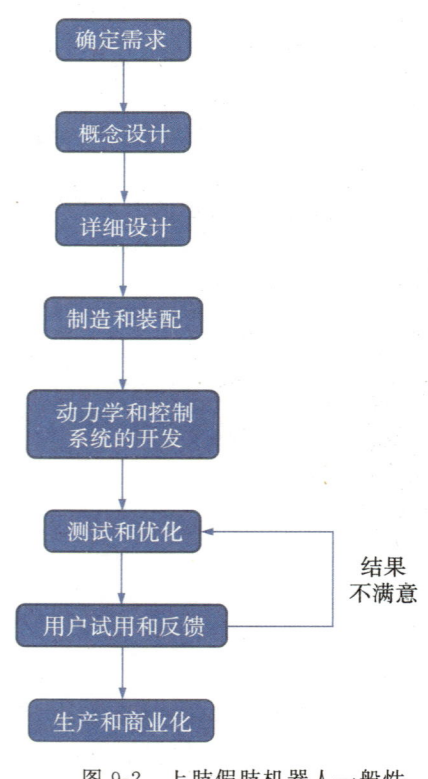

图 9-2 上肢假肢机器人一般性设计步骤流程

(1)确定需求。与用户、医疗专业人员和其他利益相关者合作,明确上肢假肢机器人的设计目标、功能需求和性能指标;了解用户的需求和期望,以确保设计能够满足他们的特定需求。

(2)概念设计。基于需求分析,进行概念设计。这涉及对机械结构、动力学系统、传感器和控制系统进行初步设计。可生成多个概念设计,并评估其可行性、效能和可制造性。

(3)详细设计。选定最有潜力的概念设计,并进行详细设计。在这一阶段,需要考虑机械结构的细节设计,电机、传感器和控制系统的选型以及与用户的接口设计。

(4)制造和装配。根据详细设计,制造和装配上肢假肢机器人的各个组件。这可能涉及使用3D 打印技术、机械加工、电子元件的安装等工艺。

(5)动力学和控制系统的开发。根据设计需求,开发机器人的动力学系统和控制算法。这包括电机控制、传感器数据处理和生成合适的动作指令的算法开发。

(6)测试和优化。对制造的上肢假肢机器人进行测试和评估,以确保其满足性能和功能要求。然后根据测试结果进行优化和改进,可能需要进行多轮测试和迭代。

(7)用户试用和反馈。将上肢假肢机器人交付给用户进行试用,并收集他们的反馈

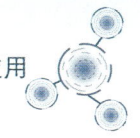

和建议。根据用户反馈,进行进一步的改进和优化。

(8)生产和商业化。基于最终设计和用户反馈,进行批量生产和商业化准备,以便将上肢假肢机器人推向市场,使更多的人受益。

需要注意的是,上肢假肢机器人的设计是一个复杂的工程,因此常常需要跨学科团队的合作,包括工程师、设计师、医疗专业人员和试用者。此外,在设计过程中必须要遵守法律和监管要求。

9.2.3 上肢假肢机器人的应用方案

上肢假肢机器人的应用方案可以根据不同的使用场景和用户需求而有所变化。以下是一些常见的上肢假肢机器人应用方案。

(1)日常生活辅助。上肢假肢机器人可以帮助用户完成日常生活中的各种任务,如抓握物体、拧瓶盖、系扣子、切菜、喂食等。通过模仿自然手臂的功能,机器人能够为用户提供更大的独立性和更高的生活质量。

(2)重返职业。对于失去上肢功能的职业人士,上肢假肢机器人可以帮助他们重新从事原有的职业或工作,如办公、手工艺、医疗操作等。机器人的精确控制和功能操作使用户能够在工作环境中更自由地执行各种任务。

(3)运动康复。上肢假肢机器人可以应用于康复治疗,帮助康复患者恢复肌肉功能、协调性和运动控制能力。通过系统的运动训练和控制算法,上肢假肢机器人能够提供个性化的康复方案,帮助患者康复。

(4)运动辅助。上肢假肢机器人可以用于运动辅助设备,帮助健康人士提高运动性能和工作效率。例如,在重负荷搬运、物流操作、运动训练等领域,上肢假肢机器人可以提供额外的力量和精确的运动控制,增强用户的运动能力和效率。

(5)残障人士辅助。对于失去上肢功能的残障人士,上肢假肢机器人可以提供身体辅助和自我照顾的能力,如洗漱、穿衣、刷牙等。这有助于提高他们的自尊心和生活自理能力。

(6)科研和教育。上肢假肢机器人也被用于科学研究和教育培训领域。研究人员可以利用这些机器人来研究人类手臂运动、神经控制和康复机制。教育机构可以将其用作教学工具,让学生了解假肢技术和人机交互的原理。

这些应用方案只是上肢假肢机器人应用的一小部分,随着技术的进步和创新,未来还将出现更多的应用领域和解决方案,为用户提供更多的功能和便利。

9.3 上肢假肢机器人的结构设计

上肢假肢机器人通常由机械结构、动力学系统、传感器系统和控制系统组成。机械结构指的是上肢假肢机器人的外部结构,其通常模仿人类手臂和手的形状,可以实现手指的灵活运动。机械结构通常由轻量材料(例如碳纤维复合材料)构成,以确保机器人轻便且具有足够的强度和耐用性。动力学系统指的是上肢假肢机器人需要一套动力学系统来提供力和动作控制。这些系统通常包括电机、传感器和控制算法。电机负责提供机械结构的动力,传感器用于获取环境信息和用户意图,控制算法则基于传感器反馈和用户指令来控制机器人的运动。传感器系统指的是上肢假肢机器人使用多种传感器来感知环境和用户动作的系统。例如,力传感器可以感知手指的握持力度,触觉传感器可以模拟触觉反馈,加速度计和陀螺仪可以检测机器人的姿态和加速度变化。上肢假肢机器人的控制系统负责处理传感器数据并生成相应的动作指令。这些控制系统可以采用不同的控制方法(例如基于模式识别的控制、EMG 信号控制或脑机接口控制),以实现与用户意图的紧密匹配。本节主要介绍上肢假肢机器人的硬件系统设计,包括驱动系统、传动系统以及传感器检测系统。

9.3.1 结构形式设计与实现

美国人机工程学专家伍德(Charles C.Wood)针对机械设计问题提出:设备设计必须适合人的各方面因素,以便在操作上付出最小的代价而求得最高的效率。

假肢机械结构的科学、合理与否对于整个假肢系统性能的优劣和其控制方式的选择尤为重要,假肢最佳结构的确定是上肢假肢机器人研究成功的起点,对于智能上肢假肢自主知识产权的确立和竞争力的形成也是关键的一步。在医学上,人的手指到肩部共有 27 个自由度,其中仅手部就有 21 个自由度。人体上肢构造复杂,关节众多,直接照搬手臂和手部的机构组成难以设计上肢假肢,因此要简化手臂的关节结构以减小设计难度。所以,目前所有的上肢假肢机器人都无法提供人体全部的自由度,均是从功能性、可能性、经济性等诸多方面考虑,满足残疾人群对生活自理最基本的需要,即按照一定的考评标准,对上肢假肢机器人的自由度数量做出合理、科学的选择,并在此基础上考虑结构紧凑、能耗低、驱动方便、易操作、停位可靠、人性化设计等因素,对上肢假肢机器人的各个运动关节、驱动关节做出结构优化设计。总之,假肢的设计不仅应该满足基本功能要求,而且需要满足质量轻巧、结构紧凑、便于人体佩戴的要求。也就是说,假肢的设计既要满足使用者日常生活的需求,也要满足人体对美观方面的需求,符合人机工程学理念。

结构设计作为研究基础决定着上肢假肢机器人的研究高度。随着上肢假肢机器人的不断发展,结构设计方向主要分为三种:第一种是采用可变自由度设计的结构,通过变体结构实现。这在假肢手的设计中体现尤为明显,针对不同对象利用不同自由度模式进行拾取可有效提高拾取成功率。第二种是朝着高度仿生化方向迈进的结构,通过引入更多自由度,部分或完全实现人类上肢功能和手部手势及动作,最终达到替代人体肢体作业的目的。另外,设计利用较少自由度实现高自由度结构功能的新型结构也是一大发展方向,此方法可通过降低驱动器数量,在不降低上肢假肢性能的前提下,实现轻量化。在上肢假肢的结构设计中,可以从以下几个方面进行考虑。

(1)质量和均衡性优化。假肢的质量对用户的舒适性和使用体验有很大影响。通过使用轻量材料和优化设计,可以减少假肢的质量,提高舒适性,并确保良好的均衡性,使用户能够自如地进行活动。

(2)动作范围和自由度优化。假肢的设计应考虑用户需要完成的活动和动作范围。通过优化关节和传动系统设计,确保假肢具有适当的自由度和灵活性,使用户能够进行各种自然的手部动作。

(3)个性化适应和可调性优化。根据用户的特殊需求和身体情况,提供个性化适应和可调功能。通过可调节的关节和组件,假肢能够适应不同的手部形态和功能需求,提高用户的舒适度和使用体验。

(4)耐久性和可维护性优化。确保假肢具有足够的耐久性和可维护性,以满足用户的长期使用需求。使用耐用的材料、易于维修和更换的零部件,以延长假肢的使用寿命并降低维护成本。

在上肢假肢组件中,假肢界面或者接受腔作为假肢关键组件之一,与上肢残肢直接接触,从而形成"人(残肢)机(假肢)界面"。接受腔是指假肢上用于传递残肢与假肢间的作用力、连接残肢与假肢的腔体部件,对悬吊和支配假肢有重要作用。上肢假肢接受腔对假肢的适用性能有关键性的影响,上肢假肢的整体功能性(特别是舒适性、安全性)与接受腔的设计息息相关,假肢的质量很大程度上取决于因人而异的接受腔。上肢假肢接受腔的基本要求如下:接受腔必须与残肢能很好地贴服在一起,穿戴时无压迫感、疼痛感和不适感等;接受腔必须能够有效地传递身体及残肢的运动到假肢;接受腔要尽可能地不妨碍残肢关节的运动;在假肢允许负荷的范围内,接受腔要具有良好的支撑性,即有良好的抗弯、抗旋、抗扭等性能,以防残肢在接受腔内转动、屈曲等。接受腔的适配程度与假肢技师的制作水平直接相关,全面接触和最大程度残端承重是现代假肢装配对接受腔的要求。残端承重实现了残肢骨骼负重,它具有防止脱钙(被动性骨质疏松)的生理作用。对于儿童截肢者,它还可以刺激残肢生长。残肢与接受腔间的全面接触有助于实现残肢与接受腔之间牢固的连接。全面接触要求残肢至少能够接触并承受一定的压力。

传统的上肢假肢结构设计多采用二维图纸的方式进行平面建模,建立的模型较为抽象,预估零部件的参数较为困难。三维建模软件的出现,颠覆了传统的设计方式,为机械设计带来了一次大飞跃。利用计算机完成三维建模,方便快捷,可以更加直观地提供模型的质量大小、质心位置、材料材质等信息。同时,借助三维建模软件能够完成干涉检查、装配工艺优化、参数优化、方案讨论等工作,减少出错率。常用的三维建模软件有3DS Max、Solidworks、Pro/E、Poser 等。其中,Solidworks 三维建模软件在机械设计与制造方面被广泛应用。SolidWorks 是由达索系统(Dassault systemes)下的子公司SolidWorks 出品的一个机械设计软件的视窗产品。SolidWorks 是工业设计软件,用来设计零件并进行模拟装配。它的主要用途是机械结构设计,还可以进行电气、电子设计、CAM 自动编程等。SolidWorks 提供的功能模块和命令涵盖范围广泛,包括机械设计、模具、钣金、电子、建筑、服装设计、汽车等领域。它可以绘制二维草图,建立三维数字实体模型,并对真实模型进行相关数据分析、应力分析和仿真动画。设计人员可以将自己的设计理念和思维方式融入实体造型过程中,以便表达自己的设计意图。使用 SolidWorks 可以帮助设计人员直接从三维实体设计入手,减少设计过程中二维草图与三维设计之间

的转换，易于理解和操作。

通过计算机三维建模软件设计得到的三维模型可以通过3D打印技术快速得到实体模型。3D打印技术又称为快速原型制作或3D打印，是一种以数字模型文件（3D设计文件）为基础，运用粉末状金属或塑料等可黏合材料，通过3D打印机，以逐层打印的方式来构造物体的技术。目前，3D打印技术已被广泛应用于建筑行业、航空航天、汽车制造、游戏玩具手办、医疗行业、文物保护、艺术创作、影视道具、服装行业、食品行业等领域。3D打印技术打破了传统的材料去除加工工艺，从无到有构造实物，实现了由传统的大批量制造形式向个性化定制方向的发展，在生产方式和过程处理方面带来了革命性的创新。应用3D打印技术有以下优势：①可以缩短产品研发制造的周期；②可以及时发现问题，优化外观设计，直观评估过程，有利于产品的更新换代；③可以节约资源降低研发成本；④操作简单，加工后清理方便，不易造成废屑；⑤效率高，工序简单，可以打印出其他方式无法生产的复杂零件或装配体。

3D打印技术的成形方法较多，比较成熟的3D打印成形技术有以下几种，对比情况如表9-1所示。

（1）立体光固化成形（stero lithography apparautus，SLA）。此成形工艺以光敏树脂为材料，通过一定波长和功率的紫外激光扫描，逐层堆积的光聚合反应使材料固化成形。其工艺特点为：成形速度快且可制作传统加工方式无法完成的结构较为复杂的零件，成形尺寸精度及表面精度高；然而此工艺的成型材料种类较少且成本较高。

（2）熔融沉积制造（fused deposition modeling，FDM）。此成形工艺是通过将丝状的热塑性材料熔化挤压，通过喷头打印在工作台上，利用热塑性材料的热熔性、黏结性，快速冷却，层层堆积冷却成实体。其工艺特点为成形零件的力学性能较好，且材料来源广、种类多，制造成本低且环保；但成形精度不高，需要进行后处理。

（3）激光选区烧结（selective laser sintering，SLS）。此成形工艺的原理是采用热源激光照射将粉末材料进行有选择的烧结，固化后层层烧结堆积成形。其工艺特点为使用的成形材料范围广泛，打印出的工件力学性能、强度高，且成本较低；但成形速度缓慢。

（4）叠层实体制造（laminated object manufacturing，LOM）。此成形工艺主要以薄片为原材料，分层打印完一层后，再铺下一层材料，利用热黏压装置在材料表面涂热熔胶，然后再用激光器进行切割，这样一层层地切割、黏接，最终成形。其工艺特点为不需要制作支撑且效率高，成本低，成形速度快，可以成形较大尺寸的零件；但不能加工中空件，材料利用率低。

（5）三维打印技术（3 dimensional printing，3DP）。此成形工艺运用离散堆积思想将粉末由喷头喷在工作台上，用黏结剂、黏结粉末，一层黏结完，工作台下降一个层高再喷出粉末进行黏结，最终成形。其工艺特点为成形速度较快，材料成本较低且来源广；但零件的精度不高，需要打磨、抛光、喷砂等后处理。

表 9-1 3D 打印技术的不同成形方法对比

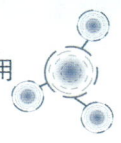

成形工艺	成形速度	成形精度	制造成本	复杂程度	零件大小	成形方式	常用耗材
SLA	较快	高	较高	复杂	中小件	激光聚合	光敏树脂等
FDM	较慢	中等	较低	中等	中小件	熔融挤压	PLA、ABS、尼龙、PC、低熔点金属等
LOM	快	较高	低	简单	中大件	层压	纸、金属箔、塑料薄膜等
SLS	较慢	较低	较低	复杂	中小件	粉末烧结	石蜡、塑料、金属、陶瓷等
3DP	较快	较低	较低	中等	中小件	粉末黏结	尼龙、陶瓷、塑料及复合材料等

9.3.2 动力学系统设计

动力学系统是上肢假肢机器人的重要组成部分,对机器人的性能和操作能力具有决定性的作用。一般情况下,上肢假肢机器人的动力学系统分为驱动系统和传动系统。驱动系统是动力学系统的核心部件,用以产生运动和力;传动系统将运动和力从驱动器传递到上肢假肢机器人的关节。

驱动系统是实现假肢运动和动作的关键部分,它直接影响假肢的功能性、灵活性和用户体验。一个有效的驱动系统可以使假肢具备多样化的功能(例如抓握、握持、旋转等),以模拟自然手部的动作。此外,驱动系统的设计对于实现精确的运动控制至关重要,合理选择和配置驱动器、传感器和控制算法,能够实现精准的位置控制和力、力矩等反馈。这对于用户在操作假肢时能够更加准确地感知和控制手部动作至关重要。在驱动器和自由度的匹配方面,若选择的系统的驱动器数目等于其自由度数目时,称为全驱动系统;系统的驱动器数目小于其自由度数目时,称为欠驱动系统。同时,驱动系统设计的优化可以提高假肢的舒适性和自然感,合适的驱动力和速度以及平滑的动作过渡可以减少用户的不适感,并提供更接近自然手部动作的体验。

驱动系统的技术指标主要包括输出力矩、速度、质量、体积、可靠性、控制性能和功耗等。驱动系统的设计要能够实现所需的运动范围、速度和力量,以满足用户的日常活动需求。驱动系统的设计还要考虑能源效率,以延长电池寿命或减少能源消耗,最小化能量损失和热量产生,并减少电池更换次数或充电的频率。除此之外,驱动系统的可靠性和耐久性对于用户的长期使用是至关重要的。稳定的驱动力和结构设计可以减少机械部件的磨损和故障,易于维修和更换的设计能够减少维护成本和用户的不便。总之,一个优秀的驱动系统可以为上肢假肢机器人提供良好的功能性、控制性和用户体验;它能够实现精确的动作控制、自然的运动感觉,并提供可靠的性能和持久的使用时间,从而提

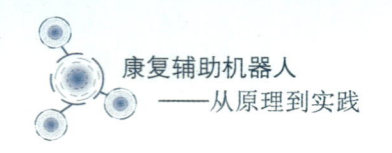

高用户的生活质量和舒适度。

到目前为止,绝大多数上肢假肢机器人采用了电驱动的方式,部分采用了液压驱动、气压驱动和形状记忆合金等驱动方式。少数上肢假肢机器人采用了一些新型的驱动技术,如压电陶瓷驱动、可伸缩性聚合体驱动等。目前,所有的驱动形式基本上都是通过旋转型驱动器或直线型驱动器带动传动系统进行关节的远距离控制。

(1)电驱动是技术最成熟、应用最广泛的一种驱动方式,为大多数上肢假肢机器人所采用。电驱动系统通常由电动机和相应的控制电路组成。电机可以是直流电机或步进电机,通过控制电流和脉冲信号来实现运动和位置控制。电驱动系统提供了较高的精确性和控制灵活性,从电机的静态刚度、动态刚度、加速度、线性度、维护性、噪声等技术指标来看,电驱动的综合性能比气压驱动和液压驱动要好。电驱动的上肢假肢机器人的驱动形式可以分为旋转型驱动和直线型驱动。采用旋转型驱动的上肢假肢机器人以 Stanford/JPL 灵巧手为代表,其驱动系统由直流电机和齿轮减速机构组成,因而体积较大,驱动系统只能放在手掌部位,通过传动系统进行手指关节的远距离驱动。不过微型驱动器和减速器的发展已经为机器人驱动系统的微型化和集成化创造了条件。德国的 DLR 灵巧手采用直线型驱动器来驱动关节,其直线驱动器将旋转电机、旋转直线转换结构和减速机构融为一体。

(2)液压驱动是使用液体作为动力源的驱动方式。液压驱动系统通常由液压泵、液压缸和控制阀组成,通过控制液体的流量和压力,可以实现上肢假肢的运动。液压驱动系统具有较高的承载能力以及很好的稳定性和可靠性、很高的力矩/体积比、很强的阻转能力,驱动器的结构简单且价格便宜。但是,在上肢假肢机器人中采用液压驱动方式有很大的难度和弊端,其中最重要也是最难解决的问题当属液体的泄漏问题。虽然近年来市场上出现了一些微型的液压驱动器,但是仍然不能改变电驱动在灵巧手驱动中的主导地位。图 9-3 为一种液压驱动器。

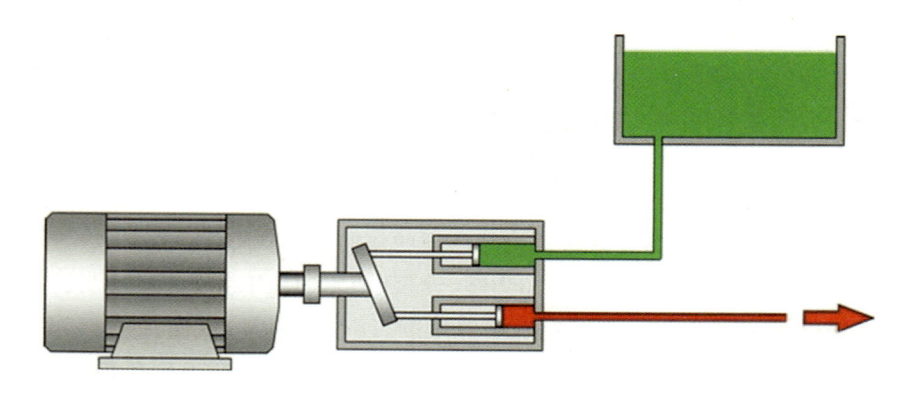

图 9-3 一种液压驱动器

(3)气压驱动是使用压缩空气或气体作为动力源的驱动方式。气动驱动系统通常由气缸、气阀和控制系统组成,通过调节气压和控制气阀,可以实现上肢假肢的运动。与电驱动和液压驱动相比,气压驱动系统具有较高的动力输出和响应速度。气压驱动器能量

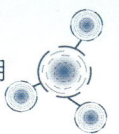

存储方便;传动介质(空气)来源于大气,获取极为方便;抗燃、防爆、不污染环境;具有类似于人体的柔性。其主要缺点是驱动器的刚度和空气的可压缩性有关,通常是很低的,并且驱动器的动态性能较差。美国 Utah/MIT 灵巧手所采用的就是气压驱动。人工肌肉驱动器和气动肌肉是近年来发展的热点。人工肌肉驱动器的体积不大,但是输出力很大。

(4)形状记忆合金是一种有"记忆"的合金,是一种受到机械应力或温度变化时会发生相变的材料,即当其受压力或温度变化影响而发生形变后,能够恢复到初始形状。其特点是驱动速度快、负载能力强,但与其他金属一样,存在疲劳和寿命问题。

上肢假肢机器人的传动系统设计同样很重要,它对于实现假肢的运动和动作转换起着关键作用。传动系统可将电机或其他动力源的旋转运动转换为假肢所需的线性或旋转运动。通过合理设计传动系统的结构、齿轮或连杆机构等,实现运动的转向、传递和变换,使假肢能够完成多样化的动作。传动系统的设计可以影响能量的传输效率。优化的传动系统能够减少传动中的能量损耗和摩擦,提高能量的传输效率,从而延长电池寿命或减少能源消耗。优化传动系统设计可以提高用户的体验和操作的便捷性。平稳的传动运动、低噪声的操作和快速的响应速度能够提升假肢的使用舒适度和自然感。

传动系统的技术指标主要包括传动比、效率、精确度、承载能力、噪声和震动、快速性、平滑性、轻量化和紧凑性等。传动系统设计对于实现精确的运动控制和稳定的动作转换非常重要,需要合理选择传动机构的材料、尺寸和配比,以确保传动系统的精确度和稳定性。传动系统的设计也需要考虑假肢的整体质量和尺寸。采用轻量材料、紧凑结构和优化的布局,可以减少传动系统的质量和体积,提高假肢的舒适性和可携带性。传动系统需要具备良好的可靠性和耐久性,以应对长时间的使用和高频率的动作。合理选择和设计传动系统的零部件,可确保它们能够承受预期负载和满足使用条件,减少故障和维修的频率。因此,传动系统设计对于上肢假肢机器人的功能性、精确性、舒适性和耐久性至关重要。一个合理优化的传动系统能够确保动作转换的准确性、能量传输的效率和用户的良好体验,从而提升假肢的整体性能和用户满意度。此外,传动系统的设计与驱动器是密切相关的,二者相互配合、相辅相成,共同实现上肢假肢机器人的运动控制。

目前,上肢假肢机器人的传动方式主要包括腱传动、齿轮传动、蜗轮和蜗杆传动、连杆传动等。

(1)腱传动是一种常见的传动方式,通过绳索或腱索将动力源传递到假肢末端,实现运动的转移和控制。腱传动具有较好的柔性和弯曲性,适用于模拟人体的自然运动。腱传动可以实现较大的运动范围和多自由度的运动,从简单的握持到复杂的手指屈伸都可以实现。腱传动的优点主要在于:①轻量化。腱传动的材料通常是轻巧的绳索或腱索,可以降低整个传动系统的质量,提高假肢的舒适性和可携带性。②具有自然感。由于腱传动可以模拟人体的自然运动,使用者可以更容易地适应和控制假肢,获得更自然的运动感。③灵活性高。腱传动可以实现多自由度的运动,灵活适应不同的手部动作需求,使假肢能够完成更多样化的任务。腱传动的缺点主要在于:①弹性和伸缩受限。腱传动中的绳索或腱索具有一定的弹性和伸缩性,可能导致运动的延迟或降低精确性,特别是在要求高精度控制的任务中影响较大。②不耐摩擦和磨损。腱传动中的绳索或腱索与导向轮或滑轨之间存在摩擦,可能导致绳索的磨损和损坏,需要定期检查和更换。③需要定期调节和维护。腱传动的调节和维护相对复杂,需要定期检查绳索的张力和位置,确保传动的正常运行。

(2)连杆传动通过连杆机构实现力的传递和运动的转换。连杆传动可以实现复杂的线性或旋转运动,适用于需要多自由度和精细控制的应用场景,比如可以通过调整连杆的长度和连接点位置,实现多自由度的运动,适用于实现复杂的手部动作(例如手指的屈伸和伸展);连杆传动具有较好的稳定性和刚性,能够承受较大的载荷和力矩,适用于需要较大力矩输出的应用场景;连杆传动具有较好的传动精度和重复性,可以实现准确的位置控制和运动转换。不过,连杆传动的设计相对复杂,需要考虑连杆的布局、连接方式和控制方法,可能占据一定的空间,不太适合一些轻巧和紧凑的应用场景;连杆传动中的连接点和轴承处可能存在摩擦和磨损,需要定期进行维护和润滑,以减少摩擦损失和延长使用寿命;由于连杆传动需要使用较多的连接件和结构支撑,可能增加假肢的整体质量,不太适合需要轻量化设计的应用场景。

(3)蜗轮和蜗杆传动通过蜗轮和蜗杆之间的啮合实现力的传递和运动的转换。蜗轮和蜗杆传动具有较高的传动比,可以实现大扭矩的传递和减速运动;蜗轮和蜗杆传动具有较好的自锁特性,可以防止逆向运动和自动保持位置;蜗轮和蜗杆传动具有平稳的运动特性和较低的噪声水平,适用于对噪声和振动敏感的应用场景。但是,蜗轮和蜗杆传动的传动效率相对较低,由于啮合面的滑动摩擦,会导致能量损失较大;蜗轮和蜗杆传动在运动过程中会产生较多的热量,并且啮合面容易磨损,需要定期检查和润滑;由于蜗轮和蜗杆传动的啮合面相互摩擦,其转速较低,适用于较低速度和较大扭矩的应用场景。

(4)齿轮传动通过齿轮之间的啮合实现力的传递和运动的转换。齿轮传动可以实现高精度的传动,具有较好的定位和重复性;齿轮传动具有较高的传动效率,能够实现高速和大扭矩的传递;齿轮传动具有良好的轴向稳定性,能够承受较大的轴向力和弯曲力;齿轮传动可以承受较大的载荷和扭矩,适用于需要较大力矩输出的应用场景。但是,齿轮传动在运动过程中会产生噪声和振动,特别是在高速运转时,可能会对使用者的舒适性产生一定影响;齿轮传动的设计通常需要考虑齿轮的尺寸和布局,占据一定的空间,对于一些轻巧和紧凑的应用场景可能不太适合;齿轮传动需要定期进行维护和润滑,以减少摩擦和磨损,延长齿轮的使用寿命。

机器人灵巧手的灵巧程度取决于其动力学系统,而动力学系统的组成部分(驱动系统和传动系统)正在不断创新与发展。目前,大多数上肢假肢机器人采用了电驱动器及腱传动系统的组合。人工肌肉驱动器及新型的气压驱动器将是今后研究的热点,一旦气动传动的缺点被克服,气动驱动器的前景将一片光明。

9.3.3 传感器与检测系统的设计

具有丰富的传感器是机器人智能化的重要特征。传感器技术的应用可以保证上肢假肢机器人灵巧可靠地抓取物体和精确作业,从而实现高精度控制。换句话说,上肢假肢机器人的传感器与检测系统设计是为了实现对外界环境和使用者的状态进行感知和监测，以提供精确地控制。传感系统将传感器读取的触觉信号转换成电信号，经过适当的编码之后再以侵入式或非侵入式的方式传递给使用者。上肢假肢机器人可通过力/力矩传感器、触觉传感器感知末端执行器状况，通过位移/角位移传感器感知关节、指尖部位的空间坐标姿态，通过视觉传感器获得目标物体的位置信息及操作者手势控制信息等。同时，通过搭建包括集中式、分布式、分级式和混合式传感器等在内的多传感器系统可有效降低系统误差并提升探测精度。由于受到传感技术的限制，上肢假肢机器人的传感器还没有达到期望的应用目标，只是在某一"点"上能够较好地实现测量（例如关节、指尖等的位置、力矩），而没有实现类似人手的全面感知能力。

上肢假肢机器人一般具有以下几种类型的传感器：力/力矩传感器、位置传感器、触觉传感器。此外，有些配置有视觉传感器、加速度传感器、滑觉传感器等。常见的传感器和检测系统在上肢假肢机器人中的设计应用如下。

(1) 力/力矩传感器：力/力矩传感器可用于测量假肢的输出力和力矩，以提供力反馈、力控制和保证协调性。

(2) 压力传感器：压力传感器可用于检测假肢与使用者接触的力量和分布情况，以提供触觉反馈和防止产生过大的压力。

(3) 位置传感器：位置传感器（例如光电编码器或霍尔效应传感器）可用于测量关节角度和位置，以实现精确的运动控制和姿态监测。

(4) 加速度计和陀螺仪：加速度计和陀螺仪可用于检测假肢的加速度和角速度，以辅助运动控制和姿态稳定性。

(5) 温度传感器：温度传感器可用于监测假肢与使用者的温度以及环境温度，以确保舒适性，避免过热或过冷的情况出现。

(6) 触觉传感器：触觉传感器（例如力敏电阻、压敏电阻或力敏电容器）可用于模拟皮肤的触觉感知，令使用者能够感受到物体的接触力和纹理信息。

(7) 环境感知传感器：环境感知传感器（如摄像头、激光雷达或红外线传感器）可用于检测周围环境和障碍物，以提供避障和导航功能。

这些传感器和检测系统可以集成在上肢假肢机器人的关节、表面或控制单元中，通过数据采集、信号处理和算法控制，实现实时的感知、监测和反馈，从而使假肢能够更准确地响应使用者的意图并适应不同的环境和任务需求。

9.3.4 电气系统的设计

在电气系统的设计过程中，需要充分考虑上肢假肢机器人的功能需求、性能指标、可靠性和人机交互等方面的要求，与机械、软件和传感器等其他系统进行协同设计和集成，以实现上肢假肢机器人的高效运行和良好的用户体验。上肢假肢机器人的电气系统设计涉及电源供应、电路设计、电机驱动、信号处理和控制等方面。电气系统设计需要考虑诸多因素，在电源供应方面，需要确定合适的电源供应方式（例如电池、电源适配器或外部供电等），考虑电气系统的功耗和电源容量需求，从而确保稳定可靠的电源供应。在电

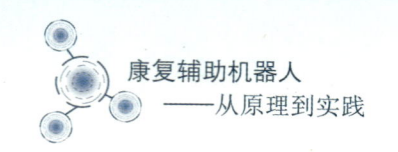

路设计方面，根据机器人的功能和控制需求，设计电路板和电路连接（包括传感器连接、电机驱动电路、信号采集电路等），确保电路板布局合理、电路连接可靠，尽量减少电磁干扰和噪声。在电机驱动方面，选择合适的电机驱动器，根据上肢假肢机器人的关节运动需求和负载要求，选择适当的电机类型和规格，设计驱动电路和控制算法，以实现精确的电机控制和运动响应。

在信号处理方面，对传感器采集到的信号进行处理和滤波，以获得准确可靠的数据，根据实际需求选择合适的信号处理器或微控制器，设计相应的信号处理算法。

在控制系统方面，设计控制系统（包括运动控制、姿态控制、力控制等），采用合适的控制策略和算法，实现与使用者的交互和指令响应。在安全保护方面，考虑安全性和故障保护机制（如过流保护、过压保护、过热保护等），确保电气系统的安全可靠性。在接口设计方面，设计适合上肢假肢机器人的用户界面（例如按钮、开关、触摸屏等），以实现方便的操作和控制。在标准和合规性方面，遵循相关的标准和规范，确保电气系统设计符合安全性和电磁兼容性要求。

9.4 上肢假肢机器人的控制系统设计

上肢假肢机器人的控制系统设计是为了实现对机械手臂、手指或其他运动部件的精确控制和运动协调。控制系统设计主要包括数据采集和处理、运动规划和控制算法、控制信号生成、实时控制和反馈、用户界面和交互设计。一个完整的控制系统要能够对从传感器获取的原始数据进行采集和处理，以提取有用的特征信息。数据采集和处理包括滤波、特征提取和数据融合等技术，以获得更准确的输入信号。设计合适的运动规划和控制算法，可以使机械手臂或手指能够实现预定的运动模式和力量输出。合适的运动规划和控制包括位置控制、速度控制、力控制和姿态控制等。根据运动规划和控制算法生成相应的控制信号，这可能涉及反馈控制、前馈控制或混合控制等方法，以保持期望的运动和力量输出。将控制信号传送到机械手臂或手指的执行单元，以实现实时调整和监控运动状态。同时，通过合适的反馈机制，将机器人与用户的运动意图和环境信息进行交互。拥有用户友好的界面和交互方式可以使用户能够与假肢进行有效的交互和控制，交互方式包括语音命令、手势识别、虚拟现实界面等。

9.4.1 前馈控制系统的设计

前馈控制系统通过预测系统输入与输出之间的关系来提前计算并输入控制信号，以实现所需的系统响应。前馈控制系统基于系统的数学模型，通过提前计算控制信号来抵消系统的干扰或外部扰动，以实现所需的输出响应。它不依赖于反馈信号，而是直接将预测的输入信号添加到系统中，以校正或补偿系统的动态特性。常见的前馈控制算法有以下几种。

（1）基于模型的前馈控制。该算法基于系统的动态模型，通过计算模型预测的控制

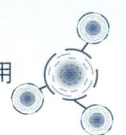

指令来驱动系统。常见的模型包括动力学模型、传递函数模型或状态空间模型。

(2) 前馈补偿。该算法通过根据系统特性预先补偿系统的非线性或时变特性,以消除预期之外的干扰或响应误差。补偿可以基于先验知识或经验来设计。

(3) 基于经验的前馈控制。该算法基于先前的经验数据和试验结果,建立经验模型或查找表,以根据输入信号选择相应的控制指令。

(4) 前馈神经网络控制。该算法利用人工神经网络的学习和逼近能力,通过训练神经网络来估计系统的非线性映射关系,并生成相应的控制指令。

传统的前馈控制方式一般是先建立上肢假肢机器人的动力学模型,然后根据其动力学模型进行正运动学分析和逆运动学分析来获取机器人的位置和姿态,最后将获取的位置和姿态映射到驱动器中控制假肢的运动。基于运动学的前馈控制的实时性和鲁棒性均较好,可以在快速响应的同时保持一定的抗干扰能力。但是这种方法需要实时计算和解决动力学方程,计算复杂度高;且系统敏感度高,如果模型不准确或存在误差,可能导致控制性能下降或系统不稳定。

随着人们生活水平的提高和科技的发展,人们希望假肢的控制可以更加灵活自然,更具仿生化和智能化。因此,基于生物信号(例如 EEG 信号、EMG 信号、声音信号、眼电信号等)的前馈控制逐渐成为上肢假肢机器人的前馈系统设计的主流方法。其中,EEG 信号和 EMG 信号应用最为广泛。生物信号在经过采集、预处理、特征提取等准备工作后,通常会使用机器学习的方式进行分类和意图识别,再根据识别结果转化为相应的指令,控制上肢假肢运动。基于生物信号的前馈控制如图 9-4 所示。

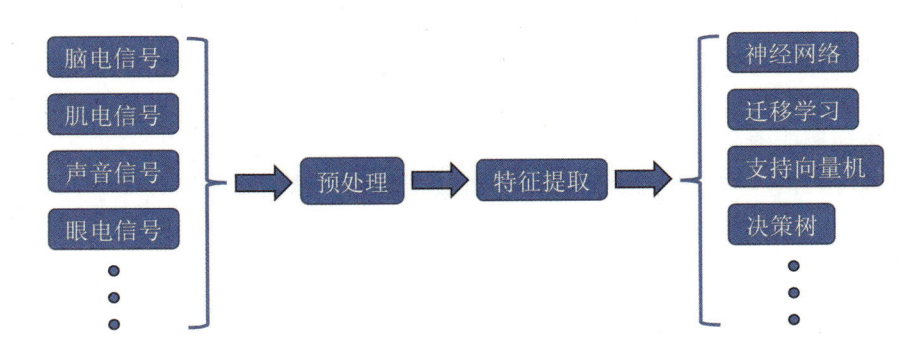

图 9-4 基于生物信号的前馈控制

纵观各种控制信息源对假肢影响的研究,以 EMG 信号控制假肢的研究基础较好且已实用化。相比于侵入式的采集方式,非侵入式的 EMG 采集方式更安全便捷,采用放置在使用者残肢肌肉上的非侵入式的表面肌电传感器检测肌肉活动电信号(即 sEMG 信号)可以实时获取肌肉的收缩和放松信号,从而控制假肢的运动。但是,对于全臂截肢或者肌肉萎缩的情形,EMG 就不足以提供足够的控制信息。1948 年,德国的莱因霍尔德·赖特(Reinhold Reiter)研制出世界上首个由 EMG 信号控制的假肢。自此之后,世界各地研究者研制出了多种基于 EMG 信号的控制方法,主要包括单自由度控制、编码控制、模式识别控制、多自由度同步控制[①]。

基于阈值和幅值编码的单自由度肌电控制法,将 EMG 的幅值作为开关变量与预定的阈值比较,当幅值大于设定的阈值时,假肢以固定的速度运动。该方法所需要的 EMG 特征简单,控制直观难度低且具有较高的可靠性,因此成为最早广泛应用在商业假肢中的控制方法。但缺点是其所能实现的功能较为单一,可控自由度少,无法实现丰富的抓握动作,远不能满足患者日常生活中的实际需要,因此难以得到消费者的青睐。

为了提高假肢的灵巧性,实现多自由度的运动控制,克服单自由度控制功能单一、可控自由度少的缺点,基于模式识别的方法得到了广泛的关注。该方法通过增加电极数量,从多通道的 sEMG 信号中直接识别出不同动作模式。该方法是通过有限的 EMG 提取大量的控制信息,并将其映射为多种动作模式;然后通过提前设定动作速度驱动假肢的相应关节,完成较为复杂的操作任务。常用的 EMG 特征包括均方根值、方差、平均绝对值、中值频率、奇异值等时域、频域及时频域特征。

为解决模式识别无法实现同步控制若干自由度的问题,近年来研究者提出了多自由度肌电同步控制方法,即通过多元回归的方法将 EMG 的特征信息提取出来,映射到不同的自由度,由 EMG 的幅值和速度映射对应自由度的幅值和速度。遗憾的是,目前同步控制方法只能实现对 2~3 个自由度的控制,并且多自由度同步控制与模式识别算法都需要较多的肌电电极,通过选定合适的 EMG 特征提取方法和分类模型,来处理精细的 EMG 特征信息。因此,控制效果容易受到肌电特征信息改变等多种因素的干扰,鲁棒性较差,目前还难以应用到临床和商业假肢中。

编码控制利用 EMG 的时域、频域特征作为不同状态之间转换的触发信号,预先设立多种假肢动作,并建立动作模式与 EMG 之间的映射关系来实现对任意多个自由度的控制。编码控制克服了模式识别法和多自由度同步控制的可靠性不足、所需电极数量多以及基于阈值和幅值编码的单自由度控制可控自由度少、动作单一的问题,但因为其控制过程不直观,编码较复杂,所以需要大量的训练才能让患者将动作模式与肌肉运动控制联系起来,熟练地使用假肢。

EEG 是大脑神经活动在头皮的反应,相比于其他生物信号,以 EEG 作为控制信息源的最大优势在于从头皮记录的 EEG 不受肌肉或神经控制,因此即使最严重的患者也能够使用。目前,利用 EEG 进行控制的系统中使用的 EEG 有 P300 电位、视觉诱发电位、运动想象脑电、自发 mu/beta 节律等多种类型。

引起 P300 电位至少需要两种刺激,将刺激随机编成刺激序列,其中需要受试者注意并加以辨认的刺激是靶刺激事件(target stimulus,TS),为小概率事件;另外,以大概率出现的刺激为非靶刺激事件(non-target stimulus,NTS),受试者不需要对此做出反应。当受试者注意并辨认 TS 后 300 ms 左右就会引起 P300 波。并且 TS 概率越小,P300 波越明显。通过使用 P300 电位控制上肢假肢,使用者可以通过专注和选择来实现与假肢的交互。这种方法可以为使用者提供更自然、直观的控制方式,从而增强他们的生活质

[①] 田宝,张扬,邱卓英.两次全国残疾人抽样调查主要数据的比较与分析[J].中国特殊教育,2007(8):54-56.

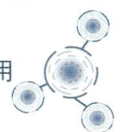

量和独立性。目前,对于 P300 电位的研究已经相对比较成熟,应用 P300 设计的脑机接口(brain-computer interface,BCI)系统较多。

视觉诱发电位是指大脑视觉皮质神经受外部视觉刺激诱发的电活动在头皮电位的反应,主要位于大脑枕叶皮质。目前 BCI 研究中,应用的视觉诱发电位分为瞬态视觉诱发电位和稳态视觉诱发电位。其中,稳态视觉诱发电位是目前 BCI 设计中应用较多的一种信号,它是指刺激频率较高时引起的视觉诱发电位。当刺激频率较高时,上一次刺激引起的反应尚未结束,同样的刺激即出现,重复刺激引起的电位变化相互叠加,使稳态视觉诱发电位呈现出一定的节律性。

脑电波中频率在 8～12 Hz 和 18～26 Hz 的信号分别称为 mu 节律和 beta 节律。生理学研究表明,通过训练,人可以自主控制 mu/beta 节律的幅值。但是,并不是所有人都能适应和学会对 mu/beta 节律的自主控制。

人在想象但并未执行肢体或其他身体部位动作时,身体该部位所对应的大脑运动皮质区域会发生与实际执行该动作时相似的电生理信号,这种信号即运动想象脑电,又被称为"运动想象电位"。运动想象和实际动作时所激发的大脑运动皮质区域相同,这一点已经在医学上通过功能核磁共振成像观察脑局部血液图的方法得到证实。相比于其他类型的 EEG 信号,利用运动想象脑电控制假肢运动更加自然,而且其系统组成简单。同时,对运动想象脑电控制进行进一步的研究还可以实现异步控制,即不需要任何提示去控制运动想象的进程,完全由使用者按个人意愿自主决定想象的开始及停止等,异步控制将会使控制流程更加自然。

9.4.2 反馈控制系统的设计

上肢假肢机器人的反馈控制系统设计是为了提供使用者与假肢之间的双向信息传递和感知反馈,以增强用户对假肢的控制和操作体验。常见的应用在上肢假肢机器人的反馈有以下几种。

(1)位置反馈。基于假肢的位置传感器数据,将假肢的实际位置与目标位置进行比较,并计算出控制指令,以使假肢逐渐接近目标位置。这可以实现精确的位置控制,提供用户与假肢之间的位置反馈。

(2)力/压力反馈。基于力传感器或压力传感器数据,实时测量与假肢接触的力或压力,并根据用户的意图和需求,调整假肢的力输出。这种反馈算法可以提供用户与假肢之间的力/压力反馈,使用户更自然地感知假肢与环境的交互力度。

(3)触觉反馈。基于触觉传感器或振动反馈单元数据,模拟手部触觉感受。根据用户与假肢的交互,通过触觉反馈算法,将特定的触觉刺激或振动信号传递给用户,以提供触觉反馈。

(4)视觉反馈。基于视觉传感器或图像处理技术,对假肢的状态、位置或其他相关信息进行实时监测和分析,并将相应的视觉反馈呈现给用户。这种反馈算法可以通过显示屏、LED 指示灯等方式,提供直观的视觉反馈,帮助用户了解假肢的工作状态。

(5)声音反馈。通过扬声器或耳机,提供声音提示或语音反馈,以指示假肢的操作状

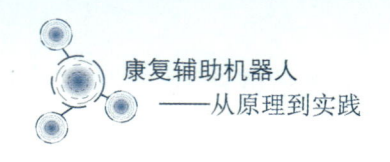

态或特定事件。

常见的反馈控制算法有以下几种。

(1) PID控制。PID控制算法根据当前误差的比例、积分和微分部分来计算控制指令,以实现系统的稳定性、精确性和响应速度。

(2) 状态反馈控制。状态反馈控制算法通过测量系统的状态变量(例如位置、速度、加速度等)并将其作为反馈信号,再通过设计状态反馈矩阵来得出控制指令。

(3) 输出反馈控制。输出反馈控制算法基于测量系统的输出信号,将其与期望输出进行比较,并计算出控制指令来调整系统行为。

(4) 自适应控制。自适应控制算法根据系统的实时性能和环境变化,自动调整控制参数以适应不确定性和变化。自适应控制算法可以根据系统响应进行模型辨识和参数调整,以优化系统性能。

(5) 最优控制。最优控制算法通过优化控制器的目标函数,选择最优的控制策略来实现系统的最佳性能。最优控制算法可以基于动态规划、最优化理论等进行设计。

(6) 鲁棒控制。鲁棒控制算法旨在提供对不确定性、外部扰动和系统参数变化的鲁棒性。该算法可以通过设计鲁棒控制器、自适应控制器或滑模控制器来实现。

在上肢假肢机器人的反馈控制系统设计中最重要的是提供给用户自然的感觉反馈。理想的感觉反馈应该能复现人体自然的生理感觉,一些研究采用植入式电极直接刺激周围神经或大脑感觉皮层来实现自然的反馈效果,但受限于神经科学和电极技术以及外科手术的风险性,该方式仍处于实验室阶段。另一种应用更为普遍的技术路线是使用不同模态的人工感觉反馈信息,在人脑中形成新的感觉映射,以替代自然的感觉,即感觉替代。这种反馈方案更为安全、灵活,包括经皮神经电刺激(transcutaneous electrical nerve stimulation,TENS)、振动刺激、力刺激、皮肤旋转拉伸等方式,但在感觉自然性上有一定的不足。考虑到易用性和安全性,非侵入式反馈是实现人体神经系统与假肢自然的感觉交互的理想方式。

主要的感觉反馈方式有TENS、振动反馈、压力反馈等。振动反馈的应用较早,具有功耗低、体积小和成本低的优点,且对前向通道的影响较小,但其空间分辨力较低。相比于振动反馈,电刺激反馈的可控参数更多、空间分辨率更高,且有助于减轻幻肢痛并增强本体感,缺点在于易引起人体不适,也更容易对生物控制信号(例如EMG信号)造成干扰。其他的人工感觉反馈方式如皮肤旋转拉伸、听觉反馈、温度反馈等,因其可传递的信息相对较少,只适合作为辅助反馈的手段,为用户提供更加丰富的感觉。现有的商业假肢普遍缺少可靠的感觉反馈系统,只能依赖受试者自身的视觉对假手抓取的过程进行监测。视觉反馈作为一种基础的反馈方式,可以获得假手与物体的相对位置、接触状态,但只能通过物体的形变间接判断接触力的大小,无法直观地获取力的信息,给用户带来较大的认知负担,同时可能会导致抓取失败。

(1) TENS通过置于皮肤表面的电极向人体输送微电流,刺激皮下神经从而形成感觉。该方式通过调节电刺激参数(例如幅值、频率、脉冲宽度)可以选择性刺激皮肤中不同的感受器,产生按压、振动、轻触、瘙痒等不同的感觉类型。TENS是最早应用于假肢的感觉反馈方式之一，具有较高的安全性、易用性，不仅可以实现多模态信息反馈，提高使用者对假肢的控制效果，还能够减轻由截肢引起的幻肢痛。

TENS在人体产生感觉的部位不局限于电极所在的位置。平田（HIRATA）等使用两通道电刺激电极，通过调节幅值参数，在受试者的非电极区域产生了"幻感"。受试者感觉刺激所在的位置在靠近较高刺激强度电极的某一点，且随两通道的刺激强度的比例变化而变化。TENS过程中可能会发生安全问题，比如皮肤灼伤，这主要是由于局部电流密度过大造成的，且电极的阳极比阴极更易出现灼伤。针对这一问题，有研究发现，在电刺激过程中减少电极-皮肤界面的阻抗变化可以有效提高安全性和舒适性。

在智能假肢的双向生机接口中，通常采用EMG信号作为人体神经系统对假肢的控制信号，由于TENS与肌电电极共享人体的体表传导环境，因此两者不可避免地会产生相互干扰。电刺激信号对微弱的EMG信号的干扰更为明显，可导致EMG信号品质下降甚至饱和失效。为解决双向通道兼容性的问题，最早提出的方法是分时采样法，将电刺激系统与肌电控制系统做成一体。一些研究进一步地采用数字信号处理和物理隔离的方式来消除电刺激噪声，典型的数字信号处理方式包括分时工作、滤波器以及改变刺激波形以抑制噪声源等，典型的物理隔离方式包括改变皮肤电极界面、建立电磁隔离带和刺激部位远离控制信号采集位置等。

（2）振动刺激是将振动元器件放置于使用者的皮肤上，利用振动诱发皮肤的触觉，通过调节振动参数（如振动频率、幅值、持续时间等）传递触觉信息。1953年，振动反馈首次被应用于假肢领域，之后便被广泛使用和探索。1970年，有研究者在截肢者的残肢上安装振动刺激器来反馈肘关节的位置信息，提高了波士顿肘运动控制的准确性。2006年，一国外研究团队设计的力反馈系统，通过微型振动电机向受试者反馈抓取力，解决了因控制不精确导致的抓握力过大的问题，结果表明在没有视觉反馈的情况下，振动反馈可以使平均抓握力降低54%。哈尔滨工业大学团队通过试验发现，使用假肢手在无反馈的条件下抓取物体的成功率为42%，而在振动反馈条件下的成功率可达到80%。当前，体积小、低功耗的振动元件已经可以集成在假肢接受腔中，用于给截肢患者提供力信息的反馈。由于振动反馈的装置简单和对生物电信号无干扰等优点，成为目前最常用的感觉反馈方式之一，也是唯一被应用于商业假手的反馈方式。

（3）压力反馈指通过制动器（例如气动系统、伺服电机）在垂直方向上推动皮肤，一般用来反馈假手的抓握力或者手指的开合尺寸，具有感觉直观和不易产生疲劳等优点。压力反馈最早于1916年应用于假肢，通过气动装置将假手手指的压力施加到残肢皮肤上。2022年，有研究团队首次利用EMG信号控制假手同时抓取两个不同的物体，并使用多通道触觉反馈系统反馈了两种不同的抓握力。压力反馈的不足之处在于其感觉模式单一、装置的质量和功耗难以降低且响应时间较长，制约了其在便携系统中的应用。感觉反馈的作用部位通常在上肢残肢区，但上臂、前臂的感觉阈限与手指相差较大，考虑到足部无毛皮肤与手部无毛皮肤具有相同的机械感受器，我们可以将假肢手的指尖力反馈到被试的脚趾。

对于上肢假肢机器人的感觉反馈策略，主要有感觉替代、模态匹配、躯体特定区匹配等。

（1）感觉替代。感觉替代是将假肢的传感器信息通过不同模态的刺激传递给人体，如使用机械振动反馈指尖力。当患者将刺激视为触觉的延伸而非抽象信号时，就实现了感觉替代。常用的实现方式有振动反馈、压力反馈、TENS以及听觉反馈等。因其相对灵活并较容易实现，成为最常用的反馈策略和研究热点。但这种策略需要患者花费大量的时间学习编码的刺激信息与特定感知信息（例如关节角度）的映射关系，将编码后的感觉"翻译"为其他模态的真实信息，存在较大的认知负担。未来制约感觉替代策略发展的因素或许在于经过长期的训练之后该策略能否以流畅、自然的方式帮助患者控制假肢。

（2）模态匹配。模态匹配是将假肢的传感器信息通过相同模态的方式传递给人体的一种反馈策略，强调刺激的物理形式的一致性，如将假手的接触力以力觉反馈的方式作用在残肢皮肤上。模态匹配反馈的映射关系简单，能够显著降低使用者的认知负担。该策略主要的刺激方式包括压力刺激、温度反馈、振动刺激（反馈表面纹理信息）等，通过调节频率、幅值等参数，电触觉反馈也可以产生模态匹配的效果。其中，温度反馈一般采用固定在使用者皮肤上的Peltier元件反馈假肢接触的物体温度信息。温度反馈具有感觉效果直观、可调节范围大的优点，但其响应速度慢且功耗大。

（3）躯体特定区匹配。截肢导致与环境相互作用的感觉器官丧失，但是躯体感觉神经和中枢神经系统仍保持作用。躯体特定区匹配是一种基于神经科学原理的反馈策略，旨在模拟直接刺激人体的自然感觉，追求感觉的自然性和直观性，从而降低患者的认知负担。实现方式主要有神经映射、直接神经刺激、定向神经移植。

神经映射主要是利用幻肢感，通过刺激患者的幻肢区，激活原有的神经通路，重建感觉通路。具体表现为触摸特定区域的残肢皮肤，可被感知为对截肢手的触摸。这种反馈方式产生的感觉自然且无须训练，但是需要对幻肢区进行识别。一些患者的残肢存在手掌和5个手指的映射区，另一些患者的残肢只存在部分区域的映射区，并且不是所有的截肢者都存在幻肢区。幻肢感可以自发产生，也可以通过非侵入性神经刺激诱发产生。

定向神经移植是指将截断肢体的神经转移到不受截肢影响的目标肌肉（如胸部区域）中。该方法能够改善术后神经性疼痛（例如幻肢痛），主要用于肩关节截肢的短残肢情况。美国DARPA的"革命性假肢（revolutionizing prosthetics）"便采用此方法对受试者进行了"橡胶手错觉"试验，研究显示TMR能够实现被试者对假肢的本体感觉。

直接神经刺激按照刺激位置的不同可分为周围神经系统刺激和中枢神经系统刺激。前者是将电极植入残肢的传入神经，通过周围神经刺激反馈手指位置信息。后者是通过脑机接口直接刺激大脑的躯体感觉皮层，使用中枢神经系统刺激，控制假肢运动。

9.4.3 前馈与反馈混合控制系统设计

上肢假肢机器人的前馈与反馈混合控制系统设计是将前馈控制和反馈控制相结合，以实现更精确、灵活和自适应的控制。混合控制系统设计的一般步骤和考虑因素如下。

（1）前馈控制设计。①确定前馈控制的输入信号。前馈控制可以基于使用者的意图、运动模式或其他先验信息进行设计。例如，可以使用EMG信号、EEG信号或运动捕捉系统等获取使用者的运动意图或动作模式。②建立前馈模型。根据前馈输入信号和

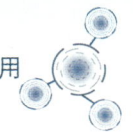

假肢系统的动力学特性，建立前馈模型。这涉及动力学模型、神经网络模型、统计模型等。③设计前馈控制算法。基于前馈模型，设计前馈控制算法来生成假肢的控制指令。

（2）反馈控制设计。①确定反馈信号。选择适当的传感器来获取与假肢的状态、位置、力或触觉相关的反馈信息。这包括位置传感器、力传感器、触觉传感器等。②设计反馈控制算法。基于反馈信号，设计反馈控制算法来实时调整假肢的控制指令。③反馈控制与前馈控制的整合。将反馈控制算法与前馈控制算法相结合，以实现对假肢的精确控制和校正。可以通过加权、叠加或串级的方式整合前馈和反馈控制算法。

（3）系统优化和调试。①参数优化。结合前馈控制算法和反馈控制算法，对前馈控制算法和反馈控制算法中的参数进行优化，以使系统的性能达到最佳状态。②系统鲁棒性。考虑系统对干扰、噪声和不确定性的鲁棒性，通过增加滤波、自适应控制或鲁棒控制策略来提高系统的稳定性和性能。③实验验证和调试。通过实验和测试，在真实环境中对混合控制系统进行验证和调试，评估其性能。

9.5 上肢假肢机器人的评价方法

我国截肢患者众多，尽管随着科技的发展，上肢假肢机器人的种类越来越多，但其弃用率仍居高不下。据调查，上肢假肢的弃用率在儿童和成人中分别为35％和23％。在使用者回访中，感觉功能整合、精准的假肢控制、假肢实用性、更多的抓握模式是假肢使用者最需要的功能，工程师或者研究者所认同的好的假肢并不意味着有较高的实用价值。因此好的评估方法对假肢的发展起着导向作用。假肢的评估宏观上可以分为安装前的评估和安装后的评估。前者对残肢外形、关节活动度、残肢皮肤状态、肌力、残肢痛/患肢痛等进行评估，其目的是帮助患者选择合适的假肢。而后者则是对假肢佩戴者的功能性进行评估。现有的假肢评估方法并不多，仅有14种左右。与假肢相关的评估方法占43％，但其中29％属于实验室的评测工具，只有两项［AM-ULA（activities measure for upper limb amputees）和SHAP（southampton hand assessment procedure）］在临床评估中被广泛使用。

从评估形式上看，当前评估方式可以分为问卷性评价、观察性评价、其他工具评价。问卷评价是通过截肢患者口述或者治疗师与截肢患者问答形式完成。这类评估工具主要用于关节制动、日常活动障碍的调查。代表问卷有OPUS（orthotics and prosthetics users survey）-UEFS（upper extremity functional scale）、DASH（disabilities of the arm，shoulder and hand）、TAPES/TAPES-R（trinity amputation and prosthesis experience scales revised）。三种问卷的评估方向有所差别，OPUS-UEFS和DASH是评估截肢者一周日常生活活动（activities of daily living，ADL）的执行情况，TAPES/TAPES-R是评估截肢患者佩戴假肢后心理变化和社会适应能力。它们主要用来对假肢使用一段时间后的对比评价，而不能准确评估假肢的功能。观察性评估也称量表评估，它是指治疗师、医生要求截肢患者完成固定任务，以完成时间、完成度、完成质量作为评估指标。观察性评估是最常用的评估方法，相对于问卷评估，观察型评估更客观和准确。除了上述两类评估工具，科学家正

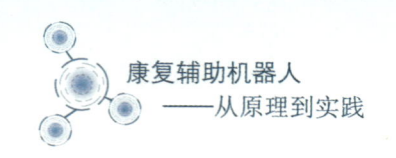

在探索新的评估工具,利用先进技术(动作捕捉设备、脑电分析、眼动追踪设备)对用户进行全程测量和评估。与传统评估方法不同,这些评估方法可以完成连续评估,并且可以对特定观察指标精确测量。在假肢使用过程中,过度的注意力消耗会影响假肢的使用体验。传统的量表和问卷并不能精确评估注意力,但通过眼动和脑电技术可以实现评估。

从评估侧重点方面来说,当前评估方式可以分为灵巧性/控制评估、ADL 评估和腕部/感觉评估。灵巧性/控制评估是假手评估的重要一环。BBT(box and block test)和 NHPT(nine hole peg test)是针对假肢手灵巧性的评估方式,因为它们的主要评估对象是手指的对捏运动。这两种方式评估速度快、计分原则简单(通过任务完成的时间),得到了广泛的使用。但因为对假肢自由度(eegree of freedom,DoF)、运动质量没有评价,因此在评估肌电假肢时,BBT 和 NHPT 都会和 SHAP 等其他大型评估工具联合评估。控制性能是肌电假肢的重要参数之一,ACMC(assessment of capacity for myoelectric control)是专门评估肌电假手的控制能力的工具,它将控制能力划分为抓取、握持、释放和双手之间的协同四个方面,治疗师按照 0~3 分等级评估。自 2004 年 ACMC 提出后,利用 ACMC 进行评估的研究并不多,出现这种现象的原因在于 ACMC 并没有提出具体的任务,只是让截肢患者选择一个自己熟悉的日常活动,治疗师根据截肢患者自选内容进行评分。ADL 类评估是临床评估的主流方法,每一种评估都包含了具体的 ADL 任务。抽象对象评估是指用户将不同质量、不同形状的物体转移到要求的位置。而 ADL 任务评估则是进行日常活动,如用患肢将衣服扣子解开。除了上述的主流评估方法外,腕部/感觉评估在近几年的研究中越来越多,原因在于过去的假手缺乏腕关节运动,且不具备感觉反馈的功能。腕关节有屈曲、内外旋、桡尺偏 6 个自由度,轻微的腕部屈伸可以提升转运物体速度。腕部功能的缺失则会导致肩关节外展等躯体代偿性运动。

近年来,科学家提出了很多其他的评估方法,这些评估方法虽然并非主流评估方法,但也具有许多优点,比如客观、可视化、便于储存等。这些评价方法可划分为运动学评估、精神负荷评估、控制能力评估。运动学评估是利用动作捕捉技术将运动过程记录,最后通过关节角度、运动轨迹等参数确定假肢得分。PHAM(prosthetic hand assessment measure)评估系统就是一种运动学评估系统,该系统由操作窗格和粘贴于身体的标记点组成,截肢者在完成四种类型的抓握后,PHAM 系统将采集运动轨迹和关节角,最后通过计算参数 P 评估假肢。运动学评估不仅解决了常规评估不连续的评估缺点,而且对于假肢的代偿性运动可以实施精确测量,这对假肢的研究起着重要的作用。精神负荷是指截肢患者在使用假肢时注意力投入的大小,以往的评估方法在短时间内并不能发现截肢患者视觉投入过度、精神疲劳的现象。但是对于长期使用假肢的截肢患者,精神负荷过大将严重影响使用体验,精神负荷过大也是假肢弃用的原因之一。目前可以通过三种技术实现精神负荷评估:双任务范式(dual-task)是在完成假肢操作的主任务的同时完成反应测试,这种测试只能通过时间差间接计算精神负荷;通过脑电事件相关电位的 P200、

P300、LPP 电位①也可以评价假肢操作的精神负荷,LPP 电位的振幅越高,认知负荷越小;还可以通过眼动技术计算精神负荷指数 PCPS。尽管精神负荷是假肢中重要的参数,但目前评估方法尚不成熟,通过双任务反应时间评估注意力负荷可能会存在个体差异性,而 LPP 电位只能比较两种假肢的相对电位大小,且三种评估方式均没有说明参考值范围。在假肢控制能力评估方面,基于模式识别的肌电假肢有 95% 的分类精度,但这并不代表假肢具有良好的控制能力。普遍评估控制能力的方法是以 ACMC 量表为代表的线下评估工具。线上实时评估可以实时观测受试者运动,更精确评估假肢控制能力。TAC(target achievement control test)测试是一种虚拟假肢线上测试工具,截肢患者利用虚拟假手完成指定的动作,每一个自由度误差控制在 ±5% 即为成功。TAC 评估可以评估假肢实时模式识别的功能,但存在的缺陷是虚拟任务过于简单,而且不能同时对执行某一任务的其他动作进行分析。

9.6 上肢假肢机器人的典型样机

上肢假肢机器人的样机有许多不同的类型和设计,下面是几个典型的上肢假肢机器人样机示例。

(1)DEKA LUKE Arm,也称为 LUKE Arm,是一款先进的上肢假肢系统,由美国的 DEKA Research and Development 公司开发。该系统得名于卢克·天行者(Luke Skywalker),灵感来源于电影《星球大战》中的机械手臂。DEKA LUKE Arm 采用了先进的电子和机械技术,旨在提供丰富的功能和灵活的控制。它由多个关节和传感器组成,可模拟真实手臂的运动范围和灵活性。该系统使用表面肌电传感器来检测使用者的肌肉活动信号,从而实现精确的运动控制。DEKA LUKE Arm 具有多自由度,可以实现手部各种复杂的动作,如握持、抓取、抬举等。它还配备了多种传感器,包括位置传感器、力传感器和触觉传感器,以提供更加精确的运动控制和触觉反馈。DEKA LUKE Arm 在临床试验和实际应用中取得了显著的成果,并得到了许多上肢假肢用户的肯定。它为使用者提供了更大的独立性和更高的生活质量,使他们能够完成日常生活中的各种任务。

(2)RIC Arm(rehabilitation institute of chicago arm)是由芝加哥康复研究所(rehabilitation institute of chicago)开发的一种上肢康复辅助机器人系统。RIC Arm 旨在为脑卒中、脊髓损伤和其他上肢运动障碍患者提供康复治疗和功能恢复支持。该系统

---

① P200,P200 表示"正向 200 毫秒波",是指在刺激后大约 200 ms 左右出现的正向电位。P200 通常与感知和注意加工相关,可能反映了大脑对于特定刺激的注意程度或对刺激的初步加工。

P300 表示"正向 300 毫秒波",是指在刺激后大约 300 ms 左右出现的正向电位。P300 通常与认知加工和注意加工的高级阶段相关,可能反映了大脑对于刺激的意义判断、记忆、决策等认知过程。

LPP(Late Positive Potential)表示"后积极电位",是一种脑电事件相关电位,通常出现在刺激后数百毫秒的延迟后,主要与情绪和认知加工有关。LPP 通常与情绪和注意力相关刺激的处理有关,其增强或减弱可能反映了个体对刺激的情绪反应或认知加工的特定方面。

采用了先进的机械和控制技术,旨在帮助患者恢复上肢的运动能力和功能。RIC Arm 具有灵活的机械结构,可以模拟肩部、肘部和手腕等关节的运动范围。它配备了多个电动关节和传感器,以实现精确的运动控制和力反馈。该系统还配备了先进的控制系统和软件界面,可根据患者的个体化需求进行定制和调整。医护人员可以根据患者的康复目标和能力水平,设定不同的运动模式和难度,以逐步恢复患者的上肢功能。RIC Arm 在康复过程中通过提供重复性和精确性的运动训练,帮助患者恢复肌肉力量、协调性和运动控制能力。它还提供了实时的数据监测和反馈,以帮助医护人员评估康复进展并进行调整。RIC Arm 是一种被广泛应用于临床康复环境的上肢康复辅助机器人系统,为患者提供了个性化和有效的康复治疗。它的目标是帮助患者重新获得独立生活和日常活动的能力。

(3) Shadow 机械手(Shadow robot hand,见图9-5)是一款世界先进的多指机械手系统,由英国的 Shadow Robot Company 开发和制造。它被广泛应用于机器人研究、自动化、康复和其他领域。Shadow 机械手采用了先进的机械设计和传感技术,以模拟人手的结构和功能,其五指无论是从力的输出还是活动的灵敏度,都可以与人手相媲美。标准版本的五指手和人类的手一样拥有 24 个关节(包括腕部),并拥有 20 个可单独控制的自由度,可以实现和人手一样的动作和抓取能力。各个关节通过直流电机驱动(可选气动),整体大小与人手一致,方便模仿人类的手部动作。手内部集成基于 ROS 的控制系统,并提供功能丰富的图形化控制界面,同时支持使用 MoveIt,进行运动规划及三维仿真模拟。通过扩展指尖传感器以及用于远程控制的数据手套等,可轻易通过遥操作实现远程控制。整机采用 EtherCAT 进行内部数据传输以及和远程控制端的通信,通过高频率的反馈与控制周期,可以实时反馈多达 120 个以上的各种反馈数据,并进行相应的反馈控制。Shadow 机械手具有通用性强,感知能力丰富,能够实现满足位置和力的闭环控制,精确、稳固抓取等优点;在空间探索、危险环境作业、医学工程、工业生产以及服务机器人等领域将发挥越来越重要的作用。另外,Shadow 机械手的设计注重灵活性和可定制性,使其适用于不同的应用需求。它可以根据特定任务和环境进行定制和配置(包括手指数量、材料选择、传感器配置和控制接口等),在研究和应用领域中受到了广泛的认可。

图 9-5 Shadow 机械手

(4) 奥索 i-Limb 量子仿生手(Ossur i-Limb quantum)是一款先进的仿生手系统,由奥索公司开发和制造。它是奥索公司的 i-Limb 系列产品中的最新一代。奥索 i-Limb 量子仿生手致力于提供逼真的手部功能和灵活的运动控制。它的设计灵感来源于人手的解剖结构和运动特性,并利用先进的电子和机械技术实现高度逼真的仿生手。该系统由多

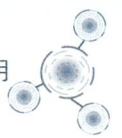

个电动关节和传感器组成，可以模拟手部的多个关节和手指的运动范围。它使用表面肌电传感器技术来检测使用者的肌肉活动信号，以实现精确的运动控制。奥索i-Limb量子仿生手具有多种预设的手势模式（如握持、抓取、点按等），用户可以通过简单的肌肉收缩来切换不同的手势模式。它还提供了触觉反馈和力控制功能，令使用者能够更好地感知物体的触感和控制手部力度。该系统还具有可定制的外观和颜色选项，以满足个人偏好和身体美学需求。奥索i-Limb量子仿生手被广泛应用于上肢假肢领域，它帮助用户恢复独立生活能力，使他们能够进行日常活动、工作和参与各种社交和运动活动。

这些样机代表了上肢假肢机器人领域中的一些典型设计和技术。它们在功能性能、外观设计、控制系统和用户体验等方面都有不同的特点和优势。这些样机的发展和应用为上肢假肢机器人技术的进一步改进和创新提供了重要的参考和借鉴。

9.7　上肢假肢机器人的临床应用

上肢假肢机器人在临床应用中发挥着重要的作用，为手部截肢患者提供功能恢复和生活改善的支持。它们有以下功能和特点。

（1）功能恢复。上肢假肢机器人可以帮助手部截肢患者恢复手部的基本功能，如握持、抓取和放松。它们通过精确的运动控制和触觉反馈，使患者能够执行日常生活中的各种任务，如拿取物品、穿衣服、吃饭等。

（2）康复训练。上肢假肢机器人在康复过程中扮演着重要的角色。它们可用于康复训练，帮助患者增加肌肉力量、改善协调性和恢复运动控制能力。机器人可以提供可重复、定制化和逐步增加难度的训练，以促进患者的康复。

（3）疼痛管理。某些上肢假肢机器人具有调节压力和力度的功能，可以帮助患者管理手部截肢后可能出现的疼痛问题。通过控制机器人的力度和触感，可以减轻残肢周围的疼痛感。

（4）特殊需求患者。上肢假肢机器人还适用于特殊需求患者，如肢体功能障碍或运动神经元疾病患者。它们可以为这些患者提供额外的支持和功能，帮助他们更好地参与社交、学习和工作活动。

（5）个性化定制。上肢假肢机器人可以根据患者的个体需求进行定制化设计和调整。医护人员可以根据患者的生理特征、康复目标和活动需求来选择合适的机器人系统，并进行适配和调整，以实现最佳的功能恢复。

上肢假肢机器人在国内的医疗机构和康复机构中都有所应用。近年来，一些特殊教育机构也开始采用上肢假肢机器人来辅助肢体残障儿童的康复训练。与国内相比，上肢假肢机器人在国外的使用人数更多、使用范围更广。MCP Driver是为通过近端指骨截肢的患者设计的。MCP Driver修复中、远端指骨，利用身体驱动的铰接装置使患者恢复了良好的灵活性和自然的握力模式。MCP Driver擅长于恢复捏握、键握、圆柱握和动力握以及保持握持稳定性。每个设备都是定制设计的，与患者独特的解剖结构相差不到几毫米，以成功模仿手指的复杂功能。MCP Driver的强度来自由残肢驱动的刚性不锈钢

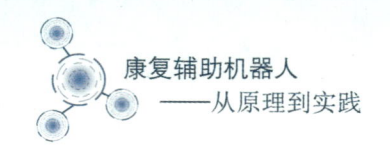

连杆组合,并舒适地固定在手的背表面。MCP Driver 由一个完整的 MCP 关节驱动,该关节远端有足够的残余与环啮合。

上肢假肢机器人在临床应用中提供了高水平的功能恢复和康复支持,帮助手部截肢患者重获独立生活和日常活动能力。它们为患者提供了个性化的解决方案,改善了他们的生活质量和自我效能感。

9.8　本章小结

本章详细探讨了上肢假肢机器人的设计与应用。首先,介绍了上肢康复辅助机器人的研究背景、发展现状以及研究概况。然后,强调了上肢假肢的重要性,探讨了上肢假肢机器人的设计步骤,包括机械系统设计、动力学系统设计、传感器与感知系统设计、控制系统设计。最后,对几种典型的上肢假肢机器人进行了介绍。本章的目的是希望读者能够全面理解上肢假肢机器人一般设计流程与控制实现方法,激起读者对该领域的兴趣。未来,随着科技的发展,上肢假肢机器人将会发挥更大的作用,帮助更多的患者恢复身心健康。

第 10 章　上肢辅助抓握外肢体机器人的设计与应用

10.1　背景与提出

一个人的运动能力对其完成基本日常生活活动是至关重要的,运动障碍会显著降低患者的生活质量,特别是上肢疾病,其限制了患者的独立性。目前,已经有多种物理方法可以恢复上肢的功能,例如矫形器、功能性电刺激和物理治疗。但由于物理康复的效果往往在很大程度上取决于训练的开始时间、持续时间、强度和任务定向以及患者的健康状况、注意力和付出的努力,故帮助患者进行长时间高强度重复的协调运动便成为康复治疗师一个巨大的负担。此外,由于经济原因,初级康复的时间越来越短,且随着预期寿命的持续延长以及老年人生活水平的不断提高,老年人的生活能力也在不断提高,因此他们对身体康复训练的需求也在不断增加。在这种情况下,上肢辅助抓握外肢体机器人便成为康复治疗界的研究热点。

10.2　上肢辅助抓握外肢体机器人的分类

10.2.1　按结构分类

10.2.1.1　手部外肢体抓握机器人

手部外肢体抓握机器人是一种专门用于辅助和恢复手部功能的机器人。这种机器人通常由指套、传感器、执行器和控制系统组成。指套部分包裹在用户的手部,传感器能够感知用户的手指运动和力度,并将这些信息传送给执行器。执行器能够模拟手指的运动,并提供足够的力量来进行抓握和放松操作。控制系统负责接收和处理传感器数据,并将相应的指令发送给执行器。手部外肢体抓握机器人可用于康复训练、助力抓握和日常生活中的操作任务。

美国康奈尔大学的霍夫曼(Hoffman)等人于 2017 年设计了一种穿戴于前臂的外肢

体机器人,能够进行伸缩,并具有一定的抓取能力[①]。他们对机器人进行抓取杯子的测试,并对它的结构特点、控制方法和应用场合进行了详细分析。

10.2.1.2 臂-手外肢体抓握机器人

臂-手外肢体抓握机器人是一种结合了机械臂和手部外肢体的机器人。它们具备更广泛的运动范围和更复杂的抓握功能。这类机器人通常由机械臂、手部外肢体、传感器和控制系统构成。机械臂部分负责定位和移动手部外肢体,以达到所需的抓握位置和姿态。手部外肢体则模拟人手的结构和功能,可以进行精细的抓握操作。传感器负责感知环境和用户的手部姿态。控制系统接收传感器数据并控制机械臂和手部外肢体的动作。臂-手外肢体抓握机器人广泛应用于康复治疗、残疾人辅助和工业领域。

日本庆应大学的佐佐木(Sasaki)等人于2017年研制了一款基于腿部和脚部动作信号控制的外肢体机器人[②]。此外肢体机器人将人体腿部运动映射到外肢体手臂,以实现外肢体与穿戴者协作来完成"四臂"协同作业,从而拓展穿戴者的日常活动能力并提升其工作效率。

10.2.1.3 辅助手指机器人(第六手指)

辅助手指机器人(第六手指)是一种可穿戴的外肢体机器人,用于增加手的抓握能力和灵活性。这种机器人通常由机械手指、传感器和控制系统组成。机械手指可以附着在用户的手背或手腕上,与用户的手指形成协同操作。传感器可以感知用户手部的运动和姿态,控制系统接收传感器数据并控制机械手指的动作。辅助手指机器人可以在需要时提供额外的抓握支持,增加手部的灵活性和功能。它们可用于各种日常活动和特定任务,如拾取物品、开关操作和工具使用。

意大利技术研究院侯赛因(Hussain)等人于2014年提出了一种四自由度模块化的第六根手指[③]。此外手指与手掌相对,通过分析人的手部运动来配合手部动作,扩大人手的运动范围和工作空间,增强穿戴者的抓取能力。

总之,上肢辅助抓握外肢体机器人可以分为手部外肢体抓握机器人、臂-手外肢体抓握机器人和辅助手指机器人(第六手指)。手部外肢体抓握机器人主要关注手指的功能恢复和辅助;臂-手外肢体抓握机器人结合了机械臂和手部外肢体,具备更广泛的运动范围和抓握能力;而辅助手指机器人则着重于增加手部的抓握能力和灵活性。这些机器人在康复治疗、残疾人辅助和工业领域都发挥着重要的作用,可为用户提供更大的自主性和更高的生活质量。

---

① VATSAL V, HOFFMAN G. Wearing your arm on your sleeve: Studying usage contexts for a wearable robotic forearm[C]//IEEE. 2017 26th IEEE International Symposium on Robot and Human Interactive Communication (RO-MAN). Piscataway, N. J.:IEEE,2017:974-980.

② SASAKI T, SARAIJI M Y, FERNANDO C L, et al. Metamorphosis for multiple arms interaction using artificial limbs[C]//ACM SIGGRAPH. SIGGRAPH'17: ACM SIGGRAPH 2017 Posters. New York:ACM Press,2017:1-2.

③ PRATTICHIZZO D, MALVEZZI M, HUSSAIN I, et al. The Sixth-Finger: A modular extra-finger to enhance human hand capabilities[C]//IEEE. The 23rd IEEE International Symposium on Robot and Human Interactive Communication.Piscataway, N. J.:IEEE,2014:993-998.

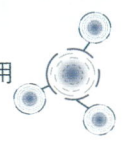

10.2.2 按穿戴方式分类

(1)固定平台式的上肢辅助抓握外肢体机器人。固定平台式的上肢辅助抓握外肢体机器人是通过将机器人装置固定在平台上来实现稳定性和支撑。这种方式适用于那些需要长时间使用机器人辅助装置的用户。用户可以坐在固定平台上,将受损的手臂或手放置在机器人抓握装置中,通过机器人的力量和控制来执行握持和抓取动作。这种固定方式可以提供更稳定和可靠的支撑,以确保用户在使用机器人时感到安全和舒适。

(2)移动平台式的上肢辅助抓握外肢体机器人。移动平台式的上肢辅助抓握外肢体机器人具有一个移动底座或平台,可以在用户所在的环境中自由移动。这种方式适用于那些需要在不同位置进行活动或进行康复训练的用户。用户可以坐在一个固定的位置,将受损的手臂或手放置在机器人抓握装置中,然后通过控制移动平台,使机器人能够移动到需要的位置。移动平台式的机器人可以提供更大的灵活性和自由度,用户可以在不同的空间中进行活动和训练。

(3)穿戴式的上肢辅助抓握外肢体机器人。穿戴式的上肢辅助抓握外肢体机器人通常是指通过腰部或肩部的支撑系统,将机器人装置直接穿戴在用户的身体上。这种方式适用于那些需要在日常生活中进行握持和抓取活动(例如自助用餐、穿衣等)的用户。用户通过机器人的力量和控制来实现握持和抓取动作。穿戴式的机器人可以与用户的自然运动协调,提供实时的支持和辅助,增强用户的上肢功能。

上述三种固定方式各有优劣和适用场景。固定平台式适用于长时间使用和需要稳定支撑的情况;移动平台式适用于需要在不同位置活动和进行康复训练的情况;穿戴式适用于日常生活中需要握持和抓取活动的情况。固定方式应根据用户的需求、功能程度和使用环境来确定,以实现最佳的辅助效果。

10.3 上肢辅助抓握外肢体机器人的硬件系统设计

上肢辅助抓握外肢体机器人是一种能够协助患者完成日常生活活动、康复治疗和手术操作等任务的机器人。为了实现这些功能,机器人需要具备足够的灵活性和精度,并且能与患者进行良好的交互。本节将讨论上肢辅助抓握外肢体机器人的硬件系统设计,包括机器人的机械系统设计、驱动系统设计、感知系统设计、控制系统设计四个方面。通过本节的学习,读者能了解上肢辅助抓握外肢体机器人的硬件系统设计的基本原理和方法,为后续的机器人开发和应用奠定基础。

10.3.1 机械系统设计

本节所涉及的机械结构设计主要聚焦在目前比较先进的上肢辅助抓握外肢体机器人的硬件结构设计上,对于一般性的机械结构设计就不再一一赘述。

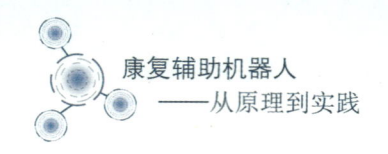

10.3.1.1　多余机器人手指的机械结构

多余机器人手指可以辅助人类完成各种抓握动作,其通常仅有手指部分,有一指、二指和多指类型,安装方式主要分为腕式安装和前臂安装。为实现手指的内收、外展和屈曲等运动,多余机器人手指的自由度通常比较高,因此其可以实现更加复杂和精细的动作,例如拧瓶盖、抓取细小物品等动作。

多余机器人手指的机械结构通常分为刚性结构和柔性结构。刚性结构是指由硬材料(例如金属、塑料等)组成的机械结构。这种结构具有高强度、高刚度、高精度等优点,适用于需要进行高精度操作和承受较大载荷的场合。刚性结构机器人手指通常采用电机或液压驱动,响应速度快、精度高,可以完成复杂的操作任务。但刚性结构机器人的质量大并不适合人类携带,其质量导致的惯性会阻碍人体运动并浪费身体能量;且它们的大体积降低了运动的机动性和灵活性,它们的刚性影响了舒适性和贴合性;材料的成本较高,且存在较大的安全隐患。

柔性结构是指由柔性材料(例如橡胶、软质塑料)组成的机械结构等。这种结构具有柔韧性、可塑性等优点,适用于需要进行形状变换和与人类进行协作的场合。柔性结构机器人手指通常采用形状记忆合金、电致动材料等柔性驱动方式,可以实现高度柔性的变形和运动,可以更加自然地适应人类的操作习惯。但是,柔性结构机器人手指的精度和承载能力相对较低,不太适用于需要进行高精度操作和承受较大载荷的场合。

10.3.1.2　多指灵巧手的机械结构

多指灵巧手通常分为欠驱动多指灵巧手和全驱动多指灵巧手。欠驱动多指灵巧手通常采用较少的执行器来驱动多个手指,从而降低了系统的复杂度和成本。这种设计方案可以通过机械耦合和弹性元件等方式实现手指间的协同运动,从而具有一定的灵活性和适应性。但是,欠驱动多指灵巧手的精度和控制能力相对较弱,难以满足高精度的操作需求。全驱动多指灵巧手则采用每个手指都配备一个独立的执行器的设计方案,从而具有更高的精度和控制能力。全驱动多指灵巧手可以通过精确地控制算法来实现手指的高精度运动,适用于需要进行高精度操作的场景。但是,全驱动多指灵巧手的成本和复杂度相对较高,需要更多的执行器和控制电路。

在设计多指灵巧手的机械结构时,首先,要获取正常人手的形态学和功能特征;其次,通过分析多指灵巧手的结构和人手在抓取过程中的运动特征,确定机械手指的机械结构设计;再次,进行 D-H 运动学分析,得出人手指在空间中的运动学方程,并简化其结构,推导出可近似模拟机械手指空间运动的方程;最后,制作灵巧手原型并测试其性能。

多指灵巧手的机械结构设计亮点还包括:多关节和多自由度使得机械手能够模仿人类的手部运动;模块化设计使得机械手中不同的模块可以根据需要组合成不同的手型和功能,提高了机械手的灵活性和可扩展性;轻量化的设计理念使得机械手采用轻质材料和结构优化技术,减小了机械手的质量和惯性,提高了机械手的速度和精度。

10.3.1.3　机械臂/手一体化系统的机械结构

机械臂/手一体化系统从机械结构上大致可以分为三种:串联式机械臂/手系统、并

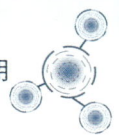

联式机械臂/手系统和混合式机械臂/手系统。串联式机械臂/手系统的机械结构特点是由多个关节依次连接而成，每个关节只能控制一个自由度，且每个关节的运动都会影响后续关节的运动。串联式机械臂/手系统具有结构简单、精度高、负载能力强等优点，但是由于各个关节之间存在串联关系，因此其运动灵活性和速度较低，不适用于需要快速运动和高精度控制的场合。并联式机械臂/手系统的机械结构特点是由多个执行器同时作用于同一工具端，通过多个支撑点来实现对工具端的控制，各个关节的运动相互独立，不会相互影响。并联式机械臂/手系统具有运动灵活、速度快、负载能力大等优点，但是由于各个关节之间存在并联关系，因此其精度和稳定性相对较低，不适用于需要高精度控制的场合。混合式机械臂/手系统的机械结构特点是将串联式和并联式结构相结合，既有串联式机械臂/手系统的高精度定位能力，又有并联式机械臂/手系统的高承载能力和高速度操作能力。混合式机械臂/手系统的优点是兼具串联式和并联式机械臂/手系统的优点，适用于需要兼顾高精度定位和高负载、高速度操作的场合。

10.3.2 驱动系统设计

驱动执行器的能量常常以三种形式提供：电机、液压或气动压力。其中，液压和气动压力驱动又被合称为"流体驱动"。大多数用于上肢康复的机器人使用电动执行器，但也有其他带有气动和液压执行器的系统。目前，又出现了一种新的比较常用的驱动方式——绳索驱动。本小节将详细讨论电机驱动、流体驱动和绳索驱动三种驱动方式。

10.3.2.1 电机驱动

上肢辅助抓握外肢体机器人的电机驱动方式可以采用传统刚性连接或柔性连接。

传统刚性连接通常采用直流无刷电机或步进电机。直流无刷电机是一种高效、低噪声、寿命长的电机，适合用于需要连续旋转的应用场景，其工作原理是通过电子调速器控制电机的转速和方向，从而实现机械臂的运动。步进电机则是一种精确度非常高的电机，适合用于需要精确位置控制的应用场景，其工作原理是通过控制电机的步进角度来实现旋转，从而实现机械臂的运动。

柔性连接是指采用电机驱动的无源柔性接头，其原理是通过连接柔性元件形成的串联弹性制动器（series elastic actuators，SEA）。在这种结构中，柔性元件位于电机减速后的输出端和接头末端的连杆之间，使得在连杆之间可以产生弹性形变。SEA 改进了传统刚性连接接头高阻抗、柔韧性不足的缺点，但其机理仍比较复杂，难以设计和加工[1]。在现有研究中，串联弹性接头的内弹簧仍存在接头结构占用空间大和质量大等问题，影响了串联弹性接头乃至上肢辅助抓握外肢体机器人的整体性能。

10.3.2.2 流体驱动

流体驱动可以分为两种形式：气动驱动和液压驱动。

---

[1] SULZER J S, PESHKIN M A, PATTON J L. Design of a mobile, inexpensive device for upper extremity rehabilitation at home[C]//IEEE. IEEE 10th International Conference on Rehabilitation Robotics. Piscataway, N. J.: IEEE, 2007: 933-937.

气动驱动器(也称为气动人造肌肉)是一种由压缩空气驱动的原始致动部件。这种部件由一个内部气囊组成,该气囊被编织网壳包围着,带有柔性但不可扩展的螺纹。当气囊加压时,气动驱动器根据其体积增加其直径并缩短其长度,从而在其末端提供张力。巴拉苏布拉曼尼(Balasubramanian)等人设计了一种基于气动人造肌肉的可穿戴上肢辅助抓握机器人[①]。该机器人采用的气动驱动器具有速度快、气源获取方便、系统结构简单、维护方便、价格低廉等优点。但是,它还具有以下缺点:难以实现伺服控制;工作压力低,功率重量比小,驱动装置体积大;基于气体的可压缩性,难以保证较高的定位精度;压缩空气会产生大噪声;气压系统容易生锈。

除气压驱动外,还有液压驱动,其原理是利用液体传递力和能量来实现机械臂的运动控制。斯蒂宁(Stienen)等人将平面涡旋弹簧与液压驱动相结合,设计出四自由度上肢辅助抓握机器人[②]。液压驱动也具有天然的柔韧性,但由于能量转换,液压驱动系统的效率低于电机驱动系统的效率,且液压驱动系统的液体排放会污染环境并产生大量噪声。

10.3.2.3 绳索驱动

绳索驱动是指通过拉绳带动铰链接头旋转的传动方式,其中绳索拉伸依靠其他原执行器带动纺车绕绳实现缠绕和释放。绳索驱动可以实现柔性传动,从而减少运动惯性。且绳索驱动允许驱动源远离接头放置,这有利于减小单个接头的尺寸。但是,绳索驱动具有黏滑运动的特点,这往往会导致未知的传动抖动。而且,由于绳索只能沿一个方向移动,如果要实现多个自由度,通常需要使用一个恢复弹簧或多个绳索,这使得整个系统庞大而复杂,因此有必要仔细控制其质量以允许实际应用。而且,绳索驱动的扭矩很小,因此它主要用于软外肢体机器人系统,这限制了其应用于刚性外肢体机器人系统。

10.3.3 感知系统设计

开发一种感知系统来改善上肢辅助抓握外肢体机器人的本体感知并实现自我形象定义一直被人们所忽视。本节将从机械传感器、生理电信号传感器和感觉反馈通路三个方面介绍外肢体机器人感知系统的基础知识。

10.3.3.1 机械传感器

机械传感器是指用于测量机械臂关节中关节位置和速度的编码器,也是用于测量关节力的扭矩传感器。在上肢外肢体机器人系统中,机械传感器起着至关重要的作用。机械传感器能够精确测量机械臂和机械手的运动状态,并将这些信息传递给控制系统,从而实现对机器人的精准控制。常用的机械传感器包括力敏电阻(force sensitive resistance,FSR)或力敏电容(fixed series capacitor,FSC)、惯性传感器(包括陀螺仪加速度计、磁罗盘和倾角传感器)、编码器和张力传感器。这些传感器可以为机器人系统提供

---

① BALASUBRAMANIAN S, WEI R H, PEREZ M, et al. RUPERT: An exoskeleton robot for assisting rehabilitation of arm functions[C]//IEEE. 2008 Virtual Rehabilitation. Piscataway, N. J.:IEEE,2008:163-167.

② STIENEN A H A, HEKMAN E E G,BRAAK H T, et al.Design of a rotational hydroelastic actuator for a powered exoskeleton for upper limb rehabilitation[J]. IEEE transactions on biomedical engineering,2009,57(3):728-735.

稳定有效的物理信号,用于人体的运动意图识别和运动状态估计。例如,编码器可以精确测量机械臂的位置和速度,从而实现对机器人的精准控制;扭矩传感器可以测量机械臂关节的力和扭矩,从而实现对机器人的力控制。此外,测量机器人与环境之间相互作用的传感器主要包括力传感器和相机传感器。力传感器可以测量机器人与外部环境之间的力和扭矩,从而实现对机器人的力控制;相机传感器可以获取机器人周围环境的视觉信息,从而实现对机器人位置和姿态的估计。

10.3.3.2 生理电信号传感器

近年来,运动意图(motor imagery,MI)在智能康复系统领域备受关注。一些研究机构已将 MI 引入上肢辅助抓握外肢体机器人系统,以提高佩戴者的积极性和参与度。由于生理电信号传感器可以为佩戴者与外界交流提供渠道,故其可以直接代表人体的运动意图。而且,它们通常可以提供比运动信号更先进的数据信息,从而提高系统的响应速度,增强人机系统的同步性能。常用的生理电信号包括 EMG 信号、EEG 信号和眼电(electrooculogram,EOG)信号。脑肌电检测如图 10-1 所示。其中,EMG 信号可用于识别人体运动状态,由于肌电图的信号强度与肌肉张力近似线性,因此可以将其引入控制律设置以生成所需的位置和辅助轨迹。另一方面,EEG 信号则提供了一种更加直接的方式来捕捉运动意图,基于脑电图的 MI 能够准确地反映出个体的运动意图。例如,帕瑞蒂(Parietti)等人通过 EEG 信号驱动上肢辅助抓握外肢体机器人动作,编码 EEG 信号(基于脑电图的 MI),并控制智能康复系统领域的简单运动[①]。

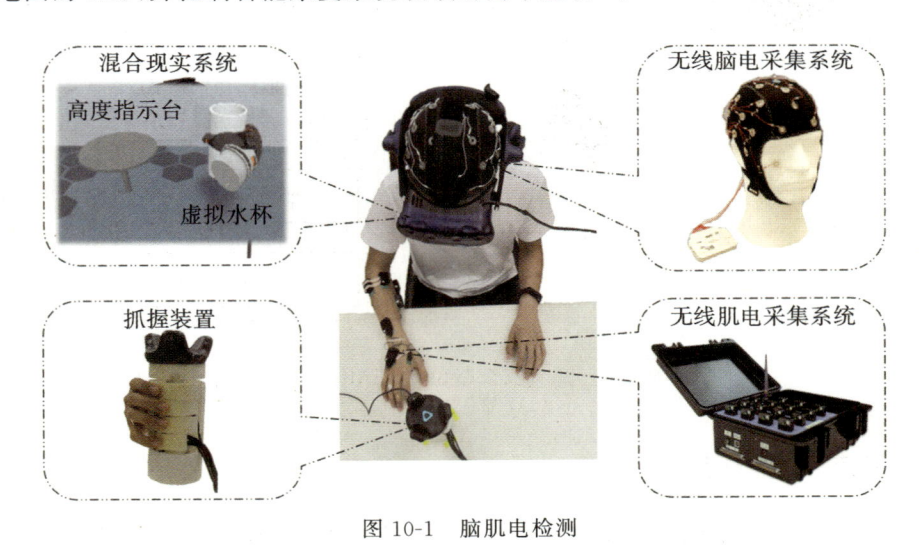

图 10-1 脑肌电检测

10.3.3.3 感觉反馈路径

上肢辅助抓握外肢体机器人的目的是增强用户现有的运动能力,弥补用户运动能力

---

① PARIETTI F, ASADA H H. Independent voluntary control of extra robotic limbs[C]//IEEE. 2017 IEEE International Conference on Robotics and Automation (ICRA). Piscataway, N. J.:IEEE,2017:5954-5961.

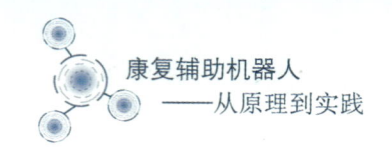

的不足,而不仅仅是提高他们的运动表现。在实际应用中,建立感官反馈路径是上肢外肢体机器人研发的一个持续挑战,目前可以通过感官反馈来提高准确性并减少动作时间,以便用户更好地控制上肢辅助抓握外肢体机器人。以利用肌电反馈的机器人第六手指为例,建立感觉反馈路径,如图 10-2 所示。在实际研究中,多位研究者意识到了感觉反馈路径的重要性,例如,相关学者研究了上肢外肢体机器人的感知增强潜力,特别是随着主观感知分辨率的发展和改进,他们利用运动感知建立映射关系,客观量化了人的主观意识和个性化感受[①];也有学者研究了电刺激物理参数与事件相关电位(event-related potential, ERP)幅值之间的物理关系,这对当前上肢辅助抓握外肢体机器人感知反馈的研究具有重要的启发意义[②]。如果缺少感觉反馈通道,佩戴者将无法获得运动信息,也就无法完成动作。因此,构建感觉反馈路径是实现和增强上肢外肢体运动能力的关键技术。

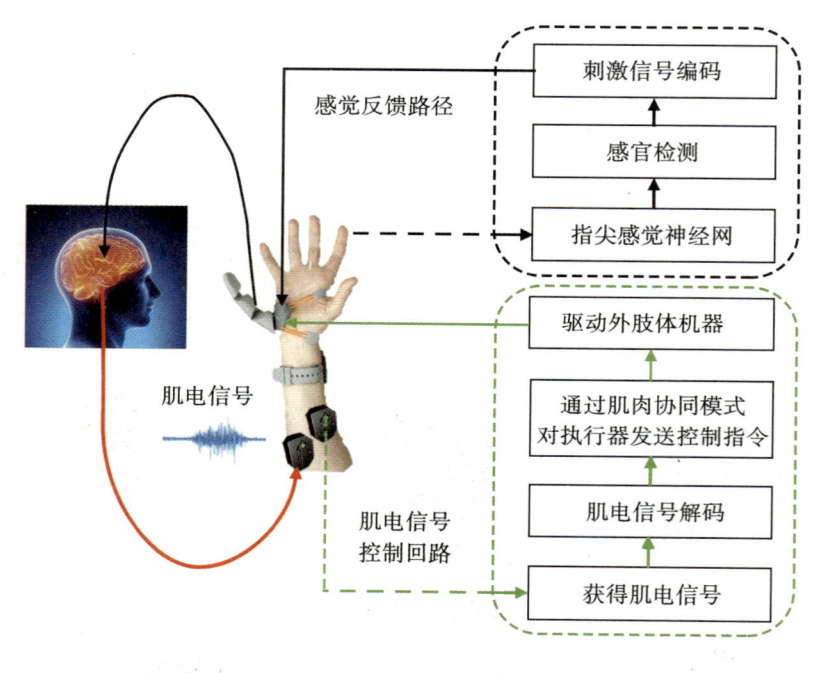

图 10-2　感觉反馈路径(以 EMG 为例)

10.3.4　控制系统的设计

随着技术的不断发展,上肢辅助抓握外肢体机器人在医疗领域中发挥着越来越重要的作用,而机器人的控制研究又是机器人研发过程中的重中之重。只有采用可靠高效的

---

① WANG W J, LIU Y, LI Z C, et al. Building multi-modal sensory feedback pathways for SRL with the aim of sensory enhancement via BCI[C]//IEEE. 2019 IEEE International Conference on Robotics and Biomimetics (ROBIO). Piscataway, N. J.:IEEE,2019:2439-2444.

② ZHANG D G, XU F, XU H, et al. Quantifying different tactile sensations evoked by cutaneous electrical stimulation using electroencephalography features[J]. International journal of neural systems,2016,26(2):1650006.

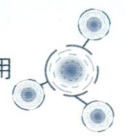

控制方法和控制策略，上肢辅助抓握外肢体机器人才能实现更好的人机协作和集成，提高佩戴者的感知和操作能力。本节将讨论不同的控制方法和控制策略，为读者后续的研究提供一些想法。

10.3.4.1 控制方法

1. 肢体映射

肢体映射控制是一种利用人体肢体运动来控制上肢辅助抓握外肢体机器人的方法。它基于人类的本能运动和肢体感知，通过传感器和算法将人体运动转化为机器人的动作指令，从而实现对外肢体机器人的控制。控制过程包括以下步骤。

(1) 传感器数据采集。在肢体映射方法中，可以使用多种传感器来捕捉人体肢体运动数据。常见的传感器包括IMU和表面肌电传感器。IMU可以测量身体的姿态和加速度等数据，而表面肌电传感器可以记录肌肉活动。这些传感器可以放置在人体关键部位（例如手臂、手腕或手指），以获取准确的运动信息。

(2) 数据预处理。传感器采集到的数据可能包含噪声和冗余信息，需要进行预处理和滤波，以提高数据质量和准确性。预处理方法包括滑动窗口平均、降噪滤波和信号归一化等。这些方法有助于减少噪声干扰并使数据更具可用性。

(3) 运动识别与意图提取。为了将传感器数据映射到特定的运动模式和动作意图，需要使用模式识别和机器学习算法。常见的算法包括支持向量机（support vector machines, SVM）、卷积神经网络等。这些算法可以对预处理的数据进行训练和分类，从而实现对不同运动模式和动作意图的识别和提取。

(4) 动作指令生成。根据识别到的运动模式和动作意图，生成相应的机器人动作指令。生成指令的方式取决于具体的机器人控制系统，可以是基于关节角度、速度、力矩等参数的控制方式。此阶段还可以结合动力学模型和运动规划算法，以产生更精确和流畅的机器人运动。

(5) 机器人控制。将生成的动作指令传输给上肢辅助抓握外肢体机器人，实现对机器人的关节运动和抓握动作的控制。控制方式可以采用实时控制系统，通过传输实时指令来控制机器人；也可以采用离线指令的方式，将指令存储在机器人内部，由机器人根据指令执行相应的动作。通信方式可以使用无线通信技术（如蓝牙或WiFi通信），将指令传输给机器人。

肢体映射控制方法具有交互自然、使用灵活的优点。它充分利用了人体的本能运动和肢体感知，使人与机器人之间的交互更加自然和直观。机器人通过模仿人体肢体动作，使用者可以通过直接运动自如地控制机器人，而无须依赖复杂的用户界面或遥控器。此外，它还可以适应不同人体解剖结构和运动特征，因此具有较高的灵活性。它还可以根据用户的身体特征和能力进行个性化定制，满足不同用户的需求。

然而，肢体映射的控制方法也存在一些缺点。它需要使用多种类型的传感器来捕捉人体运动数据，增加了系统的复杂性和成本。同时，肢体映射方法要求每位用户进行训练和适应，以建立个性化的映射关系，这可能需要花费一定的时间和精力。

总之，肢体映射的控制方法为人机交互和辅助抓握操作提供了许多优势。然而，它

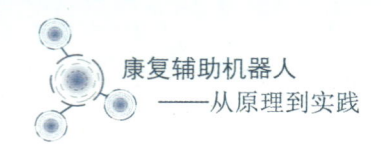

也面临着一些挑战和限制,需要进一步的研究来克服。

2.EMG 信号

EMG 信号是由肌肉活动产生的生物电信号,可通过肌电传感器采集和记录。EMG 信号与肌肉收缩程度和模式相关,因此可以用于控制机器人的动作。这种技术为需要机器人辅助生活的用户提供了一种便捷有效的控制方式,从而帮助他们改善生活质量并恢复肢体功能。

使用 EMG 信号控制辅助抓握外肢体机器人可分为以下几个步骤,确保实现有效而准确的控制过程。

(1)传感器安装。首先,需要将肌电传感器正确安装在用户的皮肤上。其次,选择位置时通常考虑目标肌肉的附近,以获取准确的信号。

(2)信号采集。肌电传感器或肌电臂环将 EMG 信号转换成电压或电流信号,并传输到控制系统进行处理。通常使用模数转换器将模拟信号转换为数字信号,以便于进行后续的信号处理和分析。

(3)信号预处理。为了提高信号质量和准确性,通常需要进行信号预处理。这包括滤波、增益调整和去噪等操作。滤波可消除高频或低频噪声,增益调整可适应后续分析处理的信号幅度范围,去噪可降低环境干扰对信号的影响。

(4)特征提取。在信号预处理后,需要从 EMG 信号中提取特征,以将其与特定的动作或指令相关联。常用的特征提取方法包括时域特征提取和频域特征提取。时域特征提取可通过计算 EMG 信号的均值、标准差、峰值等统计参数来表示肌肉活动的强度和时序特征。频域特征提取则通过将 EMG 信号进行傅里叶变换或小波变换,从频谱中提取能量分布、频率带特征等信息。从预处理后的信号中提取有用的特征[例如时域特征(如均值、方差)、频域特征(如功率谱密度)或时频特征(如小波变换系数)],以便于后续对 EMG 信号进行更深层次的分析。

(5)动作分类与识别。一旦提取了适当的特征,接下来便要将 EMG 信号与具体的动作进行分类和识别。这可以通过机器学习算法实现,比如支持向量机、卷积神经网络等。在训练阶段,使用已知动作模式的 EMG 信号作为输入,将其与相应的动作标签关联,以建立分类模型。在使用阶段,机器人通过将实时采集到的 EMG 信号输入分类模型,可以预测用户当前的动作意图。

(6)控制外肢体机器人。一旦识别出用户的动作意图,就可以将这些信息用于控制外肢体机器人的运动。这涉及将动作意图转化为机器人的运动指令,例如抓握、放松等。这些指令可以通过与机器人控制系统的接口进行通信,将用户的意图转化为相应的机器人动作。常见的通信方式有串口通信、蓝牙通信等。

(7)实时反馈与优化。在使用过程中,提供实时反馈对用户的控制体验至关重要。这可以通过可视化界面、声音提示或振动反馈等方式实现,让用户了解他们的动作意图是否被准确捕捉并转化为机器人动作。同时,根据用户的反馈和使用经验,进行算法优化和系统改进,以提高控制精度和用户体验。

使用 EMG 信号控制辅助抓握外肢体机器人的方法在医疗康复、辅助生活和人机交

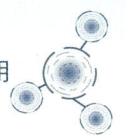

互领域具有广泛的应用前景。通过利用 EMG 信号作为交互接口，可以帮助肢体功能受限的人群恢复日常生活的自主能力，提高他们的生活质量和社交参与度。这种技术的进一步发展和改进将为肌肉功能障碍者提供更多独立和自主的生活方式，促进人机协同和融合的发展。

EMG 信号方法的优势在于直接获取肌肉活动的生物信号，可以实现对机器人的实时控制。这种直接获取肌肉活动信号的方式使得 EMG 信号方法具有较高的灵敏度和精度，能够实现细致和精准的动作控制。相比于其他控制方法，EMG 信号方法相对简单，不需要大量的训练数据和复杂的算法处理过程，使其适用于实时应用和实验室环境。

然而，EMG 信号方法也存在一些限制。首先，EMG 信号的采集和处理对传感器的质量和稳定性有一定的要求。准确安装传感器、确保传感器与皮肤的良好接触以及传感器的灵敏度和可靠性都会对信号质量产生影响。其次，肌肉活动受到其他因素的干扰（例如肌肉疲劳、电磁干扰等），因此在实际应用中要特别重视信号的滤波和噪声处理，以提高信号的可靠性和准确性。

此外，EMG 信号的映射关系需要进行个体化的训练和调整，以适应不同个体的肌肉特征和运动模式。每个人的肌肉活动模式和信号特征可能会有所不同，因此在使用 EMG 信号控制机器人之前，需要进行个体化的训练和校准，以建立准确的映射关系，使机器人能够根据个体的 EMG 信号进行精准的动作控制。

尽管存在这些限制，EMG 信号方法仍然是一种有潜力的控制方法，能够为肢体功能受限的人群提供帮助，并在康复、辅助生活和人机交互领域具有广阔的应用前景。通过不断改进传感器技术、信号处理算法和个体化训练方法，可以进一步提高 EMG 信号方法的可靠性、灵敏度和实用性，推动其在实际生活中的广泛应用。

3. 脑机接口

脑机接口是一种通过记录和解读大脑活动信号，并将其转化为计算机可理解的指令来实现大脑与外部设备之间的直接通信的技术。脑机接口可以通过非侵入性或侵入性的方法来采集大脑信号，如脑电图、脑磁图（magnetoencephalography，MEG）或脑内植入电极。

使用脑机接口控制辅助抓握外肢体机器人的控制过程如下。

（1）信号采集。信号采集是脑机接口控制的第一步，采集设备选择要考虑具体应用需求和用户舒适度，常见的选择包括干接触式电极、湿接触式电极或脑内植入电极。同时，要确保信号采集设备的良好接触和稳定性，排除外界干扰源，如电磁干扰和肌肉活动引起的噪声。还应实时反馈采集到的 EEG 信号，让用户了解自己的大脑活动。

（2）信号处理。信号处理是脑机接口控制的核心环节，从原始的 EEG 信号中提取与抓握意图相关的特征，并进行分类和解码。首先，预处理操作包括滤波、去噪和放大，以提高信号质量。然后，需要从预处理的信号中提取与抓握意图相关的特征，如时域特征、频域特征和时频域特征。使用机器学习算法（例如支持向量机、人工神经网络和深度学习模型）进行分类和解码，实现对提取的特征进行分类和识别。

（3）机器人控制。机器人控制是将识别到的抓握意图转化为机器人的抓握动作的过程。一旦识别到用户的意图，脑机接口系统会将解码得到的指令传递给上肢辅助抓握外肢体机器人的控制系统。控制系统根据用户的抓握意图，进行运动规划，确定机器人需要采取的具体动作。运动规划可以考虑抓握的力度、姿态和目标物体的位置等因素。

（4）控制指令传递。将运动规划得到的指令传递给机器人的控制系统。这可以通过无线通信、有线连接或其他方式进行传递。

（5）机器人执行。控制系统接收到指令后，控制机器人执行相应的抓握动作。机器人的执行可以涉及关节控制、力矩控制或其他控制方式，以实现准确的抓握动作。

需要注意的是，与肢体映射和EMG信号的控制方法不同，脑机接口控制上肢辅助抓握外肢体机器人的过程是一个闭环控制系统。用户的意图被捕捉和解码后，会有控制指令传递给机器人，机器人执行动作后，系统再次采集用户的EEG信号，形成一个循环。通过这种反馈机制，用户可以感知机器人的动作并对其进行调整和修正，实现更准确的控制。

总之，脑机接口通过捕捉和解读大脑信号，将用户的抓握意图转化为机器人的抓握动作，实现了通过思维直接控制机器人的目标。这一技术的发展将为失去肢体功能的人提供重要的康复和辅助手段。

脑机接口控制具有独立性和直接性的优点。对于失去肢体功能的人，脑机接口可以提供一种独立控制机器人的方式，恢复他们的抓握能力，增强其生活的自理能力。脑机接口通过直接解读大脑信号，实现了人脑与机器人之间的高度直接连接，相比传统的基于肌肉信号的控制方法，脑机接口可以更准确地捕捉用户的意图和动作要求。

然而，脑机接口控制也具有一些缺点。脑机接口涉及对个体大脑活动的记录和解读，这引发了隐私和伦理问题。如何确保个人数据的安全和保护隐私，以及明确脑机接口技术使用的伦理准则和规范，是研究人员和社会学家需要认真考虑和解决的问题。使用脑机接口控制上肢辅助抓握外肢体机器人需要用户接受和适应这种新的控制方式，同时还需考虑用户的舒适度。目前，脑机接口技术仍然处于发展阶段，尚存在一些技术限制，并且开发和部署脑机接口系统的成本较高（包括硬件设备、信号处理算法和系统集成等方面的投入）。脑机接口系统的可靠性和稳定性对于实际应用至关重要，相关技术需要进一步改进，以提高信号质量、准确性和系统的稳定性，确保用户能够可靠地控制上肢辅助抓握外肢体机器人。

总之，脑机接口在上肢辅助抓握外肢体机器人中具有巨大潜力，可以为失去肢体功能的人提供重要的康复和辅助手段。然而，在脑机接口的实际应用中，仍需克服技术限制，提高可靠性和适应性，并解决伦理、隐私和成本等问题，以使脑机接口技术可以广泛应用，并使社会受益。

肢体映射、EMG信号和脑机接口是三种常见的用于控制上肢辅助抓握外肢体机器人的方法。肢体映射方法通过建立人体肢体运动与机器人运动之间的映射关系实现动作控制，EMG信号方法利用肌肉活动的电生理信号实现实时的动作控制，脑机接口方法通过直接获取和解读人脑的神经信号实现对机器人的精确控制。每种方法都具有自身的优势和限制，在不同应用场景中选择合适的控制方法非常重要。随着技术的不断发展，这些方法有望进一步改进和完善，为上肢辅助抓握外肢体机器人的控制带来更多的可能性和广阔的发展前景。

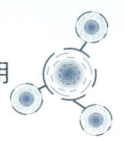

10.3.4.2 控制策略

上肢辅助抓握外肢体机器人的整体控制策略可分为三个级别：上层控制器、中层控制器和下层控制器。上层控制器用于人体运动意图识别和状态估计的过程；中层控制器用于人体运动估计和控制策略的融合过程，产生预期运动信号；下层控制器用于预期运动信号的精确跟踪过程。目前，该研究的难点主要集中在上、中层控制器的运动数据融合和下层控制器的精确跟踪上。本节主要介绍适用于上肢辅助抓握外肢体机器人的几种控制策略。

1. 迭代学习控制（iterative learning control，ILC）策略

ILC 策略是重复跟踪控制或周期性干扰抑制问题的有效控制策略，可以解决下层控制器预期信号的跟踪问题，提高跟踪精度，其控制原理如图 10-3 所示。ILC 通过迭代历史时间的控制误差来校正当前时间的控制量，以克服模型中未知参数的干扰，从而提高重复过程的跟踪精度。对于 ILC 系统，即使在难以进行系统建模的情况下，也可以实现良好的控制性能。在 ILC 研究的早期阶段，ILC 技术主要是在收缩映射法的基础上发展起来的，由此衍生了 D 型 ILC、P 型 ILC、PD 型 ILC 和 PID 型 ILC，并对其展开了深入研究和应用。后来，随着 ILC 技术的不断发展，其他一些 ILC 设计方法得到了广泛的研究。其中，基于李雅普诺夫类函数的 ILC 方法是目前最常用的方法之一，即所谓的自适应 ILC。

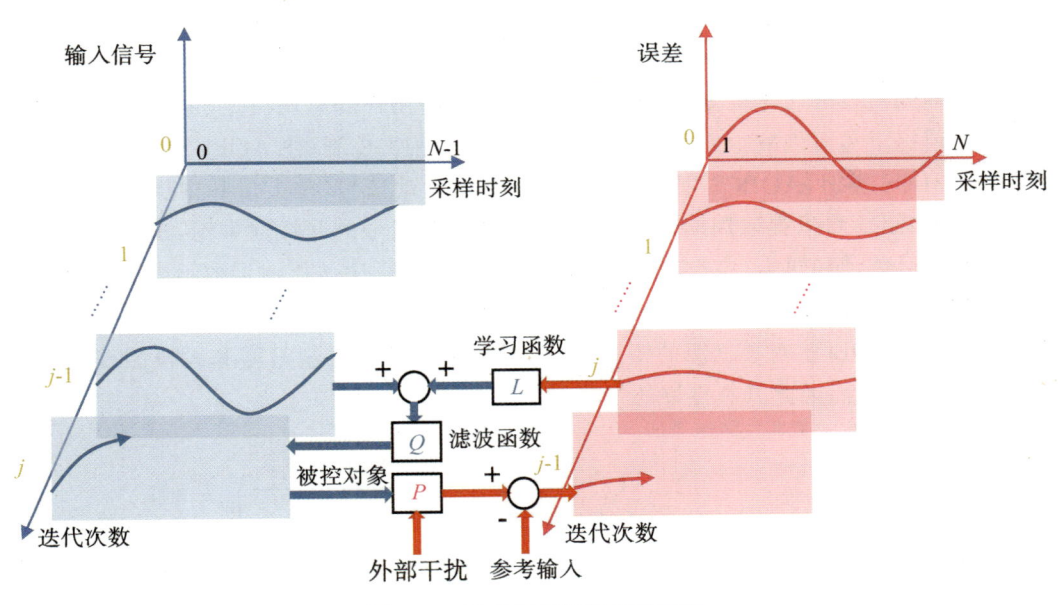

图 10-3 迭代学习控制策略原理

迭代学习控制策略的控制律有很多，本节只选取最简单的 P 型迭代学习控制律和目前应用最广泛的自适应迭代学习控制律进行讲解。

P 型迭代学习控制律是迭代学习控制与 PID 控制相结合的一种控制律，其原理通常可以表示为：

$$\begin{cases} u_{i+1}(t) = u_i(t) + \Gamma e_i \\ e_i = \tau(t) - y_i(t) \end{cases} \qquad (10\text{-}1)$$

式中，i 是迭代次数，$u(t)$ 为控制输入，$\tau(t)$ 是参考轨迹，$y(t)$ 是输出，Γ 是恒定学习增益矩阵，e_i 是第 i 次迭代的跟踪误差。

在自适应迭代学习控制律中，使用上一次迭代中的系统误差在连续迭代之间调整控制参数，从而降低控制误差，提高跟踪精度。原理表达式如下：

$$\boldsymbol{u}_k = -\gamma_1 \boldsymbol{s}_k - \tilde{\boldsymbol{\omega}}_k^{\mathrm{T}} \boldsymbol{\varphi}_k - \boldsymbol{\chi}_k^{\mathrm{T}} \boldsymbol{\psi}_k \qquad (10\text{-}2)$$

$$\boldsymbol{S}_k = \sum_{i=1}^{n-1} c_i x_i + \boldsymbol{\chi}_n \qquad (10\text{-}3)$$

$$\tilde{\boldsymbol{\omega}}_k = sat_{\underline{\omega},\bar{\omega}}(\tilde{\boldsymbol{\omega}}_{k-1}) + \gamma_2 \boldsymbol{s}_k \boldsymbol{\varphi}_k \quad \tilde{\boldsymbol{\omega}}_{-1} = 0 \qquad (10\text{-}4)$$

$$\boldsymbol{\chi}_k = sat_{\underline{\chi},\bar{\chi}}(\tilde{\boldsymbol{\omega}}_{k-1}) + \gamma_3 \boldsymbol{s}_{z,k} \boldsymbol{\psi}_k \quad \boldsymbol{\chi}_{-1} = 0 \qquad (10\text{-}5)$$

式中，γ_1，γ_2，$\gamma_3 > 0$，$\boldsymbol{\varphi}_k = [cz_{2,k} - \ddot{x}_d - \dot{e}_{2,k}^\tau \quad x_{1,k} \quad x_{2,k} \quad 1]^{\mathrm{T}}$；$\boldsymbol{\psi}_k = \left[\| e_k \| \, sat_{-1,1}\left(\dfrac{\boldsymbol{s}_{z,k}}{\varphi}\right) \quad sat_{-1,1}\left(\dfrac{\boldsymbol{s}_{z,k}}{\varphi}\right) \right]^{\mathrm{T}}$，$\varphi$ 是一个很小的正数，$sat\ldots(\cdot)$ 可以表示为：x 为状态向量；c_i 是满足 Hurwitz 定理的多项式系数；

$$sat_{\underline{a},\bar{a}}(\hat{\boldsymbol{a}}) = \begin{cases} \bar{a}, & \hat{a} > \bar{a} \\ \hat{a}, & \underline{a} \leqslant \hat{a} \leqslant \bar{a} \\ \underline{a}, & \hat{a} < \underline{a} \end{cases} ; \hat{\boldsymbol{a}}$$ 是一个向量集。

2. 基于自适应振荡器的控制策略（AOBCS）

上肢辅助抓握外肢体机器人的运动开始和结束由用户的意图决定，但控制过程应在不失控的前提下尽可能减少人类意识的干预，即实现按需控制，使 AOBCS 达到上述控制效果。与 ILCS 类似，AOBCS 主要用于处理周期性运动信号，是上层和中层控制器算法的融合。AOBCS 可以提取周期信号的特征，实现周期信号的非线性重构，从而完成周期信号的无延迟估计和同步，该控制策略的工作示意图如图 10-4 所示。由于周期信号相位特性的单调连续性，AOBCS 获得的相位特性也可用于构建控制律或作为机器学习算法的训练特征。AOBCS 对数据源的要求较低，与基于模型的控制策略和无模型控制策略具有良好的兼容性，因此具有良好的发展前景。

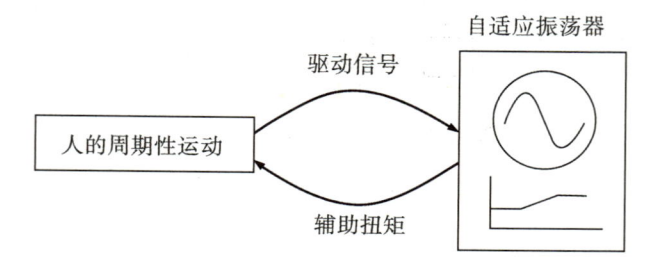

图 10-4 基于自适应振荡器的控制策略的工作示意图

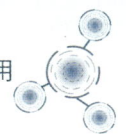

自适应振荡器有多种类型,常见的有 Hopf 振荡器、Matsuoka 振荡器、Vanderpol 振荡器以及其他自定义振荡器等。其中,Hopf 振荡器简单可靠,需要的调节参数数量较少,故应用范围较为广泛。本书仅列出 Hopf 振荡器的原理公式。

Hopf 振荡器的原理为在状态空间中存在一个稳定的极限环,输入任意的初始值,最终都可以产生相同形状的周期性振荡信号,其数学模型如下:

$$\begin{cases} \dot{x} = \gamma(\mu - r^2) - \omega y \\ \dot{y} = \gamma(\mu - r^2) + \omega x \end{cases} \tag{10-6}$$

式中,γ 为跟随速度;ω 为极限环半径,$r = \sqrt{x^2 + y^2}$;ω 为系统固有频率。

3. 基于相位变量的控制策略(phase variable control strategy, PVBCS)

PVBCS 属于上层和中间算法的融合,模糊了人体运动状态识别与产生所需信号之间的界限。人体的运动通常是一种有节奏的行为,该过程由中央模式生成器(central pattern generator, CPG)控制。研究表明,CPG 在运动控制过程中与时间无关,这个过程可以用连续且唯一的状态变量(即相位变量)来充分描述。相位变量是物理变量,它们可以随着肢体运动过程单调变化,并完全参数化人体的节奏运动。基于有限状态机的离散相位控制是一种传统的上肢外肢体机器人控制策略,该策略通过预定义的各种不同参数或不同的控制模式进行控制。然而,这种控制策略的状态切换通常依赖于时间,并且无法保证控制的连续性。PVBCS 可以通过引入连续相位变量来解决这些问题。然而,目前 PVBCS 在上肢外肢体机器人中的应用还较少,仍处于探索阶段。

4. 直接控制和伪映射控制策略

除了上面提出的三种典型控制策略外,利赫(Leigh)等人根据上、中、下层控制器定义了四种具有不同程度自主性的增强控制策略,如直接控制、伪映射、辅助控制和共享控制[①]。直接控制和伪映射是外肢体机器人完全没有自主权的两种控制方法。前一种方法直接将来自操作员的命令信号转换为机器人的操作指令。例如,机器人使用来自用户前臂的 EMG 信号来控制机器人。伪映射的原理类似于直接控制,因为上肢辅助抓握外肢体机器人的控制是通过人类操作和上肢辅助抓握外肢体机器人操作之间的算法映射生成的。直接控制和伪映射在上肢辅助抓握外肢体机器人运动的独立性和强加给用户的控制负担之间提供了不同的权衡。

5. 辅助控制策略和共享控制策略

辅助控制策略是一种控制范式,其中上肢辅助抓握外肢体机器人的整体运动由操作员引导,其自身再根据指令进行一些调整。上肢辅助抓握外肢体机器人远程操作研究中采用的控制策略显示了其适用性。远程操作系统通常利用自动控制来提供帮助,因为控制接口可能缺乏完全控制机器人所需的自由度。上肢辅助抓握外肢体机器人通过自适应控制防止运动中的错误。

共享控制策略描述了上肢辅助抓握外肢体机器人系统在做出较大决策时所扮演的

---

① LEIGH S W, AGRAWAL H, MAES P. Robotic symbionts: Interweaving human and machine actions[J]. IEEE pervasive computing,2018,17(2):34-43.

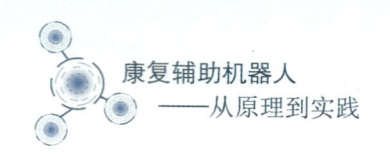

角色。在这种控制策略中,上肢辅助抓握外肢体机器人在做大量的数据以及算法处理的同时,还需要操作员共享一些控制指令,来共同完成决策。也就是说,低层次的决策是由上肢辅助抓握外肢体机器人自主完成的,而人类操作员只需在特定情况下做出更高层次的决策。

10.4 上肢辅助抓握外肢体机器人的评估

为了确保机器人能够有效地满足使用者的需求,并保证其安全性和可行性,对上肢辅助抓握外肢体机器人进行性能评估显得至关重要。这种评估可以帮助医疗专业人员确定机器人在康复治疗中的效果,进而确定治疗计划的有效性,并为患者提供更加个性化的康复方案。此外,对机器人性能进行定量和定性评估,可以了解机器人对受限肢体的功能恢复和改善程度。评估结果还能够为机器人的设计和控制提供宝贵的反馈信息。通过评估机器人在不同任务和环境下的表现,人们可以发现其局限性和改进空间。这些评估结果有助于改善机器人的机械结构、运动控制算法和用户界面,提高机器人的稳定性、精确性和适应性。目前,主要的评估方法包括四种,分别为外肢体机器人样机的功能测试、人机一体化功能测试、面向残障人士的功能测试、非结构化场景的测试。

10.4.1 上肢辅助抓握外肢体机器人样机的功能测试

这种评估方法旨在评估上肢辅助抓握外肢体机器人样机本身的功能和性能。它包括对机器人的各个方面进行测试,如机械结构的稳定性、抓握力的精确度和控制、传感器的准确性和响应能力等。功能测试通常涉及对机器人进行各种基本动作和操作的评估,例如抓取、握持、举起、放置等。通过样机的功能测试,人们可以评估机器人样机在不同任务和场景下的性能表现。样机功能测试具体包括四种,分别为机械结构测试、抓握力测试、运动精度测试、传感器测试,如图10-5所示。

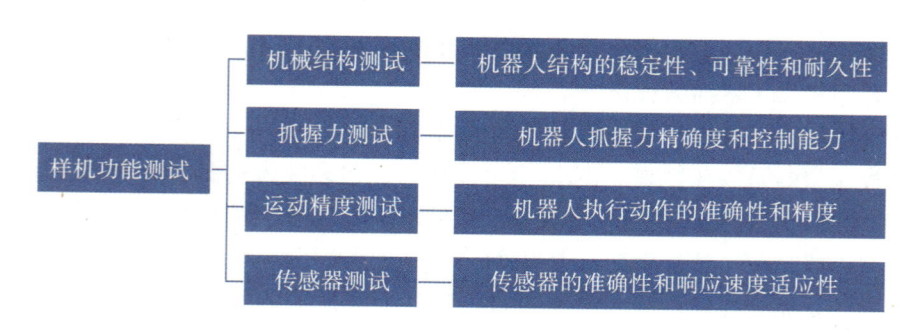

图10-5 样机功能测试种类

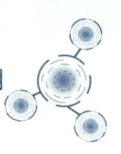

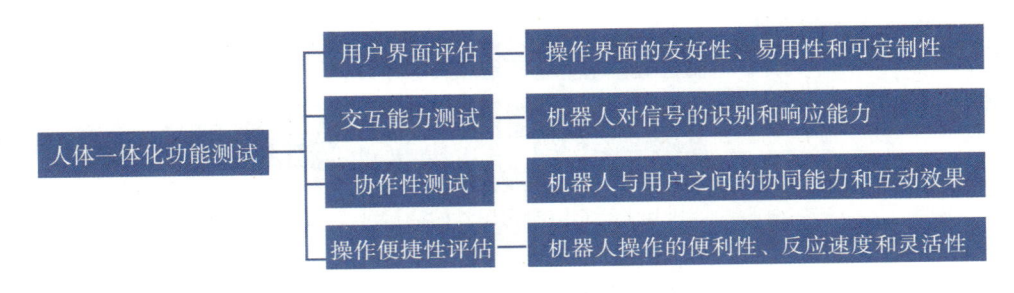

10.4.2　人机一体化功能测试

人机一体化功能测试将重点放在上肢辅助抓握外肢体机器人与人类操作者之间的交互和协作上。这种评估方法主要关注机器人与人类的协同能力、用户界面的友好性和操作的便捷性等方面。它涉及机器人的操作界面、手势识别和语音交互等方面的评估。人机一体化功能测试可以帮助评估机器人是否能够与用户进行有效地交互，并实现灵活、可靠的操作。人机一体化功能测试具体包括四种，分别为用户界面评估、交互能力测试、协作性测试、操作便捷性评估，如图 10-6 所示。

```
                    ┌─ 用户界面评估 ──── 操作界面的友好性、易用性和可定制性
人体一体化功能测试 ─┤─ 交互能力测试 ──── 机器人对信号的识别和响应能力
                    ├─ 协作性测试 ────── 机器人与用户之间的协同能力和互动效果
                    └─ 操作便捷性评估 ── 机器人操作的便利性、反应速度和灵活性
```

图 10-6　人机一体化功能测试种类

10.4.3　面向残障人士的功能测试

这种评估方法专注于辅助抓握外肢体机器人在帮助残障人士的日常生活中的实际应用。它考虑到残障人士的特殊需求和能力，评估机器人在协助日常活动、运动训练、康复治疗等方面的功能和效果。这种评估方法的目的是确保机器人能够满足残障人士的特定需求，并为他们提供有效的辅助和支持。面向残障人士的功能测试具体包括三种，分别为日常活动辅助测试、运动训练评估、用户满意度评估，如图 10-7 所示。

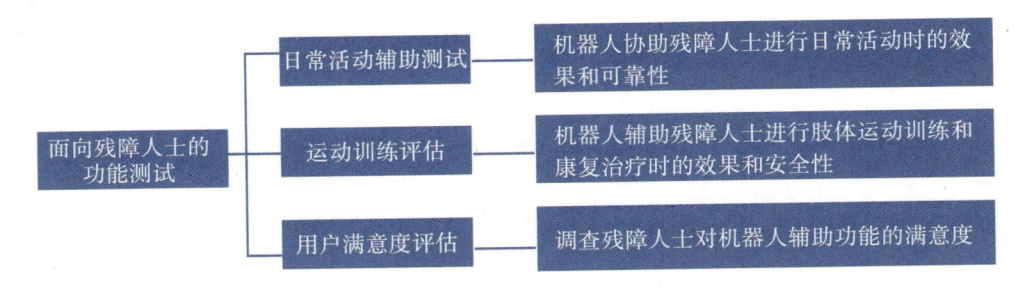

```
                  ┌─ 日常活动辅助测试 ── 机器人协助残障人士进行日常活动时的效果和可靠性
面向残障人士的 ──┤─ 运动训练评估 ────── 机器人辅助残障人士进行肢体运动训练和康复治疗时的效果和安全性
功能测试          └─ 用户满意度评估 ──── 调查残障人士对机器人辅助功能的满意度
```

图 10-7　面向残障人士的功能测试种类

10.4.4　非结构化场景的测试

非结构化场景的测试涉及机器人在复杂、多变的环境中的表现。这些场景可能包括不同类型的物体、不同形状和尺寸的物体、不同表面的物体等。这种评估方法旨在测试

机器人在处理不同环境和物体时的感知、抓握和操作能力。它涉及对机器人的感知算法、环境适应性等方面的评估。非结构化场景的测试可以帮助评估机器人在真实世界环境中的实际应用潜力和可靠性。非结构化场景的测试具体包括四种，分别为物体感知测试、抓握能力测试、环境适应性测试、任务完成度评估，如图10-8所示。

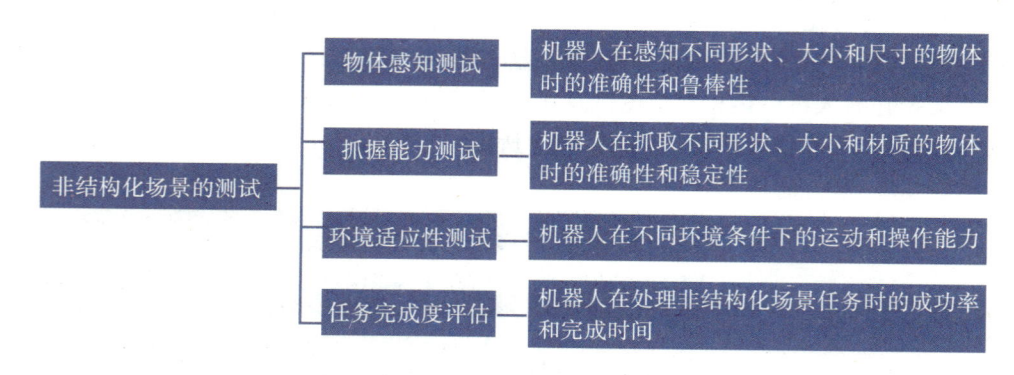

图 10-8 非结构化场景的测试种类

总之，评估方法的选择取决于具体的评估目的、资源可用性和测试环境的复杂性。综合使用定量和定性评估方法可以提供全面而深入的评估结果，帮助改进和优化上肢辅助抓握外肢体机器人的性能和功能，以更好地满足用户的需求。

10.5 上肢辅助抓握外肢体机器人的范例

上肢辅助抓握外肢体机器人具有协助患者进行日常生活活动、康复治疗等多种功能。本节挑选了一些典型的上肢辅助抓握外肢体机器人样机，从每种样机的设计思路、研究亮点、研究方法等多方面对其进行详细介绍。除此之外，本节还列举了上肢辅助抓握外肢体机器人在临床方面的几种应用。通过对这些范例进行研究和分析，读者可以更好地了解上肢辅助抓握外肢体机器人的发展现状和未来趋势，为其在医疗领域中的应用提供参考和借鉴。

10.5.1 典型样机

本节挑选了三种典型样机进行详细介绍，分别是机器人第六指、可穿戴型辅助抓握机器人和臂-手一体化辅助抓握机器人。

10.5.1.1 机器人第六指

麻痹性上肢脑卒中患者功能恢复的关键作用在于手麻痹的改善。基于此，吉奥娜塔·萨尔维蒂（Gionata Salvietti）等人研发了一款机器人第六指，他们通过额外的机器人手指假肢（即机器人第六指）来增强患者的功能能力，该假肢佩戴在患者的手腕/前臂上，与患者

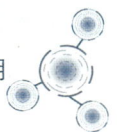

的手腕/前臂一起配合完成工作[1]。它就像一个两指夹持器,其中一根手指由机器人第六指表示,而另一根手指由患者瘫痪的肢体表示。这款机器人旨在提高上肢功能,在脑卒中患者无法很大程度地改善功能运动的情况下,提高患者日常生活的独立性。

这款机器人的设计亮点在于此设计团队提出的一种专为脑卒中后患者设计的用户界面。用户可以通过放置在额肌上的表面电极捕获的 EMG 信号来控制手指屈曲/伸展,且在关节层面采用导纳控制,使得机器人可以自主地适应被抓物体的形状。在研发后期,该设计团队为了测试此装置在抓握补偿方面的可用性,进行了一个试点试验,使四名处于慢性状态的受试者佩戴机器人第六指,进行 Frenchay 手臂测试中包含的任务。在测试中,患者在机器人第六手指的帮助下完成了自身无法完成的不同操作任务(例如拿起杯子喝水、梳头、抓握细小物品等),测试结果良好。

10.5.1.2 可穿戴型辅助抓握机器人

Park 等人针对上肢轻偏瘫后患者手部功能运动的恢复研发了一款可穿戴型辅助抓握机器人。这款机器人是完全由用户控制的,在引导患者进行手部锻炼以及神经肌肉功能恢复的同时,还可以作为供日常生活使用的辅助设备[2]。除手部机器人本体外,该装置还配有一个肌电环来控制手部机器人的开关机,满足了某些特定患者的使用需求。该设备的基本操作原理可以概括为:通过构建人手外肌腱网络,并利用小型电机的有效力传递机制,控制手指的伸展,从而实现对物体的抓握和释放。

为验证这款机器人的可行性,研究团队进行了临床的试点研究试验。试验选取了 11 名患有中等肌张力的慢性脑卒中患者,让他们使用机器人进行了为期一个月的训练,然后使用标准化结局测量对训练后的患者情况进行评估。最后结果显示,患者的上肢远端关节得到了较大的改善,且该机器人可能在抓取任务中起到辅助作用,这表明这款机器人可以作为手部的康复装置使用。

10.5.1.3 臂-手一体化辅助抓握机器人

在动态变化的环境中,防止抓取物体滑落是一项特殊的挑战。导致抓取物体滑落的原因:首先是物体参数的不确定性,例如被抓取物体的合规性、尺寸、质量和摩擦等因素;其次,臂-手外肢体机器人使用者的某些操作也会使被抓取物体产生惯性力,从而导致抓取不稳定。基于此问题,本杰明·A·肯特(Benjamin A. Kent)等人设计了一款臂-手一体化辅助抓握系统。此系统采用了 PSSP(基于预测和感知的协同姿势控制)控制架构,该架构可以自主调节臂-手系统的抓取协同作用,从而有效防止抓取物体滑移[3]。该系统的基本原理是利用一种方法来补偿由机械臂带动机械手的运动所引起的滑移惯性力。具体来说,就是将机械臂中所对应的人的肘部和肩部关节的旋转运动所产生的科里奥利

---

[1] SALVIETTI G, HUSSAIN I, CIONCOLONI D, et al. Compensating hand function in chronic stroke patients through the robotic sixth finger[J]. IEEE transactions on neural systems and rehabilitation engineering, 2016, 25(2):142-150.

[2] PARK S, FRASER M, WEBER L M, et al. User-driven functional movement training with a wearable hand robot after stroke[J]. IEEE transactions on neural systems and rehabilitation engineering, 2020, 28(10):2265-2275.

[3] KENT B A, ENGEBERG E D. Robotic Hand acceleration feedback to synergistically prevent grasped object slip[J]. IEEE transactions on robotics, 2016, 33(2): 492-499.

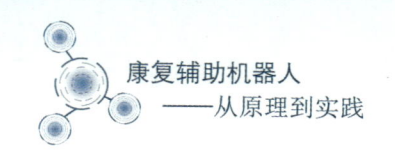

力、向心力和横向力主动用于防止被抓物体的滑落。这使得机械臂与机械手相互协同来实现物体抓取，这种方法只需要单一的输入来控制机械手，即通过触觉或视觉反馈的信息作为单一输入。在防滑试验中，他们所提出的 PSSP 控制架构表现出很好的防滑性能，可以很好地改善臂-手系统的防滑性能。这种控制架构的优点在于它可以适应不同的环境和物体形状，从而提高了机器人的灵活性和适应性。

10.5.2 临床应用

上肢辅助抓握外肢体机器人可以被用于多种临床应用场景，下面是比较常见的几种场景。

（1）协助患者进行日常生活活动。上肢辅助抓握外肢体机器人可以帮助行动不便的患者进行日常生活活动，如穿衣、洗脸、刷牙等。这对于那些因为年龄、疾病或残疾而无法自理的患者来说非常重要。例如相关学者设计的一种刚性的多余机器人手指（即 SR 手指），可用于帮助截肢和脑卒中后的患者独立生活，并且能够仅用一只手进行操作[1]。

（2）康复治疗。上肢辅助抓握外肢体机器人可以协助康复治疗，帮助患者恢复肌肉力量和运动能力。在脑卒中后，患者可能需要重新学习如何使用手臂和手腕，上肢辅助抓握外肢体机器人可以提供定制化的康复计划，帮助患者逐步恢复功能。例如，相关学者设计的一款外肢体手部训练机器人，利用自身肌肉信号主动驱动机器人对受损手进行训练[2]；还有学者设计了一款四自由度上肢机器人，利用气动人工肌肉致动器驱动机械臂带动患者上肢运动，帮助患者进行康复训练[3]。

（3）代偿患者的上肢运动。上肢辅助抓握外肢体机器人可以代偿患者的上肢运动，通过模拟人类手臂的运动，并通过与患者的交互来帮助他们完成日常生活中的任务，通常用于患者上肢功能运动能力较为低下的情况。例如，有学者设计了一套臂-手系统，通过脑机接口控制臂-手系统的运动以及抓取动作、代偿患者的上肢运动，帮助患者独立生活[4]。

10.6 本章小结

本章首先介绍了上肢辅助抓握外肢体机器人的研究背景，并从结构和穿戴方式两个角度对机器人进行了分类，然后对机器人的硬件系统、控制算法进行了分析与归纳。最后，本章提出了几种针对上肢辅助抓握外肢体机器人的评估方法，并列举了几种典型样机和临床上的应用实例。

---

[1] WU F Y, ASADA H H. "Hold-and-manipulate" with a single hand being assisted by wearable extra fingers[C]//IEEE. 2015 IEEE International Conference on Robotics and Automation (ICRA). Piscataway, N. J.:IEEE,2015:6205-6212.

[2] HO N S K, TONG K Y, HU X L,et al. An EMG-driven exoskeleton hand robotic training device on chronic stroke subjects: Task training system for stroke rehabilitation[C]//IEEE. 2011 IEEE International Conference on Rehabilitation Robotics. Piscataway, N. J.:IEEE,2011:1-5.

[3] CHEN C T, LIEN W Y, CHEN C T, et al. Dynamic modeling and motion control of a cable-driven robotic exoskeleton with pneumatic artificial muscle actuators[J]. IEEE access, 2020,8:149796-149807.

[4] SHIM K H,JEONG J H,KWON B H,et al. Assistive robotic arm control based on brain-machine interface with vision guidance using convolution neural network[C]//IEEE. 2019 IEEE International Conference on Systems, Man and Cybernetics (SMC). Piscataway, N. J.:IEEE,2019:2785-2790.

第 11 章
下肢假肢机器人的设计与应用

11.1　下肢假肢机器人的概述

　　对于下肢截肢者而言,下肢肢体的缺失不仅使他们在日常生活中丧失了基本的运动能力,同时伴随着伤残肢体的萎缩与退化,也会对他们的身心健康造成影响。下肢假肢可以在一定程度上替代肢体的运动功能,从而恢复下肢截肢者的部分运动能力,使截肢者能够像正常人一样行动自如。不但使他们重拾生活的信心,也极大方便了他们的日常生活,提高了他们的生活水平,使他们以良好的精神面貌重新回归家庭,为社会的发展贡献一份力量。

　　被动式假肢内部安装有弹性元件或储能元件,通过对假肢穿戴者在行走过程中的能量的吸收或释放,实现下肢假肢对截肢者健侧腿的步态跟随。被动式假肢是目前市场内占比最多的商用假肢产品。但是,被动式假肢通常无法提供必要的主动动力,无法在上楼梯或爬斜坡时给人体提供向上的推力。因此,在上下楼梯等场景中,被动式假肢只能被动跟随健侧腿的步态进行运动,无法实现对截肢者健侧腿很好的跟踪和步态协调。因此,能够为穿戴者提供行走时的主动动力的智能动力型假肢应运而生。

　　然而,目前关于智能动力型假肢的研究也较为浅显,其控制方法的可靠性和智能性还有待提高。通常来说,智能动力型假肢的控制信号来源于对穿戴者健侧腿的传感器信号的采集。但是,由于需要在穿戴者的健侧腿上布置传感器,不可避免地会增加下肢假肢的使用负担。同时,当健侧腿出现突发的异常步态时,现有的控制器也无法做出识别,从而可能导致穿戴者处于失稳跌倒等危险的状态。

　　为了让下肢截肢者有效、自然地操控自己的下肢假肢,需要提升下肢假肢的智能水平。下肢假肢感受环境信息之后传递给人,再由人指挥控制,同时下肢假肢能够根据穿戴者的运动意图提供相应的控制策略和行走动力,让穿戴者感觉下肢假肢犹如其身体的一部分一样。

11.1.1 下肢假肢的研究背景

目前假肢主要分为三类：被动型假肢，半主动假肢和智能动力型假肢。传统机械假肢往往属于被动型假肢，关节阻抗或者刚度固定、不可调，也不能主动提供动力；半主动假肢也属于智能假肢，结合微处理器检测人体运动状态或环境变化，调节关节阻抗或刚度，对不同场合有一定的适应能力，但同样不能提供主动力矩；智能动力型假肢不仅能根据不同情况调节关节阻抗或者运动模式，还能主动提供力矩输出，能够很好地补偿缺失肢体的功能。

半主动假肢相较被动假肢有了较大的性能提升，具有能耗低、高续航等优点，市场上已经有多款著名的商业化半主动假肢产品。德国奥托博克（Ottobock）公司生产的C-leg和Genium智能仿生假肢是市场上最受欢迎的智能假肢之一，它们内置多种传感器来采集关节角度等数据，从而检测用户的行走状况，控制假肢产生更自然的步态。C-Leg单轴液压阻尼通过电机控制流量控制阀的开度，来改变膝关节不同运动动作的阻尼；通过有限状态机控制方法实现了膝关节的弯曲和伸展，行走速度能随着用户步行速度的变化而变化。此外，类似的半主动假肢产品还有冰岛奥索（Ossur）公司生产的锐欧仿生磁控膝（Reho Knee）和英国英中耐（Enoolite）公司生产的Elan仿生电子踝。智能动力下肢假肢可以识别残疾人的运动意图，随着步速、运动模式、角度的变化自动调控力矩输出，使假肢步态尽量接近正常步态。虽然理论上智能动力下肢假肢能够实现更佳的性能，但也存在一些缺点和限制，比如续航、质量、控制方法和传感器的长期佩戴等问题，使得其难以大规模使用。冰岛奥索公司推出的智能动力膝关节（Power Knee）是目前最成功的商业化智能动力假肢之一。Power Knee采用的策略是模仿健侧腿的步态，它实时检测健侧腿的关节运动信息和足底压力，使Power Knee跟随健侧腿的行走步态，并根据健侧的步幅、步频自动进行调整。2009年，冰岛奥索公司推出了第二代智能假肢Power Knee，它能够感知用户的运动意图，感知地面路况并提供主动力矩。

气动人工肌肉作为一种新颖的驱动形式，也被用作一些假肢的驱动机构，如克鲁特（Klute）等和维斯鲁伊斯（Versluys）等研制的气动人工肌肉驱动的动力踝关节[1]。气动人工肌肉的原理是利用高压空气并控制其输入来模仿人体肌肉收缩的性能。但人工肌肉仍然存在许多问题（比如由于空气的可压缩性导致的控制精度较低以及能量转化率低、噪声大、体积大等缺陷），这限制了其大规模使用。电机驱动的方式仍然是动力假肢研究的首选。谢丽尔（Cherelle）等研制的动力假肢AMP foot 2.0采用在行走时储能的方案，具有较高的能量利用率，其驱动机构包括了三部分，分别为串联弹簧、储能弹簧和锁死机构。在支撑期，通过关闭锁死机构和电机拉伸弹簧进行储能，并为蹬腿离地提供动

---

[1] VERSLUYS R, DESOMER A, LENAERTS G, et al. A biomechatronical transtibial prosthesis powered by pleated pneumatic artificial muscles[J]. International journal of modelling, identification and control, 2008, 4(4): 394-405.

力,AMP foot 2.0 提高了行走过程中的能量利用率[①]。麻省理工学院的赫尔(Herr)团队设计的动力踝关节由弹性驱动器驱动,相比被动式假肢能够节省 7%~20%的能量[②③④]。美国的戈德法布(Goldfarb)等研制的大腿假肢包含一个膝关节和一个踝关节,该假肢的特点是利用了丝杠传动,将电机旋转转化为直线运动,能够提供很大的力矩输出[⑤⑥]。国内的智能假肢的研究起步于 20 世纪 80 年代初。清华大学设计了多连杆智能膝上假肢,上海理工大学喻洪流团队设计了基于小脑模型神经网络控制器的膝上假肢,北京大学王启宁教授团队设计了柔性关节的智能动力假肢 Pantoe 和适应地形的假肢 PKU-RoboTPro 等。除了许多高校和科研单位在研究智能动力假肢外,一些国内公司也在开发智能假肢,如台湾德林假肢的 IC 智能膝关节以及北京工道风行公司生产的 P103 踝关节假肢。国内外部分智能假肢的机构和型号在表 11-1 中列出。

表 11-1　智能假肢产品

假肢名称	机构	国家
C-leg	Ottobock	德国
Genium	Ottobock	德国
Power Knee	Ossur	冰岛
Reho Knee	Ossur	冰岛
Adaptive Knee	Endolite	英国
Hybrid Knee	Nabtesco	日本
REL-K Electronic Knee	Rizzoli Ortopedia	意大利
V One	台湾德林股份有限公司	中国
TGK-5PSOIC	台湾德林股份有限公司	中国
P103	北京工道风行智能技术有限公司	中国

---

① CHERELLE P, GROSU V, MATTHYS A, et al. Design and validation of the ankle mimicking prosthetic (AMP-) foot 2.0[J]. IEEE transactions on neural systems and rehabilitation engineering,2013,22(1):138-148.

② ROBINSON J L,SMIDT G L,ARORA J S. Accelerographic, temporal, and distance gait: factors in below-knee amputees[J]. Physical therapy,1977,57(8):898-904.

③ AU S K, HERR H M. Powered ankle-foot prosthesis[J]. IEEE robotics and automation magazine, 2008, 15(3):52-59.

④ AU S K, BERNIKER M, HERR H M. Powered ankle-foot prosthesis to assist level-ground and stair-descent gaits[J]. Neural networks,2008,21(4):654-666.

⑤ GOLDFARB M, LAWSON B E, SHULTZ A H. Realizing the promise of robotic leg prostheses[J]. Science translational medicine,2013,5(210):210-215.

⑥ LAWSON B E, MITCHELL J, TRUEX D, et al. A robotic leg prosthesis:design, control, and implementation[J]. IEEE robotics and automation magazine,2014,21(4):70-81.

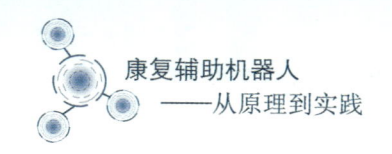

11.1.2　机器人技术在下肢假肢领域的应用

机器人技术在下肢假肢领域的应用引发了一个健康科技的革新。传统的假肢在功能和适应性方面存在一定的局限性,这个局限性主要表现在三个方面。

(1)动态适应性。传统的下肢假肢往往缺乏对使用者行为和环境变化的动态适应。例如,在行走过程中,传统的下肢假肢无法像真实的肢体那样调整步态,因此可能在处理复杂地形或者进行多样化活动(例如跑步、跳跃等)时显得力不从心。

(2)舒适性。传统的下肢假肢在穿戴舒适性方面存在一些缺陷。因为每个人的身体构造都是独特的,而传统的下肢假肢在设计和制造过程中往往难以完全匹配个体的特殊需要,可能导致使用者不适甚至疼痛。

(3)控制复杂性。对于一些复杂的假肢(例如电动假肢),传统的控制策略可能会给使用者造成较大的认知和操作负担(例如通过肌肉信号进行控制),这在初次使用或长时间使用后可能造成使用者的疲劳。

现代的机器人技术正在这些方面弥补传统假肢的不足,特别体现在模拟人体肢体动态功能的精细化结构设计,以及对使用者身体特征和需求的精准匹配上。这主要表现在以下几个方面。

(1)在下肢假肢的机械结构设计上,先进的技术使得设计出的下肢假肢能更好地模拟人体肢体的动作。例如,一些下肢假肢能够模拟人体脚踝的弹簧动力,而某些复杂的膝关节假肢可以模拟人体膝关节的弯曲和伸展动作,适应不同的地形和行走速度。

(2)利用计算机辅助设计和制造(CAD/CAM)技术,现代假肢能更精准地匹配使用者的身体构造,显著提升穿戴舒适度。这种技术不仅提高了制作效率,而且能够准确地满足使用者的身体特征和需求。

(3)现代假肢开始采用更直观的控制策略,例如,通过神经接口直接解读大脑信号进行控制,这大大降低了使用者的认知和操作负担。

(4)机器人技术的引进也推动了智能假肢的设计。智能假肢配备了内置的传感器和控制系统,能够实时感知环境和用户的意图,并据此动态调整假肢的状态(如自适应地调整脚踝角度和膝关节角度),以适应不平坦的地面或上下楼梯等复杂环境,增强了下肢假肢的实用性。

在康复训练方面,机器人技术也发挥了重要的作用。机器人康复训练系统可以提供一种结构化、标准化的训练方法,通过虚拟现实(virtual reality,VR)或增强现实(augmented reality,AR)等技术,使患者能够在安全的环境中进行高效的训练。这种训练方法不仅能够帮助患者更快地适应新的假肢,还能够通过数据反馈,帮助患者和医生实时了解训练的效果,进而优化训练计划,提高康复效果。

机器人技术在下肢假肢领域的应用无疑已经提高了假肢的设计和制造水平,提升了下肢假肢的功能,提高了康复训练的效率。随着技术的进一步发展,未来的下肢假肢将会更加智能、更加人性化、更加符合人体工程学,从而帮助假肢使用者更好地适应日常生活,提高生活质量。

11.1.3　下肢假肢机器人的优势与挑战

下肢假肢机器人将先进的机器人技术引入假肢领域,给下肢假肢机器人的发展带来了显著的优势,尤其是在功能性、适应性、舒适度和控制直观性方面。采用精密的机械和电子技术设计的下肢假肢机器人能模拟真实人体肢体的动作,如爬山、跳跃或在不平坦地面上行走。这种功能性的增强使使用者能在更广阔的环境和条件下进行活动,极大提升了生活质量。再者,下肢假肢机器人的适应性也非常出色,能够实时感知使用者的意图和周围环境并做出响应,例如在滑倒或失衡时帮助使用者恢复平衡。借助 CAD/CAM 技术,下肢假肢机器人可以根据使用者的身体特征进行个性化定制,提供更高的舒适度。此外,一些先进的下肢假肢机器人已经开始使用神经接口技术,允许假肢直接接收和解析大脑的信号,大大降低了使用者的认知负担。

然而,尽管下肢假肢机器人的优势明显,但其也面临着一些重要挑战。首先,技术复杂性增加了这类设备的开发难度,限制了其大规模生产。其次,下肢假肢机器人的制造成本相对较高,这限制了这项技术的全球普及,特别是在资源有限的地区。另外,神经接口技术的应用引发了一系列医疗伦理问题,如怎样保证神经接口的安全性和有效性以及如何处理可能产生的隐私问题。此外,使用者需要投入大量时间来学习如何正确地使用下肢假肢机器人,这种学习可能会阻碍一些使用者接受这项技术。最后,由于设备的复杂性和精度,下肢假肢机器人需要定期维护和修理,这可能需要专业的技术支持,并可能产生额外的维护成本。要解决这些挑战,需要跨学科的合作和创新,需要机械工程、电子工程、神经科学、生物医学工程以及医疗伦理、教育和社会学等领域的知识。

11.2　康复需求分析与设计考虑

在下肢假肢机器人设计中,康复需求分析与设计考虑是至关重要的环节。这涉及对患者的深入理解,包括他们的生理和心理需求,以及如何通过科技创新来满足这些需求。

11.2.1　患者的康复需求

在设计下肢假肢机器人时,必须首先理解和分析患者的康复需求和特征。这些需求和特征可以从多个角度进行探讨,包括个性化和功能性、舒适性和易用性、经济性以及心理因素。

(1)个性化和功能性。每个患者都有自己独特的生活方式和活动水平,因此他们对假肢的需求也各不相同。例如,一些患者可能需要一个能够进行高强度活动(例如跑步或跳跃)的假肢,而其他人可能更需要一个适合日常活动(例如行走或爬楼梯)的假肢。因此,设计下肢假肢机器人时,必须考虑这些个性化的需求,并尽可能地提供多种功能以满足不同患者的需求。

(2)舒适性和易用性。舒适性和易用性是影响使用者接受和使用下肢假肢机器人的关键因素。首先,下肢假肢机器人与残肢的接口设计必须舒适,以减少使用者的疼痛和

不适。其次,下肢假肢机器人的质量和形状也应该被重视,以确保使用者能够轻松地移动和使用下肢假肢。此外,下肢假肢机器人的操作也应该简单直观,以便使用者能够快速地学习和掌握。

(3)经济性。虽然高级的下肢假肢可能提供更多的功能和更好的性能,但它们的成本可能超出了许多使用者的负担能力。因此,设计下肢假肢机器人时,必须在功能性和经济性之间找到平衡。这可能需要寻找更经济的材料和制造方法,或者开发更简单但功能强大的假肢设计。

(4)心理因素。使用下肢假肢机器人的患者可能会面临心理挑战,包括接受他们的新身体形象和应对他人的反应。因此,康复过程应该包括心理支持,以帮助使用者适应他们的新情况。这可能包括提供心理咨询以及教育使用者如何处理可能遇到的社会压力和刻板印象。

以上的分析基于最新的科学研究和实践经验,但每个患者都是独一无二的,他们的需求和特征可能会有所不同。因此,设计下肢假肢机器人时,必须进行全面和深入的评估,以确保能够满足每个患者的具体需求。同时,设计人员也应该持续跟踪和评估假肢的使用效果,以便进行必要的调整和改进。在这个过程中,设计人员需要与医疗专业人员、康复治疗师、工程师以及使用者紧密合作。只有通过这种跨学科的合作,我们才能设计出既满足患者需求,又具有高度功能性和舒适性的下肢假肢机器人。

11.2.2　人机交互设计与用户体验考虑

人机交互设计与用户体验直接影响到假肢的使用效果和用户的满意度。一些研究表明,用户已经在一些交互技术中感知到了一定程度的机器意识,这包括 GPT-3、语音聊天机器人和机器人吸尘器。这意味着,当设计下肢假肢机器人时,需要考虑用户可能会对假肢有一定的期待和认知,这可能会影响他们的使用体验。另外,需要关注用户的学习过程。一项研究报告了一个上肢缺失者使用增量式肌电控制学习控制复杂手部假肢的案例。这项研究的结果表明,参与者在研究过程中逐渐提高了他的表现,这包括完成任务所需的时间变短以及他的满意度提高。这说明,在设计下肢假肢机器人时,需要提供易于学习和使用的接口,以帮助用户更快地掌握假肢的使用方法。此外,还需要关注人机关系对用户体验和任务表现的影响。研究结果表明,当参与者与一个有反应性的设备共同工作时,这个设备会吸引参考者的注意力并引发积极的感觉。这意味着,在设计下肢假肢机器人时,需要考虑假肢的反应性和社交性,以提高用户的使用体验。最后,需要关注人体工程学。一项研究介绍了一个模仿学习策略,用于在物理人机交互场景中提取符合人体工程学的安全控制策略。这项研究的结果表明,符合人体工程学的设计方法可以有效地减少伤害和肌肉骨骼疾病的风险。这说明,在设计下肢假肢机器人时,需要考虑假肢的使用对用户身体的影响,以提高假肢的安全性和舒适性。

下肢假肢机器人的人机交互设计是一个复杂而重要的过程,它需要从多个角度进行考虑,包括用户的认知、学习过程、人机关系以及人体工程学。只有这样,才能设计出既满足用户需求,又具有高度功能性和舒适性的下肢假肢机器人。

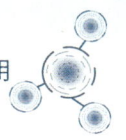

11.2.3　安全性与舒适度要求

在设计任何机器人时,安全性都是首要问题。下肢假肢机器人也不例外,安全性是其设计的首要考虑因素。设计时需要考虑用户在各种环境和情况下的使用,包括在不平坦的地面、楼梯、坡道等复杂环境中的使用。下肢假肢机器人需要有足够的稳定性,以防止用户摔倒。此外,下肢假肢机器人的材料和设计也需要考虑用户的安全,例如,避免使用可能导致过敏的材料,设计时要考虑防止夹伤或刮伤用户的皮肤。

除安全性之外,舒适度也是下肢假肢机器人设计的重要考虑因素。下肢假肢机器人需要适应用户的身体形状和大小,以提供最佳的舒适度。此外,下肢假肢机器人的质量也是一个重要的考虑因素,过重的下肢假肢机器人可能会使用户感到疲劳。下肢假肢机器人的接口设计也需要考虑舒适度,例如,接口处需要有足够的垫料,以减少对用户皮肤的压力。

11.3　下肢假肢机器人的设计步骤

11.3.1　下肢假肢机器人的概念设计思想

本节提供下肢假肢机器人的一般设计步骤。现有的智能下肢假肢机器人产品大多为被动阻尼式假肢,虽然能够实现平地行走,甚至上下坡、上下台阶、越障等动作,但无法提供主动力矩,同时与人体正常步态仍有较大差距,在步态的对称性以及自然性方面还需进一步提高。主动式假肢能够提供主动力矩以实现上下台阶、上下坡等功能,但以电机作为驱动器时能耗、噪声较大,同时人体和膝关节两系统的协调控制也是动力型膝关节研究的重点与难点。体积、质量、结构、能耗、续航以及较复杂的控制技术成为限制主动式假肢的主要因素。因此,在设计下肢假肢机器人时,应从驱动方式、控制方式、机械结构、能耗等方面充分考虑被动假肢与主动假肢的优缺点,所设计的下肢假肢机器人应能够满足以下几个要求。

(1)能够满足不同步态情况下对假肢驱动方式的要求,即在平地行走、下斜坡、下台阶等无需膝关节提供主动力矩的情况时能够以阻尼的形式进行驱动,充分发挥阻尼式假肢的特性;在上台阶、上斜坡等需要提供主动力矩的步态情况时能够提供足够的主动力矩,弥补被动阻尼式假肢在此类步态情况下的不足,以满足用户行走时对驱动力的各种要求。

(2)能够满足不同步态情况下对假肢机械结构以及控制方式的要求,即能够在不同步态情况下对假肢进行控制,使得假肢的步态接近于人体自然步态,同时控制方式应尽量简单、可靠。

(3)能够满足能耗以及续航方面的要求,即能够以较小的功率对下肢假肢机器人进行控制,从而增加续航时间同时减少对电池容量的要求,减轻电池体积以及容量等方面的负担。

11.3.2 机械结构设计与优化

下肢假肢机器人是一种用于辅助下肢功能丧失患者行走和运动的机械装置。它的机械结构设计与优化可确保假肢能够提供稳定、自然的运动,并与患者的残肢紧密结合,以提供舒适和高效的功能恢复过程。

11.3.2.1 结构组成

下肢假肢机器人的机械结构主要由以下几个组成部分构成。

(1)支撑结构:用于支撑患者的体重,并将力传递到地面。支撑结构通常包括腿部支架、髋关节、膝关节和脚踝关节等部分。

(2)传动装置:用于提供动力和控制下肢假肢的运动。传动装置通常涉及电机、液压系统或气动系统等。

(3)传感器和反馈系统:用于监测患者的姿态和动作,并提供相应的反馈信号。传感器和反馈系统可以包括压力传感器、加速度计、陀螺仪等。

(4)控制系统:用于控制下肢假肢的运动,根据传感器反馈的信息进行实时调整。控制系统可以是硬件控制器或基于计算机的控制系统。

11.3.2.2 优化设计考虑因素

在进行下肢假肢机器人的机械结构优化时,需要考虑以下因素。

(1)功能性能:机械结构设计应使下肢假肢具备符合人体工程学的自然步态,并提供适当的支持和运动范围。

(2)质量和负载能力:机械结构应尽可能轻巧,同时能够承受用户的体重和额外负荷,以确保安全性和舒适性。

(3)耐久性和可靠性:机械结构应具备足够的耐久性和可靠性,以经受长期使用和各种环境条件的考验。

(4)适应性和调整性:机械结构应具备适应不同用户需求和残肢情况的能力,并提供灵活的调整选项,以便根据个体差异进行个性化设置。

需要注意的是,下肢假肢机器人的机械结构设计与优化是一个复杂而多样化的领域,实际的设计过程可能因应用需求和技术进展而有所不同。

11.3.3 传感器与控制系统设计

在下肢假肢机器人的设计中,传感器的选择是至关重要的。传感器的主要功能是收集假肢机器人和使用者互动的信息,这些信息可以用于优化假肢的性能和适应性。在选择传感器时,需要考虑的因素包括传感器的类型、精度、耐用性、成本和能耗。

在下肢假肢机器人中,常见的传感器类型包括压力、角度和加速度传感器。这些传感器可以提供关于下肢假肢机器人和用户互动的详细信息,如步态、行走速度和方向等。例如,压力传感器可以用于检测用户的步态和行走力度,而位移和轮速传感器则可以用于检测假肢的位置和速度。这些信息可以用于优化假肢的性能,如改善步态、提高行走

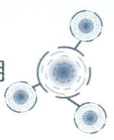

速度和增强方向控制等。

在选择传感器时，还需要考虑传感器的精度和耐用性。精度高的传感器可以提供更准确的信息，从而提高假肢的性能和适应性。耐用性强的传感器可以在长时间使用后仍保持良好的性能，从而降低假肢的维护成本和使用者的不便。

以下是一些传感器的型号，可以给读者在设计假肢机器人时提供一些建议以及选择。

在假肢的设计中，使用最多的压力传感器是互联电子（Interlink Electronics）公司的Interlink Electronics FSR 402 传感器，该款传感器是一种强度型压力传感器，具有轻薄、低成本和耐用的特点。它可以测量从轻微触摸到高压的压力，非常适合用于人体工程学领域。这款传感器被广泛应用于各种假肢设备中，尤其是在下肢假肢中。Interlink Electronics FSR 402 传感器可用来测量用户的步态和压力分布，以便更好地模拟正常的步行模式。此外，Interlink Electronics FSR 402 传感器也被用于一些上肢假肢的设计中，例如用于测量假肢手的握力等。除此之外，索克扫描（Tekscan）公司的 Tekscan FlexiForce A201 传感器也或多或少的在假肢设备中应用，主要应用于一些特定的设计中测量假肢与残肢之间的压力，以便更好地调整假肢的贴合度和舒适度。

而对于角度与加速度传感器，适用于假肢的传感器主要包括博世集团（Bosch Sensortec）公司的 Bosch Sensortec BHI160 传感器。它具有内置的运动引擎，可以实现实时运动追踪，而无需额外的处理器。模拟器件（Analog Devices）公司生产的三轴加速度计 Analog Devices ADXL335 也常用作角度传感器，它可以测量±3 g 的动态加速度，具有低功耗、低噪声、高精度的特点，适合在假肢中使用。除此之外，意法半导体（STMicroelectronics）公司生产的 9 轴传感器 STMicroelectronics LSM9DS1（包括三轴加速度计、三轴陀螺仪和三轴磁力计）可以提供高精度的角度测量。

此外，传感器的成本和能耗也是需要考虑的因素。成本低的传感器可以降低假肢的制造成本，从而使更多的人能够负担得起。能耗低的传感器可以降低假肢的能源消耗，从而延长假肢的使用时间。

下肢假肢机器人的控制系统是指用于驱动和控制假肢运动的系统，包括传感器、执行器、控制算法和用户接口等部分。设计这样的系统需要跨学科的知识，包括生物力学、电子工程、计算机科学和人机交互等。设计控制系统时，需要根据患者的需求选择要去实现的功能，然后设计假肢的硬件以及软件系统。硬件系统包括传感器、执行器和电源等部分，软件系统包括控制算法和用户接口等部分。

11.3.4 电力系统与能源管理

11.3.4.1 电力系统

下肢假肢机器人的电力系统是其运行的核心，通常由电池、电机和控制器三个主要部分组成。

（1）电池。电池是假肢机器人的能源来源。在选择电池时，需要考虑其能量密度（即单位质量或单位体积所储存的能量）和寿命。目前，锂离子电池具有高能量密度、长寿命、充电速度快、自放电率低的特点,使其成为理想的选择。

(2)电机。电机将电能转化为机械能,使假肢能够移动。电机的选择需要考虑其效率、扭矩和速度特性。一些先进的下肢假肢机器人使用高效的无刷电机,以提供更高的性能。无刷电机的优点包括高扭矩、高效率和响应速度快,这些特性使得下肢假肢机器人能够更准确地响应用户的运动意图。

(3)控制器。控制器负责调节电机的运行,以实现精确的运动控制。这通常涉及复杂的算法和传感器反馈,以确保下肢假肢机器人的运动与用户的意图相符。例如,一些下肢假肢机器人使用神经网络算法,通过学习用户的行走模式,来优化电机的控制。

11.3.4.2 能源管理

在能源管理方面,则主要涉及如何有效地使用和保存电力。这主要包括优化电机的运行,以减少能源消耗;或者使用能源回收技术(如再生制动)来回收并重用一部分能源。

(1)优化电机运行:通过精确控制电机的运行,可以减少不必要的能源消耗。例如,当不需要移动时,可以关闭电机,或者在需要较小力量的情况下,可以降低电机的功率。这种优化可以通过实时监测用户的活动和假肢的状态来实现。

(2)能源回收:一些下肢假肢机器人使用再生制动技术,将部分机械能回收为电能。这不仅可以提高能源效率,还可以延长电池的使用时间。例如,在下坡或减速时,电机可以作为发电机,将机械能转化为电能并存储回电池中。

11.3.5 软件开发与编程

下肢假肢机器人开发的一般流程与下肢康复辅助机器人开发的一般流程类似,详情请参考 8.3.5 小节。本节仅提供编程软件的介绍以及学习网站。

(1)ROS(robot operating system)。ROS 是一种灵活的框架,用于编写机器人软件。它是一套工具、库和约定,旨在简化在各种平台上创建复杂且强大的机器人行为的过程。ROS 的主要优点是其广泛的用户社区和开源性质,这使得开发者可以参考借鉴其他人的工作成果,避免重复工作(详情请参考 https://github.com/ros/ros)。

(2)Python。Python 是一种高级编程语言,适用于各种类型的软件开发。它的设计哲学强调代码的可读性,其语法允许程序员用更少的代码表达概念。相比其他语言(如 C++或 Java),Python 支持多种编程范式,包括结构化(特别是过程式)、面向对象和函数式编程。Python 也经常被用作脚本语言,可以用来将简单的任务自动化(详情请参考 https://www.python.org)。

11.4 下肢假肢机器人的关键技术与算法

11.4.1 模式识别

随着先进的信号处理技术及高性能微处理器的出现,各种新的信号处理方法(例如模式识别、机器学习和神经网络等)逐渐被研究者们应用到假肢系统的控制中。基于肌

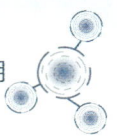

电图的模式识别(EMG-patern recognition,EMG-PR)被认为是机电假肢运动意图识别分类的一种很有用的策略。基于 EMG-PR 的人与假肢的交互假设肌肉在执行特定动作时产生的是恒定的肌电图模式,而在执行其他动作时产生的是不同的肌电图模式。在 EMG-PR 方法中,首先从残余肌肉的皮肤表面记录 EMG 信号,然后提取由一组信号特征表示的 EMG 信号模式作为运动识别的识别特征。更具体地说,肌电特征首先用于离线训练分类器来识别各种各样的运动,然后在使用 EMG 信号实时控制假肢的情况下,能够根据当前的肌电特征来识别正在进行的运动。几十年来,研究者们对 EMG-PR 在运动分类中的应用进行了大量的研究。不同的分类算法〔例如线性判别分析(Linear discriminant analysis, LDA)、人工神经网络(artificial neutral networ,ANN)、支持向量机和双子支持向量机〕已经应用在许多的研究中,但是不同的分类器在运动分类性能上还是有差异的。但是,为实现对基于 EMG-PR 的假肢的稳定可靠控制,有时候合适的和高质量的 EMG 信号特征集的选择和分类算法的选择一样重要。哈金斯(Hudgins)等人提出了一种时域肌电图特征集,该特征集由绝对平均值(mean abosolute value,MAV)、波形长度(waveform length, WL)、零交叉(zero crossings,ZC)和斜率符号变化(slope sign changes,SSC)组成。该时域肌电图特征集在以往的许多研究中都取得了很好的运动分类效果,被认为是目前 EMG-PR 方法中最常用的特征集。

11.4.2 动态平衡与运动规划

下肢假肢机器人的动态平衡与运动规划是实现稳定行走和符合人体生物力学设计的重要步骤。下面将介绍下肢假肢机器人动态平衡与运动规划的相关内容。

11.4.2.1 动态平衡

动态平衡是指下肢假肢机器人在行走过程中保持稳定的能力,以避免用户摔倒和保证用户的安全。下肢假肢机器人实现动态平衡的主要方法包括以下几种。

(1)传感器数据融合。通过使用多种传感器(例如陀螺仪、加速度计和力传感器等)收集关于机器人和环境状态的信息,并将其融合在一起,以实时监测机器人的倾斜角度和运动状态。

(2)动态稳定控制。基于传感器数据,采用相应的控制算法来调整下肢假肢机器人的姿态和关节力矩,以维持稳定的动态平衡。常用的控制方法包括 PID 控制、模糊控制和模型预测控制等。

(3)脚部设计与力反馈。优化下肢假肢机器人的脚部设计,以提供良好的接触力和地面附着性能。同时,使用力反馈技术来感知和调整脚部与地面的力交互作用,以维持稳定的行走状态。

11.4.2.2 运动规划

运动规划是指根据使用者的意图和环境要求,计划下肢假肢机器人的步态和运动轨迹。运动规划的目标是使下肢假肢机器人的运动自然流畅,符合人体生物力学,并尽可能减少能量消耗。常见的运动规划方法包括以下几种。

(1)步态生成。基于用户的步态周期和步幅要求,生成下肢假肢机器人的步态序列。这涉及确定支撑相和摆动相的时间比例、步幅长度和步态周期等参数。

(2)轨迹规划。根据运动学和动力学约束,规划下肢假肢机器人的关节角度轨迹和脚部的运动轨迹。这需要考虑关节活动范围、舒适性和稳定性等因素。

(3)避障规划。考虑环境中的障碍物,规划下肢假肢机器人的运动轨迹以避开障碍物,并确保下肢假肢机器人的稳定和安全。可以利用传感器数据和障碍物检测算法进行实时的路径规划和避障决策。

11.4.3　感知与反馈控制技术

下肢假肢机器人的感知与反馈技术起着重要的作用,它们能够感知用户和环境的信息,并提供相应的反馈,以实现更准确、稳定和自适应的运动控制。以下是关于下肢假肢机器人感知与反馈技术的一些常见方法。

(1)传感器技术。下肢假肢机器人使用各种传感器来感知用户的运动和外部环境的信息。常见的传感器包括以下几种。

①陀螺仪和加速度计。陀螺仪和加速度计用于感知机器人的姿态和加速度,以帮助实现动态平衡和姿态控制。

②力传感器。力传感器测量下肢假肢机器人与地面之间的接触力,用于感知地面的硬度、斜坡等信息,并提供足底反馈。

③视觉传感器。视觉传感器(例如摄像头和深度传感器)用于感知周围环境和障碍物,支持导航和避障。

④电机位置传感器。电机位置传感器用于感知关节的角度和位置,以监测和控制机器人的运动。

(2)数据融合与处理。将不同传感器获取到的数据进行融合和处理,以获得更准确和完整的信息。可以使用传感器融合算法[如扩展卡尔曼滤波(EKF)或粒子滤波器等]来整合传感器数据并提高感知精度。

(3)环境感知与障碍物检测。利用传感器数据进行环境感知和障碍物检测,以识别周围环境中的障碍物、斜坡、楼梯等,并生成相应的运动规划,以避免碰撞和实现安全行走。

(4)动态力反馈。根据传感器测量的地面接触力和用户的运动信息,提供动态的力反馈。例如,在行走过程中模拟自然的足底感觉,帮助用户感知地面的条件和改善平衡控制。

(5)用户界面与交互。通过设计用户界面,使用户能够与下肢假肢机器人进行交互,并获得关于机器人状态和控制的反馈信息。可以通过显示屏、振动反馈或语音提示等方式实现。

(6)自适应控制算法。利用感知信息,采用自适应控制算法来调整下肢假肢机器人的控制策略和参数。可以根据用户的运动模式和行走环境的变化来实现自适应的步态调整和姿态控制。

下肢假肢机器人的感知与反馈技术需要结合具体的设计要求和用户的需求来选择和应用。通过充分利用感知与反馈技术,下肢假肢机器人能够提供更加精确、安全和舒适的辅助行走体验。

11.5 下肢假肢机器人的材料与制造

11.5.1 材料选择与力学性能要求

下肢假肢机器人是一种用于辅助行走的装置,它需要具备一定的力学性能以满足使用者的需求。下面将介绍下肢假肢机器人中的材料选择与力学性能要求。

11.5.1.1 材料选择

下肢假肢机器人的材料选择是一个关键的考虑因素,它需要满足以下几个方面的要求。

(1)强度和刚度。下肢假肢机器人需要具备足够的强度和刚度以支撑用户的体重和承受行走时的力量。常见的材料包括碳纤维复合材料、铝合金和钛合金等。

(2)轻量化。为了减轻用户的负担和提高机器人的携带性,下肢假肢机器人应尽可能采用轻量化的材料。碳纤维复合材料具有较高的强度和轻量化的特性,常被用于制造下肢假肢的结构部件。

(3)耐磨性。下肢假肢机器人的接触面需要具备一定的耐磨性,以保证其长时间使用时的可靠性和耐久性。例如,使用耐磨橡胶或耐磨塑料材料来制作接触地面的部件。

(4)生物相容性。下肢假肢机器人会与用户的皮肤接触,因此材料需要具备良好的生物相容性,以避免用户出现过敏或其他不良反应。一些医疗级材料[例如医用硅胶或聚乙烯醇(PVA)等]常被用于制造与皮肤接触的部件。

11.5.1.2 力学性能要求

下肢假肢机器人的力学性能要求与其设计和使用条件相关,以下是一些常见的力学性能要求。

(1)承载能力。下肢假肢机器人需要能够承受用户的体重和运动时的载荷。材料选择和结构设计应保证机器人在正常使用条件下不会发生失效或变形。

(2)弹性和阻尼。下肢假肢机器人的弹性和阻尼特性对于提供舒适的行走体验和减轻冲击负荷至关重要。适当的材料和结构设计可实现所需的弹性和阻尼性能。

(3)可调性和适应性。一些下肢假肢机器人具备可调节的力学性能,以适应不同使用者的需求和偏好。例如,可以通过更换弹簧或调整材料的参数来调整机器人的刚度和弹性特性。

(4)疲劳寿命。下肢假肢机器人需要具备足够的疲劳寿命,以承受长时间的使用和反复的力加载。材料的选择和结构设计应考虑疲劳寿命和寿命预测。

下肢假肢机器人的材料选择和力学性能要求是一个需要综合考虑的问题,需要根据

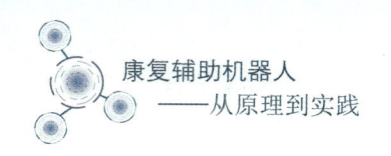

具体的设计和应用来确定最合适的选择。此外,相关的医疗和工程标准也应被遵循,以确保下肢假肢机器人的质量和安全性。

11.5.2 制造工艺与技术

下肢假肢机器人的制造涉及多个工艺和技术(从材料加工到装配和测试),以下是关于下肢假肢机器人制造的一些常见工艺和技术。

(1)CAD设计与建模。可使用CAD软件进行下肢假肢机器人的设计和建模。CAD软件可以帮助工程师将设计概念转化为准确的三维模型,并进行设计验证和修改。

(2)制造材料准备。根据设计要求,准备所需的制造材料,如碳纤维复合材料、铝合金和塑料等。这些材料需要进行切割、成型和处理,以便用于制造下肢假肢机器人的各个部件。

(3)数控加工。可使用数控机床进行下肢假肢机器人零部件的加工。数控加工能够精确控制刀具的运动轨迹,以实现复杂形状和尺寸的零件的加工,如铝合金连接件和关节部件等。

(4)3D打印。利用3D打印技术制造下肢假肢机器人的部件。3D打印可以快速制造复杂形状的零件,并具有设计自由度高的优势。常用的3D打印材料包括尼龙、ABS等。

(5)装配与连接。根据设计要求,将制造好的零部件进行装配和连接。可使用螺栓、螺母、焊接或黏接等进行零件的固定和连接,确保下肢假肢机器人的结构稳固。

(6)电子元件安装。下肢假肢机器人通常配备各种电子元件,如传感器、电机和控制器等。这些电子元件需要进行安装和布线,以确保它们能够正确工作并与软件进行交互。

(7)软件集成与测试。需将下肢假肢机器人的软件与硬件进行集成,并进行相应的测试和调试。这包括验证软件的功能、传感器的准确性以及下肢假肢机器人的整体性能等。

(8)调试与优化。需对制造好的下肢假肢机器人进行调试和优化。这涉及检查和调整各个部件的工作状态,确保下肢假肢机器人在使用时具备稳定的性能和良好的用户体验。

下肢假肢机器人的制造工艺和技术非常复杂,需要有专业的团队和设备来实施。同时,应遵循相关的质量标准和法规,确保制造出的下肢假肢机器人具备安全性和可靠性。

11.5.3 个性化定制与适配技术

个性化定制和适配是下肢假肢机器人制造中的重要环节,它能够确保下肢假肢机器人与每位使用者的身体特征和需求相匹配。以下是关于下肢假肢机器人个性化定制与适配技术的一些常见方法。

(1)三维扫描和建模。通过使用三维扫描技术,可以获取用户下肢残端的精确形状和尺寸数据。这些数据可以用来生成使用者个性化的下肢假肢模型,以便进行下一步的设计和制造。

(2)功能评估。进行用户的功能评估,了解用户特定的步态和运动需求。这包括分析用户的肌肉活动、关节活动范围和力量等方面的数据,以便根据个体差异进行机器人的定制和适配。

(3)人工智能和机器学习。利用人工智能和机器学习技术,分析大量的运动数据和生物力学数据,建立个性化定制的模型。这些模型可以帮助优化下肢假肢机器人的控制算法和运动规划,以更好地适应用户的个体特征和行走需求。

(4)结构调整与改进。根据用户的身体特征和反馈信息,对下肢假肢机器人的结构进行调整和改进。例如,调整假肢的长度、角度和弹性,以确保与用户的残肢匹配并提供舒适的穿戴体验。

(5)动态适配和调整。通过实时监测用户的运动和生物力学数据,进行动态适配和调整。这包括实时调整步态参数、控制算法和力反馈等,以提供更好的运动效果和舒适感。

(6)用户参与和反馈。设计人员应与用户进行密切的合作和沟通,了解他们的需求和意见。用户的反馈是个性化定制和适配的重要依据,可以帮助改进下肢假肢机器人的设计和性能。

个性化定制和适配技术需要专业的团队和设备来实施,并且需要根据用户的具体情况进行定制和调整。这样才能确保下肢假肢机器人能够最大程度地满足用户的需求,并提供舒适和有效的辅助行走功能。

11.6 下肢假肢机器人的评估

下肢截肢主要包括足部截肢、踝关节附近截肢、小腿截肢、膝关节截肢、大腿截肢,应根据截肢程度的不同,适配相应的下肢假肢机器人。下肢假肢机器人的效果评定可参考常规的下肢假肢,常通过行走能力、步态分析、平衡功能和生物力学功能等四大方面进行评价。下肢假肢机器人的效果评定是用户穿戴假肢的重要一环,截肢者一旦安装了假肢,就可以根据所穿假肢的类型进行相应的效果评定,同时也可进行日常生活能力和社会生活能力的评定。通过评定,可以加深用户对自身疾病和活动能力的了解,帮助医疗人员为用户制定合适的短期和长期穿戴假肢的康复目标,增强康复信心,提高对康复治疗的积极性,促使用户更加努力地帮助自己,自主地参与康复治疗。

(1)行走能力评定。行走能力常通过评价行走速度、行走和站立的稳定性、行走距离、步态的对称性、能量消耗等指标来综合判断,目前还无统一标准。已有多篇文章报道可采用"六分钟步行"(6-minute walk test,6MWT)法评定行走能力,该方法的操作方式是让受试者在 30 m 平路上来回行走 6 min,通常可通过 IDEEA 步态分析设备记录 6 min 步行距离、步数、步速、步频、跨步长、能量消耗等参数;也有报道采用的操作方式是让受试者在复杂路面上行走 1000 m,记录完成时间和消耗能量的情况来综合分析假肢佩戴者的步行能

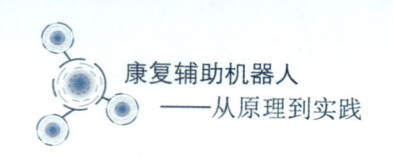

力。下肢假肢机器人除采用步态分析仪记录步行数据外，也可配备智能传导系统，可智能识别步行测试过程中的参数并进行评估。

（2）步态分析。步态分析主要是进行假肢穿戴者的步态与身体机能正常的健康成人的步态对比。可以通过步态分析来评定下肢截肢患者假肢佩戴的舒适性和功能性，也可为假肢师和康复团队提供依据，进一步完善康复计划，调整假肢的设计。步态的评估需要进行多种测试，主要包括时空参数、运动学参数、动力学参数以及能量代谢参数等几个方面：①时空参数主要包括步长、步宽、步速、站立支撑时间、摆动时间等；②运动学参数可参照行走能力的运动学参数，测量时可采用摄像法、红外光法、超声波法；③动力学参数主要采集站立、行走及奔跑过程中足底触及地面的反作用力，可以直接在测力板上进行分析，也可通过压力步态传感器（如 F-scan 系统）对压力分布和压力值进行准确分析；④能量代谢参数，主要用于分析人行走和奔跑过程的能量消耗，常采用便携式氧气分析仪分析耗氧量，耗氧量与步行距离的比值可以反映受试者的能量代谢，比值越小说明体能消耗越少，侧面反映佩戴的舒适性。对于智能假肢的步态分析可基于传统假肢的评估方法，也可通过内置的传感器反馈参数后，进行智能评估。

（3）平衡功能评定。平衡能力的评估与行走能力和步态稳定测评相辅相成，适配的下肢假肢应保证用户的平衡功能，从而保证站立和行走的稳定性，也减少因下肢假肢的穿戴不适带来的过度消耗用户体力的问题。目前对于平衡能力的评定没有统一的标准，有依照量表逐条对照评估下肢假肢用户的平衡性的方法，也有通过静态平衡和动态平衡检测设备（如 EBA-100、人体重心动摇检测仪等）评定平衡能力的方法。平衡功能的自检测也对智能假肢的设计提出了更高的要求，如何利用反馈数据进行平衡水平分析，也是未来智能假肢需要考虑的重要因素。

（4）生物力学功能评价。生物力学的评价主要用于评价接受腔设计的合理性，确保下肢假肢用户舒适易用。当前常采用 CAD/CAM 进行 3D 建模和扫描成型，尽管当前 CAD/CAM 可以较为准确地得到残肢的外轮廓形状，但仍需分析接受腔与残肢界面的应力等参数（比如不同情况下残肢表面的压力和剪应力，残肢与接受腔之间的滑移、摩擦、相对位移等）来优化设计，可采用有限元分析进行力学仿真来分析下肢假肢的生物力学性能。

11.7 典型下肢假肢机器人案例研究

11.7.1 Flex-Foot

冰岛奥索公司的 Flex-Foot 系列假肢是业内非常知名和被广泛采用的假肢产品。Flex-Foot 被设计用来模拟人体足部的天然运动和弹性。以下是 Flex-Foot 在材料、驱动方式、适用人群等方面的详细信息，但是 Flex-Foot 并不具备数据采集的功能。

（1）材料。Flex-Foot 假肢主要使用碳纤维制成。碳纤维是一种轻质且高强度的材

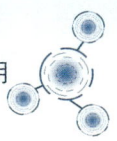

料,它能够在负载时弯曲,并在负载解除时迅速弹回,从而模仿自然脚步的弹性。这就是为什么使用碳纤维制作假肢可以带来更自然的步态和行走感觉。

(2)驱动方式。Flex-Foot假肢主要通过被动驱动方式工作,也就是说,它没有电动部件。用户通过体重和运动的力量驱动假肢的运动。用户在步行时,重心前移,身体的重量压在假肢上,使假肢弯曲,储存能量。然后,当用户向前移动时,假肢释放这些储存的能量,帮助推动用户下一步移动。

(3)产品系列。Flex-Foot系列有多款产品,包括针对不同活动级别用户的假肢,如Re-Flex Rotate、Vari-Flex、Flex-Foot Assure等。每种假肢都有其特殊的设计,以满足不同类型的需求。例如,Re-Flex Rotate设计有一个旋转接头,使得假肢能够在不同方向上弯曲,为行走带来更大的灵活性。

(4)适用群体。Flex-Foot系列产品适合各种活动级别的人群。有些设计针对活动性较低的人群,如Flex-Foot Assure,它可提供稳定性和安全感,使用户在日常生活中可以自由移动。而像Re-Flex Rotate和Vari-Flex等更先进的产品,适用于活动性较高(如跑步、攀岩等高强度活动)的人群。

11.7.2　C-leg 4

德国奥托博克公司的C-Leg 4是一款微处理器控制(microprocessor-controlled,MPC)的假肢,主要用于大腿截肢者。这款假肢以其出色的稳定性和先进的技术广受赞誉。

(1)驱动方式。C-Leg 4采用微处理器控制驱动方式。该假肢内置了传感器和微处理器,传感器可以实时监测截肢者的步态(例如步速、角度变化等),并将这些信息传送给微处理器。微处理器接收到信息后,会根据预设的算法快速计算出最佳的膝关节动作,并通过电动机控制假肢进行相应的调整。这样,无论截肢者走路、跑步,还是爬山、下楼,C-Leg 4都能提供稳定和自然的支持。

(2)材料。C-Leg 4假肢的外壳通常由高强度塑料制成,内部装有金属膝关节和电机。此外,还有一些密封件和连接器用于连接假肢和截肢者的残肢。

(3)测量信息。C-Leg 4假肢的内置传感器可以实时测量截肢者的行走速度、步态、角度变化等信息。这些信息被用来计算出最适合当前步态的膝关节动作,从而提供更自然、更安全的行走体验。

(4)用户界面。C-Leg 4假肢配有一个无线遥控器,用户可以通过这个遥控器来调整假肢的设置,例如改变行走模式、调整灵敏度等。此外,还有一款名为Cockpit的手机应用程序,用户可以通过这款应用来管理假肢的设置,并查看假肢的使用数据。

(5)充电和电池。C-Leg 4的电池可以支持一整天的使用,充电时间大约为4小时。电池是内置的,可以通过一个充电接口进行充电。

(6)适用人群。C-Leg 4适用于各种活动级别的人群,无论是忙碌的上班族,还是喜欢户外活动的人,都可以从C-Leg 4中得到稳定和自然的支持。

11.7.3　Plie 3

美国自由创新(freedom innovations)公司的 Plie 3 是一款微处理器控制膝关节假肢,适合中至高活动级别的使用者。

(1)驱动方式。Plie 3 是一款微处理器控制的假肢,内部的微处理器能够实时监测并调整假肢的行为,以适应用户的动作和环境。它的快速反应能力使其能够在各种环境和地形中为用户提供稳定的支持。

(2)材料。Plie 3 假肢的主要结构通常由高强度塑料和金属制成,具有良好的耐用性和稳定性。电机和微处理器都被安装在假肢内部,以驱动和控制假肢的动作。

(3)测量信息。Plie 3 假肢内部的传感器可以测量用户的步态和膝关节的运动状态。这些信息被微处理器实时接收和处理,以调整膝关节的弯曲和伸展,从而在各种情况下提供最自然、最稳定的支持。

(4)用户界面。Plie 3 假肢用户可以通过无线设备进行一些基本的设定调整。这使得用户能够根据自己的需求和偏好,调整假肢的反应和行为。

(5)电池和充电。Plie 3 的电池在常规使用下可以支持一整天的使用时间。充电接口通常设在假肢的外部,方便用户充电。

(6)适用人群。Plie 3 适用于中至高活动级别的用户。它的快速反应和微处理器控制的动态调整,使其能够应对各种活动和环境,帮助用户完成从日常行走到运动和户外活动等一系列活动。

11.8　下肢假肢机器人的应用

11.8.1　下肢假肢机器人在康复中的作用

下肢假肢机器人在康复中扮演着重要的角色,它们能够帮助患者恢复行走功能、提高生活质量,并促进康复过程的进行。

下肢假肢具有帮助患者进行行走恢复和康复训练的作用,下肢假肢机器人可以给用户提供恢复行走功能的机会。通过支持下肢的运动和提供必要的稳定性,下肢假肢机器人可以帮助用户重建步态模式,并逐渐恢复正常的步行能力。康复训练过程中,下肢假肢机器人能够提供可调节的步态和适应性训练,以满足不同康复阶段和个体的需求。此外,下肢假肢机器人能够帮助患者达到站立的动态平衡,下肢假肢机器人的动态平衡控制技术能够帮助用户维持稳定的姿态和平衡。通过传感器和控制系统的实时监测和调整,下肢假肢机器人能够减少用户摔倒的风险,并提供稳定的支持,促进用户的康复训练和行走安全。下肢假肢机器人还具有帮助患者强化肌肉和评估康复效果的作用,它能够提供适度的外部力量支持,帮助用户进行肌肉强化和功能恢复。通过对用户的肌肉活动、力量和运动范围的监测,下肢假肢机器人能够评估康复效果,并为康复计划的调整提供数据支持。同时,为了提高患者康复的便利性以及适配性,每一位患者使用下肢假肢机器人时,都会对下肢假肢机器人进行参数的匹配,使患者能够更好地适应和接受康复训练。

除了在功能上能够帮助患者进行康复,下肢假肢机器人在心理和社交上也能够给患者带来支持,通过恢复行走功能,能够提升患者的自尊心和自信心,减轻康复过程中的心理负担。此外,与其他康复者和医疗团队的交流和互动也可以为患者提供支持和鼓励。总体而言,下肢假肢机器人在康复中的作用是提供功能恢复、康复训练、动态平衡控制、肌肉强化、个性化定制和社交支持等多方面的帮助。它们能够改善康复者的生活质量,帮助患者重新融入社会,并提供持续的康复支持。

11.8.2 康复训练计划与指导原则

下肢假肢机器人的康复训练是一个复杂的过程,它需要专业的指导和个性化的训练计划。以下是一般化的康复训练计划与指导原则。

(1)个性化训练。每个人的身体状况、活动水平、个人目标以及对假肢的适应能力都不同,因此康复训练应该是个性化的。医疗团队会根据患者的个人情况来设计一个合适的康复训练计划。

(2)逐步训练。假肢康复训练通常是一个逐步的过程,从简单的活动开始(例如站立和平衡训练),然后逐渐过渡到更复杂的活动(例如行走、跑步和爬楼梯等)。

(3)功能训练。假肢康复训练的目标应该是提高患者的日常生活功能,包括走路、上下楼梯、坐下和站起等。物理治疗师可能会教患者如何在不同的地形和环境中使用假肢,如在草地、沙滩、斜坡和阶梯上行走。

(4)痛症管理。在截肢后和开始使用假肢的过程中,患者可能会遇到一些疼痛和不适。康复团队会教患者如何管理这些症状,这可能包括物理治疗、药物治疗和压力管理技巧。

(5)心理支持。使用假肢可能会带来一些心理压力,包括对身体形象的改变、对功能恢复的焦虑以及适应新生活的压力等。康复团队要提供心理咨询或者成立支持小组,帮助患者应对这些压力。

(6)健康教育。康复团队会教患者如何照顾假肢和残肢,包括清洁、皮肤护理、假肢维护和更换等。这是为了防止并发症的发生,如皮肤病、残肢溃疡和假肢损坏等。

(7)跟进和调整。在患者开始使用假肢后,康复团队会定期跟进患者的康复进展,调整训练计划以及调试假肢的设置和装配。这是因为患者的身体状况、技能和需求可能会随着时间的推移而改变。

以上只是一些基本的指导原则,具体的康复训练计划应该由患者的医疗团队根据患者个人情况来制定。

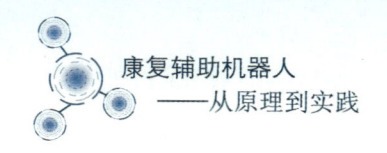

11.9　本章小结

　　本章首先介绍了下肢假肢机器人的研究背景和机器人技术在下肢假肢领域的应用，使读者对下肢假肢机器人有了一定的了解。然后介绍了下肢假肢机器人的设计考虑，在设计假肢机器人时，应考虑患者的康复需求以及安全性等因素，并以此为基础，开展下肢假肢机器人的设计。接着阐述了下肢假肢的一般化设计流程，包括构建下肢假肢的概念设计思路、如何对机械结构进行设计、对下肢假肢控制系统的传感器如何选型、电力系统如何工作。并且讨论了下肢假肢机器人中的控制算法以及适合假肢的材料等。最后介绍了下肢假肢机器人的一些评估方法以及市面上典型的下肢假肢机器人。

第 12 章 康复辅助机器人中的功能性电刺激技术

12.1 功能性电刺激的原理和生理效应

12.1.1 神经元电信号

电信号在神经细胞中非常普遍,生物信息都是通过它来传递的。生物电现象与细胞所处的状态无关,无论细胞处在静息状态还是兴奋状态,生物电现象都存在。不同信息的神经电信号产生的位置、去向、频率等不同,关键问题是对电信号进行解码。电信号有两个重要的特征:一是体内所有的神经细胞的电信号基本上是相同的,无论正在传递的是何种信息(例如运动指令、触觉、光感等);二是在不同动物的电信号之间差别很小,即使很有经验的研究人员也很难分辨不同物种的动作电位。人脑中有 $10^{10} \sim 10^{12}$ 个神经元,大脑能够承担复杂任务的原因并不在于信号类型的差异,而是细胞连接的多样性。德国生物学家赫姆霍兹(Helmholtz)曾经把神经纤维比作电报网络线,电报网络中有数量庞大的铜线,传递的也是相同的电流或电压信号,但在不同的接收站却产生不同的信息。各个电报站能够收到各种各样的信号,其原因并不在于电流或电压信号的差异,而是辅助连接设备不同。

12.1.2 神经元电活动

12.1.2.1 静息电位(resting potential,RP)

静息电位是由细胞膜内外电位的差异所引起的,这种差异是由离子通过细胞膜通道的渗透和活动所导致的。细胞膜主要是由脂质双层构成,具有选择通透性,可以限制离子的自由扩散。静息电位的维持依赖于离子泵和离子通道的活动。离子泵能够主动转运离子,维持膜内外离子的不均衡分布。离子通道允许离子通过细胞膜,调节静息电位的形成和变化。静息状态下,细胞膜内主要是钾离子(K^+)和一些负离子,细胞膜外主要是钠离子(Na^+)和氯离子(Cl^-)。在细胞静息状态下,细胞膜上的离子通道主要处于关

闭状态,离子泵的活动使细胞内外的离子浓度差异得以保持。钾离子对静息电位的影响最大。由于钾离子泵的作用和钾离子通道的渗透性,细胞内钾离子的浓度高于细胞外。这种细胞内高钾离子浓度和细胞外高钠离子浓度的不均衡状态导致了细胞膜的负电荷,形成了静息电位。细胞内外离子种类、浓度表如表12-1所示。

表12-1 细胞内外离子种类、浓度表

主要离子	离子浓度/(mmol/L)		膜内与膜外离子比例	膜对离子通透性
	膜内	膜外		
Na^+	14	142	1∶10	通透性很小
K^+	155	5	31∶1	通透性很大
Cl^-	8	110	1∶14	通透性次之
A^-(蛋白质)	60	15	4∶1	无通透性

静息电位是一切电信号的参考,所有神经细胞产生的电信号都要在静息电位的基础上进行叠加。静息电位的测量图如图12-1所示。大量测试结果表明,大多数静息膜电位的数值均在$-30\sim 90$ mV范围内。在没有受到外界刺激的情况下,细胞呈现外正内负的极化状态。若受到外界刺激,静息状态则会发生改变,主要可以分为以下四种情况:①去极化,静息电位减小;②反极化,膜内电位由负变正;③复极化,在去极化或反极化后,细胞恢复极化;④超极化,静息电位增大。

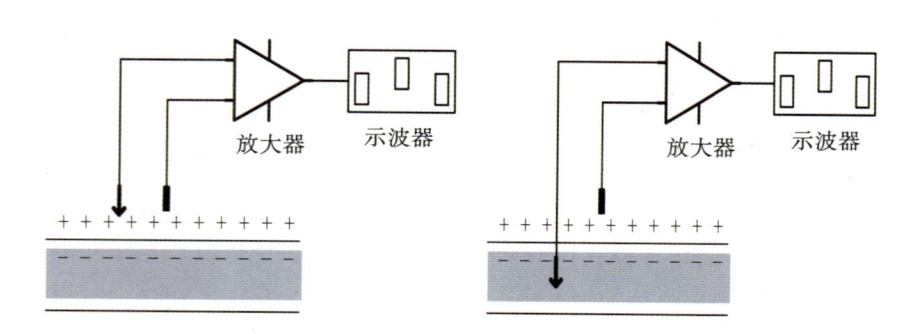

图12-1 静息电位的测量图

12.1.2.2 动作电位(actin potential,AP)

动作电位是指当可兴奋细胞受到外界刺激时,产生了可扩布的电位变化,是细胞处于兴奋状态的重要标志。可兴奋细胞必须在受到阈刺激或者阈上刺激的情况下才会产生动作电位,通常可以分为图12-2所示的三个步骤:①当细胞受到刺激产生兴奋时,Na^+通道微导通,此时细胞膜内电位开始增大,细胞膜外电位减小。当细胞膜电位达到阈电位时,通道全面开放,Na^+在浓度梯度和电位梯度的双重作用下大量内流,形成动作电位上升支,即去极化,直到通道达到平衡电位(失活关闭)。②在Na^+内流的过程中,K^+通

道激活并且 K^+ 开始外流,Na^+ 内流的流速减慢而 K^+ 却正好相反。当二者平衡达到峰值电位后,K^+ 的流速大于 Na^+,大量阳离子净外流导致细胞膜内电位迅速减小,形成动作电位下降支,即复极化。③此时虽然膜电位已基本恢复到静息电位,但是 Na^+(去极化)和 K^+(复极化)并未各自就位,钠钾泵分别将细胞膜外 Na^+ 泵入和细胞膜内 K^+ 泵出,达到原来的状态。

动作电位有一个重要特征就是它的"全或无"现象,简单地说就是要么有要么没有。动作电位没有达到阈电位便不会产生,一旦产生就会达到最大值,且峰值电位和持续时间不会因外界刺激的强度和时长的改变而改变。不衰减性传导也是动作电位的一大特点,动作电位一旦在细胞的某处产生,就会立刻向整个细胞膜传播,传播过程中动作电位的幅值不衰减。脉冲式是动作电位的第三大特征,只有当动作电位完成全部电位序列,下一个动作电位才能在同一个位置再次引发。因为在动作电位开始后,必然有一个不应期,这段时间内细胞便会"闭门谢客",对任何刺激都不会做出反应,直到不应期结束。因此,动作电位之间不能重叠,总是存在间隔形成脉冲。也就是说,动作电位所能达到的最大频率取决于不应期的持续时间。

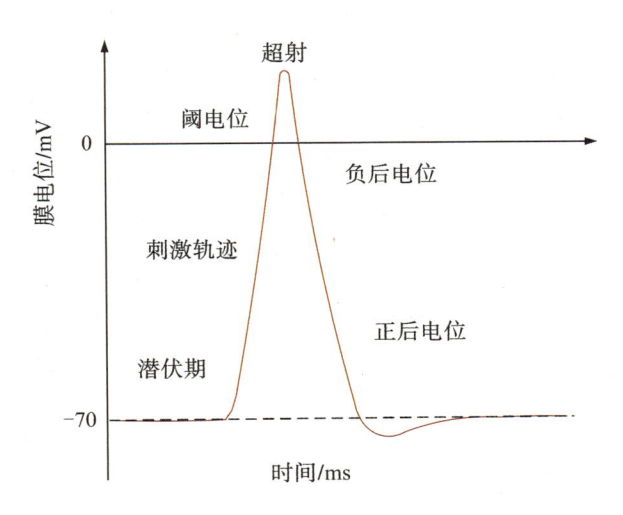

图 12-2 动作电位中膜电位图

12.1.3 功能性电刺激原理

正常人完成一个动作的大致过程如图 12-3(a)所示,大脑发出指令,经由神经中枢将电信号传至运动神经,引起对应骨骼肌的收缩;而对于脊髓损伤患者而言,信号的传输就不会像正常人那样顺利,由于中枢神经受损,信号传输受到阻碍,导致运动神经无法接收运动信号,这就无法对瘫痪部位肌肉进行控制,如图 12-3(b)所示。虽然神经损伤患者表面上失去了运动能力,但是瘫痪部位的骨骼肌仍然具备收缩的能力。通常情况下,功能性电刺激(functional electrical stimulation,FES)是指将电刺激信号以电极片的形式施加在瘫痪骨骼肌的运动神经上,电极间形成一定强度的电场后会使得运动神经纤维去极化并产生神经冲动。神经冲动传至神经纤维末梢分支后,再通过电-化学-电转换的形式继续传递,直至传至肌肉细胞,使得肌肉产生收缩,产生宏观上的关节运动。当然,FES 起作用需要满足一个前提:接受治疗的肢体必须具备完整的神经通路,若周围神经损伤,那么电刺激引起的神经冲动就会被阻断,则电刺激无法起到治疗作用。另外,根据动作电位"全或无"的特点,运动神经必须接受阈上刺激,才能传至肌肉细胞引起肌肉收缩,也就是说,电刺激必须达到一定的刺激强度。

(a) 正常人　　　　　　　(b) 脊柱损伤患者

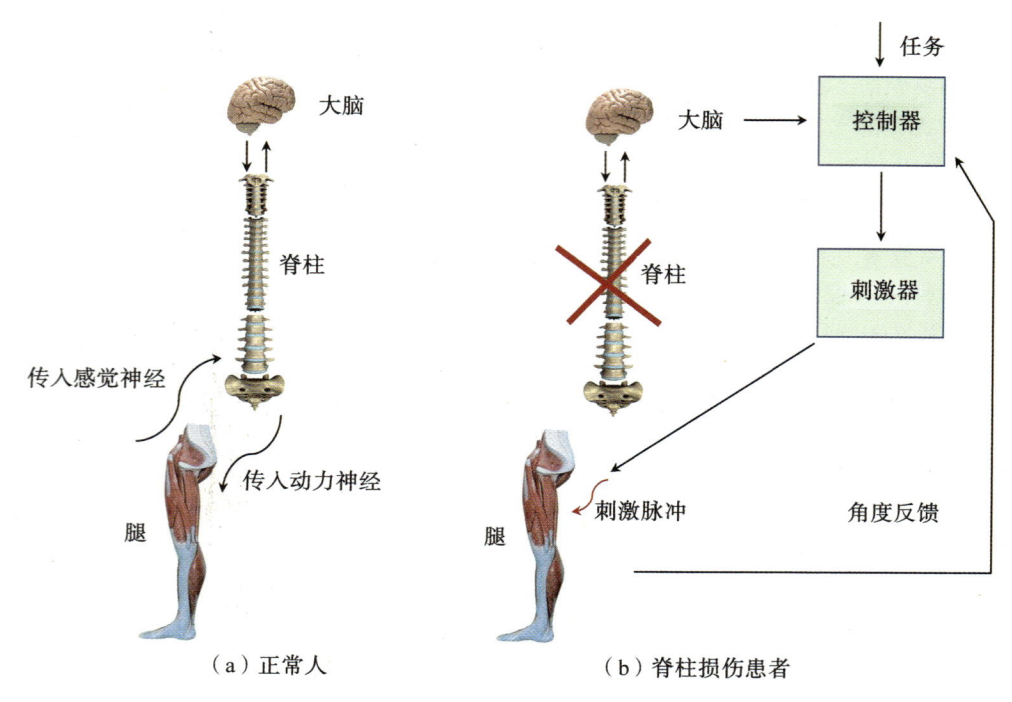

图 12-3　FES 工作原理

在 FES 中，利用支配肌肉的运动神经元轴突的电兴奋性来传递外加的人工控制信号。刺激瘫痪部位的运动神经，依靠外加脉冲电流的作用，神经细胞能产生一个与自然激发效果相同的神经冲动，使其支配的肌肉产生收缩，使肢体产生运动。值得注意的是，被治疗的肢体需要有完整的神经传导通路，即对于中枢神经损伤但周围神经完好的肌肉功能障碍，FES 才能发挥作用。

12.2　功能性电刺激的典型应用

12.2.1　下肢康复中的功能性电刺激

大多数影响步态的神经损伤（例如脑卒中、脊髓损伤等）在全球发病率很高，而且常会导致下肢运动功能障碍，帮助这类患者进行运动康复已成为当今医学界的一大课题。脑卒中患者或脊髓损伤患者的中枢神经系统到肌肉的信号通路被中断，然而，肌肉本身保留了收缩和产生力量的能力。脑卒中和脊髓损伤患者是有可能通过反复运动训练形成对神经、脊髓的条件刺激而进行运动功能重建的。过去人们使用多种方法帮助患者改善和重建步行能力，包括使用矫形器、下肢康复辅助机器人以及功能性电刺激系统，如图 12-4 所示。矫形器和下肢康复辅助机器人一般采用的是被动式康复训练方式，并没有利

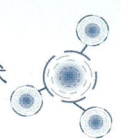

用患者自身保留完好的肌肉功能,这些设备的体积往往较大,且一般需要在医院康复训练中心多人协助的条件下进行训练。综合这些因素,矫形器和下肢康复辅助机器人并不是偏瘫患者和脊髓损伤患者进行步态康复训练的首选方法。

治疗指南指出,在下肢运动功能障碍康复训练方法的选择上,FES 和常规训练相结合可以更好地改善步行能力。在国内外已有很多研究表明,FES 技术应用于恢复肌力和改善下肢运动功能是有效的。FES 应用于仍然完整的下运动神经元,可以替代中枢神经系统缺失的信号,并可用于产生肌肉收缩。结合合适的传感器技术和反馈控制,FES 可以用来诱导或恢复"自然"步态。在下肢康复中,功能性电刺激主要有以下重要作用。

(1)肌肉收缩和力量增强。下肢电刺激可用于帮助恢复下肢肌肉的功能和增强肌肉力量。对于患有下肢肌肉无力、萎缩或功能障碍的患者,通过电刺激来刺激肌肉,可以模拟神经系统对肌肉的控制,使肌肉产生收缩。这有助于患者增强肌肉力量、改善肌肉控制和恢复运动功能。例如,在脊髓损伤者中,下肢电刺激可用于激活受损的肌肉群,促进步态恢复和行走能力的提高。

(2)步态改善。下肢电刺激在步态改善中发挥着重要作用。通过刺激下肢肌肉,下肢电刺激可以改善步态模式、增强肌肉协调和控制,帮助患者恢复正常的行走能力。对于脑卒中后遗症患者或截肢患者等具有步态障碍的人群,下肢电刺激可用于重建步态模式,提高步行稳定性和平衡性。例如,在研究中,下肢电刺激被应用于脑卒中患者的步态康复,通过刺激腓肠肌和大腿肌肉,改善步态协调和步行速度。

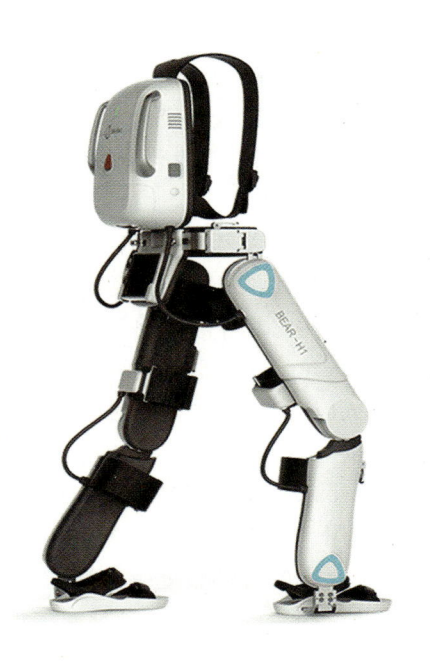

图 12-4 下肢康复辅助机器人

(3)平衡和姿势控制。下肢电刺激对于平衡和姿势控制的改善也具有重要意义。通过刺激相关的下肢肌肉,下肢电刺激可以增强肌肉对平衡和姿势控制的调节能力。这对于老年人、帕金森病患者和运动控制障碍的人群尤其重要。例如,在帕金森病患者中,下肢电刺激可用于激活腿部肌肉,改善姿势控制和步行稳定性,减少摔倒风险。

(4)神经可塑性的增强。功能性电刺激可以促进神经可塑性的增强。神经可塑性是神经系统适应和学习的重要机制,它指神经元之间的连接和功能可以随着神经活动的改变而发生变化。通过刺激下肢肌肉,功能性电刺激可以增强神经元之间的连接强度,并促进新的神经元连接的形成,从而改善下肢的功能。

(5)血液循环改善。下肢电刺激可以促进下肢的血液循环,对于改善血液供应、减少水肿和预防深静脉血栓形成具有积极作用。通过刺激下肢肌肉,下肢电刺激可以引起肌肉收缩和松弛,从而促进血液循环的流动。这对长期卧床的患者、下肢静脉曲张患者和术后康复患者具有重要意义。

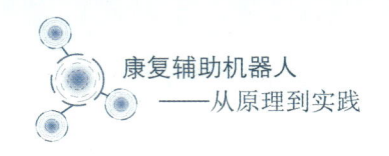

12.2.2 上肢康复中的功能性电刺激

在脑卒中早期，患者会有部分神经功能丧失，导致部分肢体自主运动功能受损，若长期不进行康复训练，会造成肌肉萎缩，最终彻底失去运动能力。在肢体瘫痪的患者中，手部运动功能障碍也是较为常见的，患者的手部强直或软瘫症状给日常工作和生活造成了很大影响。试验研究表明，在脑卒中早期进行康复训练，可恢复其运动功能，减少神经功能损失，提高日常生活能力，并降低其他合并症的发病概率，有利于患者早日回归正常生活。

试验研究表明，中枢神经系统具有一定的可塑性，在大脑神经功能受损后，可通过康复训练来帮助中枢神经恢复其功能。在大脑功能的恢复过程中，功能受损的部分神经元可通过相邻的完好神经元进行功能重组，来代偿原有神经元的部分功能，从而实现中枢神经功能的重建。脑卒中患者的手部运动功能受损后，在康复训练的过程中，可通过进行反复的目的性运动来唤醒相应的神经元参与运动，恢复重建感觉反馈，促使大脑神经中枢对做出的动作进行修正，从而帮助患者实现运动功能的恢复及中枢神经功能的重塑。

手部功能主要包括交流功能、抓取功能和操作功能等，在日常生活中起着至关重要的作用。对于脑卒中患者而言，手部运动功能障碍主要表现为手部强直或软瘫，因此，脑卒中患者的手部康复应以恢复手部的肌力、关节运动能力以及手指的灵活性为主。由于手部解剖结构复杂、运动模式多、安全性要求高，而且手部空间狭窄，运动约束多，导致康复系统结构设计和驱动设备布置难度较大。目前，现有的机械式康复设备在手部康复方面缺少足够的安全性和灵活性且成本高，而其他的康复设备又普遍体积大且功能有限，难以完成有效的康复治疗。

与下肢康复类似，FES 用于上肢康复与下肢康复有类似的效果，此处便不再赘述。近年来，FES 作为一种有效的康复手段，被用于脑卒中患者的康复治疗。研究表明，利用功能性电刺激对脑卒中患者进行康复治疗，可以帮助患者重建或恢复中枢神经系统功能，对患者受损运动功能的康复有着非常积极的意义。FES 通过电极将刺激信号传递到皮肤表面，激活患者的运动神经而诱发目标肌肉运动，从而帮助瘫痪肌肉进行运动功能的恢复或重建，以达到中枢神经系统的康复治疗和运动功能恢复的目的。而且功能性电刺激作为一种脑卒中康复手段，可利用 FES 设计便携式、易操作的康复系统，便于患者在家中使用。因此，针对我国的康复现状，功能性电刺激是神经康复领域中很有应用前景的技术，具有巨大的研究意义。

12.2.3 电刺激在临床中的其他应用

除了基本的上肢、下肢康复方面的应用，功能性电刺激也在很多医学应用方面发挥作用，下面将列举部分应用。

12.2.3.1 功能性电刺激在呼吸方面的应用

FES 是一种利用电流刺激神经或肌肉的方法，被广泛应用于呼吸功能恢复领域。呼

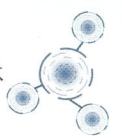

吸功能障碍对个体的生活质量和健康状况产生重大影响，而 FES 作为一种非侵入性、安全有效的治疗手段，有望改善呼吸肌肉的力量、协调性和功能。

首先，FES 通过向患者的呼吸肌肉传递电流刺激，直接或间接激活肌肉收缩，从而促进呼吸肌肉的功能恢复。它可以应用于多种呼吸肌肉（例如膈肌、肋间肌等），以增强呼吸肌肉的力量和耐力，膈神经电刺激图如图 12-5 所示。通过刺激膈肌相关神经，膈神经电刺激可以使膈肌收缩下降，引起肺部吸气。FES 可以通过改善呼吸肌肉收缩的协调性，增加肌肉收缩的时机和幅度，提高呼吸效率。

其次，FES 还可以改善呼吸功能障碍患者的肺通气量、潮气量和肺功能。通过增强呼吸肌肉的收缩力量和协调性，FES 能够增加肺通气量，改善气体交换，增加潮气量，从而提高氧合和二氧化碳排出。这对于呼吸功能受限的患者来说尤为重要，可以改善他们的呼吸困难和运动耐力。

最后，FES 还对呼吸肌肉的咳嗽功能具有积极的影响。咳嗽是清除呼吸道分泌物和预防感染的重要机制，但呼吸功能障碍患者常常受到咳嗽功能的限制。FES 刺激可以增强咳嗽肌肉的收缩力量和协调性，提高咳嗽的效果，促进呼吸道分泌物的排出，预防肺部感染。

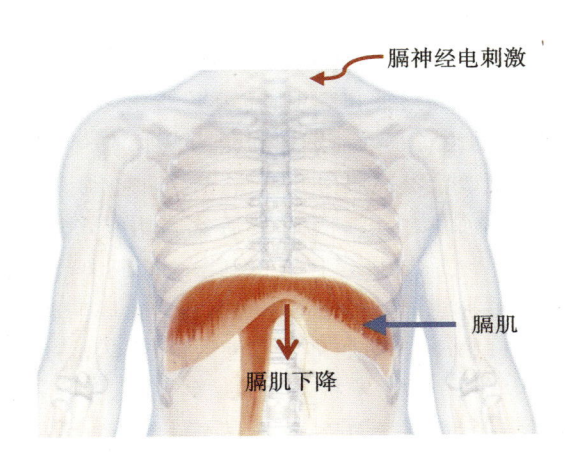

图 12-5　膈神经电刺激图

临床研究表明，FES 在呼吸功能恢复中具有显著的临床效果。例如，在脊髓损伤患者中，FES 刺激膈肌和肋间肌可以改善肺功能、增加潮气量和肺通气量，并提高患者的生活质量。对于神经肌肉疾病患者（如肌萎缩性侧索硬化症患者），FES 刺激可以改善呼吸肌肉的力量和咳嗽功能，减轻呼吸困难和预防呼吸道感染。此外，FES 还可应用于脑卒中患者和神经肌肉疾病的康复中，促进呼吸肌肉的恢复和功能改善。

综上所述，功能性电刺激在呼吸功能恢复中具有广阔的应用前景。通过刺激呼吸肌肉，FES 可以增强呼吸肌肉的力量、协调性和功能，改善肺通气量、气体交换和咳嗽功能。临床研究证实了 FES 在呼吸康复中的疗效，为呼吸功能障碍患者的康复提供了有力支持。然而，仍然需要在研究和临床实践中进一步推动该领域的发展，并深入探究 FES 的最佳应用方案和治疗效果，以提供更好的呼吸康复方案。

12.2.3.2　电刺激在产后盆底功能障碍方面的应用

电刺激在产后盆底功能障碍方面的应用是一种非侵入性、安全有效的治疗方法。盆底功能障碍是指女性产后期间出现的盆底肌肉功能失调，常见的症状包括尿失禁、排便困难、盆腔器官脱垂等。这些问题会对女性的生活质量和心理健康产生负面影响，比如盆底功能障碍引起的尿失禁。而电刺激作为一种康复手段，可以帮助改善盆底肌肉的功能，恢复正常的生理活动。本小节将详细探讨电刺激在产后盆底功能障碍方面的应用。

首先，电刺激可以直接刺激盆底肌肉，增强肌肉的收缩力量和协调性。通过电刺激，可以激活盆底肌肉的神经纤维，使其收缩并增加肌肉张力。这有助于增强盆底肌肉的支撑功能，改善尿失禁和盆腔器官脱垂等问题。同时，电刺激还可以促进盆底肌肉的血液循环，提高肌肉的营养供应和新陈代谢，有助于肌肉的修复和功能恢复。

其次，电刺激可以通过神经调节作用来改善盆底功能。盆底肌肉的功能受到神经系统的调节，电刺激可以通过刺激相应的神经纤维，影响神经传导和神经调节。这有助于恢复盆底肌肉与神经系统之间的协调性，提高盆底肌肉的控制能力和反应速度。另外，电刺激可以改善尿失禁的情况，增强排尿和排便的控制能力。

最后，电刺激还可以促进盆底肌肉的修复。在产后盆底功能障碍中，盆底肌肉的功能常常受到损害和衰退，需要重新学习和训练。电刺激可以提供有针对性的刺激和反馈，帮助患者正确地感知和激活盆底肌肉，进行有效的肌肉训练。持续的电刺激治疗可以逐渐改善盆底肌肉的力量、耐力和协调性，从而恢复正常的盆底功能。

总而言之，电刺激在产后盆底功能修复方面具有显著的优势。它是一种安全、非侵入性的治疗方法，可以直接刺激盆底肌肉，改善肌肉的功能和协调性。同时，电刺激还可以通过神经调节和修复作用来促进盆底功能的恢复。然而，电刺激在产后盆底功能恢复中仍面临一些挑战，如治疗参数的选择、治疗方案的个体化等。因此，仍然需要在研究和临床实践中进一步推动该领域的发展，并深入探究电刺激在产后盆底功能恢复中的最佳应用方案和治疗效果，以提供更好的康复方案。

12.2.3.3 电刺激在脑卒中后吞咽障碍方面的应用

电刺激在脑卒中后吞咽障碍方面的应用是一种有效的康复治疗方法。脑卒中是导致吞咽功能受损的主要原因之一，它会造成吞咽困难、食物误吸等问题，严重影响患者的生活质量和营养摄入。电刺激作为一种神经肌肉电生理学的干预手段，可以帮助改善脑卒中后吞咽障碍。

首先，电刺激可以刺激相关肌肉群，增强吞咽肌肉的收缩力量和协调性。在相关肌肉区域施加电刺激可以引起肌肉的收缩反应，提高吞咽肌肉的力量和控制能力。这有助于改善吞咽协调性，增加吞咽的效率和安全性，减少食物误吸的风险。

其次，电刺激可以通过神经调节作用来改善吞咽功能。脑卒中后吞咽障碍往往涉及神经系统的损伤和功能障碍，导致吞咽中枢神经的受损。电刺激可以通过刺激相关神经纤维，影响神经传导和神经调节，从而促进吞咽中枢神经的恢复和重塑。这有助于恢复吞咽的协调性和顺畅性，提高吞咽功能的恢复速度。

最后，电刺激还可以促进吞咽肌肉的功能改善。在脑卒中后吞咽障碍中，吞咽肌肉常常出现功能障碍和萎缩。有针对性的电刺激和反馈可以帮助患者正确地感知和激活吞咽肌肉，进行有效的肌肉训练。持续的电刺激治疗可以逐渐改善吞咽肌肉的力量、耐力和协调性，从而促进吞咽功能的恢复。

总而言之，电刺激在脑卒中后吞咽障碍治疗方面的应用具有重要的临床意义。它通过刺激相关肌肉和神经纤维，改善吞咽肌肉的功能和协调性，促进吞咽中枢的恢复和重塑，实现吞咽功能的恢复和改善。然而，电刺激治疗仍然需要进一步的研究和临床实践，

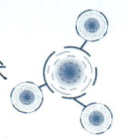

以明确最佳治疗方案、优化治疗参数并评估其长期疗效和安全性,为脑卒中患者提供更好的吞咽功能康复方案。

12.3 功能性电刺激的基本参数

12.3.1 电刺激参数的选择和调节方法

12.3.1.1 参数选择

功能性电刺激作为一种神经肌肉电生理学的治疗手段,具有多个重要参数需要考虑和调节。下面介绍功能性电刺激的几个重要参数。

(1)刺激强度。电刺激的强度是指施加在患者身体上的电流大小。强度的选择应根据患者的病情和个体差异进行调节。过低的强度可能无法达到治疗效果,而过高的强度可能引起不适或伤害患者。通常使用可调节的电刺激设备,可逐渐增加或减少强度,找到最适合患者的治疗强度。

(2)刺激频率。电刺激的频率是指电流的脉冲重复率,即单位时间内脉冲的数量。频率的选择应考虑刺激的目的和治疗对象的特点。较低的频率适用于产生较强的肌肉收缩,而较高的频率适用于缓解疼痛或改善神经传导。常用的频率范围为 $2\sim150$ Hz。

(3)脉冲宽度。脉冲宽度是指电刺激波形中脉冲的持续时间。脉冲宽度的选择与治疗的目的和刺激部位有关。较短的脉冲宽度适用于刺激神经纤维,而较长的脉冲宽度适用于刺激肌肉。常见的脉冲宽度范围为 $50\sim500$ μs。

(4)脉冲形状。脉冲形状描述了电刺激波形的特征,常见的脉冲形状包括方波、正弦波和双相波等。不同的脉冲形状对刺激效果和治疗效果可能有所影响,因此在选择脉冲形状时需要根据具体情况进行调整。

(5)刺激位置。刺激位置是指电极放置的具体部位。刺激位置的选择取决于治疗的目标和患者的病情。对于肌肉功能恢复,刺激电极通常放置在患者相关的神经或肌肉区域。在康复辅助机器人中,电极的放置位置需要与机器人的机械结构和运动轨迹相匹配,以实现准确的刺激效果。

(6)治疗时间。治疗时间是指每个治疗会话的持续时间。治疗时间的选择应考虑患者的耐受性和治疗的需要。通常,治疗时间在几分钟到几十分钟之间,可以根据患者的反应和临床评估进行调整。

这些参数在功能性电刺激治疗中起着关键的作用,对治疗效果和患者的舒适度具有重要影响。在实际应用中,医疗专业人员应根据患者的具体情况和治疗目标,综合考虑这些参数,并根据需要进行调节和优化,以确保功能性电刺激的有效性和安全性。

12.3.1.2 调节方法

上述这些参数的调节对于治疗的效果和个体的康复非常重要。下面简述 FES 的主要参数的调节方式,FES 的参数调节方式主要有以下几种。

(1) 患者反馈和主观感受。在开始电刺激治疗或研究时，与患者进行充分沟通，了解他们的感觉和舒适度。根据患者的反馈，逐步调节刺激参数，以达到最佳的治疗效果。

(2) 生理反应监测。使用生理监测设备及参数(例如肌电图、神经传导速度等)，对患者的生理反应进行实时监测和分析。

(3) 个体化调节。每个患者的生理状况和治疗需求都不同。因此，在进行电刺激治疗时，应根据患者的个体差异进行个体化的参数选择和调节。

(4) 逐步调节。电刺激初期使用较低的刺激参数，逐步增加刺激强度和持续时间，以使患者逐渐适应治疗。这有助于最大限度地提高治疗效果并减少患者不适或不良反应的风险。

12.3.2 康复辅助机器人中的电刺激强度和频率

在刺激强度方面，FES 有恒压、恒流或混合形式，与恒压相比，恒流可以使肌肉收缩保持一致性和可重复性，且具有使皮肤电阻的变化程度较小的优势。另外，采用有极性的刺激波形实施刺激，会引起刺激部位的显著不适甚至损伤周围肌肉组织；而采用无极性刺激波形，使电荷双向平衡流动，能够减少甚至完全避免组织损伤。因此，一般采用恒流式。FES 表面电极刺激电流强度通常为 $0\sim100$ mA，肌肉内电极的电流强度为 $0\sim20$ mA。FES 采用的刺激属于低频电刺激，频率小于 1 kHz 时产生的效果以刺激效应为主。刺激电流强度对人体的影响如图 12-6 所示。

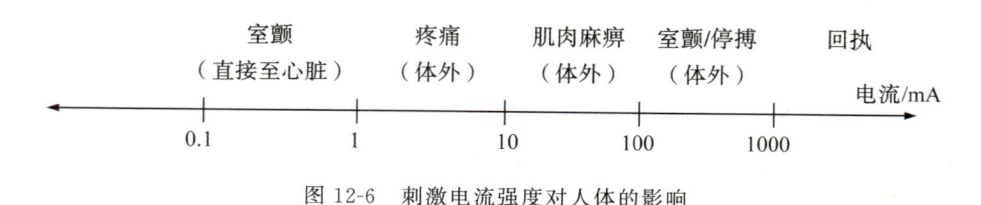

图 12-6 刺激电流强度对人体的影响

刺激时电极输出的信号类型分为恒压信号和恒流信号。恒压信号在刺激过程中电压恒定，但当电极与皮肤的接触阻抗变化时刺激电流会随之变化。恒流信号在刺激过程中电流恒定，不会随阻抗变化，具有较好的刺激效果，但当皮肤与电极接触不良时可能会出现皮肤电流密度过大的情况，在使用时可以对最高输出电压进行限制。

功能性电刺激的频率通常为 $20\sim100$ Hz。临床实践表明，对于运动神经，刺激电流频率为 $1\sim10$ Hz 时可引起肌肉单收缩，频率为 $20\sim30$ Hz 时可引起肌肉不完全性强直收缩，频率为 $20\sim50$ Hz 时可引起肌肉完全性强直收缩，刺激频率达 50 Hz 时会有较为明显的震颤感，频率为 100 Hz 时刺激能产生镇痛和镇静中枢神经的作用。通常高频刺激能降低人体等效阻抗，获得更强的肌肉收缩力量，但也令神经递质的消耗加快，导致更早的出现疲劳。

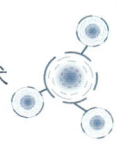

12.3.3 康复辅助机器人中的电刺激脉冲宽度和形状

在目前的临床使用中,多采用 200～400 μs 的刺激脉宽。值得注意的是,电刺激的脉冲宽度对刺激的有效性和患者的舒适度有较大影响。当脉宽在 0～40 μs 区间时,需要较大的刺激电流才能引起神经冲动。脉宽在 100 μs 以下属于感觉水平的刺激,脉宽在 100～600 μs 之间属于运动水平。当使用较大的脉宽时,较小的电流就可以诱发动作电位;当脉宽大于 600 μs 时,继续增加脉宽不能增加动作电位强度,达到饱和。

不同波形对肌肉作用是不同的,具体效果可总结如下。

(1) 单相波对肌肉细胞或组织具有电解作用,长时间刺激所产生的电荷积累将引起损伤,通常用于刺激小肌肉,如上肢肌群。

(2) 双相波在刺激时正向产生刺激,对神经纤维去极化;负向波用于平衡电荷,避免电刺激产生的化学效应。其中对称双相波常用于刺激大肌肉,不对称双相波用于刺激小肌肉。

(3) 波形根据形状可分为方波、正弦波、梯形波和尖波(锯齿波、指数波)。临床上方波多用于治疗疼痛、痉挛和炎症;正弦波多用于治疗神经痛、神经炎、肌炎和萎缩;尖波多用于治疗瘫痪。

12.3.4 康复辅助机器人中的电刺激位置和通道

功能性电刺激中的电刺激位置和通道选择是根据康复目标和患者特点进行个体化定制的。下面将详细描述功能性电刺激中电刺激位置和通道的选择原则和常见应用。

12.3.4.1 电刺激位置选择

电刺激位置是指在人体上施加电刺激的具体位置。选择电刺激位置应考虑以下因素。

(1) 神经肌肉解剖学。了解目标肌肉的解剖结构和神经供应情况是选择电刺激位置的关键。理想的电刺激位置应位于目标肌肉的神经供应区域。

(2) 功能需求。根据康复目标和功能需求,选择电刺激位置以刺激特定的运动模式或运动控制。例如,对于下肢康复,电刺激位置可以选择在大腿前肌、大腿后肌、小腿肌群等,以促进步态模式的恢复。

在功能性电刺激中,常见的电极位置有以下几个。

(1) 下肢电刺激。①股四头肌:位于大腿前部,用于恢复下肢的膝伸功能。②股二头肌:位于大腿后部,用于恢复下肢的膝屈功能。③腓肠肌:位于小腿后部,用于恢复下肢的踝背屈功能。④胫骨前肌:位于小腿前部,用于恢复下肢的踝背屈控制和步态平衡。

(2) 上肢电刺激。①三角肌:位于肩部,用于恢复上肢的肩关节稳定性和肩外展功能。②二头肌:位于上臂前部,用于恢复上肢的肘屈功能。③肱二头肌:位于上臂后部,用于恢复上肢的肘伸功能。④腕伸肌和腕屈肌:位于前臂,用于恢复上肢的腕关节控制和手指功能。

(3)躯干电刺激。①斜方肌位于背部和颈部，用于恢复躯干的姿势控制和肩带肌功能。②腹肌群包括腹直肌、腹外斜肌等，用于恢复躯干的核心稳定性和平衡控制。

上述是常见的电极位置，但具体的电极位置选择需要根据患者的病情、康复目标和医疗专业人员的评估进行个性化选择。此外，不同的康复设备和技术也可能有特定的电极位置要求，因此在实际应用中需要根据设备使用说明和相关研究进行指导。

12.3.4.2 功能性电刺激通道的选择

功能性电刺激通道的选择是指在电刺激治疗中确定要刺激的具体通道或位置。根据治疗的目的和患者的病情，选择合适的刺激通道可以提高治疗效果和个体化的康复效果。以下是常见的功能性电刺激通道选择的一些示例。

(1)单通道刺激。在某些情况下，只需要选择一个刺激通道进行治疗。例如，在肌肉训练中，可以选择刺激一个特定的肌肉或神经来增强其活动。单通道刺激适用于局部肌肉或神经的治疗和训练。

(2)多通道刺激。在某些情况下，需要同时选择多个通道进行刺激。多通道刺激可以用于模拟特定的运动模式或激活多个相关的肌肉或神经。例如，在康复治疗中，可以同时刺激上肢的多个肌肉来促进协调运动和功能恢复。

(3)选择性刺激通道。根据患者的病情和治疗目标，可以选择性地刺激特定的神经或肌肉通道。例如，在脑卒中康复中，可以选择性地刺激患者受影响的侧脑半球来促进运动功能的恢复。

(4)穴位刺激。在中医理论中，特定的穴位被认为与不同的身体部位和功能相关联。功能性电刺激可以选择性地刺激这些穴位来调节和促进身体的功能恢复。例如，在针灸康复中，通过功能性电刺激来刺激特定的穴位，可以调节身体的能量流动和平衡。

在功能性电刺激治疗中，刺激通道的选择需要基于临床经验、科学研究和医疗专业人员的判断。医疗团队会根据患者的病情和治疗目标，综合考虑多个因素来确定刺激通道的选择，并进行个性化的治疗方案设计。

12.4 功能性电刺激设备的设计步骤

功能性电刺激设备的设计步骤通常包括以下几个关键步骤。

(1)需求分析。在设计功能性电刺激设备之前，需要进行需求分析。这包括确定设备的应用领域、康复目标和目标用户群体。需求分析将有助于确定设备的功能要求、性能指标和使用场景。

(2)系统设计。基于需求分析，进行功能性电刺激设备的系统设计。这涉及确定设备的整体架构、电路设计、信号处理算法和用户界面设计。系统设计要考虑电刺激参数的选择和调节方式、电刺激信号的产生和控制、传感器的选择和集成等。

(3)硬件设计。在系统设计的基础上，进行硬件设计。这包括选择和集成适当的传感器、电极、放大器、滤波器、模数转换器等硬件组件。硬件设计要考虑电刺激信号的稳

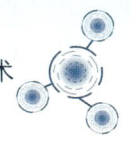

定性、电极与皮肤接触的舒适性、抗干扰能力等因素。

（4）软件设计。开发与功能性电刺激设备配套的软件系统。软件设计涉及实时信号处理算法、用户界面设计、数据存储和分析等。软件设计要考虑信号处理的实时性、用户友好性和数据安全性等因素。

（5）原型制作。基于系统设计和硬件设计，制作功能性电刺激设备的原型。原型制作是验证设备功能和性能的关键步骤，可以通过迭代优化来改进设备的设计。

（6）验证和评估。对功能性电刺激设备进行验证和评估。这包括实验室测试、人体试验和临床试验等。验证和评估的目的是验证设备是否满足设计要求，对其效果和安全性进行评估，并根据反馈进行进一步的改进。

（7）生产和市场化。在验证和评估阶段完成后，进行功能性电刺激设备的生产和市场化。这包括批量生产、质量控制、注册和认证等。同时，进行市场推广和销售，确保设备能够被广泛应用于康复领域。

这些步骤是功能性电刺激设备设计的一般流程，实际的设计过程可能因设备类型、应用领域和设计团队的特点而有所差异。在整个设计过程中，与康复专业人员和临床医生的合作是至关重要的，以确保设备能够满足康复需求并取得良好的临床效果。

12.5 功能性电刺激技术的硬件设计和软件设计

12.5.1 硬件设计

硬件系统为 FES 的主体系统，下面提供一种典型的功能性电刺激系统的硬件设计框架，主要包括微处理器、电源模块、模数转换器、功率放大电路、正负 DC/DC 电路、人机交互界面（液晶显示器、按键）、外部拓展串口通信、电极。系统框图如 12-7 所示。

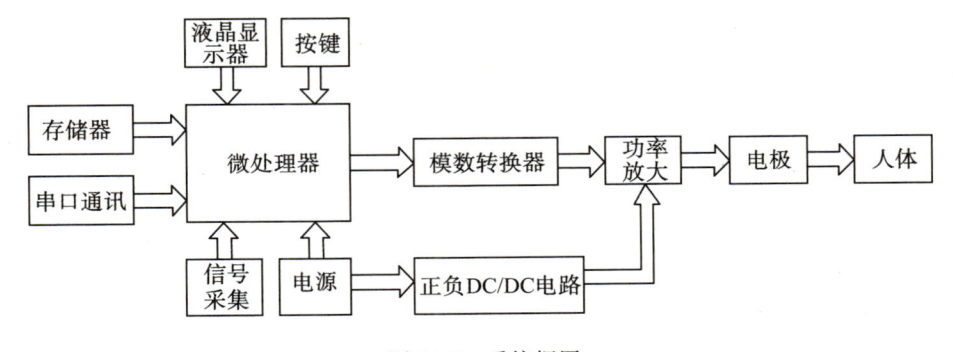

图 12-7 系统框图

首先是对微控制器的介绍，系统的控制单元要求有较高的运行速度和较好的稳定性，为了简化硬件模块的设计，控制单元应集成多个所需的模块。系统主控制芯片采用意法半导体（ST）有限公司生产的 STM32F103RCT6 单片机。STM32F103RCT6 单片机包含高性能 ARM© Cortex©-M3 32 位 RISC 内核,单片机的工作频率为 72 MHz,高速嵌入式存储器(闪存高达 512 KB,SRAM 高达 64 KB),以及连接到两条高级外设总线(APB)的广泛增强型输入/输出(I/O)和外围设备。该芯片提供三个 12 位 ADC、四个通用 16 位定时器和两个脉冲宽度调剂(PWM)定时器以及标准和高级通信接口[最多两个集成电路(I2C)、三个串行外设接口(SPI)、两个集成路内置音频总线(I2S)、一个安全数字输入输出(SDIO)、五个通用同步/异步串行接收/发送器(USART)、一个通用串行总线(USB)和一个控制器局域网络(CAN)]。该型单片机功能丰富,且在市场上推出已久,其性能强大、外设丰富和高稳定性的特点使其很适合用来作为功能性电刺激设备的主控制器。其架构图可参照意法半导体有限公司官方数据手册。

然后是对生物信号反馈采集的介绍。功能性电刺激在康复和治疗中常常需要使用反馈机制,以监控和调节电刺激的效果和参数。目前常见的反馈类型包括以下几种。

(1)生物反馈。生物反馈是通过检测和测量人体生理信号来提供反馈。在功能性电刺激中,可以使用生物反馈来监测肌肉活动、心率、血压等生理参数。通过传感器和信号处理,将生理信号转换为可视化或听觉的反馈信号,可以让患者意识到肌肉活动和生理变化,从而更好地控制和调节电刺激的参数和效果。

(2)动力学反馈。动力学反馈是通过感知身体运动和位置的变化来提供反馈。在功能性电刺激中,可以使用惯性传感器、加速度计或陀螺仪等装置来检测患者的身体姿势、关节角度和运动范围等信息。通过将这些信息转化为可视化或听觉的反馈信号,患者可以更好地感知自身运动状态,以便调整和优化电刺激的参数和效果。

(3)视觉反馈。视觉反馈是通过视觉信息来提供反馈。在功能性电刺激中,可以使用摄像头、虚拟现实设备或计算机界面等技术,提供患者的实时运动图像、目标标记或游戏化界面等视觉反馈。这种反馈可以帮助患者观察和调整肢体运动,从而改善功能性电刺激的效果和控制。

(4)听觉反馈。听觉反馈是通过声音或音频信号来提供反馈。在功能性电刺激中,可以使用音频传感器或扬声器等设备,将电刺激参数转换为声音信号。通过调整声音的音调、频率或强度等特性,患者可以根据听觉反馈调节和优化肌肉活动和运动模式。

(5)触觉反馈。触觉反馈是通过触觉感受来提供反馈。在功能性电刺激中,可以使用振动器、触觉传感器或电极等设备,通过电刺激或机械触觉刺激来传递反馈信号。患者可以感知到振动、触觉刺激或电刺激,以调整肌肉活动和运动模式。

在上肢、下肢康复中,以 EMG 信号作为反馈信号具有显著优势。因此本书主要介绍以 EMG 信号作为反馈的功能性电刺激。

被动开环的 FES 治疗方法以预先确定的固定波形输出刺激电流,容易引起肌肉疲劳。将 sEMG 信号的反馈应用于 FES,刺激过程由神经肌肉状态实时调节,平均刺激强度比循环恒定的功能性电刺激低,可以减轻肌肉疲劳,进一步提高康复效率。

因此,以 sEMG 信号作为反馈的 FES 需要设计 sEMG/FES 闭环反馈的刺激模式,一方面通过 sEMG 信号观察 FES 效果,另一方面将 sEMG 信号通过算法映射调节 FES 电流强度。

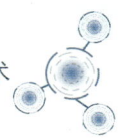

研究表明,当测试者自愿尝试移动患处肢体时,进行 FES 会增强康复效果。因此,首先从患处肌肉获取 sEMG 信号,并通过计算其阈值和包络线,以线性静态映射到 FES 的强度。该 sEMG 信号反馈的 FES 控制模式如图 12-8 所示。

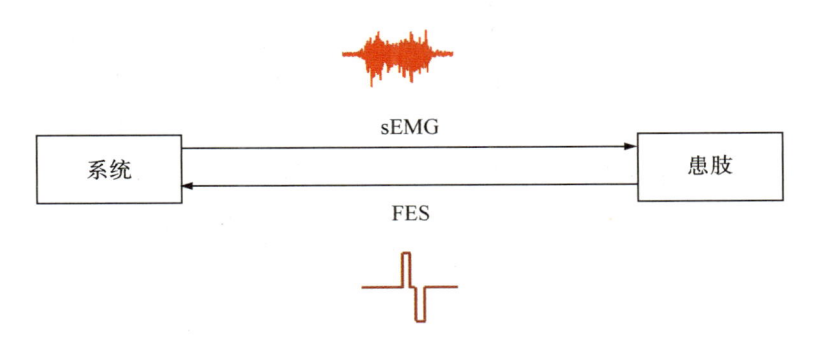

图 12-8　sEMG 反馈的 FES 控制

FES 反馈的依据是 sEMG 信号。因此,首要目标是设计 sEMG 信号采集系统和 sEMG 信号采集电路。sEMG 信号是一种微弱电信号,极易受干扰,频谱中会包含很多杂波成分,因此首先需要对皮肤表面采集的 EMG 信号进行模拟信号处理。sEMG 信号采集电路的作用是将微弱的 sEMG 信号放大到合适的范围内,降低生理串扰以及电气干扰,并过滤采集过程中引入的各种噪声,同时电路的规模需符合便携式设备的要求,以便于后续的信号采样和处理。

EMG 信号有以下特点:①微弱性:幅值 0~1.5 mV。②低频性:高频段频率范围主要是 20~150 Hz。③幅值变化:EMG 信号的幅值代表了肌肉电活动的强度或能量。不同的肌肉活动会产生不同的幅值变化。

因此,肌电采集一般通过以下流程实现,如图 12-9 所示。

图 12-9　肌电采集流程图

第一部分是模拟前端部分,一般采用三运放差分放大电路进行生物信号采集,三运放的原理如图 12-10 所示,其输出与输入关系可以通过"虚短"和"续断"得出。

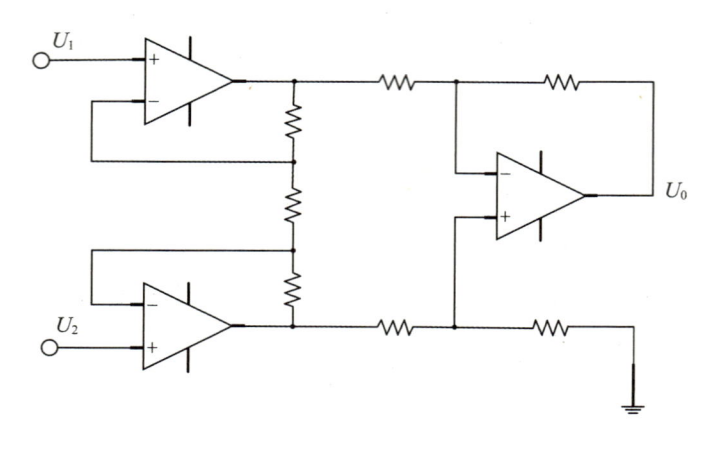

图 12-10　三运放的原理

目前,有很多厂商(例如 ADI、TI 等)生产典型的仪用放大器芯片,通过集成来缩小设备体积和优化性能。下面给出一个典型的使用 AD8421 仪用放大器作为模拟前端的电路图(见图 12-11)。

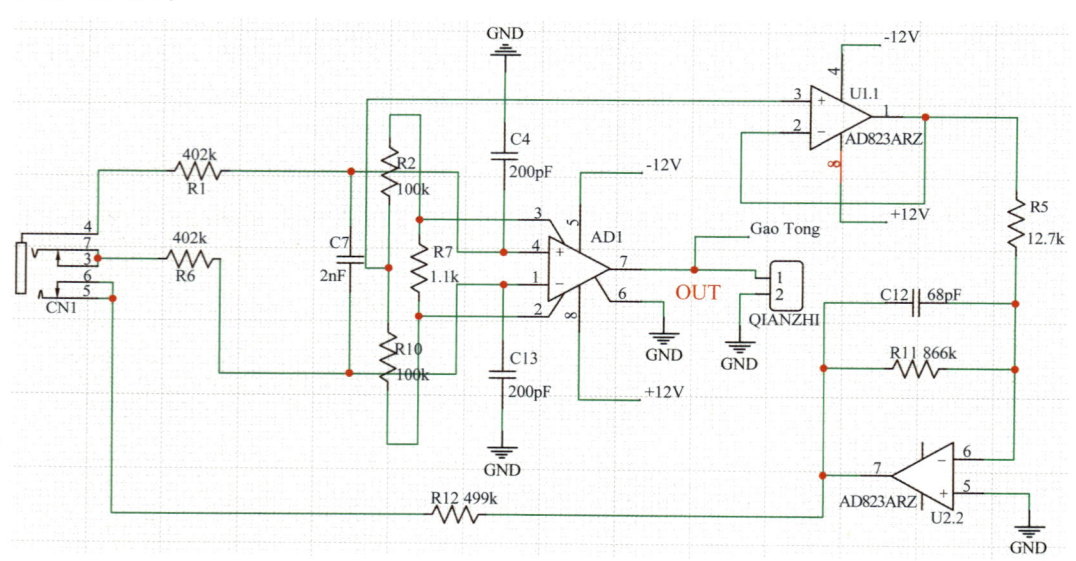

图 12-11　仪用放大器模拟前端电路

经过模拟前端可将 EMG 信号从人体中提取出来,但是 EMG 信号中还有很多干扰,需要滤波器将其滤除,滤波器设计可使用 ADI 滤波器设计向导。

下面将列举几个使用 ADI 滤波器向导设计的滤波电路,包括四阶巴特沃夫高通滤波器(如图 12-12 所示)和四阶巴特沃夫低通滤波器(如图 12-13 所示)。另外,工频 50 Hz 陷波器(如图 12-14 所示),用于滤除工频 50 Hz 干扰。借助以上滤波器,我们可以得到相对纯净的 EMG 信号。

第12章 康复辅助机器人中的功能性电刺激技术

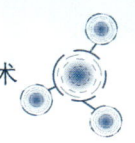

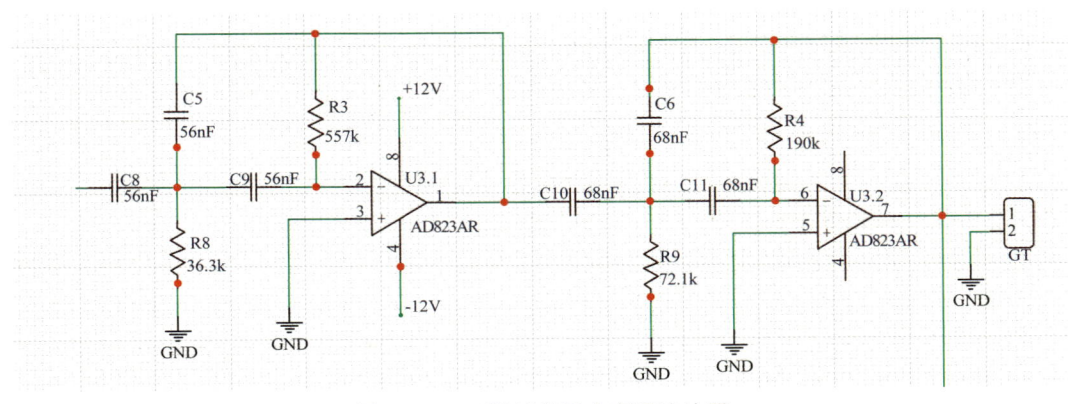

图 12-12 四阶巴特沃夫高通滤波器

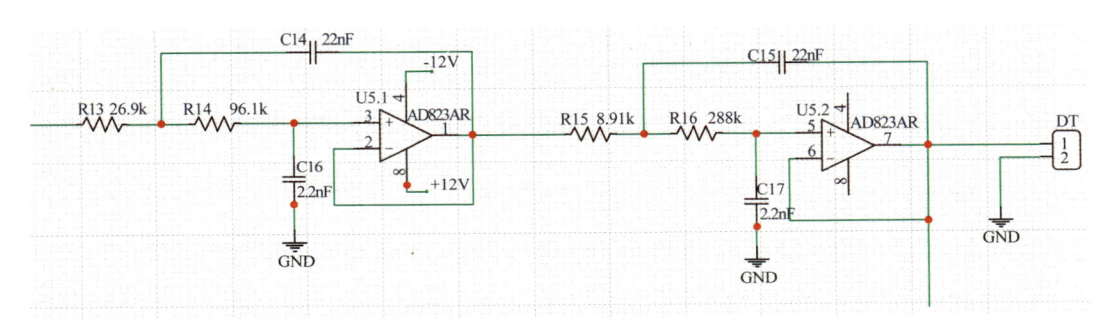

图 12-13 四阶巴特沃夫低通滤波器

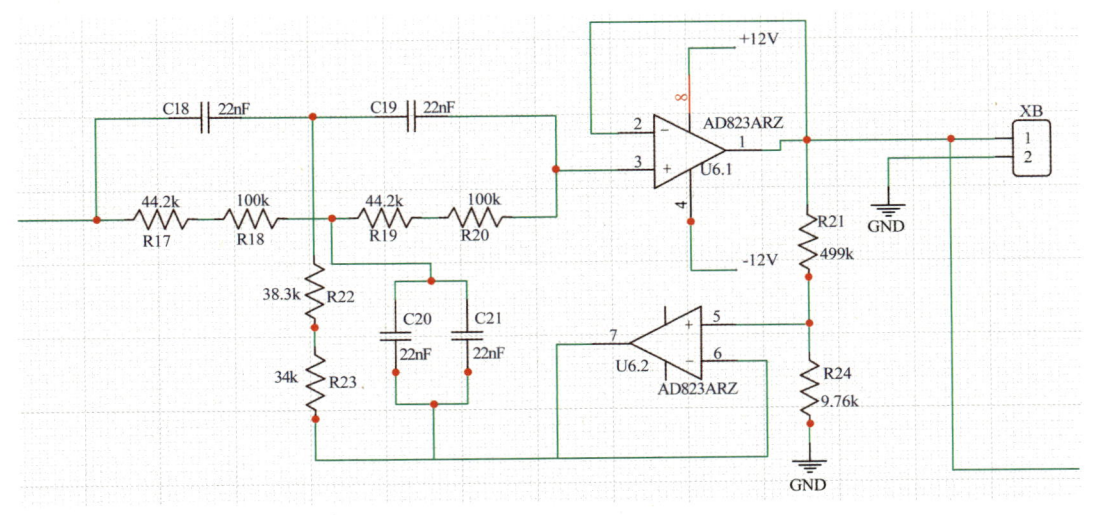

图 12-14 工频 50 Hz 陷波器

经过以上电路,可采集到 EMG 信号,后面可以连接一个同相比例放大器,来进行输出幅值的调节。

第二部分是 D/A 转换和 A/D 转换部分,D/A 输出部分将单片机输入的数字量转换为模拟量,送入功率放大模块。为应对不同的输出要求设计了两种数模转换器(DAC)电路。双通道 DAC 能以超过 100 kHz 的速度输出，实现更精细的刺激波形；同时它具有输出电压检测，以提供过压保护，具有更高的灵活性，适用于波形验证和测试。多通道 DAC 可以实现四路波形的同时输出，满足刺激波形要求的同时提供了多路联合刺激的能力，可用于手部运动等精细动作的治疗。

双通道 DAC 要求极高的输出速度，因此相应 DAC 应具有较短的建立时间、较快的通信速率以及双相输出的能力。为了保证输出精度，位宽应达到 12 bit。DAC7811 是一款 CMOS 12 位电流输出 DAC。该 DAC 使用与 SPI、QSPI™、MICROWIRE 和大多数 DSP 接口标准相兼容的双缓冲 3 线串行接口，具有 0.2 μs 的趋稳时间和 10 MHz 的大信号乘法带宽，可以使用高达 50 MHz 的串行数据输入，并使用较小的 VSSOP10 封装。该 DAC 配合运算放大器可以实现双相模拟电压输出，故选用此器件作为双通道 FES 的模数转换器。

第三部分是功率放大部分，常见 FES 功率驱动拓扑可以总结为以下四种类型。

（1）使用运算放大器构成闭环的晶体管恒流电路（低端恒流）。给运放输入一个模拟量，运放与三极管构成恒流闭环，通过上方光耦开关电路打开三极管即可以输出恒流信号。该电路体积较小，控制便利，可以输出多种波形，但无法输出双相波，需要高压电源。类似的电路还有将运放置于高端的高端恒流电路。

（2）使用变压器进行隔离升压和脉冲刺激，使用运算放大器构成闭环驱动。输入脉冲波，通过运放构成的差分放大器和比较器对三极管进行开关动作，在输出端经过采样电阻和运放构成的信号整形电路与差分放大器构成闭环。这种电路不需要额外的高压电源，使用的变压器体积较大，电路复杂且灵活性不足。图 12-15 中所示的电路仅能输出单相波，将变压器改为推挽驱动可以实现双相波的输出，但同时增加了电路复杂度。

（3）使用运算放大器驱动电流镜的晶体管恒流电路。这种电路体积较小，不需要隔离驱动，控制便利，具备双相输出能力，但需要额外的正负高压电源。

（4）基于 H 桥的运放恒流电路。通过四个开关的开闭来实现双相波形的输出，在低端加入运放恒流电路形成恒流信号。该电路需要高压电源，其 H 桥需要光耦隔离驱动，实际体积较大，使用较为复杂。该电路优点在于控制便利。

功率放大部分将 DAC 输入的电压信号转换为恒流信号，应将设计成能在高压双相电源（最高达 ±45 V）下运行，同时具有足够的压摆率和电流输出能力，以应对边缘陡峭的脉冲。由于运行在高压下，运放的耐压需足够，在设计时还应考虑集成电路（IC）的散热问题，可以通过并联驱动 IC、增加扩流电路、使用大面积散热焊盘等措施解决。

OPA454 器件是一种低成本的运算放大器，具有 ±5 V 至 ±50 V 的宽电源范围和相对高的电流输出（50 mA）。它的单位增益稳定，并且具有 2.5 MHz 的增益带宽乘积，具有内部保护功能，可防止过热和电流过载。这种高压运算放大器提供了出色的精度、宽的输出摆幅，并且没有类似放大器中经常出现的相位反转问题。

可以使用独立引脚来启用或禁用输出，该引脚具有自己的公共返回引脚，以方便与低电压逻辑电路接口。这种禁用是在不干扰输入信号路径的情况下实现的，不仅节省了功率，而且保护了负载。OPA454 使用 ESSOP 封装，具有底部散热焊盘，在较小的体积

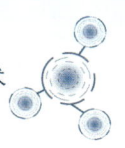

下提供了较好的散热性能。

由于多通道版本受印制电路板(PCB)面积限制,无法使用体积较大的达林顿管。故使用并联 OPA454 的方法来提高输出电流,其峰值输出电流超过 200 mA。下面给出一种典型设计,如图 12-15 所示。

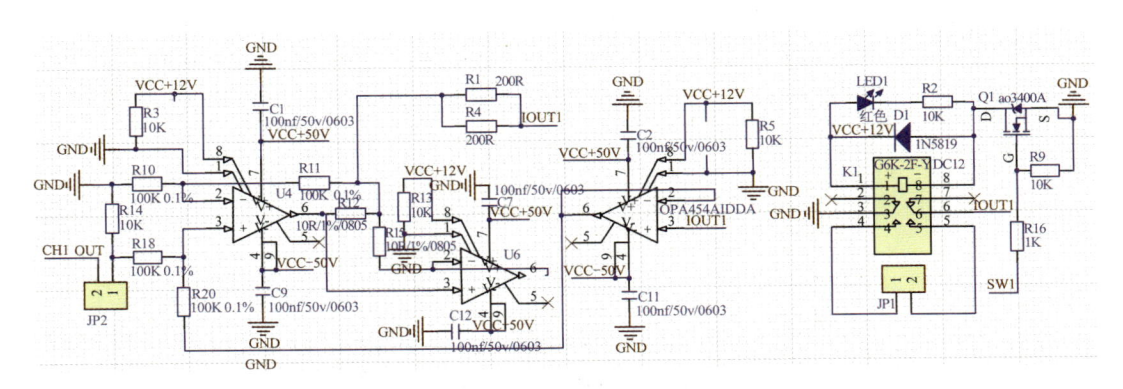

图 12-15 多通道功率放大器

第四部分是 DC/DC 电源部分。DC/DC 电源提供正负高电压给功率输出部分,同时提供正负 12 V 给继电器、DAC 输出电路。正负高电压电源应满足以下要求:①应具有足够的输出电流,同时覆盖单通道和多通道的电源需求;②应具有较小的体积,以便在 PCB 上集成;③功率输出电压应可调,以限制恒流电路最高输出电压。可以使用非隔离 DC/DC 拓扑、经过变压器耦合的 DC/DC 拓扑以及升压电路配合负电荷泵来产生正负电源。经过变压器耦合的 DC/DC 拓扑使用的高频变压器体积较大,且可能会存在输出正负电源轨不均衡的问题,不利于集成化和小型化;电荷泵虽然可以方便地产生负电压,但是其内阻很高,芯片耐压不足,也不适合作为功率电源的方案。综上所述,可以采用非隔离 DC/DC 配合恰当的设计实现正负高压电源的构建。

下面是一种产生正负高压电源的方式,高压正电源采用异步 Boost 拓扑,其简化结构如图 12-16 所示。

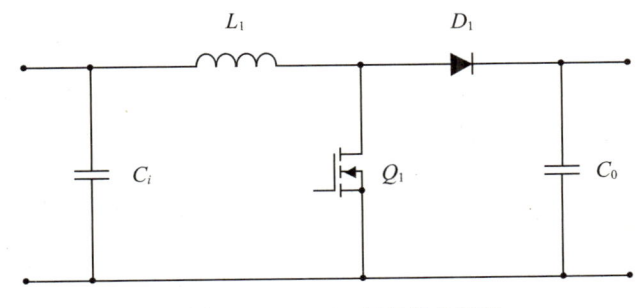

图 12-16 Boost 拓扑简化结构

当场效应管 Q_1 打开,电感 L_1 接入输入电源两端,电感电流上升,方向自输入流向地,开始储存能量。此时二极管截止,输出电压由输出电容 C_0 供给。当场效应管 Q_1 关闭,由于电感电流不能突变,电感电流经过 D_1 给电容 C_0 充电。由于对 C_0 充电时电感的输出电压是加在输入电压上的,最终使得输出电压高于输入电压。

下面给出一种常用的 Boost 升压电路。XL6008 稳压器是一种宽输入范围、电流模式

DC/DC 转换器,能够产生正输出电压或负输出电压。它可以配置为升压、反激、SEPIC 或反相转换器。XL6008 内置 N 沟道功率 MOSFET 和固定频率振荡器,电流模式架构可在宽输入电压范围和输出电压范围内稳定运行。XL6008 稳压器片可以支持 3.6~24 V 的输入电压范围,具备 400 kHz 的开关频率和最高 60 V 的输出电压,开关电流最大达 3 A。

XL6008 稳压器的高输出电压和较小的体积使其很适合作为 DC/DC 转换器的升压稳压器,较高的开关频率可以降低对电感和输出电容的要求,进一步减小了体积。在 8 V 的输入电压、45 V 的输出电压情况下,XL6008 稳压器最高可以提供 400 mA 的输出电流,足够供给恒流电路。升压稳压电路如图 12-17 所示。

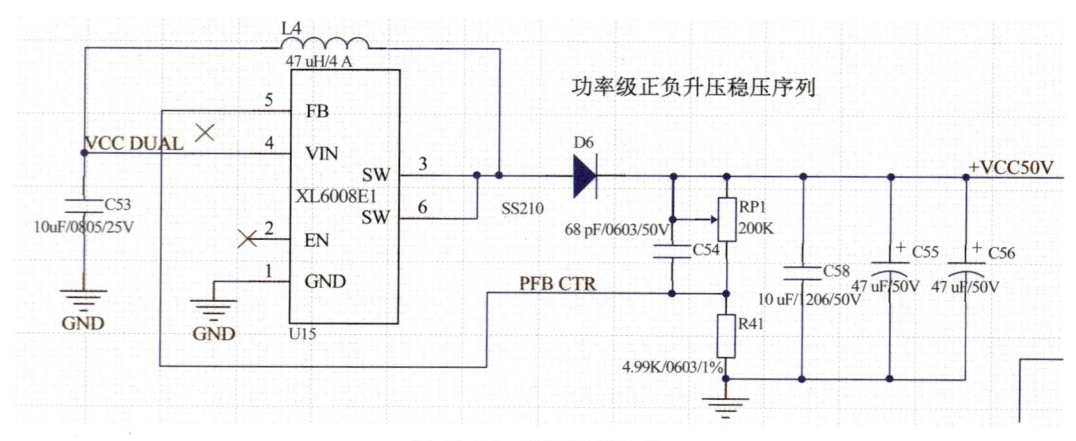

图 12-17 升压稳压电路

由于输入与输出压差较大,选用较大的电感值、使用陶瓷电容和电解电容组合滤波可以使输出毛刺更少。在反馈回路中加入前馈电容提升了系统的瞬态响应。

负压产生电路使用降压式变换(BUCK)电源芯片构成 BUCK-Boost 拓扑。TPS54360 是一款具有集成型高侧 MOSFET 的 60 V、3.5 A 降压稳压器。电流模式控制提供了简单的外部补偿和灵活的组件选择。该系统具有可配置的开关频率,并在轻负载条件下利用集成型引导(BOOT)再充电场效应晶体管(FET)来实现低压降。此外,额外的散热焊盘增加了散热能力。

由于 BUCK-Boost 负压生成拓扑运行时输入电流较大,对滤波电感和电源芯片的载流能力提出了更高要求。TPS54360 具有 3.5 A 的持续电流,在 8 V 输入、−45 V 输出时能提供 400 mA 的输出,足够满足要求。值得注意的是,BUCK-Boost 负压生成拓扑在运作时,加载在电源芯片上的电压差为输入电压减去输出电压的结果,所以要输出较高的负压时,需要适当降低输入电源电压。

第五部分是 PCB 设计部分,电源集中在 PCB 的左侧,单片机和通信电路等信号电路位于 PCB 右侧,这样的布局可以使单片机电路远离大电流通路,避免模拟信号被干扰。按键位于 PCB 的下半部分;屏幕在 PCB 的上半部分,位于单片机的上方,既方便了操作和观看,也可以保护单片机电路。每一个数字 IC 的电源引脚边放置一个 100 nF 电容,用于滤除电源信号中的高频干扰。电源 IC 使用加粗走线,信号线则使用细走线,走线应避

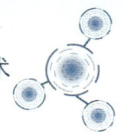

免出现直角或锐角,防止出现高频干扰。

对于电源 IC,其输入引脚放置了大容量片式多层陶瓷电容器(MLCC)来滤除高频干扰,同时加入了电解电容避免对输入电源的冲击。电源 IC 的输出同样采用了 MLCC 和电解电容的配合滤波,减小了输出纹波。电源布局考虑了地弹现象的影响,保证了电源地完整性的同时,对于电源芯片的模拟地部分单独布线,减小了地线环路,也避免了地线中的大电流对模拟部分的干扰。为了增加散热和电路载流能力,大电流走线全部采用铺铜的方式。

恒流电路运行在高压下,高负载时会产生大量热量,PCB 布局应能保证热量的散发,不可将发热元件集中在一起;因为恒流电源大部分为模拟电路,PCB 布局时应尽量减小信号的环路面积。可绘制四层 PCB,上下两面用于摆放元件,第一层为焊盘和信号走线层,放置高发热元件和体积较大的元件;第二层为电源地层,大面积的铜皮可以改善散热性能;第三层为电源层,兼顾散热;第四层为底部焊盘和信号走线层,放置贴片阻容。由于恒流板运行会使整块 PCB 温度升高,对于恒流电路等关键模拟部分的元件,需要选用低温漂的型号,保证电路的热稳定性。

12.5.2 软件设计

软件系统是较为复杂的系统,因此本书仅仅从全局角度出发,对功能性电刺激进行整体软件设计介绍,而不会进行详细介绍。例如要学习软件设计,可参照其他教材,如《STM32 库开发实战指南:基于 STM32F4》《STM32 单片机原理与应用实验教程》等。下面进行整体设计介绍。

Keil MDK(microcontroller development kit)是一款由 Keil 软件公司开发的,集成了完整的软件开发环境和嵌入式系统设计工具的集成式开发平台。它是一款专为 ARM Cortex-M 系列微控制器设计的开发工具,支持多种编程语言和嵌入式操作系统,并提供了丰富的软件组件和开发板支持,可用于快速开发各种嵌入式应用程序。Keil MDK 的主要组成部分有以下几个。

(1)μVision 集成开发环境。Keil MDK 提供了一个直观易用的开发界面,支持多种编程语言(如 C 语言、C++和汇编语言),并提供了强大的调试功能。

(2)ARM 编译器。Keil MDK 支持多种编译器选项(包括最小化代码大小、最大化执行速度等),可以优化代码性能,减小内存占用。

(3)μVision Debugger。Keil MDK 提供了强大的调试功能,包括硬件调试和仿真调试。

(4)RTX 实时操作系统。Keil MDK 提供了一个高效、可靠的操作系统,支持多任务、多线程和时间片轮转调度等功能。

(5)文件系统。Keil MDK 提供了多种文件系统(包括 FAT 和 NTFS),可以方便地进行文件管理和数据存储。

Keil MDK 的特点是易于学习和使用,具有高效的代码生成和调试功能,支持多种嵌入式系统设计任务,如控制器、传感器、通信接口等。它适合初学者和专业开发人员使

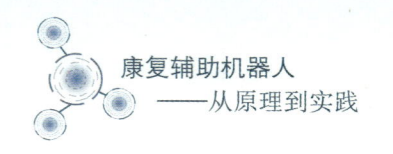

用,可以大大缩短开发时间,提高开发效率。

软件设计的整体流程如下:在单片机启动后首先初始化各种外设,接着进入主循环,系统接受多种中断输入,并在中断处理程序中执行处理,更改的环境变量将在主循环的函数中检测和进一步处理,最后在液晶显示屏上显示出来,并执行相关操作。详细代码将不在此介绍。

12.5.3 常见硬件和软件工具及技术的介绍

功能性电刺激设备设计的常见硬件和软件工具及技术主要包括以下几种。

12.5.3.1 硬件工具

(1)微控制器/单片机。常用的微控制器/单片机包括 Arduino、Raspberry Pi 等,它们提供了丰富的接口和开发环境,方便进行功能性电刺激设备的控制和编程。

(2)电刺激发生器。电刺激发生器是功能性电刺激设备的核心部件,用于产生和调节电刺激信号的参数,如频率、脉冲宽度、强度等。

(3)电极。电极是将电刺激信号传递到患者身体的介质。常见的电极包括表面电极、植入电极或导线电极,选用时可根据具体应用需求选择合适的类型和设计。

(4)传感器。传感器用于监测患者的生理信号,如 EMG 信号、加速度、压力等。这些传感器可以与电刺激设备进行连接,实时采集患者的生理数据,以便根据需要进行电刺激调节。

(5)放大器和滤波器。放大器和滤波器用于对采集到的生理信号进行放大和滤波处理,以提取有效的信号信息,并去除干扰和噪声。

12.5.3.2 软件工具及技术

(1)编程语言。常用的编程语言包括 C 语言、C++、Python 等。利用这些编程语言,可以开发控制和调节功能性电刺激设备的软件。

(2)开发环境。常用的开发环境包括 Arduino IDE、Raspberry Pi IDE 等,它们提供了开发板的驱动和编程接口,方便进行功能性电刺激设备的软件开发和调试。

(3)信号处理算法。为了提取和分析采集到的生理信号,常常需要使用信号处理算法,如滤波、时频分析、特征提取等。这些算法可以通过编程实现,可对信号进行预处理和分析。

(4)数据存储和可视化。为了方便后续的数据分析和研究,常常需要将采集到的生理数据进行存储和可视化。数据存储可以使用数据库或文件系统,而数据可视化可以利用图表、图像等方式展示数据结果。

综上所述,功能性电刺激设备设计的常见硬件工具包括微控制器/单片机、电刺激发生器、电极和传感器等,而软件工具及技术则包括编程语言、开发环境、信号处理算法和数据存储和可视化技术。这些工具和技术的结合可以实现功能性电刺激设备的控制、调节和数据处理等功能。

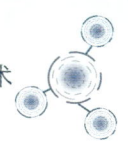

12.6 康复辅助机器人中的功能性电刺激设计评价

12.6.1 电气性能

康复辅助机器人中的功能性电刺激设计的电气性能评价是确保电刺激设备安全有效运行的重要步骤。以下是一些常见的电气性能评价指标。

(1) 电刺激输出。用于评估电刺激设备的输出能力和稳定性,包括刺激信号的幅值、频率、脉冲宽度等参数的准确性和一致性。通过测量和分析输出信号的特性,可以确保电刺激设备能够提供稳定且符合要求的刺激信号。

(2) 电刺激波形质量。用于评估电刺激波形的准确性和稳定性。通过比较实际输出波形与目标波形的差异,可以判断电刺激设备的波形生成性能。常用的评价指标包括波形形状、上升时间、下降时间、波形平整度等。

(3) 输出阻抗。用于评估电刺激设备输出信号的阻抗特性。低输出阻抗有助于提供更稳定的电刺激信号,并减少对外部环境和电极的干扰。通过测量输出信号的阻抗,可以确保电刺激设备具备良好的输出阻抗匹配能力。

(4) 电刺激安全性。用于评估电刺激设备对患者和操作人员的安全性,包括电刺激信号的强度范围是否符合安全标准,刺激波形是否具有可接受的生物相容性,设备是否具备过电流、过热和短路保护等功能。

(5) 电刺激稳定性。用于评估电刺激设备的稳定性和长时间使用的可靠性。通过长时间运行和负载变化测试,检测电刺激设备在不同条件下的输出稳定性和可靠性。

(6) 电刺激控制和调节。用于评估电刺激设备的控制和调节性能,包括设备对刺激参数的准确调节能力、切换刺激模式的响应时间、设备对外部干扰的抗干扰能力等。

以上是一些常见的电气性能评价指标,利用这些指标,可以通过测试、测量和分析来评估功能性电刺激设备的设计质量和性能。通过对电气性能的评价,可以提高电刺激设备的安全性、稳定性和可靠性,从而更好地支持康复辅助机器人的应用。

12.6.2 控制性能

康复辅助机器人中的功能性电刺激设计的控制性能评价是评估电刺激设备对患者运动进行控制和调节的能力。以下是一些常见的控制性能评价指标。

(1) 刺激响应时间。用于评估电刺激设备对外部刺激信号的响应速度。快速的刺激响应时间可以实现实时的控制和调节,提供更准确和灵活的功能性电刺激。

(2) 刺激准确性。用于评估电刺激设备对目标肌肉或神经的准确刺激能力。通过测量刺激信号在特定位置的精确传递和患者的刺激反应,可以评估刺激的准确性。

(3) 刺激稳定性。用于评估电刺激设备在长时间使用和不同运动状态下的稳定性。稳定的刺激能够提供一致性的运动控制,减少不必要的波动和误差。

(4)刺激强度调节范围。用于评估电刺激设备对刺激强度的调节范围和精度。合理的刺激强度调节可以满足不同患者的需求,实现个性化的康复治疗。

(5)刺激模式切换。用于评估电刺激设备在不同刺激模式之间的切换能力。多种刺激模式的切换可以提供不同的康复训练方式和效果,适应不同的康复需求。

(6)刺激参数调节。用于评估电刺激设备对刺激参数的调节能力,如频率、脉宽、刺激模式等。灵活的刺激参数调节可以根据康复需求进行个性化的刺激设置。

(7)控制算法。用于评估电刺激设备的控制算法的有效性和精度。控制算法应能够根据患者的运动状态和目标,实时调节刺激参数,以实现精确的运动控制。

通过对控制性能的评价,可以确保功能性电刺激设备能够提供准确、稳定和个性化的刺激,实现康复辅助机器人的有效控制和调节。这有助于提高康复治疗的效果。

12.6.3 临床效果

康复辅助机器人中的功能性电刺激设计的临床效果评价是评估电刺激设备在康复治疗中的实际效果和患者的临床改善情况。以下是一些常见的临床效果评价指标。

(1)运动功能改善。用于评估患者在使用功能性电刺激设备进行康复训练后的运动功能改善情况,包括肌肉力量增强、关节活动范围改善、运动协调性增强等方面的评估。

(2)日常生活能力。用于评估患者在康复治疗后的日常生活能力和自理能力的改善情况。例如,评估患者的步态、平衡能力、握力、手部功能等方面的改善情况。

(3)疼痛缓解。用于评估患者在康复治疗后疼痛症状的改善情况。通过疼痛评分工具或患者自觉报告来获取疼痛程度的变化,判断功能性电刺激对疼痛缓解的效果。

(4)神经功能恢复。用于评估患者神经功能的恢复情况,包括感觉、运动、平衡和协调等方面的改善。通过神经功能评估工具或临床观察,评估功能性电刺激对神经功能的影响。

(5)生活质量提高。用于评估患者在康复治疗后生活质量的提高情况,包括身体功能、心理健康、社交参与等方面的改善。通过生活质量评估工具或患者满意度调查,评估功能性电刺激对生活质量的影响。

(6)康复效果持久性。用于评估患者在康复治疗结束后一段时间内的康复效果持久性。通过长期随访观察患者的运动功能和生活质量变化,评估功能性电刺激的长期效果。

临床效果评价是功能性电刺激设计的重要环节,它可以验证电刺激设备在康复治疗中的实际效果和临床应用的可行性。这些评价指标结合临床评估工具、量化测量方法和患者自觉报告,综合评估功能性电刺激的治疗效果和患者的康复进展。这有助于指导康复辅助机器人的应用和优化治疗方案,提高康复效果。

12.7 电刺激典型样机

功能性电刺激作为一种康复辅助技术,已经涌现出许多典型的样机和设备。以下是一些常见的功能性电刺激典型样机的介绍,包括一些国外机器和国内机器。

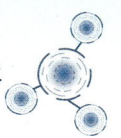

(1) NESS L300。NESS L300 是一款下肢功能性电刺激系统，用于帮助下肢肌肉功能障碍患者进行行走和运动恢复。该系统通过电刺激传递刺激信号到患者的肌肉，帮助患者恢复肌肉力量和运动控制。NESS L300 包括电刺激腿套、控制器和传感器，通过控制器调节刺激参数，实现个性化的康复治疗。

(2) Bioness L300 Plus。Bioness L300 Plus 是一种功能性电刺激系统，用于下肢康复训练。它结合了传感器和电刺激技术，可以实时检测患者的步态和运动状态，并根据需要提供刺激以辅助患者的运动。该系统具有灵活的刺激模式和参数设置，适用于不同类型的下肢功能障碍。

(3) ReWalk。ReWalk 是一种上肢和下肢功能性电刺激系统，专门设计用于帮助脊髓损伤者恢复行走功能。它采用电刺激技术刺激患者的肌肉，配合外骨骼设备，提供支持和辅助，使患者能够重新学习和控制步态。ReWalk 系统具有先进的传感器和控制算法，可以根据患者的运动意图和环境需求进行实时调节。

(4) MyoPro。MyoPro 是一种上肢功能性电刺激系统，用于协助上肢肌肉功能障碍患者进行运动恢复。该系统采用肌电传感器捕捉患者的肌肉信号，并通过电刺激传递刺激信号到患者的肌肉，实现上肢运动的辅助和恢复。MyoPro 具有轻巧的设计和个性化的刺激设置，使患者能够自主控制和使用。

(5) WalkAide。WalkAide 是一种下肢功能性电刺激系统，主要用于帮助截肢患者或下肢肌肉功能障碍患者进行行走和运动恢复。它通过电刺激传递刺激信号到患者的神经，刺激患者的腓肠肌，促进脚踝的运动控制。WalkAide 系统具有轻便的设计和智能的刺激控制，可以根据患者的运动需求进行实时调节和适应。

(6) HUST Functional Electrical Stimulation System（HUST-FES）。HUST-FES 是华中科技大学（HUST）开发的功能性电刺激系统。该系统采用多通道电刺激技术，可实现对不同肌肉群的刺激。它具有可调节的刺激参数，包括刺激强度、频率和脉冲宽度，以满足不同患者的需求。HUST-FES 广泛应用于康复治疗领域，用于帮助患者恢复肌肉功能和改善运动能力。

(7) CUHK Functional Electrical Stimulation System（CUHK-FES）。CUHK-FES 是香港中文大学（CUHK）研发的功能性电刺激系统。该系统采用先进的刺激算法和实时反馈控制技术，能够精确控制刺激参数，并根据患者的运动状态进行动态调节。CUHK-FES 被广泛应用于神经康复领域，用于促进患者的运动恢复和功能改善。

(8) PKU Functional Electrical Stimulation System（PKU-FES）。PKU-FES 是北京大学（PKU）开发的功能性电刺激系统。该系统集成了先进的电刺激电路和控制算法，可实现精确的肌肉刺激和运动模式控制。PKU-FES 被广泛应用于康复医学和康复工程领域，用于辅助患者恢复肌肉功能和改善运动协调性。

(9) TUT Functional Electrical Stimulation System（TUT-FES）。TUT-FES 是天津大学（TUT）开发的功能性电刺激系统。该系统采用先进的电刺激技术和实时信号处理算法，能够实现精确的刺激模式和刺激参数控制。TUT-FES 广泛应用于康复治疗和运动康复领域，用于促进患者的肌肉恢复和改善运动功能。

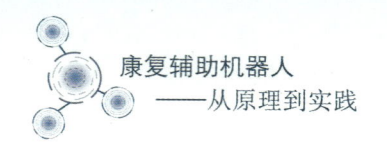

以上是一些功能性电刺激典型样机的介绍。这些设备结合了传感器技术、电刺激技术和控制算法，为康复患者提供了个性化的康复训练和辅助功能。随着科技的不断发展和研究的深入，功能性电刺激设备将进一步提升其效果和应用范围，为康复领域带来更多的创新和突破。

12.8　本章小结

本章首先介绍了功能性电刺激的原理，主要是神经传递和 FES 作用机制；然后介绍了功能性电刺激在临床中的典型应用；接着介绍了 FES 的基本参数；再之后就硬件设计和软件设计展开了介绍，并介绍了 FES 性能的相关评价方法；最后介绍了目前市面上的部分 FES 样机。

第 13 章
康复辅助机器人中的虚拟现实技术

13.1　背景与提出

当今康复领域面临着许多挑战,包括人力资源短缺、康复效果存在个体差异和传统康复教学方法单调等问题。传统的康复训练通常依赖于医护人员的直接指导,然而由于人力不足和时间限制,很难满足庞大患者群体的需求。此外,传统康复训练方案缺乏个性化的训练方案,无法充分满足每个患者的需求,导致康复训练效果存在差异,难以令患者满意。

近几年,随着虚拟现实技术的快速发展,康复辅助机器人和虚拟现实技术的结合已成为研究热点。虚拟现实技术能够创造出逼真的虚拟环境,并提供身临其境的交互体验。传统的力反馈康复辅助机器人虽然可以实现患者与机器人的交互,但不能充分调动患者的积极性。而通过虚拟现实技术和康复辅助机器人的结合,可以创造出更加真实、沉浸式的康复环境,并提供个性化的训练方案和即时的反馈,从而改善康复训练的效果和用户体验,减少患者使用康复辅助机器人时的心理障碍,提高康复治疗的效果。

13.2　设计步骤

科技的快速发展提高了人们对生活质量的追求,大众越来越追求术后的肢体功能恢复。面对庞大的患者群体,康复辅助机器人的出现一方面解决了物资有限的困扰,另一方面可以降低康复治疗的成本。此外,虚拟现实技术因其具有优秀的人机交互性,在康复领域有广泛的应用前景。设计步骤对于设计康复辅助机器人的虚拟现实技术教学方案至关重要,它能够提供一个有序的方法来规划、设计和评估教学方案,确保方案的个性化、有效性和质量。通过设计步骤的应用,可以提供更好的康复训练体验,本节主要对康复辅助机器人中的虚拟现实技术的设计步骤进行详细的介绍。

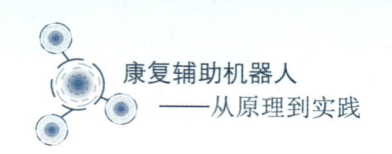

13.2.1 教学目标和康复需求

在设计康复辅助机器人的虚拟现实技术教学方案之前,需要认真分析和明确教学目标以及康复需求。教学目标的确定旨在为康复训练提供具体目标和期望结果的指导,以确保康复过程的有效性。康复需求的考虑涉及患者个体化需求和康复阶段的特点,这对于指导方案的设计至关重要。教学者通过仔细分析及明确教学目标和康复需求,能够更好地满足患者的康复需求,并为康复训练提供有效的指导和支持。因此,在设计过程中,对教学目标和康复需求的综合考虑是至关重要的,以确保教学方案的针对性和可行性。

13.2.1.1 教学目标

教学目标是康复辅助机器人中的虚拟现实技术教学方案的核心,需要明确、具体且与患者的个体差异及康复阶段的目标相匹配。通过设置明确的教学目标,康复专业人员可以有效地规划和实施康复训练计划,并对患者的康复进行评估和监控。教学目标的制定应该根据康复辅助机器人应用领域、患者的康复需求、康复专业标准和指南以及康复研究和实践的最新发展来确定。

(1)应用领域。不同的应用领域可能注重不同的方面和目标。例如,康复辅助机器人可以用于肌肉力量的恢复,通过虚拟现实技术提供交互式训练,帮助患者增强肌肉力量。此外,康复辅助机器人也可以用于平衡和稳定性的训练,通过模拟不同的平衡挑战和动作训练,改善患者的平衡能力,增强稳定性,减少跌倒风险。另外,康复辅助机器人还可以用于关节灵活性的恢复,通过虚拟现实技术训练患者的关节,以恢复关节灵活性和增大关节的运动范围。因此,根据具体的应用领域,教学目标可以明确具体的康复目标,以满足患者的个体需求。

(2)患者的康复需求。教学目标应该与患者的康复需求相一致,不同患者可能有不同的康复需求。教学目标应考虑患者的个体差异和康复阶段,以确保训练的有效性和个性化。个性化的教学目标能够培养更优秀的康复专业人员,从而帮助患者更好地参与康复训练,并提高训练的效果和成果。

(3)康复专业标准和指南。教学目标的制定应参考相关的康复专业标准和指南。在国际上存在许多康复领域的专业组织[例如美国物理治疗协会(american physical therapy association,APTA)和世界康复组织(world rehabilitation organization,WRO)等]和指南,它们对康复实践提供了最佳时间准则和规范,以确保康复训练的质量和效果。

(4)康复研究和实践的最新发展。教学目标应该反映康复研究和实践的最新发展。康复领域是一个不断发展的领域,新的研究成果和实践经验可以为教学目标的制定提供重要的参考,通过关注最新的康复研究,教学目标可以更加准确地描述所需的知识和技能,以确保与行业前沿保持同步。通过了解康复实践中的成功案例、最佳实践和经验教训,教学目标可以更好地引导学习者的学习过程,使其能够更好地将所学知识和技能应用到实际康复工作中。

13.2.1.2 康复需求

康复需求是根据患者的个体差异和康复阶段确定的具体需求和考虑因素。在制定康

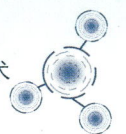

复辅助机器人中的虚拟现实技术教学方案时,需要综合考虑以下几个方面的康复需求。

(1)康复阶段。患者可能处于不同的康复阶段,教学方案应根据患者所处的康复阶段来确定相应的训练计划和目标。早期康复阶段可能需要更加基础的训练,而中期或后期则注重更高级的康复技能和功能恢复。

(2)能力水平。患者在康复过程中具有不同的能力水平和功能障碍。教学方案应根据患者的能力水平提供适当的训练任务和难度,并逐步调整以实现进步。个性化的训练计划能够满足患者的特定康复需求,同时确保训练的适度挑战性,以促进康复效果的最大化。

(3)特殊需求。有些患者可能具有特殊的身体状况或康复需求,如肢体残疾、认知障碍或语言障碍等。这些特殊需求需要在教学方案中得到充分考虑。例如,针对肢体残疾患者,可以设计特定的交互方式和界面,以确保他们能够有效地参与训练。针对认知障碍患者,可以结合认知训练和虚拟现实技术,提供针对记忆、注意力和问题解决等认知能力的训练。

通过详细分析教学目标和康复需求,可以确保康复辅助机器人中的虚拟现实技术教学方案与患者的个体差异和特殊需求相匹配,从而提供个性化、有效的康复训练。个体化的教学方案能够更好地满足患者的康复需求,并为他们实现康复目标和提高生活质量提供支持。

13.2.2 虚拟现实环境设计

虚拟现实环境是康复辅助机器人中的关键组成部分,它为患者提供了身临其境的训练体验。在现代康复理论中,康复被分为康复诊断评定类、物理因子治疗类、运动治疗类、作业治疗类和语言与认知治疗类等。随着虚拟现实技术迅速发展和成本不断降低,虚拟现实技术已经广泛地应用于医疗卫生领域,尤其是在认知康复方面取得重大的突破。虚拟现实技术主要在注意力康复、执行功能康复、记忆康复等认知模块方面有较多应用。与传统的物理交互模式相比,基于虚拟现实交互的认知康复训练更受人们的青睐。在患者与虚拟现实环境进行交互的过程中,沉浸性尤为重要,这与康复治疗所要达到的最终效果有直接联系。如何提高患者在虚拟现实环境中的沉浸性一直是虚拟现实环境设计的一个重点。国内外研究者分别从虚拟环境、人体信息采集与虚拟现实环境反馈三个方面入手,致力于多信息融合系统的开发。

13.2.2.1 虚拟环境

虚拟环境是虚拟现实技术中的重要组成部分,它提供了用户在虚拟世界中进行康复训练和交互的场景和背景。目前,主流的虚拟现实开发软件包括 Unity、Unreal Engine、Maya 等。其中,由于 Unity 具有多平台兼容性而受到广大开发者的青睐。Unity 提供了强大的虚拟现实开发工具和功能,使开发者能够轻松构建逼真的虚拟环境,并实现交互、动作捕捉等功能。

借助这些虚拟现实开发软件,开发者可以创建具有高度沉浸感和真实感的虚拟环境,为康复训练患者提供更具吸引力和有效性更高的体验。这些软件工具还提供了丰富的资

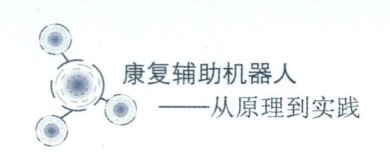

源库、场景编辑器、物理引擎等，使开发者能够快速构建和定制适合康复需求的虚拟环境。

13.2.2.2　人体信息采集

在与虚拟环境交互的过程中，人体信息采集起着关键作用，主要用于实现用户与虚拟环境之间的运动同步，确保现实中的运动在虚拟环境中得到准确的再现。人体信息采集可以分为信息类别和采集设备两个方面。信息类别涵盖了多个方面，包括关节运动角度、肢体运动速度、运动力和生物电信号等。这些信息对于虚拟环境的输入至关重要。通过采集和分析这些信息，康复治疗师可以判断患者康复训练时动作的角度、速度和力量是否符合标准，从而提供准确的康复指导和反馈。

在早期的康复机器人中，虚拟现实技术主要将鼠标和键盘作为信息采集工具。然而，现代的康复机器人通常配备了力/力矩传感器和位置传感器，以获取患者的力量和位置参数。这些传感器能够实时采集患者在康复训练中的运动数据（例如关节角度、肌肉力量和位置变化等），从而实现更准确的动作再现和反馈。

采集设备的进步使得人体信息采集更加精确和可靠。使用这些先进的采集设备，康复辅助机器人可以准确地捕捉患者的运动细节，以实现高度真实和可信的虚拟环境交互体验。这些信息的采集和分析提供了有价值的数据，有助于评估康复进展、个性化训练计划和优化康复效果。

可穿戴设备具备优秀的信息采集能力，因设备重、需要穿戴且价格昂贵，很多中小医院承担不起。西班牙学者提出了使用 ARMIA 等可穿戴技术进行康复的方法，ARMIA 可穿戴设备可以采集人体运动信息[1]。此设备是游戏和可穿戴运动学传感器结合的远程康复系统，可以降低康复治疗成本，为更多中小医院提供可靠、有效的治疗方案。

13.2.2.3　虚拟现实环境反馈

信息反馈在康复辅助机器人中是一个关键的环节，它将虚拟环境中的信息通过设备转化为患者可以接收和感知的形式，以实现康复训练的闭环系统。理想的虚拟环境可以为患者提供一个多源的信息反馈（包括视觉、听觉、触觉、力反馈等），但目前的康复设备大多只能提供视觉和听觉。随着医疗水平的发展，传统的单一反馈已经不能满足患者的康复治疗需求。

杨磊等人设计了一款具有力认知功能的便携式手部康复设备，引入虚拟现实环境和力感知的交互系统来检测手部运动和碰撞。用力感知的手部康复设备可以使患者积极参与，提高康复效果。此设备质量轻，且配备便携式平板电脑，适用于患者在医院以外的场所进行康复治疗[2]。

---

[1]　GARCIA G J, ALEPUZ A, BALASTEGUI G, et al. ARMIA: A sensorized arm wearable for motor rehabilitation[J]. Biosensors, 2022, 12(7): 469-480.

[2]　YANG L, ZHANG F H, ZHU J B, et al. A portable device for hand rehabilitation with force cognition: design, interaction, and experiment[J]. IEEE transactions on cognitive and developmental systems, 2021, 14(2): 599-607.

13.2.3 人机交互设计

人机交互设计是康复辅助机器人设计中的一大难题,人的运动轨迹具有很大的随机性,难以进行建模和预测。人机交互控制在康复辅助机器人中具有重要意义。它可以为患者提供一个安全、舒适、自然且具备主动柔顺性的训练环境,避免患肢由于痉挛、颤抖等异常活动而与机器人对抗,保护其不会受到二次损伤。获取主动运动意图时所使用的信号差异主要包括以下几种控制方式:力位混合控制、阻抗控制、基于 EMG 信号的交互控制、基于 EEG 信号的交互控制。

13.2.3.1 力位混合控制

力位混合控制方法最先由雷伯特(Raibert)等提出,用来解决机器人在受限的环境中的控制问题,该问题可以简单表述为对机器人在某方向上进行控制,通过测量患者施加在机器人上的力量和位置信息,机器人可以根据这些信号来实现对患者运动的响应。这种控制方式可以提供力度支持和位置引导,帮助患者进行康复训练[①]。

13.2.3.2 阻抗控制

阻抗控制是一种根据患者的力度和速度调整机器人阻尼、刚度和质量等参数的控制方式。不同于力位混合控制,阻抗控制方法注重实现机器人对患者的运动做出柔性的响应,模拟人体肌肉和关节的阻抗特性。阻抗控制是在机械阻抗方程的基础上建立的,式(13-1)描述了机器人的运动轨迹偏差和作用力之间的一种理想函数关系,它由质量-阻尼-弹簧模型进行表示。

$$F_h = M\ddot{X}_e + B\dot{X}_e + KX_e \tag{13-1}$$

式中,M、B 和 K 分别为惯性、阻尼和刚度系数矩阵,M 反映了系统的响应平滑度,B 反映了系统的能量消耗,K 反映了系统的刚性;X_e、$\dot{X}_e$、$\ddot{X}_e$ 分别表示机器人的实际轨迹和参考轨迹之间的位置、速度、加速度偏差;F_h 是康复辅助机器人与患者之间的相互作用力。这种控制方式可以提供自然而逼真的力觉反馈,增强患者的运动感知和控制能力。

13.2.3.3 基于 EMG 信号的交互控制

在下肢康复辅助机器人的交互设计中,有两种医学生物信号最为常用,分别是 sEMG 信号和 EEG 信号。其中 sEMG 信号是人体肌肉运动产生的电信号,通过测量患者肌肉表面的电信号可以获取患者的运动意图。基于 sEMG 信号的交互控制可以将患者的 sEMG 信号与机器人的运动进行关联,从而实现患者对机器人运动的直接控制,这种控制方式可以个性化地适应患者的运动能力和需求。

13.2.3.4 基于 EEG 信号的交互控制

EEG 信号是通过测量患者头皮上的电信号来获取患者的脑活动信息。基于 EEG 信号的交互控制可以通过脑机接口技术将患者的 EEG 信号与机器人的运动进行关联,使

---

① 吴磊.基于虚拟现实技术(VR)的动画交互性设计分析[J].信息技术,2019,43(7):125-128.

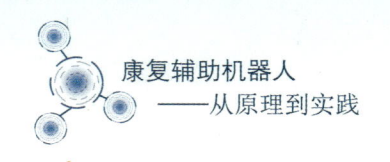

患者通过思想控制机器人运动。这种控制方式可以使患者实现意念驱动的康复训练。

这些不同的控制方式提供了灵活多样的人机交互方式，可以根据患者的个体差异和康复需求选择适合的控制策略。通过结合不同的信号差异，康复辅助机器人可以实现与患者的紧密互动，提供个性化的康复训练，提升患者的康复效果。

13.2.4 硬软件集成

硬软件集成是指将硬件和软件组件有效地结合在一起，以实现系统的完整功能和协同工作。在技术和应用领域中，硬件和软件往往相互依赖，通过集成可以实现更高效、更可靠的系统操作。在硬软件集成过程中，需要考虑硬件和软件之间的接口和通信方式，确保它们之间的互操作性和数据传输的准确性。同时，还需要进行系统测试和验证，以确保整个系统的稳定性和性能达到预期要求。

硬软件集成的目标是提高系统的功能性、可靠性和可维护性。通过合理的硬件选择和软件开发，可以实现系统的高效运行和灵活扩展。软硬件集成还可以简化用户操作，为用户提供便捷的功能和服务。在实际应用中，硬软件集成广泛应用于各个领域，如信息技术、自动化控制、物联网等。通过将硬件和软件集成在一起，可以实现更多的功能和创新，提升系统的性能和竞争力。

综上所述，硬软件集成是将硬件和软件有机结合的过程，旨在实现系统高效运行、功能完备和用户友好的目标。通过合理的集成设计和测试验证，可以提供更优质的产品和服务，满足不同领域的需求和应用。

13.3 设计关键

面对中国社会快速老龄化以及具有庞大残疾人群的现状，康复辅助机器人的研究具有重要的学术价值及广阔的应用前景，康复辅助机器人的研究涉及神经科学、机器人自动控制、生物力学等领域知识，是机器人中最具挑战性和备受关注的研究领域之一。设计关键在于康复辅助机器人面向的作用对象是人，存在机器人与人之间的能量交换和信息交流，那么设计的关键就在于如何提供更有效、愉悦和个性化的康复体验。本节主要对康复辅助机器人中的虚拟现实技术设计过程中需要注意的设计关键进行了介绍。

13.3.1 任务设计目标

康复辅助机器人的任务设计目标是帮助患者在康复训练中达成具体的目标和获得能力提升，那么如何设计康复辅助机器人的任务目标以指导康复训练的内容和流程需要认真思考。通过设计具有一定难度和挑战性的任务，康复辅助机器人可促进患者在运动、协调、平衡等方面的康复和改善。任务设计需根据患者的能力水平和康复需求进行个性化调整，逐步推动患者的进步。任务的多样性和综合性确保了康复辅助机器人能够全面地培养患者的各项技能和能力，从而实现更有效、愉悦和个性化的康复体验。其中，

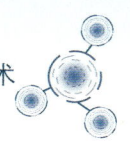

任务设计可以包括以下几个方面。

（1）运动训练。设计涉及患者运动能力和力量的任务，如肌肉力量训练、灵活性练习和身体平衡练习。这些任务包括运动模式的模仿、准确性和速度的要求等，可以促进患者的运动康复。

（2）协调和平衡训练。设计任务来提高患者的协调性和平衡能力，如单脚站立、步态训练和平衡练习。这些任务可以结合虚拟现实技术向患者提供身体感知反馈，帮助患者提高平衡控制和空间感知能力。

（3）功能性活动训练。设计任务以模拟日常生活中的功能性活动，如抓取物体、穿衣、进食等。这些任务旨在提高患者的日常生活技能和自理能力，使其在康复过程中能更好地应对日常挑战。

（4）认知和感知训练。设计任务以提升患者的认知功能和感知能力，如记忆练习、注意力训练和反应速度测试。这些任务可以结合虚拟现实技术向患者提供认知刺激和挑战，帮助患者提升认知水平和信息处理能力。

（5）情绪管理和社交训练。设计任务来帮助患者管理情绪和提升社交能力，如情绪调节练习、社交互动模拟和情绪表达训练。这些任务旨在提升患者的心理健康和社交适应能力，增强其康复过程中的积极情绪和社交支持。

13.3.2　用户体验感和参与度

正确理解用户体验感和参与度对于康复辅助机器人的设计非常重要。良好的用户体验感可以增强患者的满意度、信任感和积极性，从而提升他们在康复训练中的投入和参与度。同时，高度的参与度可以提高康复训练的效果和成效，因为患者更加专注、主动和有动力地参与训练活动。

因此，在设计过程中，具有良好的用户体验感和参与度对于康复辅助机器人的应用是十分关键的。

13.3.2.1　用户体验感

用户体验感是指用户在使用康复辅助机器人时的整体体验和情感反应。良好的用户体验感能够增强用户的满意度、信任感和积极性，从而促进康复训练的效果和持续性。

（1）界面设计。设计简洁、直观且易于操作的用户界面，使用户能够轻松理解和控制机器人的功能。

（2）互动和反馈。与用户进行积极互动，例如通过声音、图像或触觉反馈来增强用户参与感和沟通效果。

（3）个性化定制。考虑用户的个体差异和康复需求，提供个性化的设置和训练计划，以满足用户的特定需求和偏好。

（4）游戏化元素。利用游戏化设计原则，将康复训练变得有趣和有挑战性，激发用户的积极性和康复动力。

（5）用户反馈和评估。收集用户反馈和评估数据，及时调整和改进机器人的设计和功能，以不断优化用户体验感。

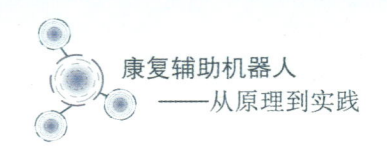

13.3.2.2 参与度

参与度是指患者在康复训练中的积极参与程度和投入度。高度的参与度可以提高康复训练的效果和成效，因为患者更加专注、主动和有动力地参与训练活动。

(1) 目标设定和挑战性。为患者设定明确的康复目标，并提供适当的挑战，以激发他们的积极性和动力。

(2) 实时反馈和奖励。通过实时反馈和奖励系统，及时鼓励患者积极康复，增加他们的参与度。

(3) 多样化和变化性。设计多样化的训练任务和活动，使患者保持兴趣和好奇心，避免单调性和厌倦感。

(4) 社交互动。为患者提供社交互动的机会（例如与其他患者或康复专业人员进行交流和合作），以增加患者的参与感和康复动力。

(5) 可量化进展。帮助患者可视化和理解他们的康复进展，通过数据和图表展示康复成果，激发他们的康复自信心和动力。

这些设计考虑因素可以协助设计人员设计出更具吸引力和有效性的康复辅助机器人，提升用户的体验感和参与度，从而更好地支持患者的康复训练。然而，设计康复方案和实施计划应根据具体的康复需求和用户群体进行深入研究和评估来确定。

13.3.3 康复与教学的整合

将康复和教学整合在一起可以提供更有效和个性化的康复训练。教学的目标是指导患者在康复过程中获得特定的技能和知识，而康复的目标是促进患者的康复和改善。通过将康复和教学结合起来，可以提供更全面和系统的康复训练，同时增强患者的参与度。下面介绍康复与教学整合的方法。

(1) 设计个性化的康复计划。根据患者的康复需求和能力水平，制定个性化的康复计划。这包括设定明确的康复目标和任务以及确定相应的教学内容和方法。

(2) 教学导向的康复训练。将教学原理和方法应用于康复训练中，使用清晰的指导和说明，以帮助患者理解和掌握正确的动作和技能。提供示范、模仿和逐步引导的教学方法，使患者能够逐渐掌握康复技能。

(3) 反馈和评估。在康复训练过程中提供及时的反馈和评估，可以帮助患者了解他们的康复进展和改进方向。通过正面的强化和建设性的指导，激发患者的学习动力和积极性。

(4) 教学资源和工具。提供教学资源和工具（如教学视频、图示和练习材料），以支持患者的学习和练习。这些资源可以帮助患者在康复训练中进行自主学习和巩固。

(5) 教学团队合作。康复训练可以由多个专业人员组成的团队共同进行，包括康复师、教育专家和技术人员。他们可以共同制定康复计划、设计教学内容和提供支持，确保康复和教学的有效整合。

通过将康复和教学整合在一起，可以提供更系统和个性化的康复训练，帮助患者更

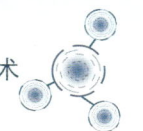

好地恢复功能和提高生活质量。同时,这种整合还可以促进知识的传递和技能的传承,使康复成果具有更持久的效果。

13.3.4　数据的采集和处理

数据的采集和处理在康复辅助机器人中起着重要的作用,它可以为康复训练提供客观的评估和个性化的调整。

13.3.4.1　数据采集

随着康复辅助机器人使用频率和适用人数的增加,以及人机交互虚拟现实游戏与数据可视化呈现等功能的技术迭代加快,人们对康复辅助机器人的数据管理的要求也逐步提高。其中,保证数据传输的实时性和可靠性最为关键,这对数据后续管理、康复辅助机器人控制方式的选择有着较为重要的影响。数据采集是康复辅助机器人中非常重要的一步,它通过使用传感器和设备来获取患者在康复训练中的相关数据。这些数据可以提供关于患者的运动、姿势、力量等方面的信息。使用运动传感器、摄像头、压力传感器等设备采集数据,可以确保数据的准确性和全面性,为康复训练提供客观的评估和个性化的调整。

(1)运动传感器。可使用 IMU 或加速度计、陀螺仪等传感器监测患者的运动和姿态。通过捕捉关节角度、身体定位等数据,可以评估患者的运动范围、姿势控制等指标。

(2)摄像头。可利用摄像头或深度摄像头等设备对患者的动作和姿势进行视觉跟踪和分析。通过图像处理和计算机视觉技术,可以提取关键点、轮廓、姿势等信息,用于评估患者的动作质量和姿势正确性。

(3)压力传感器。可使用压力敏感材料或传感器监测患者在康复训练中的接触力、平衡能力等。例如,在步态训练中,将压力传感器安装在地板上,通过测量患者的脚步压力分布评估步态的稳定性和对称性。

13.3.4.2　数据处理

真实数据中,得到的数据可能包含了大量的缺失值,可能包含大量的噪声,也可能因为人工录入错误导致有异常点存在,非常不利于算法模型的训练。通过对数据进行处理,可以减少噪声和误差,提取有用的信息,改善数据的质量和可靠性。这样的处理有助于实现更准确的康复训练评估、个性化调整和效果监测,提供更可靠的数据支持和决策依据。

(1)数据清洗。数据清洗是指识别和处理数据中的异常值、缺失值和重复值。异常值是与其他数据点显著不同的数据点,可以通过修正、删除或替换来处理。缺失值是数据中的空白或缺失项,可以通过填充、删除或插值等方法来处理。重复值是重复出现的相同数据项,可以通过删除来处理。

(2)数据转换。数据转换是指对数据进行转换,以便更好地满足数据分析的需求。常见的数据转换包括对数转换、标准化、归一化、离散化等。对数转换可用于调整数据的分布,标准化和归一化可将数据缩放到相似的范围,离散化可将连续数据转换为离散的类别。

(3)特征选择。特征选择是指选择对分析任务有意义的特征变量,去除冗余或不相关的特征。特征选择可以提高模型的效率和准确性,并降低过拟合的风险。常见的特征选择方法包括方差阈值、相关性分析、信息增益等。

(4)数据集成。数据集成是指将来自不同数据源的数据合并为一个一致的数据集。数据集成可能涉及解决不同数据源的格式、结构和命名等问题,并进行数据合并和去重。

(5)数据规范化。数据规范化是指对数据进行统一的规范和格式化,以便保持数据的一致性和可比性。例如,将日期和时间转换为统一的格式,将单位进行标准化等。

(6)数据降维。数据降维是指对具有大量特征的数据进行降维,以减少数据的复杂性和计算负担。常见的降维方法包括主成分分析(principal components analysis,PCA)、线性判别分析(linear discriminant analysis,LDA)等。

(7)数据平衡。数据平衡是指对于不平衡的分类问题,通过过抽样、欠抽样或合成新样本等方法来平衡不同类别的样本分布。

这些步骤的具体应用取决于数据的性质和分析任务的需求。通过对数据信号进行处理,可以减少噪声和误差,提取有用的信息,改善数据的质量和可靠性。数据预处理的目标是清洗和转换数据,以便后续的分析和建模能够得到准确、可靠的结果,这样的处理有助于实现更准确的康复训练评估、个性化调整和效果监测,提供更可靠的数据支持和决策依据。

13.4 硬软件平台的设计

虚拟现实中的硬软件平台设计旨在提供沉浸式的虚拟现实康复体验,并支持患者的康复训练需求。硬件方面,包括将头戴显示器、手柄或控制器、传感器、执行器、跟踪系统和电源系统等组件集成在一起,为用户提供高质量的虚拟现实体验。软件方面,包括开发康复应用程序、用户界面、运动捕捉和姿势识别算法、交互和反馈系统、数据采集和处理功能以及个性化设置和训练计划等,以满足用户的康复需求并提高用户体验和参与度。整体设计旨在为用户提供有效、个性化且愉悦的康复训练体验。本节主要对康复辅助机器人的虚拟现实技术的设计过程中硬软件平台的设计进行了介绍。

13.4.1 康复辅助机器人的硬件描述

康复辅助机器人是一种复杂的系统,由多个硬件组件组成,以支持康复训练和辅助患者恢复功能。接下来对康复辅助机器人的硬件进行简单介绍。

13.4.1.1 结构和运动平台

康复辅助机器人通常具有稳定的结构和运动平台,用于支持患者的姿势控制和运动训练。机械臂、外骨骼装置或其他可调节的装置为较常见的康复辅助机器人的结构和运动平台,能够提供足够的自由度和灵活性,以适应不同的康复需求。

(1)机械臂。机械臂是一种具有多个关节和执行器的机械结构,可以模拟人体的运

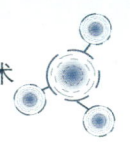

动,并提供力量和位置控制。它可以用于康复训练中的肢体运动恢复和力量训练,通过运动的指导和辅助来帮助患者进行康复训练。

(2)外骨骼装置。外骨骼装置是一种具有刚性骨骼结构和关节的装置,可以包裹患者的身体部位,提供支持和辅助。外骨骼装置可以通过电机和传感器来控制关节的运动,并提供适当的支持力和阻力,以帮助患者进行康复运动和姿势控制。

(3)可调节装置。除了机械臂和外骨骼装置,还有一些康复辅助机器人采用可调节的装置,例如可调节的座椅、支架或平台。这些装置可以根据患者的需求进行高度、角度或位置的调整,以帮助患者进行姿势控制和提供合适的训练环境。

13.4.1.2 力传感器

康复辅助机器人通常集成了力传感器,用于测量患者的力量输出和与机器人的交互力。这些传感器可以提供实时的力反馈,帮助患者控制运动的强度和准确度,并提供定量的康复训练评估,可以实现以下功能。

(1)动作控制和辅助。通过力传感器,康复辅助机器人可以感知患者施加的力量,并根据力量的大小和方向来调整辅助力。这使得康复辅助机器人能够根据患者的需求提供适当的支持和辅助,帮助患者完成康复运动。

(2)力量调节和适应性训练。力传感器可以测量患者的力量输出,将其用作康复训练的指标之一。康复辅助机器人可以根据患者的力量水平进行适应性训练,即根据患者的能力调整运动的难度和阻力,以帮助患者逐步康复。

(3)实时反馈和控制。力传感器可以提供实时的力反馈,将患者施加的力量转化为可感知的信号。这样,患者可以获得关于他们施加的力量大小和方向的即时反馈,有助于他们控制运动的强度和准确度。

(4)康复评估和进展监测。通过力传感器测量患者的力量输出,康复辅助机器人可以提供定量的康复训练评估。这些数据可以用于监测患者的康复进展,评估康复效果,并根据患者的表现调整训练计划。

13.4.1.3 运动传感器

康复辅助机器人还可以配备运动传感器(例如IMU或陀螺仪),用于测量患者的运动姿态和角速度。这些传感器可以提供关节角度和运动轨迹等数据,用于分析和监测患者的运动状态和进展。

13.4.1.4 控制器和执行器

康复辅助机器人通过控制器和执行器来实现对运动平台的精确控制。控制器是康复辅助机器人的核心部件之一,它可以是嵌入式系统或计算机。控制器负责接收来自传感器(例如力传感器、运动传感器等)的数据,并通过算法和控制策略对这些数据进行处理和分析。根据康复训练的要求,控制器生成相应的控制信号,以实现对运动平台的精确控制。

执行器是康复辅助机器人的另一个重要组件,它负责将控制信号转化为机械运动。执行器通常使用电动机、气动元件或液压装置等,根据控制信号的输入产生相应的力和运动。执行器的设计和选择取决于康复辅助机器人的应用需求,如力量输出、精确度和响应时间等。控制器和执行器协同工作是康复辅助机器人实现精确控制的关键。

13.4.1.5　用户界面和交互设备

康复辅助机器人通常配备交互设备,以实现与患者的直接交互和控制。交互设备可以是触摸屏、按钮、手柄或其他输入设备,用于患者对机器人的指令输入和反馈获取。康复辅助机器人通常配备用户界面,以提供直观、易于理解的操作界面。用户界面可以是触摸屏、显示屏或其他视觉界面,用于显示康复训练的相关信息、图像或视频等内容。用户界面的设计应简洁、直观且易于操作,以便患者能够理解和控制机器人的功能。

13.4.2　虚拟现实设备和传感器

虚拟现实康复辅助机器人的硬件包括头戴显示器、手柄或控制器、传感器、执行器、跟踪系统和电源系统等组件。这些硬件的集成和设计旨在提供沉浸式的虚拟现实康复体验,并支持患者的康复训练需求。

在虚拟现实康复辅助机器人中,虚拟现实设备和传感器是关键的硬件组件,用于提供沉浸式的虚拟现实体验和感知用户的动作和环境信息。以下是对虚拟现实设备和传感器的描述。

13.4.2.1　头戴式显示器(head-mounted display,HMD)

VR 显示设备直接影响了用户对于虚拟环境的感受。目前主要的 VR 显示设备有头盔显示器、3D 立体眼镜、真三维显示、全息和环幕等。VR 中最典型的显示设备是 HMD。一般 HMD 上均有头部运动跟踪装置。体验者戴上 HMD 后,HMD 可以计算出其头部运动时的姿态,并将虚拟对象的姿态显示在 HMD 的屏幕上。HMD 的典型代包括以下几种。

(1)谷歌于 2014 年 6 月推出的纸壳式眼镜 Cardboard,采用简单的纸质外壳结构,搭配智能手机作为显示屏和计算平台,为用户提供沉浸式的虚拟现实体验,此类设备成本低廉但是效果一般。

(2)三星和 Oculus VR 于 2014 年 9 月联手设计的 Gear VR,为用户带来了一个便捷、高质量的虚拟现实解决方案,丰富了移动设备的应用场景,并推动了虚拟现实技术的发展和普及。

(3)Oculus Rift 和 HTC Vive 等设备将电脑作为主要的 VR 内容运行和计算平台,可以实现六自由度的运动交互,沉浸体验大幅度提升。

(4)一体机头盔是传统的 VR 显示设备,集成了显示、计算、存储、交互等所有模块,其性能好,但体积大、价格偏高,典型代表是微软的 HoloLens。

13.4.2.2　手柄或控制器

为了与虚拟环境进行交互,虚拟现实康复辅助机器人可能需要配备手柄或控制器。手柄或控制器上的传感器可以实时追踪用户的手部运动和姿势,将其转化为虚拟场景中的手部动作。这使得用户可以进行自然而直观的手势操作(例如抓取、放置、旋转等),增

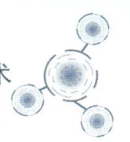

强了与虚拟对象的交互感。此外,这些设备可以具有按钮、轨迹球、摇杆等控制元素,允许用户进行手部操作和手势识别,以与虚拟场景中的对象进行互动。

13.4.2.3 传感器

虚拟现实康复辅助机器人还包括各种传感器,用于感知用户的动作和环境变化。这些传感器可以包括压力传感器、IMU、光学传感器等。通过感知用户的姿态、运动和力量等参数,传感器可以提供实时的用户输入数据,用于控制虚拟场景的呈现和康复训练的调整。

13.4.3 数据处理和计算平台

在数据处理和计算平台中,可以使用各种软件工具和技术来处理和分析康复数据。以下是一些常用的软件和技术。

13.4.3.1 数据采集和存储软件

数据采集和存储软件用于收集和存储来自康复辅助机器人和传感器的康复数据。这些软件可以包括数据库管理系统(database management system,DBMS)、数据管理平台或云存储服务,以确保数据的安全性和可靠性。

(1)数据库管理系统。用于存储和管理采集到的康复数据。常见的 DBMS 包括 MySQL、PostgreSQL、Microsoft SQL Server 等,它们提供数据的持久化存储和高效的数据查询功能。

(2)数据管理平台。数据管理平台用于康复数据管理和分析,例如 REDCap、OpenClinica 等。这些平台提供了数据录入、数据验证、数据审核和数据导出等功能,方便康复专业人员对康复数据进行管理和分析。

(3)云存储服务。云存储服务(例如 Amazon S3、Google Cloud Storage、Microsoft Azure 等)可以用于将康复数据存储在云端。云存储提供了高可靠性、可扩展性和灵活性,同时还具备数据备份和恢复的功能,确保数据的安全性和可用性。

这些数据采集和存储软件可以根据康复辅助机器人的具体需求进行选择和配置。它们提供了强大的数据管理和存储功能,使康复专业人员能够轻松地收集、存储和访问康复数据,并为后续的数据分析和应用提供基础支持。同时,数据的安全性和可靠性也得到了保障,从而确保康复数据的保密性和完整性。

13.4.3.2 数据预处理工具

数据预处理工具用于对采集到的原始数据进行清洗、去噪、校准和标准化等预处理步骤。常用的数据预处理工具包括 MATLAB、Python 的 NumPy 和 Pandas 库等,用于处理和转换数据以便后续分析使用。

13.4.3.3 数据分析和统计软件

数据分析和统计软件用于分析和解释康复数据,提取有用的信息和模式。常用的数据分析和统计工具包括 MATLAB、SPSS、Python 的 SciPy 和 Statsmodels 库等,可以进行统计分析、机器学习、数据挖掘等高级分析。

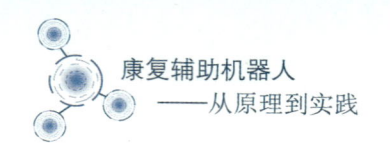

13.4.3.4 可视化工具

可视化工具用于将康复数据以可视化的方式呈现,帮助康复专业人员和患者更好地理解和解释数据。常用的可视化工具包括 MATLAB 的绘图函数、Python 的 Matplotlib 和 Seaborn 库、Tableau 等。

13.4.3.5 机器学习和模式识别工具

机器学习和模式识别工具用于构建和训练康复数据的机器学习模型,以识别模式、预测趋势和做出决策。常用的机器学习和模式识别工具包括 Python 的 Scikit-learn、TensorFlow、Keras 等。

13.4.3.6 实时数据处理和反馈系统

需要实时处理和反馈的康复应用,可以使用实时数据处理和反馈系统,采用实时信号处理、闭环控制等技术。

(1)实时信号处理。信号处理技术用于对康复辅助机器人收集到的实时数据(包括运动数据、力数据、生物信号等)进行处理和分析。实时信号处理算法可以用于提取有用的特征、计算运动轨迹或力量参数,并实时生成反馈信号。

(2)闭环控制。闭环控制是一种控制系统,通过不断测量和调整输出信号,使输出信号与预期的输入信号保持一致。在康复辅助机器人中,闭环控制可以用于实时监测患者的运动状态,并根据实时数据对机器人的动作进行调整,以提供个性化的康复训练和反馈。

(3)实时反馈系统。实时反馈系统可以将处理后的数据转化为可视化信息或触觉反馈,以帮助患者实时掌握康复训练的效果和进展。例如,通过虚拟现实技术提供实时的视觉反馈,或者通过振动装置提供实时的触觉反馈,帮助患者调整姿势、力量或运动的准确性。

综上所述,数据处理和计算平台在康复辅助机器人中起着关键作用,通过软件工具和技术对采集到的康复数据进行处理、分析和解释,为康复专业人员和患者提供有价值的信息和指导,以支持个性化的康复训练和提升康复效果。人们需要根据具体的应用需求和数据处理任务选择合适的软件工具和技术。同时,软件的选择还应考虑其可扩展性、易用性和开发社区的支持等因素。

13.5　计算的关键技术

计算的关键技术在康复辅助机器人设计中具有重要作用。这些技术包括虚拟现实场景构建和渲染、运动捕捉和姿势分析、人体模型重建和跟踪以及人机交互和反馈。它们的引入和应用使得康复辅助机器人能够提供更加逼真的虚拟环境、准确捕捉用户的运动和姿势、个性化地跟踪用户的身体模型,并实现有效的人机交互和即时反馈。综合来看,计算的关键技术在康复辅助机器人设计中起到了至关重要的作用,提升了康复训练的效果、用户体验和个性化程度。这些技术的应用为康复领域的发展和进步带来了新的可能性,为用户提供了更好的康复服务和支持。本节主要对康复辅助机器人在虚拟现实技术中的计算关键技术进行了介绍。

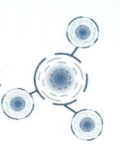

13.5.1 虚拟现实场景构建和渲染

虚拟现实场景构建和渲染是用户在使用康复辅助机器人的过程中获得沉浸式虚拟现实体验的关键技术。它利用计算机图形学和计算机视觉技术，通过创建逼真的虚拟环境并进行实时渲染，为用户提供视觉上的沉浸感。在虚拟现实场景构建中，设计师和开发人员使用计算机辅助设计工具和软件来构建虚拟环境的几何模型，包括建筑物、景物和物体等。同时，纹理贴图技术被应用于模型表面，以赋予其真实的外观和质感。此外，光照和阴影效果的模拟也是构建逼真虚拟场景的重要部分，使得场景中的物体在光照条件下呈现出合适的明暗和阴影效果。

此外，虚拟现实技术借助计算机构建出与现实环境十分相似的虚拟环境，其基本特征包括沉浸（immersion）、交互（interaction）和构想（imagination）。虚拟现实系统中的交互包括人与系统之间的交互及虚拟对象之间的交互。这两个层面的交互得出的数据以及后续的计算具有重要意义。

虚拟现实技术应用交互主要包括用户操作、传感器设备以及虚拟模型三部分。用户可以在虚拟环境中进行身临其境的交互体验，这种人机交互的方式使用户能够更自然地与虚拟环境进行互动，如图13-1所示。

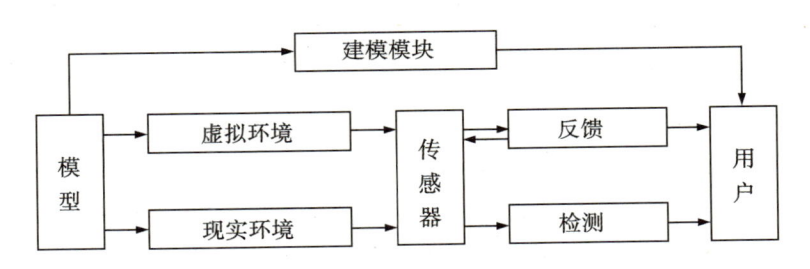

图 13-1 虚拟现实系统的交互流程

通过虚拟现实场景的构建和渲染，康复辅助机器人还能够模拟各种日常生活情境，提供更具实际意义的训练和应用场景，帮助用户更好地适应日常生活中的各种挑战和需求。

13.5.2 运动捕捉和姿势分析

对虚拟对象的操作能够发生依赖于虚拟对象通过各自的交互节点成功匹配并建立相应的联结约束。在虚拟仿真设计中，连续运动的好坏对界面的动画效果会产生直接的影响，是影响计算的关键之一。为了保证虚拟运动显得自然生动，需要严格地标定动态模型的节点坐标。

当知道节点在虚拟场景中的坐标时，通过对摄像机坐标进行归一化处理，可以得到上肢运动坐标与虚拟运动坐标之间的转化，进而得到关键点的空间坐标位置。图13-2为运动捕捉模块。

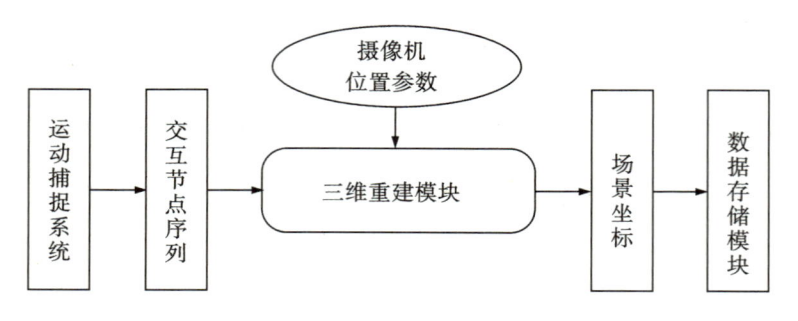

```
运动          交互      ┌──摄像机位置参数──┐
捕捉   →   节点     →   三维重建模块   →   场景坐标   →   数据存储模块
系统          序列
```

图 13-2　运动捕捉模块

运动捕捉和姿势分析技术在康复辅助机器人中起着重要的作用,它能够准确捕捉和解析用户的运动,提供实时的指导和评估。

运动捕捉技术使用传感器或摄像设备来捕捉用户的运动数据。传感器可以是 IMU、光学传感器、电磁传感器等,摄像设备可以是 RGB 摄像头或深度摄像头等。通过监测和记录用户的运动数据,运动捕捉技术能够实时追踪用户的身体姿势、关节角度和运动轨迹等信息。

姿势分析技术基于捕捉到的运动数据,对用户的姿势和动作进行分析和解析。它可以通过算法和模型来识别用户的姿势和动作,以实现姿势分类、运动分析和异常检测。姿势分析技术能够对用户的运动质量、姿势正确性和协调性等方面进行评估,帮助康复专业人员进行康复训练的指导和监控。

通过运动捕捉和姿势分析技术,康复辅助机器人可以实时跟踪用户的运动状态,并根据用户的姿势和动作提供实时的指导和反馈。这有助于用户在康复训练过程中保持正确的姿势和动作,提高运动的准确性和效果。此外,运动捕捉和姿势分析技术还可以记录和分析用户的运动数据,为康复专业人员提供客观的评估指标,用于康复效果的评估和进一步的个性化训练计划的制定。

13.5.3　人体模型重建和跟踪

人体模型重建和跟踪技术旨在创建用户的虚拟身体模型,并实时跟踪其姿态和动作。通过使用传感器、摄像头或其他感知设备,康复辅助机器人可以获取用户的身体运动信息,并将其转化为虚拟环境中的身体模型。这样,系统就能够准确地捕捉用户的姿态、关节角度和运动轨迹等数据。

在康复辅助机器人中,人体模型重建和跟踪技术可以用于提供更精确和个性化的反馈和指导。通过实时跟踪用户的身体动作,系统可以分析用户的姿势和动作是否正确,提供及时的指导和调整。例如,在康复训练中,系统可以监测用户的姿势是否正确,指导他们调整姿态,确保正确的运动执行。

此外,人体模型重建和跟踪技术还可以用于个性化康复训练。通过准确重建用户的身体模型,系统可以根据用户的身体特征和需求进行个性化设置。例如,针对特定关节或肌肉的康复训练,系统可以根据用户的身体结构和运动能力,提供相应的训练计划和

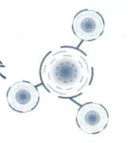

反馈，以满足用户的个性化康复需求。

人体模型重建和跟踪技术的应用可以增强康复辅助机器人系统对用户的理解和反馈能力。通过准确捕捉用户的身体姿态和运动，系统可以提供更精确、实时和个性化的康复训练指导，帮助用户改善运动技能和恢复运动功能。

13.5.4 人机交互和反馈

人机交互和反馈技术是指在康复辅助机器人系统中，实现用户与机器人之间的有效交互以及即时反馈的技术。这些技术可以提升用户的控制能力和康复训练的效果。

人机交互技术涉及用户与机器人系统之间的信息交流和指令传递。它可以包括各种输入设备和交互界面，例如触摸屏、手柄、语音识别等。通过这些交互设备，用户可以与机器人系统进行沟通，输入指令、调整参数或表达需求。人机交互技术的目标是提供方便、直观和自然的交互方式，使用户能够轻松地与机器人进行互动。

人机反馈技术则是指康复辅助机器人对用户动作和行为的实时反馈。它可以通过视觉、听觉或触觉等方式向用户传递信息。例如，康复辅助机器人可以通过显示屏显示用户的运动姿态或执行动作的正确性，通过声音提示或语音指导提供实时反馈，或者通过力反馈装置给予用户触觉上的反馈。这些反馈可以帮助用户了解自己的运动状态和行为表现，及时调整和改进。此外，以柔性上肢康复辅助机器人为例，用户在利用柔性上肢康复辅助机器人进行被动训练后，上肢逐渐恢复一定的自主能力，但是和正常人相比较，其自主运动是不连续的，且主动运动的速度达不到康复运动所需的速度。因此，对患者上肢进行主动康复训练时，柔性上肢康复辅助机器人可以对康复运动进行一个反馈及补偿。

人机交互和反馈技术的应用可以提升康复辅助机器人系统的使用体验和训练效果。通过良好的人机交互设计和即时的反馈机制，用户可以更加方便地操作机器人系统，获得更准确和有针对性的康复训练指导。同时，即时的反馈可以帮助用户及时纠正错误或改进技能，提高训练效果和成效。

13.6 设计的评价

设计的评价对于康复辅助机器人的开发和应用至关重要。该评价的目的是评估康复辅助机器人设计的有效性以及了解其在康复训练和教学中的表现。康复效果评估关注康复辅助机器人对患者的康复效果和功能改善的影响，通过功能评估、运动分析和用户反馈等方法来衡量康复辅助机器人的康复治疗效果。教学效果评估则着重评估辅助机器人在教学训练中的效果，包括学习成效、技能提升和用户满意度等方面的评估。通过对设计进行评价，研发人员不断改进和优化康复辅助机器人的设计和应用，可以实现更好的康复和教学效果。本节主要对康复辅助机器人在虚拟现实技术的设计过程中设计的效果评价进行了介绍。

13.6.1 康复效果评估

康复效果评估是对康复辅助机器人设计的一个重要方面。通过评估康复效果,人们可以了解康复辅助机器人在康复训练中对患者的影响和帮助程度。以下是一些常见的康复效果评估方法。

(1)功能评估。通过使用功能评估工具和量表,评估患者在康复训练后的功能改善程度。功能评估包括肌力测试、关节活动度测量、平衡能力评估等,以确定患者在康复过程中的进展和康复效果。

(2)运动分析。利用康复辅助机器人中的传感器和运动跟踪技术,可以对患者的运动进行分析。通过分析运动轨迹、关节角度、力量输出等数据,可以评估患者的运动改善情况和运动质量。

(3)用户反馈。收集患者对康复辅助机器人的主观评价和反馈也是评估康复效果的重要手段。通过问卷调查、访谈或焦点小组讨论等方式,可以了解患者对康复辅助机器人的满意度、康复体验和效果感受,以及他们的身体功能改善情况。

13.6.2 教学效果评估

教学效果评估是评估康复辅助机器人在教学训练中的有效性。以下是一些常见的教学效果评估方法。

(1)知识测试。通过对患者进行知识测试,评估他们对在康复训练中所学知识的掌握程度。知识测试包括康复相关的理论知识、技术操作步骤等内容。知识测试可以采用问答题、选择题、填空题等形式,以检验患者对所学知识的理解和记忆。

(2)技能评估。评估患者对在康复训练中所学技能的掌握程度和应用能力,可采用模拟任务、实际操作、演示等方式。技能评估包括动作的准确性、速度、协调性等指标,以确定患者对所学技能的实际运用能力。

(3)教学效果调查。收集患者对康复辅助机器人教学训练的主观评价和反馈。通过问卷调查、访谈或焦点小组讨论等方式,了解患者对教学方法、内容和效果的评价,以及他们的学习体验和身体功能改善情况。教学效果调查可以帮助评估患者对康复训练的满意度、学习动机和效果感受,为改进教学方法和提供更好的教学体验提供参考。

这些评估方法可以帮助评估康复辅助机器人在康复效果和教学效果方面的表现和影响。评估结果可以用于改进康复辅助机器人的设计和康复训练方法,提高康复效果和教学效果的质量和效率。

13.7 设计的实现

设计的实现是指将康复辅助机器人的设计转化为实际可用的系统的过程。这个过程包括硬件组装和配置、软件开发和集成以及数据采集和处理等步骤。通过正确的硬件组装和配置,康复辅助机器人可以具备所需的功能和性能。通过设计实现康复辅助机器

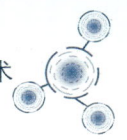

人的设计可以转化为一个完整、可用的系统。硬件组装和配置确保系统的物理组件正常工作，软件开发和集成提供系统的功能，数据采集和处理流程提供康复效果的评估和分析的基础。本节主要对康复辅助机器人的设计是如何实现的进行了介绍。

13.7.1 硬件组装和配置

在康复辅助机器人的设计实现过程中，硬件组装和配置是一个重要的步骤。它涉及将所选的硬件组件进行组装和配置，以构建出完整的康复辅助机器人系统。

首先，硬件组装包括选择合适的机械结构、传感器、执行器等硬件设备，并将它们组装在一起。这需要考虑康复训练的需求和目标，选择具有合适功能和性能的硬件组件。例如，机械结构须能够提供适当的运动自由度和稳定性，传感器须能够准确测量患者的运动数据或生理参数，执行器须能够执行所需的运动任务。

其次，硬件配置涉及连接和设置硬件设备。这包括连接传感器和执行器到控制系统，设置传感器的采样频率和灵敏度，校准传感器以确保准确的测量结果，以及配置执行器的运动范围和力量输出等。在这个过程中，需要遵循硬件设备的说明和规范，确保它们能够正常工作并与其他系统组件协调工作。

最后，硬件组装和配置的目标是确保康复辅助机器人系统的稳定性、可靠性和兼容性。稳定性是指系统在运行过程中能够保持良好的机械性能和运动控制能力。可靠性是指系统能够长时间运行而不出现故障，并能够适应各种康复训练需求。兼容性是指硬件组件之间能够协调工作，以实现系统的整体功能和性能。

硬件组装和配置的过程需要由专业的工程师或技术人员进行，他们具有相关的知识和经验来确保硬件组件的正确安装和配置。这样，康复辅助机器人系统才能有效地支持康复训练，并提供准确和可靠的数据和功能。

13.7.2 软件开发和集成

在软件开发和集成的过程中，首先需要定义康复辅助机器人系统的功能需求和目标。根据系统的设计规范和康复训练的要求，确定所需的软件功能和模块。其中，控制算法是软件开发中的核心部分。根据康复训练的特定需求，开发控制算法以实现康复辅助机器人的精确运动控制和力反馈。控制算法可以基于运动学、动力学或其他控制理论，结合传感器数据实时计算出合适的运动指令，确保机器人按照设定的路径和力度进行运动。此外，还可以根据患者的运动能力和训练进度，开发适应性控制算法，根据实时数据调整训练参数，提供个性化的康复训练。

为了实现数据的同步并合理协调传感器和虚拟现实系统之间的工作，一般采用多种经典设计模式，以保证系统能够稳定地完成多个并行任务。一般采用Unity进行游戏开发，因其具有强大的兼容性，不但支持多种格式的导入，还能够整合多种文件格式。此外，Unity还提供各种插件，可用于进一步进行更高级别的开发和创建各种开发所需的环境。其中Steam VR官方插件可以使用HTC VIVE设备进行软件开发，对头戴式显示器

和手柄有更好的兼容性。周围进程可使用 VR 的主进程和 Socket 进行数据之间的相互通信,信号存储和流通的整体框图如图 13-3 所示。

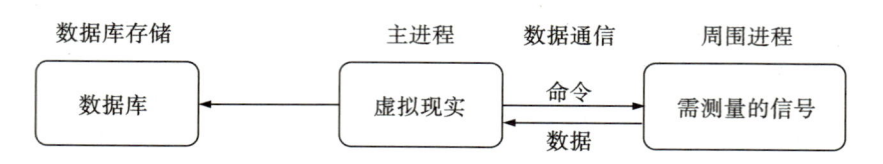

图 13-3　信号存储和流通的整体框图

在软件开发和集成的过程中,需要使用适当的开发工具和编程语言(例如 C++、Python、MATLAB 等),来实现所需的功能和模块。同时,需要进行软件测试和调试,确保软件的稳定性和可靠性。最后,将开发好的软件集成到康复辅助机器人系统中,确保各个组件之间的协调运行和数据交换。

总而言之,软件开发和集成是将康复辅助机器人的功能和控制转化为实际可用的软件系统的过程。通过开发控制算法、用户界面和数据处理模块,并进行软件测试和集成,可以实现康复辅助机器人系统的高效运行和用户友好的交互体验。

13.7.3　数据采集和处理流程

数据采集和处理流程涉及收集康复辅助机器人系统中生成的数据,并对其进行处理和分析。这个过程是为了获得有关康复效果和训练进展的详细信息,以支持康复训练的评估和改进。

首先,选择适当的数据采集设备和传感器是关键步骤。根据康复训练的目标和需求,可能需要使用不同类型的传感器,如运动捕捉设备、生物传感器(例如心率监测器、肌电传感器等)或力传感器等。这些设备和传感器能够记录患者在康复训练过程中的运动、生理状态和其他相关数据。需要设置适当的数据采集参数,如采样频率、采集时长等。这些参数的选择应根据康复训练的要求和所采集数据的特性进行调整,以确保获得准确和可靠的数据。

其次,完成数据采集后,对采集到的数据进行预处理。预处理阶段包括数据滤波、去除噪声、校准等步骤,以提高数据的质量和准确性。例如,应用滤波算法来平滑数据、去除运动中的异常值或噪声。

再次,进行特征提取和数据分析。特征提取是将原始数据转换为更有意义和可解释的特征的过程,涉及计算数据的统计特征、提取频域或时域特征、应用机器学习算法等。通过分析数据特征,可以获得关于康复效果、训练进展和患者状态的信息。

最后,将分析结果进行可视化和报告生成。这包括绘制图表、生成图像、制作报告等,以直观地展示康复训练的结果和趋势,以便更好地理解和传达康复辅助机器人的分析结果。可视化可以帮助人们更好地理解和解释数据,使用专门的数据分析和可视化工具(例如 Matplotlib、Tableau、Power BI 等),可以简化和加速数据可视化和报告生成的

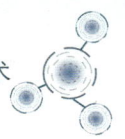

过程。这些工具提供了丰富的图表和图形选项以及报告模板和导出功能，使数据分析结果更易于展示和分享，从而支持医护人员和患者做出决策和调整训练计划。

通过完成这些设计的实现过程，康复辅助机器人系统可以从概念设计转化为具体可操作的系统。

13.8 典型样机的概述

康复辅助机器人样机可以提供定制化的康复训练，提升用户的参与度、康复效果和乐趣。样机的设计需要综合考虑用户需求、技术可行性和临床实用性，以实现有效的康复辅助。通过了解用户的康复目标和能力水平，并选择合适的硬件组件、传感器和软件技术，样机能够捕捉用户的动作和姿态，并提供个性化的反馈和指导。同时，样机应具备易用性、安全可靠性，并与临床环境相适应。其设计还应具备可扩展性，以应对新的研究和技术发展。综合考虑这些因素，康复辅助机器人样机可提供专为特定康复领域和用户群体定制的康复训练方案，促进康复效果和用户体验的提升。本节主要对虚拟现实技术中的康复辅助机器人样机进行了介绍。

13.8.1 样机的特点

康复辅助机器人样机能够提供个性化的康复训练体验，帮助用户进行有效的康复，并满足不同用户的需求和能力水平。样机的特点可以根据具体的设计目标和用户群体的需求进行定制和优化。

（1）可调节性。样机的机械结构和组件可以进行调整和定制，以适应不同用户的需求和能力水平。这样可以确保用户在训练过程中的舒适性和安全性。

（2）传感器集成。样机集成了多种传感器，用于实时捕捉用户的运动和姿态信息。这些传感器可以提供准确的数据，帮助样机理解用户的动作和位置，从而提供相应的反馈和指导。

（3）实时反馈。样机能够通过多种方式提供实时的反馈和指导，以帮助用户进行正确的运动和姿势。例如，通过虚拟现实技术，样机可以提供图像、声音或触觉反馈，模拟用户与虚拟环境的互动。

（4）个性化设置。样机具有个性化设置的功能，可以根据用户的需求和能力进行定制。用户可以选择适合自己的训练模式、难度级别或运动范围，以满足其特定的康复需求。

13.8.2 样机的功能

康复辅助机器人样机的功能可以使样机成为一个有益的康复工具，能够提供个性化的康复训练方案，并帮助用户恢复功能、改善生活质量。

（1）运动训练。样机可以提供各种运动训练模式，包括肌肉力量训练、协调性训练、平衡训练等。样机可以根据用户的康复需求和能力水平，设定合适的运动任务和训练计

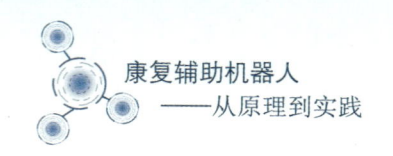

划,引导用户进行系统化的康复训练。

(2) 姿势校正。样机可以通过传感器实时监测用户的姿势和姿态,发现不正确的姿势或动作,并提供实时的姿势校正指导。这有助于用户形成正确的姿势和动作习惯,减少运动伤害风险。

(3) 虚拟现实交互。样机可以与虚拟现实环境进行交互,创造出沉浸式的康复训练体验。用户可以通过样机与虚拟场景中的物体进行互动,模拟日常生活中的动作和任务。虚拟现实技术可以提供逼真的场景和视觉反馈,增强用户的参与感和动力。虚拟现实交互康复辅助系统如图 13-4 所示。

(4) 数据记录和分析。样机可以记录用户的运动数据和康复进展,并进行数据分析。这些数据可以用于评估用户的康复效果、优化训练计划,并提供个性化的反馈和指导。数据分析还可以帮助康复专业人员了解用户的康复情况,做出相应的调整和决策。

(5) 用户界面和交互。样机通常配备用户友好的界面和交互方式,以便用户可以方便地与样机进行互动和控制。用户友好的界面和交互方式可以包括触摸屏、按钮、语音控制等,使用户能够轻松地调整训练参数、选择训练模式和获取反馈信息。

样机的功能应根据用户的康复需求和目标进行定制,以最大限度地满足用户的需求和提升康复效果。

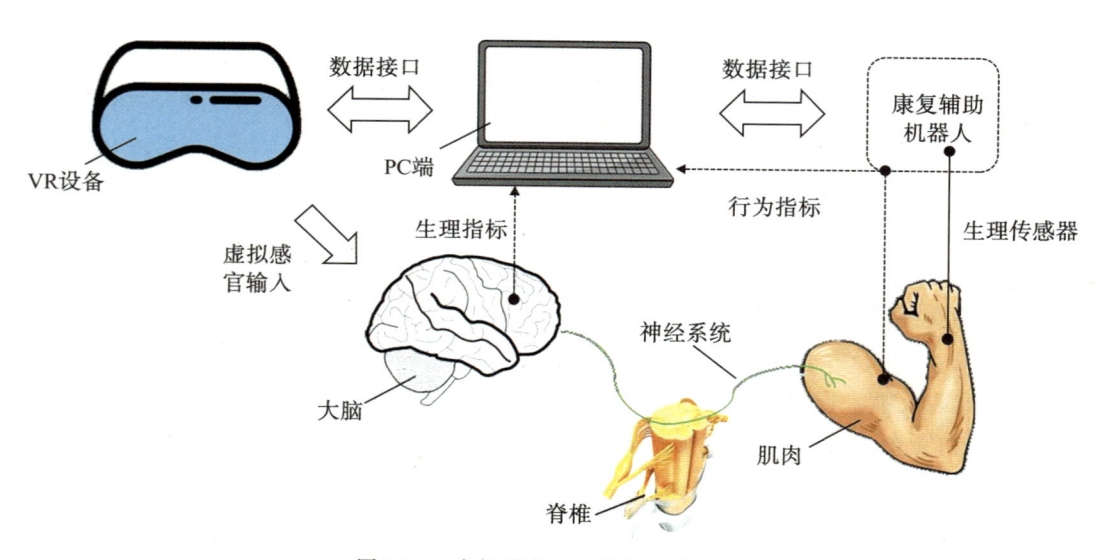

图 13-4 虚拟现实交互康复辅助系统

13.9 临床应用

当将康复辅助机器人与虚拟现实技术相结合并应用于临床中时,可以实现多个方面的应用。首先,通过设计针对患者病症和康复辅助机器人运动模式的虚拟环境,可以提高患者的康复运动积极性,进而提高康复辅助机器人的治疗效果。其次,利用虚拟现实技术进

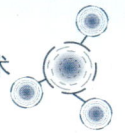

行远程康复,康复治疗师可以通过虚拟人的运动情况判断患者的治疗情况,并进行远程指导,从而打破了时间和距离的限制,节省了医疗资源。最后,创造沉浸式的多信息融合训练环境,可以提高患者的投入程度,降低抵触心理,进而改善康复训练效果。这些临床应用的综合应用将虚拟现实和康复辅助机器人的优势相结合,为康复治疗提供个性化、交互性和有效的方式。本节主要对康复辅助机器人中的虚拟现实技术在临床上的应用进行了介绍。

13.9.1 康复教学场景

康复辅助机器人与虚拟现实技术相结合的临床应用可以在康复教学场景中发挥重要作用。以下是一些常见的康复教学场景。

(1)运动指导和训练。通过虚拟现实技术,康复辅助机器人可以提供运动指导和训练。患者可以使用虚拟环境中的机器人进行康复运动和训练、接收实时反馈和指导,帮助他们改善姿势、动作和运动控制,以达到更好的康复效果。

(2)功能恢复评估。虚拟现实可以用于评估患者的功能恢复情况。康复辅助机器人与虚拟环境互动可以记录患者的动作和行为,进而帮助康复专业人员评估患者的康复进展和功能恢复程度。这种评估方式可以提供客观、准确的数据,为个性化康复计划的制定提供依据。

(3)康复知识教育。虚拟现实技术可以用于康复知识的教育和培训。通过虚拟环境中的机器人,康复专业人员可以向患者传授康复知识、讲解治疗原理和技巧,并通过互动和实践演示帮助患者理解和掌握康复技术。

在康复教学场景中,虚拟现实技术与康复辅助机器人的结合可以提供更丰富、交互性更强的康复体验。患者可以通过与虚拟机器人的互动来学习和练习康复技能,同时获得实时的反馈和指导,提高康复效果和治疗质量。此外,虚拟现实技术还可以创造各种场景和情境,帮助患者在安全、模拟的环境中进行康复训练,增加康复的乐趣和积极性。这些应用场景为康复教学提供了更多的可能性和创新。

13.9.2 应用案例和效果评估

虚拟现实技术在康复辅助机器人中的应用可以分为三部分。

(1)针对患者的病症和机器人的运动模式设计对应的虚拟环境,提高患者进行康复运动时的积极性,进而提高机器人的治疗效果。例如,脑瘫患者存在认知功能障碍,就要求虚拟环境具备重复训练强化记忆的能力。

(2)利用虚拟现实技术进行远程康复,康复治疗师可以根据虚拟人的运动情况判断患者的治疗情况,也可以通过虚拟人对患者的动作进行远程指导。远程虚拟康复治疗,打破了原有患者只能在医院才能享受到一对一康复治疗服务的情况,患者与康复治疗师间可以双向选择,节省医疗资源。

(3)虚拟现实技术研究的核心之一就是提高沉浸性,让患者有身临其境的感觉。创造沉浸式的多信息融合训练环境,可以明显改善患者进行康复训练的投入程度,降低患

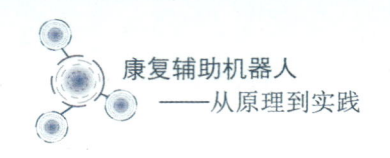

者使用康复辅助机器人时的抵触心理。相信经过众多学者的努力,结合虚拟现实技术的康复辅助机器人会普及到每一位患者身边。

效果评估通常通过临床试验和研究来进行。这些评估可以包括患者的康复进展、功能恢复程度、生活质量改善等方面的指标。研究结果表明,虚拟现实技术与康复辅助机器人的结合可以提高患者的参与度、治疗效果和康复效果,为康复治疗带来了新的可能性。

13.9.3 挑战和未来发展方向

康复辅助机器人在临床应用中面临的挑战和未来发展方向包括技术改进、用户适应性、临床实践整合和数据隐私与安全性。需要不断改进机器人的技术,提高准确性、个性化和逼真度,以满足不同用户的需求。同时,康复辅助机器人应考虑用户的个体差异,提供定制化的康复训练方案,并与临床实践进行紧密整合,确保与治疗计划和康复目标的一致性。此外,保护用户数据的隐私和安全性也是重要的考虑因素。综合考虑这些挑战和发展方向,康复辅助机器人有望在临床应用中不断演进,为康复领域带来更多机会和益处。

13.9.3.1 应用存在的问题与挑战

尽管虚拟现实技术在康复辅助机器人领域的应用广泛,但整体仍处于一个研发与试验阶段,很多关键问题需要进一步的改进和完善。

(1)安全性。康复辅助机器人的安全可靠交互是实现人机智能协同的关键。由于康复辅助机器人需要与用户直接接触,因此确保交互过程的安全性和可靠性是其应用的前提条件。为此,需要发展融合结构设计、过程控制和多源传感信息融合等关键技术。例如,可以研发基于软体材料的康复辅助机器人,实现更柔软的接触和交互体验。另外,具备动作预判功能的机械臂柔顺控制也是重要的技术研究方向。综上所述,确保康复辅助机器人的安全可靠交互是推动人机智能协同的关键,需要不断发展相关技术,提升康复辅助机器人的性能和用户体验。

(2)精准性。康复辅助机器人作为康复治疗工具,控制的精准性至关重要。目前仍存在因控制不当而导致患者受伤的事件发生。因此,应设计并精确控制康复辅助机器人,使其具备根据不同的康复需求完成不同的运动模式和训练方式的功能,增强其适应性。英国国家医疗服务体系目前正在审查康复辅助机器人的案例,以确定其适用于哪些科室以及哪些康复治疗中。这种审查对于确保康复辅助机器人的安全和有效性非常重要。我国也应该加强这方面的研究,以推动康复辅助机器人在临床应用中的精准控制和适应性。通过不断加强研究和开发,提高康复辅助机器人系统的控制精准性,我们可以进一步改进康复辅助机器人的安全性和可靠性,最大限度地减少患者受伤风险,并提高康复治疗效果。

(3)可靠性。康复辅助机器人能够替代或补偿患者部分功能的缺失。目前,通过解码 sEMG 信号可以精确识别康复辅助机器人的动作,实现对机器人的直觉控制。然而,现有的康复辅助机器人尚缺乏直接的感觉神经反馈功能(例如触觉、滑觉和压力等)。目前的反馈方式主要是间接的或可靠性较低的反馈,例如通过视觉反馈判断物体抓握情

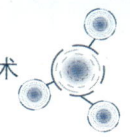

况，或者通过振动等方式刺激机体提供反馈。因此，有必要研究直接的神经反馈方式，即将康复辅助机器人采集到的信息直接反馈给用户的神经系统。这也是人机智能交互研究的热点之一。通过研究和开发直接神经反馈的技术，可以提高康复辅助机器人的反馈准确性和可靠性，使使用者能够更直接地感受到机器人的动作和环境信息，从而提升康复训练的效果和用户体验。通过进一步探索神经反馈技术，我们可以为康复辅助机器人提供更多的感觉反馈途径，使其更加智能化和人性化，为患者提供更接近自然的康复体验。

13.9.3.2 展望

在康复医疗领域，国内对虚拟现实技术的应用相对较晚，这是因为虚拟现实技术本身需要昂贵的设备，并且相关康复理论仍处于验证阶段，限制了其发展。为了推广相关技术并降低患者的治疗成本，在设计和开发虚拟现实技术时需要考虑成本因素。

虚拟现实技术的快速发展得益于传感器技术的进步，改进的算法可以准确、快速地采集人体信息，提高交互效率。为了进一步提高虚拟现实技术的响应速度，国内外学者开始研究肌电和脑电技术，但生物电反馈技术仍处于初级阶段，采集的电信号内容相对较少，无法实现真正的无障碍交互。

虚拟现实技术在认知治疗方面已被广泛认可。针对不同的患者群体，考虑到文化属性、年龄、性别、教育等差异，只有针对性的虚拟环境和治疗方法才能提高患者的治疗效果。通过与不同的康复理论（例如镜像疗法、平衡疗法等）结合，为虚拟现实技术在康复辅助机器人中的应用开拓了新的思路，推动了 VR 技术的发展。这种结合能够提供个性化和针对性的康复治疗，使康复辅助机器人更加适应患者的需求和特点。

13.10 本章小结

本章讨论了康复辅助机器人在虚拟现实中的临床应用。首先，介绍了设计步骤，包括教学目标和康复需求的确定，虚拟现实环境的设计，人机交互设计以及软硬件集成。然后，讨论了设计的关键要素，如教学目标和任务设计，用户体验感和参与度，康复与教学的整合以及数据的采集和处理。其次，介绍了硬软件平台的设计、计算的关键技术、设计的评价和实现过程。最后，介绍了典型样机的特点和功能，并提出了临床应用的案例和效果评估，未来的发展方向和挑战也被讨论。综上所述，康复辅助机器人与虚拟现实技术结合在临床应用中具有广阔的潜力，可以提高康复教学的效果和治疗成果，并为康复领域带来创新和进步。

第 14 章 其他几种典型的康复辅助机器人

14.1 其他典型康复辅助机器人介绍

14.1.1 其他典型康复辅助机器人的作用

康复辅助机器人最初是为了扩展医护人员特别是康复治疗师的医护能力而设计研究的,而在临床应用中,医护人员及患者越来越多地采用康复辅助机器人进行辅助治疗及康复训练。根据人力成本、物力成本、稳定性以及康复能力等特点分析可知,康复医疗正不断朝着无人化、智能化以及物联网化的方向发展。康复辅助机器人领域也随之成为医工结合的崭新领域,其具有以下发展特点:①可辅助或代替康复专业人员完成重复性劳动;②应用数量不断增加,受到越来越多的关注;③极大缓解了康复治疗师供求失衡的现象。

通过使用康复辅助机器人,帮助运动功能有障碍的人进行科学高效的物理康复训练并对其生活行为进行支持和辅助,使其重新获得正常运动能力和生活自理能力;可以降低老年人群体的摔倒比重,助力偏瘫患者重拾运动行走的信心,提高运动功能障碍人群的生活质量,减轻相关人群经济负担,提高社会和谐度。同时,康复辅助机器人领域的发展还可以有效降低医疗费效比,在减轻康复治疗师工作强度的同时还能助力患者主动参与,从而提高康复护理水平、提升整体康复护理效率并降低生活监护成本;还可以在客观评价康复训练的时长、程度及疗效的同时,使整体康复辅助过程更加系统规范。因此对于智能康复辅助机器人的研究具有重要意义。

14.1.2 其他典型康复辅助机器人的作用

本节主要介绍几种典型的康复辅助机器人,包括位移式康复辅助机器人、位姿调整式康复辅助机器人和生活辅助类康复辅助机器人,其主要功能包括:①肢体康复功能;②运动康复功能;③移动功能;④位姿调整与转换功能;⑤辅助生活功能。

14.2 其他典型康复辅助机器人的主要技术

14.2.1 人机协同技术

现阶段,康复辅助机器人所需的主要技术之中最为核心的技术为人机协同技术,通过良好的人机协同交互,可实现治疗过程中有效、安全、快速、智能化的康复训练。其中,关键的人机协同技术包括以下几点。

(1)安全级监控停止。当操作人员进入协作区域时,机器人停止运动,并保持静止,以便操作人员执行某些操作。

(2)手动引导。在手动引导的方式下,操作人员可以通过手动操作装置将不同的运动指令传送给机器人系统。

(3)速度和距离监控。允许机器人和操作人员同时出现在协作区域中,但是需要机器人与操作人员保持一个最小的安全距离。

(4)功率和力限制。对机器人本身所能输出的功率和力进行限制,从根源上避免伤害事件的发生。

14.2.2 感知反馈技术

让康复辅助机器人准确识别人体的运动意图是目前研究的难点。基于传统物理信号[如惯性传感单元、物理量(压力、位移)传感器、机器视觉等测得的信号]的人体运动意图识别具有较好的准确性,但是与生理信号相比,传统物理信号无法及时反映用户的运动意图。常见的人体生理信号包括大脑 EEG 信号,sEMG 信号和骨声信号等。通过结合传统物理信号和人体生理信号,康复辅助机器人可以完成对用户意图的感知功能;同时,康复辅助机器人通过反馈力、声音、灯光、显示屏、振动等方法向用户反馈其目标意图,二者结合构成康复辅助机器人的感知反馈技术。

14.2.3 智能控制技术

智能控制技术是指通过现有的控制方法,包括传统控制理论(例如 PID 控制、滑膜控制、模糊控制及其混合方法等)和基于人工智能的控制理论(例如支持向量机、随机森林、卷积神经网络等与传统控制理论结合的方法),完成对康复辅助机器人各关节角度、速度、移动方向、实施力等各项参数的准确控制,同时具备前馈控制、反馈控制等适用于人体实际使用要求的控制功能。

14.2.4 实时监测与分析技术

康复辅助机器人需要在使用过程中对于用户的实际情况进行实时的感知,即通过传统物理量(位移、速度、加速度等)传感器与人体位姿信息采集装置(机器视觉、动作捕捉

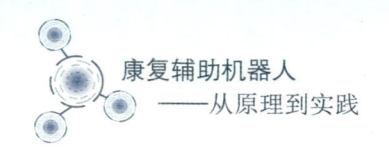

等)等设备完成对用户位姿信息、机器人运行参数等数据的实时采集、传输、存储、分析,最终判断用户运动意图并计算使用效果等相关参数。

14.2.5 精准评估技术

为提高康复辅助机器人在使用过程中的实际效果,结合实际功能需求,康复辅助机器人还应具备精准评估用户行为及其质量的方式方法,此类方法被归纳为精准评估技术。精准评估技术是通过分析处理用户位姿、速度和力学等情况和康复辅助机器人的实际运行情况,对用户的使用情况进行较为客观和量化的评估和总结的。这明确计算出康复辅助机器人在使用过程中的交互效果。目前常采用量化指标表、量化问卷等数据作为原始数据集并通过机器学习和深度学习等方法对已有数据进行训练和分析,最终在使用过程中在机器人端或者控制终端完成对实际使用效果的分析和展示,便于用户和康复辅助人员对使用过程进行评测。

14.3 其他典型康复辅助机器人的主要适用对象

康复辅助机器人的主要适用对象包括残疾人群、中老年人群和因病导致行动受限的患者人群,此类人群均可归类为行动不便人群,而行动不便的人群是指由于年迈、身体状况不佳、意外情况等造成生活不能自理或者不能完全自理的人群。迫于生活的需要,他们需要进行目的地之间的转移并完成相应的活动行为,诸如从床上到轮椅上的坐姿和站姿转换及相互转移、因如厕需要进行的相关活动以及日常生活中必须要进行的正常行为活动等。

14.3.1 适用于残疾人群体的康复辅助机器人需求

14.3.1.1 残疾人的特点

长期以来,残疾人主要依靠家人或亲属的照料得以生存,这给他们的家庭带来了沉重的压力和负担。由于残疾人的特殊性,使得他的照料不同于一般性的为老人服务,这不仅使照料者在经济上承受很大负担,在生理上产生疲劳,在精神上也会产生抑郁、紧张、愤怒等消极情绪,最终也会影响对残疾人的护理和照顾。残疾人的长期照料护理使父母、子女、亲友处在一种两难境地,一方面面临传统道德压力,一方面面临工作和经济条件的压力,家庭问题由此演变为全面的社会问题,这样的照料难以长久维系。随着社会的变化,残疾对个人、家庭、社会都将带来巨大的负担,对人口素质和人力资本有重大影响。根据每年全国残疾人状况监测数据显示,残疾人家庭普遍贫困,大多数残疾人由于丧失劳动能力或者由于社会上的偏见等原因,无法或者没有工作,没有办法依靠自己的劳动去获得赖以生存的经济收入,因此只能依靠家庭成员的供养以及政府的补助。但是由于政府财力的限制,家庭供养的比例还是非常高的。在城镇,残疾人40%的生活开支依靠家庭成员供养,在农村,这样的比例达到70%。特别是那些残疾程度较重的残疾

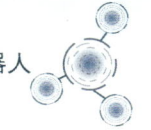

人,他们对于家属的依赖程度高,家庭必须有一人放弃工作,在家照看他们,导致了家庭的经济损失。

残疾不但造成了患者在运动功能方面的缺失,而且,由于患者长期缺乏锻炼,还会造成他们心肺功能减弱、抵抗力降低以及肌肉萎缩等多种并发症,这对残疾患者来说,无疑是雪上加霜。况且,长期居家也不利于残疾人康复。一些残疾人是可以通过适当的康复训练改善身体功能或者减缓残障进程的,但由于其家人、亲友知识、认识的不足或者没有能力、没有精力等原因,使得这些残疾人因为缺乏专业的管理和照顾,残疾程度加重,并发症增多,认知功能、社交能力衰退明显,部分残疾人还伴有精神不健康的症状(如激越行为、攻击行为、抑郁心境等)。

14.3.1.2 残疾人的需求

人类的基本需求具有普遍性,都有维持生存的需求,保证安全的需求,发展人际关系的需求,获取尊重的需求,自我发展、自我完善和自我实现的需求。在现实生活中,大部分残疾人在以上普遍需求的满足方面存在较大的困难,生存需求和发展需求尚未得到有效满足,只能维持在比较初级的阶段。残疾人是残疾人家庭的重要组成部分,一定程度上来说,残疾人的个体需求也代表了残疾人家庭的整体需求。

残疾人群体的需求非常多样化,但由于支付能力较低,这些需求往往没有得到充分满足。他们的需求包括年龄和残疾的组合、经济来源与生活照料的重叠,以及生理满足和心理需求的交织等,呈现出丰富而复杂的特点。对于残疾人的家庭成员来说,需求面对的困难和挑战是多方面的,有自身的教育问题、就业问题、家庭问题、社交问题、自我发展问题等,还要兼顾老年残疾人的供养问题,需求同时扮演多重角色,在有限的时间、精力和资源制约下,往往难以在各个方面都有最佳的表现。对于大部分残疾人家庭来说,往往存在经济收入更少、家庭开支更大、居住空间更小、就医康复更困难等问题,总体生活质量不高。

残疾人需求呈现多样性和个性化。残疾人家庭并非统一的均质性群体,由于年龄、性别、地域、残疾类型、残疾程度、所处社会环境等人口社会学特征不尽相同,所以各自的需求内容差异性很大。即使是同一个残疾人家庭也有各方面的多种需求,且在不同的生命阶段其需求不断发生变化。大部分残疾人家庭主要关注的是维持残疾人生存层面的需求,比如医疗服务与救助、辅助器具、康复训练、生活照料等,而对出门行走、对外交往、社会参与等发展型需求期望较低,更难以顾及无障碍设施、文化服务、信息无障碍等生活质量型需求。与此同时,人们也不能忽视残疾群体日益明显的另外一种趋势,即随着我国市场经济的发展和社会文明的进步,残疾人权利意识越来越强,对生活品质有了更高的要求,残疾人的需求个性化特征也更加明显。

残疾人需求呈现持续性和长期性。除少部分属先天性残疾以外,绝大部分残疾人都是获得性残疾(包括疾病和伤害)。随着年龄的增长,老年人的身体器官功能逐渐老化或丧失,这一变化往往是不可逆的,康复的可能性较小。很多老年残疾人对某一种服务的需求贯穿整个晚年生活,具有较强的依赖性。比如生活不能自理的老年残疾人对他人生活照顾和卫生护理的需求是长期的、刚性的;很多生活半自理的老年残疾人对康复服务

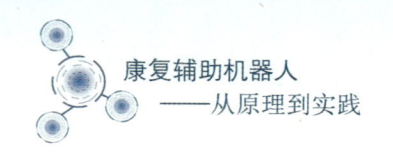

的需求也是持续的。这在很大程度上使得老年残疾人相比其他社会群体有长期的额外开支,不仅经济负担沉重,在精神上也很可能存在长期的压力。与此相对应地,也增加了老年残疾人家庭成员提供照料和护理的困难,他们在支持性资源的需求方面也呈现持续性和长期性。

残疾人心理需求迫切且具有特殊性。当前社会对残疾人仍然在一定程度上存在无知、偏见和歧视。特别是在农村和偏远地区,残疾人可能是被人鄙夷或嘲笑的对象。这些根深蒂固的社会偏见和歧视难以在短时间内彻底根除,无形中造成了对残疾人及其家庭的心理伤害。残疾人的家庭也面临同样的心理压力,一方面社会偏见与歧视使得他们不愿意与其他人群往来;另一方面,残疾人家属的心情常常随着残疾人的情感变化而动荡起伏,长期忍受一般家庭难以体会的精神压力。

14.3.2 适用于老年人群体的康复辅助机器人需求

14.3.2.1 老年人的特点

随着我国老龄化进程的加深,我国的老年人数量将迅速上升。如何照料这些老年人生活成为我国急需解决的一大难题。随着我国老龄化进程的加快以及平均寿命的延长,老年人家庭的结构也发生了巨大的变化。单身老年户、与子女分居老年户、同时有两代老年人户及高龄老年人户的数量持续增加,以家庭照料模式为主的老年人照料方式面临着严峻挑战,如何满足老年人的医疗和生活照料需求已成为老年服务的重点问题。自20世纪90年代以来,中国逐渐进入老龄化社会,老年人数量逐年递增。预计到2030年,我国老年人人口总数将达到3亿,占全国人口总数量的25%。据相关研究,60岁以上老年人患病概率是全部人口平均患病概率的3.2倍,伤残概率是全部人口平均概率的3.6倍,消耗卫生资源是全部人口平均消耗卫生资源的1.9倍[①]。老龄化社会将给家庭、康复机构、医疗机构带来前所未有的压力和挑战。其中,老年人主要行为特征如下。

(1)体能衰退引起的行为特征。由于老年人身体各项机能都在逐渐衰退,因此在进行一些需要持续性用力的行动时,会表现出乏累、吃力。比如在上下楼梯等长时间活动时会容易出现体力不支、行动困难的情况。加上老年人锻炼的次数减少,体能的下降和耐力的下降都会非常快,这导致老年人会有一定程度上的行动障碍。根据对老年人群移动需求的分析,针对老年人群的专用移动辅助机器人应具有以下功能:助力功能(包括辅助行走、辅助起立、辅助落座、辅助上厕所)、阻力训练功能、搬移功能、安全控制功能、紧急制动功能等。除此之外,由于用户群体的特殊性,移动辅助机器人应具有移动方便、结构稳定、操作简单等特点。

(2)神经系统衰退引起的行为特征。老年人的神经系统敏锐度大不如从前,因此对于一些事物的认知能力也开始减弱。尤其是老年人对于一些可能引发危险的外界环境反应较为迟钝,很多时候甚至察觉不到周围发生的变化,不能够及时做出保护自己的相应举措,这可能会带来不安全的因素。这就要求适用于老年人的康复辅助机器人应该具

---

① 张静.人口老龄化进程中的文化发展问题初探——老龄文化的形成[J].经济视野,2013(4):292-293.

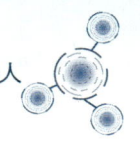

备明显的反应功能,同时能提供完备的安全措施。

(3) 感知能力衰退引起的行为特征。老年人的感知器官退化,视觉、听觉、嗅觉等的感知能力也随之下降,这给老年人的行为带来一定的影响。首先,视觉退化使老年人在走路的时候容易迷失方向。其次,听觉的衰退会导致老年人在日常性的交谈中比较难以听清楚对方说的话,引起一些交流上的障碍。最后,嗅觉上的衰退会使得老年人对于有毒、有害气体的感知不明显,很多时候会因此影响他们对安全事故的及时判断。因此在视听反馈方面,对于老年人群的康复辅助机器人需要设置更加显著的操作和反馈机制。

(4) 心理变化引起的行为特征。老年人的孤独感和焦虑感可能会引发一些行为上的变化。其中最明显的一个行为特征就是依赖行为。当老年人认为很多事情自己无法做到自理的时候,他们会开始依赖身边的人,久而久之,会形成很多事情都依赖他人帮助的习惯。因此,此类康复辅助机器人需要具备一定的情感反馈机制。

14.3.2.2　老年人的需求

老年人的需求主要有以下几点。

(1) 生理需求。包括对食物、水、空气和住房等的需求。这是人类维持自身生存的最基本要求。当其中任何一项得不到满足时,生理机能就无法正常运转。近年来由于经济方面的改善及在政策上的大力支持,现在大部分老年人在生理上的需求基本都能得到满足,衣、食、住、行各方面都有了进一步的改善。

(2) 安全需求。安全需求包括对人身安全、生活稳定以及免遭痛苦、威胁或疾病等的需求。人的整个有机体是一个追求安全的机制,人的感受器官、效应器官、智能和其他能量主要是寻求安全的工具,甚至可以把科学和人生观都看成是满足安全需求的一部分。

(3) 社会需求。这一层次的需要包括两个方面的内容:一是感情上的需求,包括亲情、爱情、友情;二是归属感的需要,即人人都有一种归属于一个群体的感情,希望成为群体中的一员,并相互关心和照顾。对于老年人来说,由于我国的传统美德,亲情方面一般是能得到充分满足的。但是对于长期患病在床的老年人来说,由于身体机能的退化,行动不便,想融入社会当中和其他人一起活动是一件比较困难的事。这样归属感是基本无法满足的,感情方面也会受到一定程度上的阻碍。

(4) 尊重需求。人人都希望自己有稳定的社会地位,要求个人的能力和成就得到社会的承认。马斯洛认为,尊重需要得到满足,能使人对自己充满信心,对社会满腔热情,体验到自己活着的用处和价值。

(5) 自我实现的需求。这是最高层次的需要,它指实现个人理想、抱负,发挥个人的能力到最大程度。达到自我实现境界的人,接受自己也接受他人,解决问题能力增强,自觉性提高,善于独立处事,希望不受打扰地独处,完成与自己的能力相称的一切事情。对于我国老年人而言,自我实现这一部分的需求基本是被忽略的。

14.3.3 适用于患者群体的康复辅助机器人需求

14.3.3.1 患者人群的特点

社会发展进步让人们的物质生活水平不断提高,同时伴随而来的问题也不断增多,健康问题越来越引起大众关注并正影响着有非健康成员家庭的日常生活。在非健康人群中首先受到关注的便是老年非健康人群。2018 年中国国家统计局给出的普查数据显示,65 周岁以上的老年人口已经占到了总人口的 8.9%[1],并且这一数字正快速增加,预计在 2050 年我国 60 周岁及以上人口将达到 4.87 亿人,占我国总人口的 34.99%[2]。人口老龄化问题不断加重,伴随而来的是罹患脑卒中、偏瘫等慢性病的老年人的增加。他们的康复问题越发受人关注,相应地医疗保健、社会养老服务及家庭问题同样受到广泛关注。

据调查,我国每年因脑卒中造成脑损伤疾病的老年人达到了 140 万[3]。再者,绝大多数脑卒中患者都会出现后遗症,在自身生命质量出现断崖式下降的同时给家人及社会也带来沉重负担,对罹患后遗症者的精神也造成不可逆的彻底影响甚至会改变他们的人生轨迹(例如会失去独自面对生活的自信心和客观的生活自理能力,精神恍惚,缺乏自尊自重等),因患病而产生的孤独感以及内心的恐惧心理同样不可避免,还可能造成老年人社交活动明显减少。疾病除了造成直接影响,其带来的间接影响也可能给人带来很大麻烦。据统计,全球 65 岁以上的老年人中每年因意外等各种原因发生一次以上摔倒现象的人数占比达到 32%,而且这一数字还在不断增大。客观而言,人口老龄化引发的康复等一系列问题在我国目前的人口发展现状下已经成为一个亟须解决的问题。

14.3.3.2 患者人群的需求

传统的治疗方法通常按照康复治疗师制定的康复阶段疗程进行,使患者被动地接受机械化的带动患肢进行康复的方式,康复治疗师等提供的间接性、短时的康复运动训练模式不能满足患者日常运动的需要,这种模式的康复治疗持续周期短且无法保证训练时每次动作的一致性,康复效果甚微。对陪护的家属而言,长期地照顾病患付出的时间成本也是不小的消耗。

马斯洛在需求层次理论中把人的需要按照迫切程度分成了五个等级。在患病时和刚出院时,生理、安全、爱与归属的需要最为迫切,而在疾病逐渐康复,身体功能恢复后,尊重的需要和自我实现的需要就要逐渐得到满足。开展延伸护理服务的过程,实质上也是不断满足出院患者需要的过程,例如帮助患者缓解疼痛、帮助其进行康复锻炼是满足生理的需要,生活方式指导、居住环境的评估是满足安全的需要,心理护理是满足爱与归属的需要、尊重的需要、自我实现的需要等。因此,探索针对患者个体情况需求的、可选择性的、适宜的、综合的延伸护理模式,是保障延伸护理服务可及性与服务效果的主要任

---

[1] 龚锋,王昭,余锦亮.人口老龄化、代际平衡与公共福利性支出[J].经济研究,2019,54(8):103-119.
[2] 陶涛,王楠麟,张会平.多国人口老龄化路径同原点比较及其经济社会影响[J].人口研究,2019,43(5):28-42.
[3] 李晓鹤,刁力.人口老龄化背景下老年失能人口动态预测[J].统计与决策,2019,35(10):75-78.

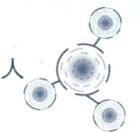

务。评估出院患者对延伸护理各方面的需求,探索患者需求与延伸护理开展现状间的差异,有助于延伸护理的顺利进行。

14.4 其他主要的典型康复辅助机器人

康复辅助机器人技术是集人体工程学、机器人、医学等诸多学科为一体,随着社会现状的需要,逐渐发展起来的研究领域。康复辅助机器人技术主要用于对行动不便人群的人体移位和康复,主要有以下几个特点。

(1)应用于医院、养老院、家庭等场合,具有辅助移位功能。

(2)它的主要作用对象是行动不便、生活能半自理或者不能自理的人群,需综合人体工程学、医学、生物学、社会学等各学科领域进行研究。

(3)康复辅助机器人的结构设计以及材料选择必须符合人体工程学,以容易灭菌和消毒为前提。

(4)由于康复辅助机器人的作用对象是人,其性能要求必须满足对环境的适应性、人体的舒适性、作业的稳定性等。

一款好的康复辅助机器人不仅能有效减少用户的日常行为活动压力和家人及护工的搬运劳动强度,更能帮助用户提升内心的自尊感。因此康复辅助机器人作为一种新型的智能化康复手段,正渐渐成为医院、家庭、养老院等场合不可或缺的生活工具。本节从移动、位姿转换和日常生活三个方面对几种典型的康复辅助机器人进行论述。

14.4.1 辅助移动型康复辅助机器人

行动辅助即辅助行走能力。辅助移动型康复辅助机器人主要分为两类,一类是帮助老年人恢复腿部行走功能的机器人,如多功能助行康复辅助移动型康复辅助机器人;另一类是具有移动系统,能代替腿部功能的机器人,如智能轮椅、床-椅设备。操作辅助是指能代替上肢功能的辅助,可以帮助老年人恢复常人的操作能力,如机械手。

医疗辅助移位机器人的核心功能是移位功能,因此它的定位人群是行动不便的人群,包括年迈的老人和因意外情况造成生活不能完全自理的伤、病员等。为设计一款适合行动不便人群的医疗辅助移位机器人,本节在通过明确定位人群的需求,以及分析该群体所处的生活环境的基础上,制定了合理的医疗辅助移位机器人设计指标。制定出如下设计要求:①移位过程中一定要保证行动不便人群的安全性以及舒适性要求,操作力求简便。②为有效减少护理者的劳动强度,使移位过程更加省时省力,移位床板需采用分离式床板模块。③为能使医疗辅助移位机器人能与各高度不同的床对接,移位机器人必须具备高度的调节功能。④医疗辅助移位机器人可适用于医院、养老院、家庭等场所狭窄场合的人体移位。⑤在移位的过程中,随着人体的转运医疗辅助移位机器人应保证其重心在安全范围内。⑥根据护理者的姿态变换需求,医疗辅助移位机器人应能实现合理的姿态变换。

14.4.1.1 坐立转换型辅助机器人

根据对使用者移动需求的分析,针对康复人群的专用移动辅助机器人应具有以下功能:助力功能(包括辅助行走、辅助起立、辅助落座、辅助上厕所)、阻力训练功能、搬移功能、安全控制功能、紧急制动功能等。除此之外,由于用户群体的特殊性,移动辅助机器人应具有移动方便、结构稳定、操作简单等特点。针对以上分析,本节将介绍一款移动辅助机器人结构设计方案。

此移动辅助机器人采用四轮底盘结构。该结构有 4 个着地点,整体具有很好的稳定性。移动辅助机器人两侧采用两根 L 形侧肋作为支撑结构。在移动辅助机器人正面左右两侧分别安装了一块高容量锂电池及主控制器,在它们中间布置有伸缩电推缸,用于调节支撑平台与地面之间的高度。移动辅助机器人支撑平台上安装有生物电检测扶手,只有当同一用户双手同时握住两侧扶手时,设备才能启动。在移动辅助机器人四轮底盘结构中,前面两个轮为被动万向轮,后面两个电机包胶轮为整机提供前进动力。当用户要完成起立、落座或上厕所等动作时,侧肋上的电推缸启动,调整支撑平台角度,同时升降电推缸伸缩,调整支撑平台与地面高度,辅助用户完成动作;当可独立站立的用户需要设备提供助力行走功能时,用户双手握住生物电检测扶手,启动设备,通过调整显示面板上助力挡位,设备将会提供不同大小的助力。若用户为不可独立站立的半失能人群,设备配备了柔性绑带,用户穿戴绑带后,将绑带挂于设备绑带挂接点,可将用户完全吊起,提供减重的训练环境,并完成助力行走。

14.4.1.2 行走辅助类机器人

行走辅助类机器人在功能上与下肢外骨骼机器人类似,二者均以满足用户的正常行走功能为目的,与下肢外骨骼类机器人不同的是,行走辅助类机器人主要使用简单的支撑结构、轮结构等满足正常使用要求。行走辅助类机器人多采用电机驱动轮状结构完成正常运动,其主要功能是满足用户的正常行走和移动需求。由于使用人群多为因年龄或疾病导致的正常移动受限人群,因此此类康复辅助机器人需要满足相应的支撑功能和移动功能,同时行走状态的移动速度应与用户的自身需求相匹配,这就要求此类机器人应具备良好的速度反馈或位姿反馈功能,同时具备优秀的保护功能。

14.1.1.3 轮椅型康复辅助机器人

智能电动轮椅是目前助老助残市场上的热门产品,可对用户进行行走助力,操作简单,携带方便,其概念图如图 14-1 所示。但在使用过程中,智能电动轮椅更多是作为无法行走的老年人的一种移动工具,对于那些可以站立和行走的老年人,智能电动轮椅无法辅助其进行康复训练,更无法实现用户站立、落座、上厕所等动作。老年人在使用电动轮椅行走时,通常双手握住轮椅扶手,由于身体其他部分与轮椅之间并无安全固定措施,需要老年人具有足够的上、下肢力量,才能保证身体平衡。对于脊髓、脑损伤的半失能老年人,在自身无法保证运动平衡性的情况下,根本无法使用智能电动轮椅。卫生护理机器人及老年人护理机器人主要是面向瘫痪卧床的半失能老年人,该类机器人可以协助护理人员将瘫痪患者抬起,并移送至另一处,但这类机器人功能单一,只能完成抬起和转移功能，对助行和康复训练没有帮助。

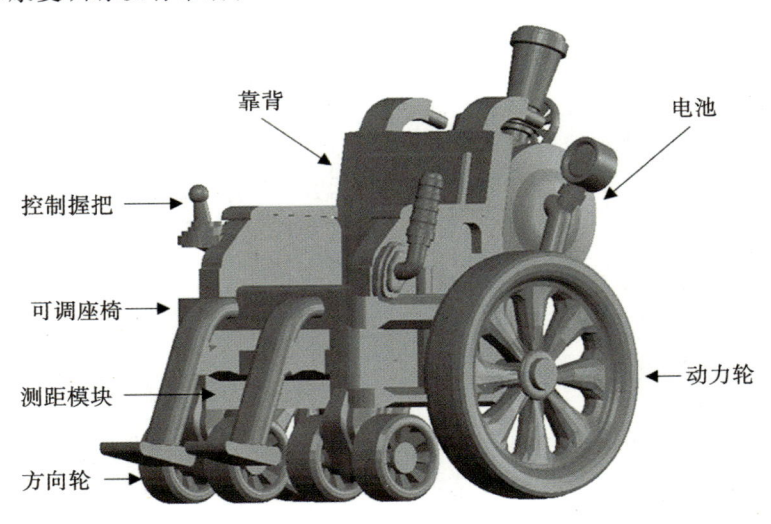

图 14-1　轮椅型康复辅助机器人概念图

综合目前助老助残康复器具市场产品调研及学术研究成果综述可知，针对半失能老年人这一特殊群体，亟须一款集行走辅助、起立、坐下、上厕所、搬移功能于一体的移动辅助机器人，其应具有安全防护固定装置，能够广泛适用于上下肢肌无力、偏瘫、截瘫、脑损伤及脊髓损伤的半失能老年人。由于半失能老年人年龄较高、身体素质较差，因此移动辅助机器人必须具有较高的安全性和结构强度。

我国轮椅型康复辅助机器人的使用和制作大都处于试验研究与设计阶段，新型产品的研发成本高、更新换代速度较慢，尚未实现量产并投入市场。市面上的智能轮椅大多是商家在性价比高的电动轮椅基础上进行优化改良，其功能简单、安全系数不高。再加上一些普通智能轮椅的价格较昂贵，普通人群难以承受。一方面，受室内环境的影响，老年人、残疾人在家中不方便使用活动范围较大的电动轮椅；另一方面，他们希望走出家门，在公共场所中活动，但是，我国许多公共场所存在路面狭窄和坡道障碍等问题，传统的电动代步工具外形结构笨重，对使用环境的要求较高，无法完成爬坡越障、自动避障的功能。因此轮椅型康复辅助机器人的相关功能设计如下。

（1）智能移动功能。轮椅可以适应室内室外各种复杂或狭窄的环境，当前后、左右有障碍物时，设备通过激光模块和图像识别技术检测障碍物，并自主判断难度，选择继续行驶或停驻行动。

（2）精准控制功能。轮椅外形扶手处设置摇杆，操作简单。同时轮椅型康复辅助机

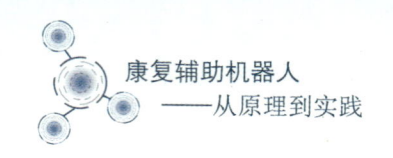

器人采用FOC①闭环控制系统,行驶顺畅,角度以及启停速度可以平缓操作,不会出现速度剧升或剧减,安全性高。

(3) 模式切换功能。轮椅型康复辅助机器人可以在不同行驶环境下(如草地、沙地、斜坡等)调节行驶模式,实现强劲越障,同时配有陀螺仪,在坡度较大的地方,自行检测上下坡角度,自我控制车速和提醒乘车注意。

(4) 远程遥控功能。用户通过手机APP可远程GPS定位机器人、监测机器人电量以及控制行驶等,还可远程开锁和锁车;同时还可进行体征监测与应急处理,通过光纤传感器监测乘坐人呼吸次数/心率,当出现超标时设备主动停止行驶,并第一时间向亲属传递警报信息。

14.4.2 辅助站立型康复辅助机器人

对于健康人而言,站起运动的完成并不困难,但对下肢运动障碍者来说独立地完成站起动作实非易事。显然,下肢运动障碍者具备站起运动能力是恢复行走能力的前提,因而对于下肢站起功能的训练也就显得极为重要。实际上,在下肢辅助训练策略的研究中,站起运动是一个极为重要的研究项目,对于站起动作的运动学研究同样重要。起立运动是人体每天最频繁的运动,整个过程看似简单,但却是下肢的肌肉和关节共同参与完成的。人体的起立运动需要下肢肌肉和踝关节、膝关节、髋关节的共同作用来实现。人体完成日常生活中各种动作和运动需要的能量是肌肉收缩产生的,并通过人体的神经网络控制各关节的运动。在起立运动中下肢肌肉收缩产生动力,使各个关节带动人体小腿、大腿、躯干运动,最终完成起立运动。

下面讲述一种站立型康复辅助机器人的设计思路,该机器人基于整体尺寸进一步确定分支结构,主要有传动部分、支撑座位、结构支架以及脚踏装置。其中,传动部分主要由结构底架组成,支撑座位设计成支撑座椅,结构支架主要由可伸缩支撑杆和扶手传动支撑杆组成,脚踏装置主要由横向脚踏支架和压力弹簧止动轮组成。动力源设定为单驱动伺服电机,其动力经带传动配合齿轮传动和丝杠传动通过传动箱传输至结构支架的可伸缩支撑杆及扶手传动支杆,各杆件配合运动,在支撑座位完成站起辅助动作的同时保证扶手随站起而升高,反之随下坐运动而降低。座椅式辅助机器人如图14-2所示。

图14-2 座椅式辅助机器人

---

① FOC 是 Field-Oriented Control(场向量控制)的缩写。它是一种电机控制技术,通过将电机磁场向量的方向与转子磁场向量的方向保持一致,使电机控制更加精确和高效。FOC通常用于交流电机的控制,能够实现对电机转矩和速度的精准控制,提高系统的动态性能和效率。在轮椅中,采用FOC闭环控制系统可以使行驶更加平稳,操作更加灵活,提升安全性。

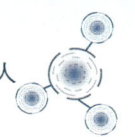

除座椅式辅助机器人外,床式辅助起立装置也可以帮助老年人完成起立运动,此类辅助起立装置主要由以下部分组成:一张床,床边固定着垂直升降系统,升降系统上有一个带扶手的支撑板,支撑板上装有压力传感器(用于检测辅助力)。支撑板支撑人的肘部和上臂,扶手帮助老人维持身体的稳定,当升降系统上升时通过支撑板为用户提供辅助力。支撑板上的力传感器用于检测起立过程中用户与支撑板间的接触力。此类机器人研究过程中,通过试验获取了不同位置的支撑板辅助起立时关节负荷的差异,并采集了护工辅助起立时的姿态数据。

14.4.3 辅助生活型康复辅助机器人

目前,随着制造、网络、信息处理技术的不断发展,很多实验室中的智能辅具设计研究项目逐渐转化为真正的产品,包括这些能够提供照护功能的辅助生活型康复辅助机器人也在近几年获得了快速发展。然而随着机器人的逐渐普及,功能正常的普通人也希望通过机器人丰富生活,提高生活质量,所以辅助机器人开发已突破这种只为行动功能丧失的人提供辅助的观念。

老年人生活辅助产品在技术飞速发展的背景下,开始向着智能、高端的方向发展,其中以辅助生活型康复辅助机器人为代表。从针对不同人群考虑辅具设计的研究可以看出,老年人生活辅助产品的设计已不仅从技术角度考虑,而人的情感研究也将成为考虑的重点,同样这种从人的情感考虑辅具设计的尝试也体现在当下以服务机器人为代表的设计思考中。比如国外对家庭养老机器人造型外观设计时将设计外观与机器人功能相结合,以及针对家庭服务机器人的情感态度的评价方式和评价标准等进行研究。从家庭护理机器人的产品开发实例和智能辅助居家养老服务机器人的研究趋势可以看出,智能辅助产品正从行为辅助到认知辅助和社会辅助延展。对于不同的辅助目的,其核心诉求必然会对产品造型产生影响,比如行为辅助产品由于专业性的限制会更加稳定。由于情感的难以捕捉,使情感辅助产品的开发方向有更多的选择,产品形态与功能也将有更多的可能性。总之,在将情感作为设计目标的设计环境下,相信以家庭养老服务机器人为代表的更体系化、人性化的居家养老辅助产品将会为老年人提供越来越优质的养老生活。

服务机器人是机器人家族中的一个年轻成员,到目前为止尚没有一个严格的定义。不同国家对服务机器人的认识不同。服务机器人的应用范围很广,主要从事维护保养、修理、运输、清洗、保安、救援、监护等工作。国际机器人联合会经过几年的搜集整理,给了服务机器人一个初步的定义:服务机器人是一种半自主或全自主工作的机器人,它能完成有益于人类健康的服务工作,但不包括从事生产的设备。

14.4.3.1 智能辅助如厕机器人

在老龄人口增多、社会康复资源短缺和人工智能养老背景下,为了减轻护理人员在帮助老年人及残障人士如厕时的负担,提高护理人员工作效率,研制帮助护理人员减轻如厕护理负担的协作机器人,对提高老年人及残障人士生活质量和社会资源利用率具有重要意义。在针对老年人的康复辅助机器人的研究过程中，面临许多挑战和难题。研究人员需要针对各种应用场景和老年人失能的情况，设计出不同类型的如厕机器人。本节将介绍固定伸缩式辅助如厕机器人。

固定伸缩式辅助如厕移动机器人的马桶座的运动机构由三部分组成，分别为马桶座部分、电机箱部分和底座部分，如图14-3所示。马桶座部分包括马桶座、红外摄像头、马桶及其运动机构。电机箱部分由交流电机、齿轮组成。底座部分由铝框架制成，该机构使用交流电机、齿轮和齿条来移动马桶座。当交流电机旋转齿轮时，电机箱和马桶座进行移动。在这个系统中，利用人体的内部和外部的温度差异，通过红外摄像机提取人体肛门的温度差异，追踪人体肛门位置。这种伸缩式马桶系统是嵌在墙上的。使用马桶时，马桶座向前移动，用户开始下坐，使用红外摄像头搜索肛门位置。然后马桶的中心位置追踪到肛门位置，人体下坐完成如厕。这一类马桶是一种紧贴髋关节的装置。将马桶固定在髋关节上，可以有效防止臭味扩散。这种类型的如厕辅助机器人提高了空间的利用率和用户的护理效果。马桶辅助系统主要由三个子系统组成，分别为主体、前扶手和轮椅穿梭车托架。马桶辅助系统的主体是一个可移动的马桶，它具有以下功能：①全方位移动和旋转功能；②机器人自带的激光雷达测距功能；③座椅升降功能，以调整座椅的高度和倾斜度，并帮助移动；④座椅滑动功能，实现擦拭臀部。此外，马桶辅助系统还集成了臀部清洗设备和先进的马桶座圈。而前扶手可以帮助使用者实现向上、向下和向后、向前移动。它通过设置合适的轨迹，以稳定的姿势协助使用者完成站立和下坐动作。

在固定伸缩式辅助如厕机器人的研究过程中，对于用户位置的追踪是其中最关键的技术，目前主要使用的追踪方法如下所示。

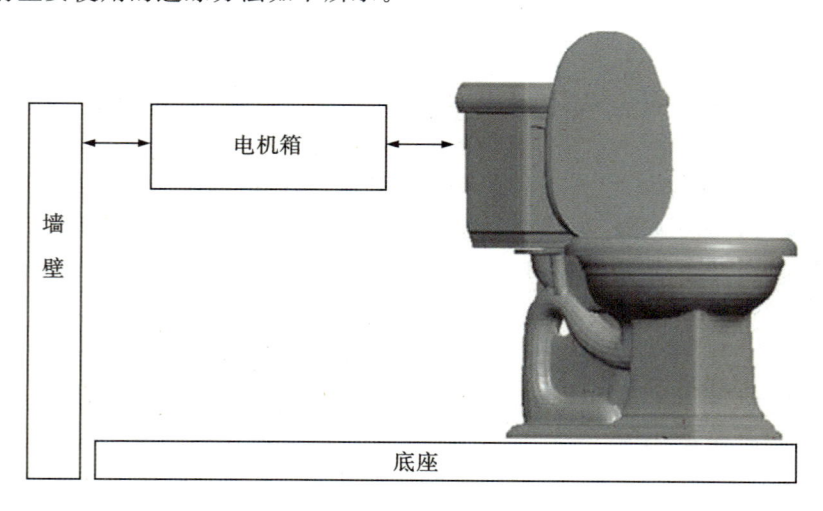

图14-3 固定伸缩式辅助如厕机器人

（1）基于红外摄像的追踪法。红外摄像机通过测量臀部的温度，检测肛门的位置。该系统使用红外摄像头通过USB向计算机发送温度数据，精准定位用户的肛门位置。同时该系统计算检测区域的中心点坐标的移动距离，并用步进电机控制位置。由于肛门的温度高于周围的其他地方，该系统利用温差确定用户肛门的位置。红外摄像机采集温

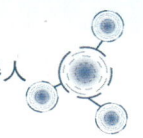

度数据,计算机获取下坐位置,采用 PID 控制方法移动马桶。这一类方法虽然能准确地探测出用户的位置,并且机器人的移动也不会涉及机器人位姿偏移等问题,但机器人活动范围受到限制,不能长距离移动和追踪用户的下坐位置。

(2)基于激光雷达检测的强化学习迭代法。安装在如厕辅助机器人上的激光雷达可以通过对物体的扫描,获取物体之间的激光点距离,当判定激光点的距离小于一个阈值时,可归为同一个物体。通过这种阈值法将同一物体归为一簇。该方案通过上部和下部两个激光雷达分别扫描用户的髋关节以及腿部判断用户的位置。激光雷达可以扫描出半圆弧形状,通过几何定理公式与测量的人体小腿数据,检测出扫描的各类物体的形状是否符合人类腿部半圆弧形状,基于此方法判断出用户的位置。在获得用户的位置后,使用强化学习迭代策略结合模糊规则的方法不断迭代出用户合适的下坐位置。再通过运动学跟踪用户下坐位置,并且使用人工势场法解决机器人与用户的安全位置问题。虽然采用双激光雷达分别探测用户的双腿和背部,可获取用户的位置信息,但是探测用户背部的激光雷达无法自主跟踪其髋关节,导致得到的髋关节轨迹数据并不正确,无法准确预测用户的下坐位置。

(3)基于光线传感器的追踪法。可利用移动机器人和光学传感器构建一个运动控制系统。将黑色的线段从老年人病床延伸到卫生间,并在移动机器人底盘上安装光敏传感器,通过光敏传感器获取黑色线段轨迹使机器人保持在线段上运行。并且在八个方向上安装光学传感器,通过光线反射获取障碍物是否影响线段轨迹,使用计算机处理光线传感器的数据,保证机器人行驶在正确方向。黑色的线段既可做成直线型也可以做弯曲型。通过线段规划可以让机器人控制运动变得简便和安全。个人家庭中使用这种方法可以更好地避免碰撞到障碍物。但是这一类方法最大的问题是机器人只能追踪轨迹道路,没有人研究用户如厕的下坐问题。

(4)基于彩色视觉的追踪法。在移动机器人上安装彩色摄像头追踪用户是一种主流追踪人体的方法,通过摄像头的像素坐标系与世界坐标系的转换方法获得摄像头与用户的距离位置信息,实现机器人追踪用户的功能。但是在用户如厕追踪中,利用彩色视觉追踪用户下坐位置需要考虑人伦隐私问题。

14.4.3.2 家用辅助机器人

家用辅助机器人是目前综合类康复辅助机器人的代表。由于设计难度大、涉及的领域较为广泛,此类机器人的设计和使用均较少,因此本节仅对目前研究的部分理论样机进行介绍,以便于大家理解。

为了保证机器人使用方面的安全性以及造型、功能的可实现性,家用辅助机器人主要采用 ABS 材料来设计制造机器人的身体部分。ABS 材料具有高强度、可阻燃、易加工、尺寸稳定性高的优点,同时也有耐候性差的缺点,所以用来制作室内机器人非常合适,不会带来任何的危险,且可以具有很好的质感,显得格外亲切。家用辅助机器人的运动部位(即轮胎)主要采用橡胶材料。橡胶材料具有耐磨、柔韧性强的特点,能够保证机器人在行动时适应大多数地面,不会因摩擦因数小而滑倒,且能达到消音的效果。采用合适的材料制作家用辅助机器人能够更好地达到服务的效果,带给用户贴心、舒适的感觉。

家用辅助机器人的头部装有视觉传感器，可以探测周围的事物，感知环境，用于将在行走时感测到的信息提供至机器人处，方便机器人在遇到障碍时避开。家用辅助机器人自主活动的功能减少了老年人在操控方面的问题。另外，头部壳体上有摄像头以及警报装置，可以观察检测周围的环境，当机器人检测到老年人身体不适、出现各种症状时或提醒吃药时，警报会随之响起。家用辅助机器人如图14-4所示。

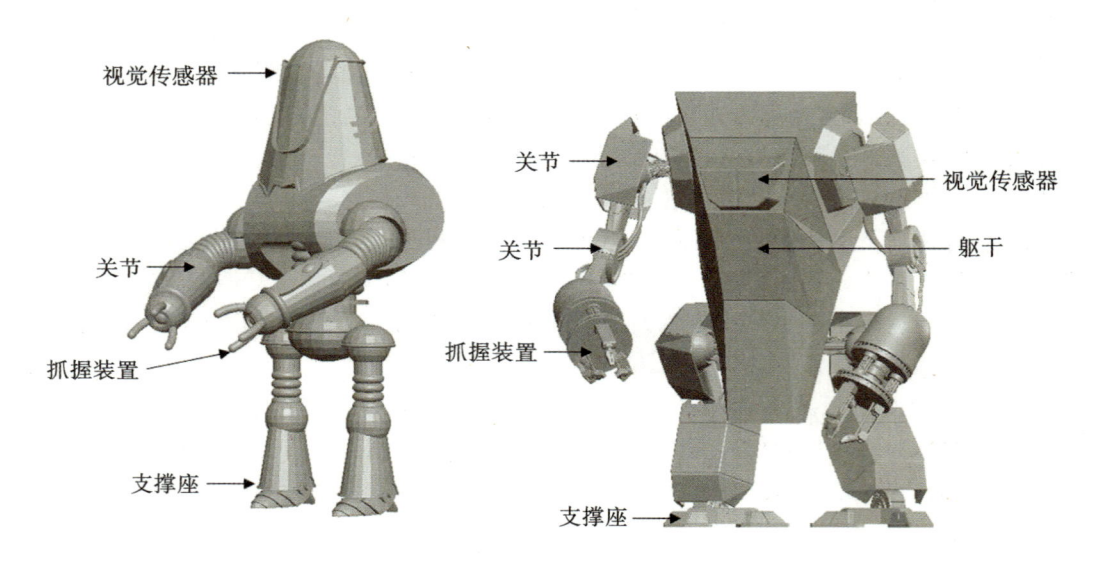

图14-4　家用辅助机器人

家用辅助机器人的肩部装置在控制系统的控制下可以自由摆动，帮助老年人完成取物等工作。行走装置由摆臂和关节组合而成，通过行走驱动电机来带动关节行走或停止。另外，自动充电的功能设计更加安全可靠，家用辅助机器人的控制系统可以检测机器人的电量，当控制系统检测到机器人没电时，会预先找好充电的插头来进行充电以使机器人可以继续工作。

14.5　其他典型康复辅助机器人的局限性与不足

14.5.1　局限性

对于康复辅助机器人行业的现状及未来，人们普遍认为该行业的市场潜在规模巨大而广阔，同时由于该行业研发成本较高、开创性进展缓慢以及市场化阻力较大等原因，使得康复辅助机器人大多处于科研阶段，真正进入市场销售的产品寥寥无几，可谓机遇与挑战并存。此外，由于我国医疗行业的特殊性，医保体系尚未将康复医疗产品纳入进来，普通大众消费者很难承受其高昂的价格，因此对国内市场有一定影响。

同时，对于大多数康复辅助机器人类产品，虽然具有较高的自动化特性，能够有效对用户的相关活动进行助力，但其运动平衡性、安全性等诸多属性仍是目前无法完全解决

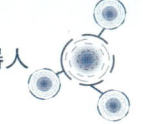

的技术问题，多数需要搭配拐杖或减重悬架进行使用，且质量大、价格高，对使用场地及环境具有较高要求，维护成本高，很难大规模推广应用。

14.5.2 不足之处

实践证明，康复辅助机器人可有效减轻康复医疗中的劳动强度和提高康复效率，且极具应用价值。但是目前的机器人辅助康复主要集中在"基于生物力学的主动运动交互控制"和"基于生物电的主动运动交互控制"两个方面。这两个研究方向中，患者与康复辅助机器人之间的交互协作主要是以感知患者主动参与为主，前者根据患者肢体与机器人之间相互作用的生物力学信息来感知患者主动运动状态意图，后者通过感知患者中枢神经系统生物电信号来识别患者主动运动意图。因此，机器人辅助康复的训练效果相比较传统的康复训练有了很大提高。但是，这种康复训练模式仍然有不足之处：在康复过程中忽略了患者的真实情绪，不能够根据患者的情绪状态有效地调整康复训练难度。换言之，现有的康复训练模式还缺少更加人性化的设计。相关研究表明，康复运动体现在两个方面，分别为运动层次和心理层次，且心理层次保持主动积极的状态对康复治疗有重要的影响。综上所述，在现有的机器人辅助康复训练模式的基础上，还需实时识别患者在康复过程中的情绪状态，通过采集患者的生理信号并研究采集到的与患者情绪相关的生理信号，再根据从生理信号中分析出的生理特征参数识别患者的情绪，从而实时调整训练难度，进而保证患者积极主动地参与康复训练，达到提高治疗效果、患者认可和可灵活调整等方面的目的。

14.6 其他典型康复辅助机器人的发展方向

14.6.1 安全性要求

康复辅助机器人帮助人们完成相对简单而繁重的任务。康复辅助机器人通常比较重，具有较大惯性，当碰到人体或周边物体时不易停止下来，会给人体或物体造成较大的伤害，有时甚至会对人的生命安全造成威胁。目前通过导纳控制、阻抗控制等先进的控制策略可以有效提高机器人在人机交互过程中的安全性，但是如何在运行过程中进行安全性控制仍是下一阶段的重要研究课题。

14.6.2 快速性要求

大部分控制系统都要求系统响应要迅速，在保证安全的前提下尽快地完成所要执行的任务。对于移动机器人来说，运动的路径是影响移动机器人执行任务时间的重要考量因素。应在考虑安全的情况下，基于更加智能化的优化算法对机器人的运动过程进行改进和交互控制，缩短机器人执行任务的时间并提高完成质量。

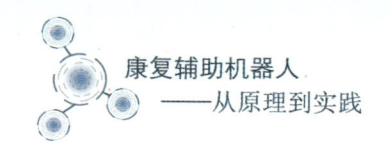

14.6.3 舒适性要求

由于康复辅助机器人多为刚性结构,其外壳多为硬质塑料或金属材质,在实际使用过程中会对用户造成较大的不适感,同时使用位置或方法错误也会影响用户的体验。因此,在此类人机协作任务中也应考虑人的舒适性等因素,具体来说应该提高使用过程中的人机交互能力,提高康复辅助机器人对于用户和环境的感知能力,实现依据不同使用情况和用户情况进行实时分析和决策的功能,提高用户的使用体验。

14.6.4 智能化趋势

随着社会老龄化的日趋严重,老年人的比例也是越来越高,也因为老年人的学习能力较差,无法像年轻人一样使用机器,所以要使控制指令可以通过语音控制、手势控制等方式传输到机器人的控制系统中,从而使"冰冷"的机器人不再"冰冷",操作简单化,让老年人容易接受。在社会老龄化日趋严重的大背景下,诞生了辅助机器人,减轻了家庭成员的负担。在老年人无法独立完成日常生活的情况下,高度自动化机器人的出现缓解了家庭和社会的负担。

14.6.5 便携化趋势

目前现有的康复辅助机器人均存在体积大、质量大、不便于搬运等问题,随着科技的发展,使用轻量化材料技术、电路集成技术等技术可以有效减少康复辅助机器人的体积和质量,最终实现相关机器人的便携化,使康复过程深入到生活的各个方面。

14.6.6 家庭化趋势

随着智能化的发展,基于人工智能技术开发的人机交互算法、实时决策算法均相较于过去有了明显提高。现在的康复辅助机器人可以通过语音控制、手势控制等方式将控制指令传输到机器人的控制系统中,让正常人容易接受,也使得生活辅助类机器人可以进一步进入到家庭,成为维护家庭正常生活的重要因素。

14.7 本章小结

本章通过分析康复辅助的适用人群及其需求特点,探究了目前所使用的主要康复辅助类机器人技术,同时介绍了几种其他典型的康复辅助机器人及其各自的特点。

第 15 章
康复辅助机器人的未来发展方向

15.1 康复辅助机器人的现状与挑战

医疗机构和康复中心逐渐认识到康复辅助机器人在康复领域中的潜力,并积极采用这些技术来改善康复治疗。随着机器人技术的不断进步,康复辅助机器人的功能和性能得到了提升。机器人可以提供更准确、个性化的康复训练,具备更好的运动控制和反馈能力。但目前康复辅助机器人的成本较高,缺乏个性化定制和应对意外情况和突发事件的能力。

15.1.1 当前康复辅助机器人的应用与局限性

15.1.1.1 康复辅助机器人的应用

康复辅助机器人在康复训练、功能恢复、运动康复和神经康复等领域中均发挥着重要的作用。

康复辅助机器人可以为患有肢体功能障碍的患者提供有效的辅助和康复训练。康复辅助机器人通过在患者的受损肢体上施加适度的阻力和支持,促使患者主动参与运动,并帮助恢复肌肉力量;康复辅助机器人能够根据患者的能力和康复进展,调整力量输出和运动范围,提供个性化的康复训练;通过模拟日常生活中的动作(例如握取、抓取和放置物体),康复辅助机器人帮助患者恢复手部功能和运动协调性。此外,康复辅助机器人还可以通过内置的传感器和软件系统,实时监测患者的运动轨迹、力量输出和运动范围。这些数据有助于评估康复进展和调整康复计划,为医疗专业人员提供客观的康复数据和参考依据。

康复辅助机器人通过提供精确的运动指导、力量支持和反馈,还可以帮助患者恢复运动功能、增强肌肉力量和改善运动协调性。首先,康复辅助机器人在康复训练中能够提供准确的运动指导。机器人通过高级的传感技术,能够实时监测和跟踪患者的运动,检测运动的偏差和不良模式,还可以根据患者的个体特征和康复目标,生成个性化的运动指导,并提供精确的姿势调整和运动路径控制。这种精准的指导有助于患者正确执行康复动作,避免错误的姿势和运动模式,最大限度地提高康复效果。其次,康复辅助机器人可以提供力量支持,帮助患者恢复肌肉力量。在一些康复训练任务中,患者可能由于肌肉萎缩、功能障碍或运动困难而无法完成特定动作。康复辅助机器人可以根据患者的力量水平和需求,提供适度的力量支持,补充患者缺乏的力量,并帮助其完成运动任务。此外,康复辅助机器人能够实时监测患者的运动参数(例如力量输出、运动幅度和速度等),并通过视觉、声音或触觉等方式提供准确的反馈。这种反馈可以帮助患者调整和改进运动技巧,增强动作的准确性和流畅性。患者通过与康复辅助机器人的互动,不断接收到正面的反馈和鼓励,提高自信心,增强康复动力,从而促进功能恢复。

康复辅助机器人在运动康复领域中的应用也同样非常广泛。它们可以提供精确、个性化和有效的康复训练,帮助患者恢复功能和改善生活质量。对于骨折、关节置换和运动功能障碍等患者,康复辅助机器人可以提供准确的运动控制和力反馈,帮助患者恢复关节活动范围、肌力和平衡能力,并且能够针对特定关节或肌群进行定向训练,提供精确的支持力和阻力,以加强肌肉和骨骼系统。此外,康复辅助机器人可以提供准确的运动模式和节奏,帮助患者学习和掌握正确的运动技巧。在步态恢复中,康复辅助机器人可以提供步态辅助和平衡支持,帮助患者重新学习行走。

康复辅助机器人在神经康复领域中的应用也已经展现出了巨大的潜力,为脑卒中、脊髓损伤、帕金森病等神经系统疾病的康复提供了新的可能性。在脑卒中康复中,机器人辅助训练可以帮助恢复患者的肌肉控制和运动功能。康复辅助机器人通过结合力控制和运动辅助功能,可以提供适度的支持和阻力,帮助患者进行肢体运动训练;同时能够监测患者的动作,并根据患者的能力和康复目标调整运动的速度、幅度和阻力,以实现个性化的康复训练。这种机器人辅助训练可以增加患者的运动次数和训练强度,促进神经系统的再适应和功能恢复。在脊髓损伤康复中,机器人辅助训练可以帮助患者重新学习和恢复肢体运动能力。康复辅助机器人通过结合机器人的感知和运动控制技术,可以监测患者的动作,并提供准确的反馈和指导;同时可以协助患者进行步态训练、平衡训练和肌肉强化,促进神经再生和功能重建。对于帕金森病患者,机器人辅助训练可以改善患者的运动协调性和平衡能力。康复辅助机器人可以通过感知技术实时监测患者的姿势和动作,并提供准确的反馈和调整,还可以针对患者的特定运动缺陷进行针对性的训练,例如手部运动的协调和速度控制。通过机器人辅助训练,帕金森病患者可以改善日常生活中的动作能力,提高生活质量。

15.1.1.2 当前康复辅助机器人的局限性

康复辅助机器人在医疗领域中发挥着重要的作用,但仍存在一些局限性和挑战,限制了其广泛应用和进一步发展。

第一,缺乏个性化定制。康复辅助机器人通常设计用于一般性的康复任务,而缺乏对患者个体差异的个性化定制。每个患者的康复需求可能因伤病类型、程度和身体状况而异,康复辅助机器人往往无法完全满足不同患者的特殊需求。

第二,是功能和技术限制。目前的康复辅助机器人主要集中在一些基本功能上,如协助患者进行物理治疗、行走训练等。然而,对于更复杂的康复任务(例如平衡训练、手

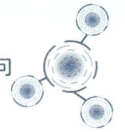

部功能恢复等),康复辅助机器人的功能范围还相对有限。除此之外,康复辅助机器人仍存在一些技术限制。例如,机器人的感知和运动控制能力可能受到限制,导致它们无法准确地感知和响应复杂的康复动作。此外,机器人的电池寿命和可靠性也可能成为限制因素。

第三,康复辅助机器人的交互和反馈能力有限。康复辅助机器人通常是预先编程的,无法像康复治疗师那样根据患者的反馈和需要进行灵活调整,在感知患者的动作和需求方面的能力也相对有限,无法像康复治疗师那样提供细致的调整和反馈。

第四,康复辅助机器人的安全性和可靠性也是一个重要问题。康复辅助机器人在与人类患者进行互动时,需要确保其安全性和可靠性;在执行康复任务时,需要避免造成患者的进一步伤害或不适。此外,康复辅助机器人的故障率、维护需求和数据安全等问题也需要得到充分考虑。

第五,成本也是康复辅助机器人面临的一个限制因素。康复辅助机器人的研发、制造和维护成本通常很高。这可能限制了其在医疗机构和家庭康复环境中的广泛应用。高昂的成本可能导致康复辅助机器人只能在有限的资源范围内使用,限制了其应用。

尽管存在这些局限性,康复辅助机器人仍然具有巨大的潜力,可以在康复过程中提供有价值的辅助和支持。随着技术的不断发展和创新,这些局限性可能会逐步得到克服,使康复辅助机器人更加智能、个性化和适应性强。

15.1.2 技术发展对康复辅助机器人的推动与需求

随着技术的迅速发展,康复辅助机器人在医疗领域中正获得越来越多的关注和应用。新兴的技术对康复辅助机器人的推动和需求产生了重要影响,可为患者提供更有效、个性化的康复治疗。

传感技术的进步为康复辅助机器人提供了更准确、细致的感知能力。例如,惯性测量单元的发展使机器人能够实时监测患者的运动和姿势,从而提供精确的运动控制和反馈。此外,生物传感器技术的应用可以监测生理信号(例如肌肉活动、心率和脑电图等),为康复过程提供更全面的信息。

机器学习和人工智能的快速发展为康复辅助机器人带来了更高的智能化和自适应性。通过训练模型和算法,康复辅助机器人可以学习和适应患者的运动模式和能力水平,从而提供个性化的康复训练和治疗计划。此外,机器学习和人工智能还可以用于分析和解释大量的康复数据,为医疗专业人员提供决策支持和个体化康复建议。

柔性和可穿戴技术的发展为康复辅助机器人带来了更好的人机交互和舒适性。柔性传感器、可穿戴设备和可编程材料的应用使康复辅助机器人能够与患者更自然地进行互动,减轻对患者的压力和不适感。这种技术的发展还为康复辅助机器人提供了更多的灵活性和适应性,可以适应不同患者的需求和康复目标。

云计算和远程监控技术的进步为康复辅助机器人提供了更大的功能和可扩展性。康复辅助机器人可以通过云端的计算和存储资源获得更高的计算能力和数据处理能力。这使其可以实时与医疗专业人员进行数据交换和远程协作,获得更准确的诊断和治疗建议。此外，远程监控技术还使医疗团队能够远程监测患者的康复进展，提供及时的指导和支持。

15.2 脑机接口技术与康复辅助机器人

脑机接口（BCI）技术形成于 20 世纪 70 年代，是一种在大脑和外部环境之间建立信息交流和控制的通道，通过获取与分析大脑产生的 EEG 信号来识别人的思想，生成控制指令来完成大脑与体内和体外设备之间的直接交互。BCI 可以为失去肌肉运动能力的患者提供与外界交互的技术，用操控机器来代替人体肌肉，辅助患者完成日常的生活需求，比如操控轮椅、控制假肢、控制家电等。此外，BCI 还可以帮助这些患者进行神经康复训练。有部分运动障碍患者由于大脑相应区域丧失功能，无法正常控制肌肉运动，而借助 BCI 可以增强对该大脑区域训练，改善其运动障碍问题。

15.2.1 脑机接口技术的原理与应用

15.2.1.1 脑机接口技术的原理

BCI 是通过采集人的 EEG 信号并且经过分析和处理，建立大脑与外部控制设备之间的交流和控制通道，通过采集和提取大脑产生的 EEG 信号来识别人的动作和意图，根据不同的模式和方法进行转换，形成可以利用的控制信号来控制其他外部设备，实现人与计算机及其他电子设备的信息数据交互，为人类大脑与外部环境提供了一种新的信息交互方式。从定义可以看出，BCI 系统的三个主要的组成部分包括脑信号的采集、脑信号的解码和应用输出，如图 15-1 所示。

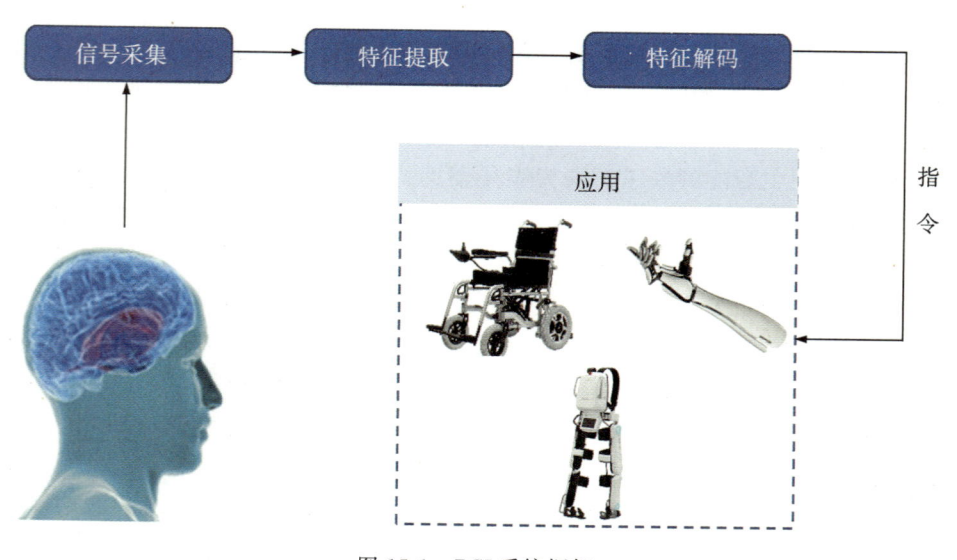

图 15-1　BCI 系统框架

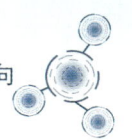

脑信号一般通过不同的 BCI 设备来采集并且记录,采集到的原始信号经过预处理(例如滤波、去伪迹等),然后进行特征提取和特征分类,将分类的结果转换成相应的控制指令实现对轮椅、机械臂、机器人等外部设备的控制。

BCI 系统根据脑信号获取的方式,可分为非侵入式、半侵入式和侵入式三种,其位置和特征如图 15-2 所示。

(1) 侵入式 BCI。侵入式 BCI 通常是将电极通过手术的方式植入到大脑皮层,从而实现对神经元信号的采集与记录,该种类型的 BCI 获取到的神经信号较部分侵入式 BCI 与非侵入式 BCI 获取的信号质量要高,但一方面存在着较高的成本和安全风险,另一方面也可能会因为免疫系统的反应以及疤痕组织而导致信号质量的衰退。

(2) 半侵入式 BCI。半侵入式 BCI 通常是将电极植入颅腔内、大脑皮层外,从而获取信号。该种 BCI 主要用于皮层脑电(electrocorticogram,ECOG)信号的分析。半侵入式 BCI 获取到的信号质量一般介于侵入式 BCI 与非侵入式 BCI 之间,因其电极侵入大脑的程度较轻,所以可以降低受体免疫和愈伤组织对信号的影响,但是半侵入式 BCI 获取到的信号的空间分辨率比侵入式 BCI 低。

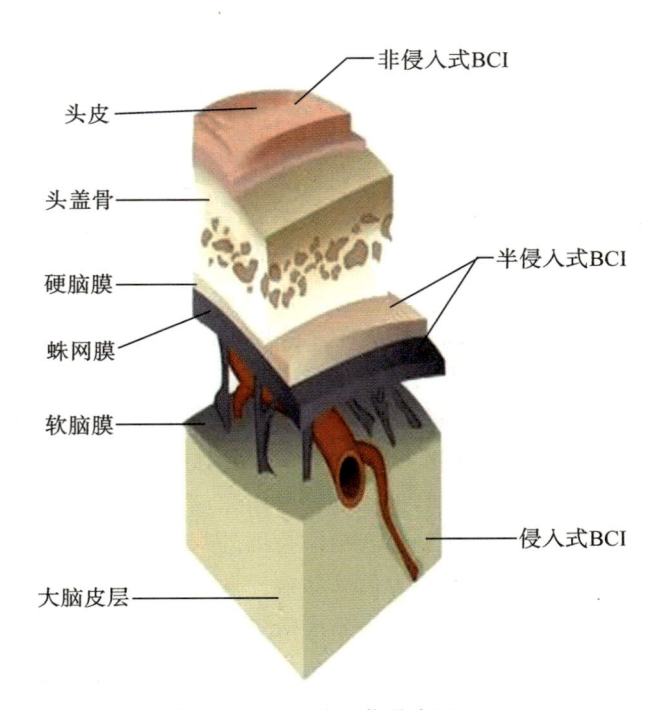

图 15-2 脑机接口信号来源

(3) 非侵入式 BCI。非侵入式 BCI 是通过依附在头皮表面的穿戴设备实现对大脑信息的采集与记录工作,该种类型的 BCI 在三种 BCI 中安全性最高,成本最低,但是采集到的信号比较微弱,而且容易受到大脑骨骼以及其他磁场的干扰,使得信号的分辨率较低。

对非侵入式 BCI 的研究只需要通过相关设备对大脑皮层的表面信号直接进行采集和处理,因此不需要外科手术的介入,已成为 BCI 研究的热点。BCI 系统允许被试者使用脑信号直接控制外部设备,根据利用的脑信号的类别,大致可以分为以下四种:基于脑电的 BCI、基于脑磁的 BCI、基于功能性磁共振成像的 BCI 和基于功能性近红外光谱的 BCI。脑电是一种由脑细胞群之间以电离子形式传递信息而产生的生物电现象,是神经元电生理活动在大脑皮层或头皮表面的总体反映。相比于其他类型的脑信号,EEG 信号具有采集方便、时空分辨率高等优点,在 BCI 系统中具有独特的应用价值。

15.2.1.2 脑机接口技术的应用

BCI 是一种变革性的人机交互技术,其中既有不依赖外周神经和肌肉系统即可从大脑直接向外部设备或机器输出指令的BCI,也包括绕过外周神经和肌肉系统从外部设备或机器直接向大脑输入电、磁、声和光等刺激或神经反馈的BCI。随着BCI技术的发展,其不仅在医学领域具有潜在的应用,而且在非医学领域(如教育、军事、金融、娱乐、智能家居等方面)也具有应用前景。

(1) BCI 的医学应用。针对不同大脑疾病和损伤情况,BCI 主要发挥以下作用。

① 监测神经发育疾病和神经退行疾病患者的大脑和行为状态,并提供相应的训练或干预方案。新加坡精神卫生研究所开发了基于脑电耳机和平板电脑的训练计划,用于在学校或家庭干预注意力缺陷多动障碍。加州大学旧金山分校使用美敦力公司的植入式电极,首次证实该电极能够在长达1年的时间内稳定监测并提供深部脑刺激治疗。新加坡国立大学开展了基于社区的计算机认知训练,证实每周两次的注意力、记忆力、决策、视觉空间和认知灵活性训练能够提高健康老年人的注意力和执行功能。

② 修复脑卒中和脑外伤导致的神经功能障碍。采用闭环BCI系统动态采集脑功能数据,分析患者的神经网络活动,融合智能康复技术提供个性化的训练方案。洛桑理工学院发现,与BCI耦合的功能电刺激组相较于假功能电刺激组能够更加有效、持续地恢复脑卒中幸存者的运动功能。巴特尔纪念研究所和俄亥俄州立大学恢复了一位严重脊髓损伤患者的部分手部触觉和运动能力。格勒诺布尔-阿尔卑斯大学将微电极植入硬膜外,通过无线连接可穿戴外骨骼帮助长期截瘫患者恢复行走能力。2021年初,浙江大学与其附属第二医院神经外科合作完成我国第一例植入式BCI临床试验,利用患者的大脑运动皮层信号帮助患者精准控制外部机械臂来完成三维空间的运动。

③ 替代患者丧失的脑功能。通过双向闭环系统,恢复运动、语言、感觉等高级大脑功能。斯坦福大学帮助一名瘫痪患者实现了90个字符/分钟的打字速度,在线和离线准确率分别达到94.1%和99%。贝勒医学院用电极刺激大脑皮层,成功在受试者脑海中呈现指定的图像,帮助盲人识别不同图像。

(2) BCI 的非医学应用。BCI技术除了潜在的医学应用外,在非医学领域也具有潜在的广泛应用。BCI技术在军事领域属于前瞻性研究和尝试应用,如战士可以通过佩戴脑信号采集帽对相应武器发出作战指令,达到降低人员伤亡、加强作战能力的目的,还可以监测作战人员的生理和心理状态,利用监测到的数据及时分析战士情绪、注意力、记忆力等生理心理指标,从而增强相关作战人员的军事技能。在教育方面,BCI技术可以实时监测学员的大脑状态,通过分析和评估大脑状态与学业表现之间的关系,建立基于BCI的个性化教学环境。在娱乐游戏方面,可以将BCI技术与虚拟现实技术相结合,通过佩戴在玩家头皮上的传感器采集脑信号,然后将信号传输至计算机,并由解码算法将信号转化为游戏中需要执行的指令,就可以实现用"意念"玩游戏,这不仅可以提升游戏的娱乐性,而且对于一些肢体障碍的玩家,也在很大程度上提升了游戏的友好度。此外,两个玩家或多个玩家脑-脑或多脑直接协同交互也可能增加游戏的娱乐性。在日常生活方面,BCI可以扮演"遥控器"的角色,帮助人们用"意念"控制开关灯、门、窗帘等,进一步可以控制智能家用机器人,还可以将BCI技术与通信系统结合,开发无人驾驶汽车。

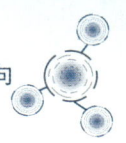

15.2.2 脑机接口技术在康复辅助机器人中的应用前景

BCI已成为各国重点布局的前沿技术之一,在医学、教育、娱乐和军事等领域拥有重要的应用前景。医学诊疗是BCI最常见及最主要的应用领域,通过监测、修复、改善、替代、增强等功能,为严重的神经与精神疾病提供重要干预手段。

(1) 替代。BCI系统的输出可能取代由于损伤或疾病而丧失的自然输出,如丧失说话能力的人通过BCI输出文字,或通过语音合成器发声。以已故著名物理学家霍金为代表的脊髓侧索硬化症患者,以及重症肌无力患者、因事故导致高位截瘫的患者等重度运动障碍患者群体,是此类BCI系统的重要应用对象。这些患者的共同特点是,他们有相对完整的思维能力,但丧失了对肌肉和外周神经系统的自主控制能力,因此无法有效地向外界表达自己的需求和想法。将自己脑中所想的信息通过某种辅助手段传达出来是这一患者群体最基本且最重要的需求。

(2) 恢复。BCI的输出可以恢复丧失的功能。如人工耳蜗已经帮助数十万失聪患者恢复听力,人工眼球可以帮助失明患者重新看见东西等。脑卒中患者在失去肢体控制能力后,也可以通过BCI技术对患者的大脑运动皮层进行训练,帮助患者进行康复。

(3) 增强。主要是针对健康人而言,实现机能的扩展。在工程心理学领域,机动车驾驶员、飞行员、航空空中交通管制员等特殊作业岗位人员的认知负荷、疲劳程度等状态对于作业绩效、工作安全都十分重要。BCI所提供的实时监测数据为工作管理提供了重要的客观依据,能够更好地保证人员安全和工作绩效。澳大利亚的SmartCap公司已经把此项应用商业化。通过在棒球帽内植入电极,可以实时监测用户的疲劳状态。在教育领域,BCI可以对学生的注意力水平进行实时评测,为教师教学安排提供参考。在市场营销领域,BCI可以用于评价观看广告、电影、电视等媒体内容的观众情绪体验,以及更加广义的人机交互情景下的用户体验。

(4) 补充。对于控制领域,除了手控的方法之外还可以增加脑控方式,实现多模态控制,这里BCI作为原来单一控制方法的补充。在游戏娱乐领域,BCI为游戏玩家提供了独立于传统游戏控制方式之外的新的操作维度,丰富了游戏内涵并提升了游戏体验。

(5) 改善。针对康复领域,对于感觉运动皮层相关部位受损的脑卒中患者,BCI可以从受损的皮层区采集信号,然后刺激肌肉或控制矫形器,改善手臂运动。癫痫患者的大脑会出现某个区域的神经元异常放电,通过BCI检测到神经元异常放电后,可以对大脑进行相应的电刺激,从而减少癫痫发作。运动想象BCI在针对自闭症儿童的康复训练中正在承担重要的角色。与正常儿童相比,自闭症儿童在观看他人运动情景时模仿动机弱,相应的感觉运动皮层激活程度较低。通过让这些儿童参与基于自身感觉运动皮层激活程度强弱实时反馈的游戏项目,可以提升他们对感觉运动皮层激活程度的自我控制能力,从而改善自闭症的症状。类似的BCI神经反馈训练范式也有望在多动症、抑郁症等治疗中发挥积极作用。

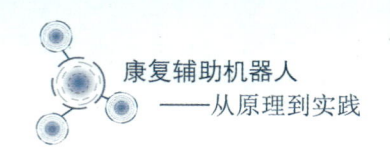

15.2.3 脑机接口技术对康复辅助机器人的革命性变化

BCI 技术是一项革命性的技术,将人类的思维与机器的运动控制相连接。在康复辅助机器人领域,BCI 技术为患者提供了一种新的方式来控制和操作机器人,实现更直接、更自然的交互。

首先,BCI 技术使患者能够通过意念来操控康复辅助机器人。通过植入或佩戴脑电或脑磁传感器,这些传感器可以记录到患者大脑中产生的电活动。通过对这些电活动的解析和分析,BCI 系统能够识别出患者的意图,将其转化为机器人的运动指令。患者只需通过意念,而无须依赖受损的肌肉和神经系统,就能够控制康复辅助机器人的动作。

其次,BCI 技术为患者提供了更高度的个性化和自适应的康复训练。通过实时监测患者的脑电活动,BCI 系统可以根据患者的意图和注意力水平进行实时调整。机器人能够根据患者的认知和运动能力,提供个性化的康复训练,确保训练的适度性和效果。这种个性化训练可以更好地满足患者的康复需求,促进神经系统的重塑和功能恢复。

最后,BCI 技术还可以与虚拟现实技术相结合,创造出沉浸式的康复环境。患者可以通过 BCI 系统与虚拟现实环境进行互动,通过意念控制机器人在虚拟环境中执行各种康复动作。这种沉浸式的训练环境可以增加患者的参与度和动力,提高训练的乐趣和效果。

BCI 技术的应用为康复辅助机器人带来了革命性的变化。通过意念控制和个性化训练,患者能够更直接、更自然地参与康复训练,促进神经功能的恢复和重塑。然而,BCI 技术的进一步发展和相关问题的解决仍需要持续的研究和努力,以实现其在康复辅助机器人领域的广泛应用。

15.3　人工智能技术与康复辅助机器人

康复辅助机器人结合人工智能技术,为患者提供个性化的运动功能恢复训练。通过智能传感器和摄像头,康复辅助机器人可以实时监测患者的运动姿势、肌肉活动和身体平衡情况。这些数据被传输到机器学习算法中,根据患者的特定情况和康复需求,机器人能够自动调整训练计划和提供实时反馈。

15.3.1　人工智能在康复辅助机器人中的应用

在康复过程中,康复辅助机器人可以根据患者的身体状况和进展阶段,设计个性化的康复训练方案。通过分析大量的康复数据和先进的模式识别技术,康复辅助机器人能够理解患者的康复需求,并根据患者的能力和进展动态调整训练强度和范围。例如,如果患者在特定运动方面存在困难,康复辅助机器人可以自动调整训练计划,提供更加专注和针对性的训练,以帮助患者克服困难并提高康复效果。

此外,康复辅助机器人还可以通过实时反馈和引导来改善患者的运动执行技巧。通

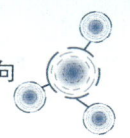

过分析患者的姿势、力量输出和运动范围等指标，康复辅助机器人可以即时识别出患者可能存在的问题，并提供准确的指导和调整建议。例如，在患者进行某项运动时，康复辅助机器人可以提供关节角度的正确参考值，并给予鼓励或者提醒患者注意姿势的正确性，以帮助患者正确执行运动并避免进一步损伤。

除了训练方案和实时反馈外，康复辅助机器人还可以利用人工智能技术提供个性化的康复数据分析和进展跟踪。康复辅助机器人可以收集和整合患者的运动数据、生理参数和康复进展，通过深度学习和数据挖掘算法，对患者的康复效果进行评估和预测。这些数据分析和进展跟踪可以帮助医生和康复治疗师更好地了解患者的康复状态，并根据实际情况调整康复计划，以达到更好的治疗效果。

15.3.2 机器学习与智能控制算法对康复辅助机器人的影响

15.3.2.1 机器学习对康复辅助机器人的影响

近年来，机器学习和人工智能的快速发展对康复辅助机器人的推动和需求产生了深远的影响。这些技术的应用使机器人能够更好地适应患者的需求，并提供更加个性化和智能化的康复支持。一方面，机器学习和人工智能技术可以帮助康复辅助机器人从大量的康复数据中学习和提取有用的信息。例如，通过分析康复患者的运动数据和生理指标，机器学习算法可以建立模型来预测患者的康复进展和制定相应的康复计划。这种个体化的康复方案可以根据患者的特定需求进行调整，提高治疗效果。另一方面，机器学习和人工智能技术还可以帮助康复辅助机器人实现智能感知和决策。通过传感器和摄像头等设备，康复辅助机器人可以实时获取患者的运动状态和环境信息。结合机器学习算法，康复辅助机器人可以分析这些数据并做出相应的决策，如调整运动模式、提供实时反馈或自适应地调整康复训练的难度。

此外，机器学习和人工智能技术还为康复辅助机器人提供了更高级的功能，如语音识别和自然语言处理。这使得患者可以与机器人进行更自然和人性化的交互，通过语音指令进行操作或获得康复指导。康复辅助机器人可以理解患者的需求并做出相应的响应，提供更加个性化和温暖的康复体验。

然而，要实现机器学习和人工智能在康复辅助机器人中的有效应用，还面临着一些挑战。首先，收集和标注大量的康复数据是一个复杂而耗时的过程。这需要医疗机构和研究机构之间的合作，以建立康复数据库，并确保数据的质量和隐私保护。其次，机器学习和人工智能算法的开发和训练需要专业的技术人员和计算资源。这要求相关领域的专家和工程师与医疗专业人员紧密合作，以确保算法的有效性和可靠性。此外，机器学习和人工智能在康复辅助机器人中的应用还需要严格的监管和伦理考量。确保康复辅助机器人的安全性、隐私保护和伦理合规性是一个重要的课题，需要制定相应的法律法规和伦理指南。

尽管面临一些挑战，机器学习和人工智能技术的发展为康复辅助机器人带来了巨大的机遇。这些技术的应用可以实现个性化、智能化和人性化的康复治疗，为患者提供更

好的康复体验和结果。随着技术的不断进步和应用经验的积累,相信康复辅助机器人在未来将发挥更重要的作用。

15.3.2.2 智能控制算法对康复辅助机器人的影响

智能控制算法在康复辅助机器人中的应用对提升机器人的效能和性能至关重要。这些算法基于先进的计算技术和机器学习方法,能够使康复辅助机器人更加智能化、适应性更强,并与患者实现更加自然的交互。

首先,智能控制算法可以实现运动轨迹规划和控制。通过对患者的运动进行建模和分析,智能控制算法可以生成适合个体患者的康复运动轨迹。智能控制算法考虑患者的生理特征、运动能力和康复目标,并结合康复辅助机器人的动力学特性,生成具有最佳效果的运动轨迹。这样,康复辅助机器人可以更好地适应患者的需求,提供个性化的康复训练。

其次,智能控制算法还可以实现力控制和力觉反馈。通过传感器和算法的结合,康复辅助机器人能够感知患者对其施加的力量,并根据患者的运动需求提供合适的支持力和阻力。智能控制算法可以分析患者的力学特征,调整康复辅助机器人的力输出,以提供准确的力反馈。这种力控制和力反馈能力使得康复辅助机器人能够更好地指导患者的运动,增强康复效果。

最后,智能控制算法还能实现康复辅助机器人与患者之间的协同控制。通过使用感知技术和机器学习算法,康复辅助机器人能够感知和解读患者的动作和意图。智能控制算法能够自动调整机器人的动作和力输出,与患者实现紧密的协同运动。这种协同控制使得康复辅助机器人能够更好地适应患者的动作变化和需求变化,提供准确的支持和指导。

综上所述,智能控制算法在康复辅助机器人中的应用对提升康复辅助机器人的效能和性能起到了关键作用。这些算法能够实现个性化的运动轨迹规划和控制、力控制和力反馈以及与患者的协同控制。通过智能控制算法的应用,康复辅助机器人能够更好地满足患者的康复需求,提供个性化、准确和有效的康复训练。随着算法技术的不断发展和创新,智能控制算法将进一步推动康复辅助机器人的发展,为康复医学领域带来更多的创新和进步。

15.3.3 人工智能技术对康复辅助机器人的革命性变化

人工智能技术对康复辅助机器人领域带来了革命性的变化。其中,深度学习作为人工智能的重要分支,在康复辅助机器人中发挥了重要的作用,为康复医学领域带来了巨大的进步。

首先,深度学习在运动分析和识别方面的应用使康复辅助机器人能够更准确地理解患者的运动状态和意图。通过训练大规模的运动数据集,深度学习算法能够自动学习和提取运动特征,并进行运动识别和动作分类。康复辅助机器人可以通过深度学习算法识别患者的动作,判断其正确性,并提供相应的反馈和指导。这种精确的动作分析和识别能力大大提高了康复辅助机器人的个性化训练效果。

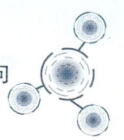

其次，深度学习还在康复辅助机器人中实现了智能决策和优化控制。通过深度学习算法的训练和优化，康复辅助机器人可以根据患者的状况和康复进展，自主地进行决策和控制。例如，在康复训练中，康复辅助机器人可以基于患者的反馈和动作状态，自适应地调整训练强度和模式，以实现最佳的康复效果。深度学习使康复辅助机器人具备了智能化的决策能力，能够根据实时情境做出适应性调整，提供个性化的康复方案。

最后，深度学习还在康复辅助机器人的自主导航和环境感知中发挥了重要作用。康复辅助机器人配备了传感器和摄像头等设备，能够感知和理解周围环境。通过深度学习算法的训练，康复辅助机器人可以实现对环境的感知、障碍物的识别和路径规划。这使得康复辅助机器人能够自主导航，并在复杂的环境中安全地与患者进行互动和训练。

深度学习作为人工智能技术的重要组成部分，为康复辅助机器人带来了革命性的变化。通过运动分析和识别、智能决策和优化控制以及自主导航和环境感知，深度学习技术使康复辅助机器人具备了更智能、个性化和自适应的特性。随着深度学习技术的不断发展和创新，康复辅助机器人将进一步提升康复医学的水平，并为患者提供更优质的康复服务。

15.4 元宇宙技术与康复辅助机器人

15.4.1 元宇宙技术的概念与发展

15.4.1.1 元宇宙的概念

元宇宙（Metaverse）的概念第一次出现是在尼尔·斯蒂芬森（Neal Stephenson）于1992年撰写的科幻小说《雪崩》（*Snow Crash*）中。在这部小说中，斯蒂芬森将元宇宙定义为与物理世界平行的巨大虚拟环境，用户在其中通过数字化身进行交互。二十多年后，Metaverse重新成为一个流行词。就像我们用鼠标导航今天的互联网一样，未来用户也将借助VR或AR等技术来探索元宇宙。此外，在人工智能、区块链技术和5G、6G的支持下，Metaverse有望带来点对点的交互，并支持分散、新颖的服务供应生态系统，这将模糊物理世界和虚拟世界之间的边界。元宇宙提出了一种可能，即未来世界是物理世界和虚拟世界的结合，物理世界和虚拟世界可以相互同步。每个人都可以在虚拟世界中拥有一个数字化身，在虚拟世界中进行社交、学习、娱乐等，并拥有很强的沉浸感。

元宇宙应该是怎么一种形态呢？许多人给出了他们的回答。《华尔街日报》认为，元宇宙已经被广泛地界定为一种线上世界。在这一空间内，个人能够获得沉浸式体验（如参加虚拟音乐会等）、选购数字产品以及通过虚拟化身进行交流等。在某些场景下，个人能够通过虚拟现实或者增强现实来获得更棒的体验。

脸书（Facebook）首席执行官马克·扎克伯格（Mark Zuckerberg）曾如此描述过元宇宙，元宇宙的决定性特征将是某种存在体验——就像你与另一个世界生活在一起，或者在另一个地方生活一样。真正与他人同在是社交技术的最终梦想。这也正是我们着力

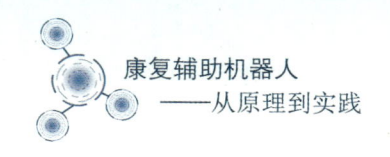

去打造它的理由。

Epic Games 创始人蒂姆·斯维尼（Tim Sweeney）被美国电视新闻网（CNN）询问他对元宇宙未来的看法时说："我认为真正达到终点需要十年或更长时间，但我认为这正在发生。"①同时，Tim Sweeney 还曾表示，元宇宙不会由一家公司创建，它将由数以百万计的开发人员创建，每个开发人员都在构建自己的一部分。因此，换句话说，元宇宙仍在一块块地构建，每个人都将参与其中。

开放性、协作性、沉浸感，这是多数人对于元宇宙的畅想和预期。本书引用风险投资家马修·鲍尔（Matthew Ball）的说法对元宇宙做如下定义："元宇宙是一个大规模、可互操作的实时渲染 3D 虚拟世界网络，可以有效地供无限数量的用户同步和持久地体验，这些用户具有个人存在感，并具有数据的连续性，例如身份、历史、权利、对象、通信和付款。"②简而言之，元宇宙是一个由人以数字身份参与和生活的数字世界。

15.4.1.2 元宇宙的特点

尽管没有一个公认的定义，但元宇宙有一些公认的、应该具备的特征，而这些特征是之前任何一个应用都不具备的。元宇宙可以概括为 3＋4＋8 的模型，即三个要点、四项基础和八大要素。

元宇宙具有如下几个要点：资产价值的可信、身份认证、虚拟世界对现实世界的同步建模。因此，元宇宙是对现实世界逻辑的完美还原，并且在可信的情况下，每个用户具有独一无二的身份和资产价值。

四项基础指的是元宇宙的四大技术支撑，即区块链、算力、网络、虚拟现实。区块链为元宇宙提供了去中心化的结算平台和身份验证机制，为资产价值的认证奠定了基础。算力主要包括 CPU 和 GPU，硬件的发达程度决定了元宇宙世界的精细化程度和发展规模。网络是元宇宙中数据高速传输的通道，它将以高带宽和低时延的特性给用户带来完美的体验。虚拟现实技术一般指虚拟现实、增强现实等技术，它可以模糊现实与虚拟的界限，给用户带来极大的沉浸感。因此，这四项技术将是支撑元宇宙的基石，这些技术的不断发展迭代将给用户带来更全面的元宇宙体验。

本书引用 Rolox 创始人认为的元宇宙应该拥有的要素，即身份、朋友、沉浸感、低延迟、多元化、随时随地、经济系统和文明，本书认为这足以概括出元宇宙的全貌。

身份是指用户唯一的数字化身，用户可以将数字化身表达为他想成为的任何人或物体，正如《雪崩》中所描述的那样，每个人的数字化身都可以做成他喜欢的任何东西。这取决于个人电脑设备能支持多高的配置（在本书的元界服务交付模型下，甚至只需要一个轻量级的终端显示设备）。即使你看起来很丑，你仍然可以把你的数字化身做得很漂亮。甚至你的数字化身可以是超现实领域的，你可以成为一只喷火龙、一只大猩猩。

朋友可以是现实世界的，也可以只是他们在虚拟世界中认识的人。也许你不知道现实生活中对面的人是什么样的，但这并不妨碍你们在元宇宙中成为朋友。在元宇宙中抛

---

① 白春学.物联网医学分级诊疗手册[M].北京：人民卫生出版社，2015.
② 白春学，赵建龙.物联网医学[M].北京：科学出版社，2016.

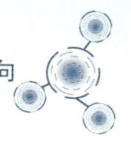

去了性别、宗教、贫富等各种现实因素，朋友之间的友谊更加单纯。

沉浸感是元宇宙带给用户最显著的特点之一，借助虚拟现实和增强现实等技术，用户有望在元宇宙中探索身临其境的数字星球，这种体验让用户难以区分虚拟世界与现实世界。

低延迟是元宇宙服务的基本要求，低延迟意味着元宇宙中的场景变化到用户体验到这种变化几乎是实时发生的，用户可以获得几乎完美的延迟体验。

多元化意味着元宇宙提供了丰富多样的内容、道具和素材。元宇宙被普遍认为是一个由用户创造和推动发展的社区，每一个人都是元宇宙的参与者和创造者。元宇宙对每个用户来说都是独一无二的，用户可以创造、分享、交易。

随时随地意味着元宇宙服务具有普遍性。元宇宙有着高度发达的网络和基础设施，用户可以在任何时刻、任何场合方便快捷地接入元宇宙体验相关服务。

经济体系是指元宇宙本身的价值体系。元宇宙不应该依赖任何经济体系，而应该有自己的体系来满足资产交换和储蓄的需要。

文明指的是一种虚拟的文明，是对虚拟世界的一些约束准则。元宇宙不应该是完全放任自由的，元宇宙还是需要文明来规范所有人的行为，保证整个元宇宙的稳定。

15.4.1.3 元宇宙的发展

虚拟现实与增强现实这两种技术是构建元宇宙的关键。虚拟现实提供了一个完全虚拟的环境供用户互动，而 AR 在现实世界中添加虚拟元素。这些技术的发展让用户可以更加真实地体验元宇宙。

(1) 在线多人游戏。这些游戏(如我的世界和堡垒之夜)的虚拟世界提供了元宇宙的早期形态，其中玩家可以创建自己的角色，并与其他玩家进行互动。

(2) 虚拟社区与社交平台。像 Facebook 这样的社交媒体公司正在开发和推出元宇宙产品，比如 Facebook Horizons。此外，其他的虚拟社区(例如 VRChat 和 Rec Room)，已经在元宇宙的构建中起到了一定的作用。

(3) 数字资产与区块链。在元宇宙中，用户可以创建、购买和交易虚拟物品和资产，这些交易常常通过区块链技术和加密货币(例如以太坊)进行。数字艺术品和虚拟土地的交易在元宇宙中已经开始流行。

15.4.2 元宇宙技术在康复辅助机器人中的应用前景

(1) 元宇宙医学一体机(biomedical metaverse integrated machine，BMM)。在"5A 引擎"和四化物联网医学平台搭建成功之后，还需要 BMM 人机接口。一体机是以硬件设备(例如 AR 眼镜、VR 头盔等)为载体，结合虚实联动、人机融合的元宇宙技术与物联网的全面感知、可靠传输和智能处理相融合，克服物联网医学的物理局限性，建立用户无法分辨所处的是虚拟世界还是真实世界的沉浸式场景。医生或患者均可在元宇宙医院中以数字化身的形式出现，在全时空元宇宙医学场景中，实践元宇宙医疗。同时用户还可以通过 BMM 一体机进行数据化交互教学与培训，甚至可以进行临床实践应用。

(2) 元宇宙医学数字人应用。元宇宙医学数字人应用是指将医学数据和技术与虚拟

现实技术结合，创建虚拟的医学环境，让用户通过手机或笔记本电脑上的软件小程序来体验。这种应用的一种形式是混合现实，用户可以通过混合现实技术在虚拟世界中与医学数字人进行互动和体验。以元宇宙虚拟现实技术为基础，结合虚实融合、虚实联动的概念，以稀少的名医资源为核心，研发可交互的名医数字人化身。通过语言交互及数据可视化实践，不但可进行科普，还可助力名医进行教学，赋能不同时空的医生联动，高效精准地完成分级诊疗工作。元宇宙医学数字人的应用，将有效助力"健康中国2030"规划战略目标的实现，让每个用户都能直面名医，实现"物联健康，元医惠众"的愿景。

（3）元"云"辅助虚实行是指通过元"云"，进行云计算框架下的海量信息深度挖掘，提取大健康和诊疗服务全程临床信息和监测参数特征，构建大健康和诊疗服务数据模型，以及基于大健康和诊疗服务信息进行监测交互和在线医疗服务等。为了使VR/AR/XR或MR技术更好地发挥功能，需要与边缘计算、云计算和雾计算联合构建三维立体的云计算组装体，以解决元宇宙医学运行过程中受到局域网影响的问题，便于全时空高效的元医"云"整合、深度挖掘与协调"5A引擎"的信息，赋能大健康和诊疗服务。

元宇宙医疗的特征与属性对质量有更高的要求，不但需要"云"专家和"端"医生在每个环节均保持紧密配合，还需要根据国家标准（或国际标准）进行质量控制。目前的质量控制均不是全时空和自动的，元宇宙医学可以克服这些弊病，应用仿真质量控制机器人与质量控制"云"专家虚实互动，可大大提高整体质量控制水平。

15.4.3　元宇宙技术对康复辅助机器人的革命性变化

元宇宙的发展是循序渐进的，是在共享的基础设施、标准及协议支撑下，由众多工具、平台不断融合、进化而最终成形的。它基于扩展现实技术提供沉浸式体验，基于数字孪生技术生成现实世界的镜像，基于区块链技术搭建经济体系，将虚拟世界与现实世界在经济系统、社交系统、身份系统上密切融合，并且允许每个用户进行内容生产和编辑，更重要的是可以将患者从真实世界拉入到自然逼真的虚拟世界中，进行人机联动的康复服务。元宇宙医学可推动形成人机结合的疾病管理与健康服务模式，可推动全民科学健身在健康促进、慢性病预防和康复等方面积极作用的发挥，可调整优化健康服务体系，强化全民早诊断、早治疗、早康复的意识，更好地满足人民群众的健康需求。

15.5　数字孪生技术与康复辅助机器人

15.5.1　数字孪生技术的基本原理与应用

数字孪生是一种将物理实体（例如产品、系统或过程）与其数字表示相结合的技术。它的基本原理是通过建立物理实体的数字模型，并与实际实体进行实时数据交互，实现实体的虚拟复制和仿真。

15.5.1.1 基本原理

数字孪生技术主要包括以下几个关键步骤。

(1) 数据采集。通过各种传感器和设备,收集与物理实体相关的实时数据。这些数据可以来自传感器、监测设备、物联网设备等。

(2) 数据整合。将采集到的数据进行整合和处理,以便构建物理实体的数字表示,以获得准确、完整的数据集,这可能涉及数据清洗、数据融合、数据预处理等步骤。

(3) 数字模型构建。利用采集到的数据,构建与物理实体相对应的数字模型。数字模型可以是基于物理原理的数学模型、几何模型、统计模型等,用于描述实体的结构、行为和性能。

(4) 模型验证与校准。通过与实际实体进行比对和验证,对数字模型进行校准和调整,确保数字模型能够准确地反映实体的状态和行为。

(5) 实时仿真与预测。将实时采集的数据输入到数字模型中,进行实时仿真和预测。数字孪生可以模拟实体的运行状态、响应特性和故障行为,帮助人们分析和预测实体在不同条件下的性能和行为。

15.5.1.2 应用领域

(1) 产品设计与优化。通过数字孪生技术,设计师可以在产品设计阶段对产品进行仿真和优化。数字孪生可以模拟产品的物理行为和性能,帮助设计师在虚拟环境中评估不同设计选择的效果,提前发现和解决潜在问题。

(2) 制造过程优化。数字孪生可以模拟和优化制造过程,帮助人们提高生产效率和质量。通过数字孪生,人们可以对生产线进行仿真和优化,预测生产过程中可能出现的问题,并提供相应的解决方案。

(3) 运维与维护。数字孪生可以实现对设备和系统的实时监测和预测。通过数字孪生技术,人们可以模拟设备的运行状态和故障行为,提前发现潜在故障,并进行维护和修复,以降低停机时间和维修成本。

(4) 城市规划与管理。数字孪生可以帮助城市规划者和管理者进行城市规划和管理的决策支持。通过数字孪生,人们可以模拟城市的交通流、能源消耗、环境污染等情况,评估不同政策和措施的影响,并制定相应的规划和管理策略。

数字孪生技术通过将物理实体与其数字表示相结合,提供了一种全新的分析、优化和决策支持工具,有助于提高效率、降低成本、优化资源利用和改善决策质量。

15.5.2 数字孪生技术在康复辅助机器人中的应用前景

造成患者功能障碍的主要原因之一是神经通路阻塞,而康复辅助机器人通过机械结构辅助患者对功能障碍的肢体进行重复运动训练,可重新激活通路阻塞的神经,改善肢体功能。有别于传统工业机器人,康复辅助机器人的服务对象为人,且两者之间不断交互共融。因此,对康复辅助机器人的设计应更多关注人的需求,人机共融是康复辅助机器人领域研发创新的主要方向。数字孪生技术是基于信息感知和实时通信在虚拟空间

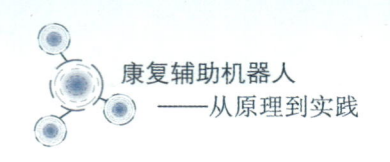

内建立虚体，以数字化形式表达实体，对虚体进行模拟分析以控制实体，实现虚体与实体间的双向动态映射。虚拟空间采集并储存的数据可用于实现故障诊断、剩余寿命预测等需求。因此，数字孪生技术广泛应用于数字电网、智慧城市、智能制造等领域，是实现人机共融的重要技术手段。数字孪生技术在康复辅助机器人中具有广阔的应用前景，它可以为康复辅助机器人提供更高级的功能和性能，从而改善患者的康复效果。

（1）个性化康复方案。通过数字孪生技术，康复治疗师可以根据患者的个体特征、损伤程度和康复需求，生成个性化的康复方案。数字孪生可以模拟患者的运动能力、肌肉力量和关节稳定性，并根据实时监测的数据进行调整和优化，提供针对性的康复训练方案。

（2）实时监测与反馈。数字孪生技术使康复辅助机器人能够实时监测患者的运动状态和进展。通过传感器和数据采集技术，康复辅助机器人可以收集患者的运动数据，并与数字孪生模型进行实时比对和分析。这使得康复机器人能够即时反馈患者的姿势、动作和运动质量，并提供准确的指导和纠正。实时监测和反馈的能力有助于患者更好地掌握正确的康复技巧，防止不良习惯的养成，并及时调整康复计划以适应患者的变化需求。

（3）康复进展评估。数字孪生技术可以定量评估患者的康复进展和效果。通过与数字模型进行比对，可以分析患者的运动范围、力量恢复、平衡能力等指标的变化，帮助医护人员评估康复效果，并及时调整康复计划。

（4）虚拟现实辅助训练。数字孪生技术与虚拟现实技术的结合为康复辅助机器人带来了沉浸式的训练体验。患者可以在虚拟环境中与机器人进行互动和训练。通过虚拟现实技术，患者可以体验各种康复场景和活动，提高参与度和动力，增加康复训练的乐趣和吸引力。这种交互方式不仅提高了患者的积极性，还提供了更多的康复训练选择和变化，增强了康复的效果和可持续性。

（5）数据分析与智能化支持。数字孪生技术可以对患者的康复数据进行分析和挖掘，提取有价值的信息。通过大数据分析和机器学习算法，可以发现康复过程中的模式和规律，为医护人员提供智能化的康复支持和决策参考。

数字孪生技术可以为患者提供更好的康复效果和体验，同时为医护人员提供更准确的评估和决策支持。随着数字孪生技术的不断发展和应用推广，康复辅助机器人将更加智能化、个性化和高效化。

15.5.3　数字孪生技术对康复辅助机器人的革命性变化

（1）智能化康复。数字孪生技术为康复辅助机器人带来了智能化的能力。通过数字孪生模型和机器学习算法，机器人可以学习和适应患者的康复需求，根据实时数据进行自主决策和调整康复方案。这种智能化的康复辅助系统能够根据患者的个体特征和进展，提供个性化、优化的康复训练，最大限度地提高康复效果。

（2）远程康复与远程监护。数字孪生技术使得远程康复和远程监护成为可能。通过康复辅助机器人和数字孪生技术，患者可以在家中或远离医疗机构的地方进行康复训

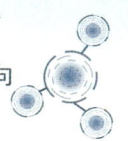

练,同时医护人员可以实时监测患者的康复进展和提供远程指导。这种远程康复模式极大地方便了患者,减轻了他们前往医疗机构的负担,同时节省了时间和费用。对于那些居住在偏远地区或行动不便的患者,数字孪生技术为他们获得高质量的康复服务提供了新的途径。

(3)数据分析与个性化治疗。数字孪生技术可以帮助医护人员分析康复辅助机器人收集到的大量数据,挖掘其中的模式和规律。通过深入分析患者的康复数据,医护人员可以更好地理解患者的状况和康复进展,提供更准确的个性化治疗方案。这种数据驱动的个性化治疗有助于提高康复效果和优化康复策略,使患者获得更好的康复成果。

(4)康复进展评估和预测。数字孪生技术可以对康复辅助机器人收集到的数据进行分析和建模,以评估患者的康复进展并预测未来的康复趋势。通过监测患者的生物力学数据、运动范围和肌肉力量等指标,数字孪生模型可以提供定量的康复进展评估,帮助医护人员调整康复计划和制定更有效的治疗策略。

(5)康复数据共享与合作。数字孪生技术为康复辅助机器人提供了数据共享和合作的机制。康复辅助机器人可以将患者的康复数据传输到云端,医护人员可以随时访问和分析这些数据,进行远程监测和指导。同时,不同医疗机构和康复中心之间可以共享康复数据和经验,促进康复研究和合作,推动康复辅助机器人的发展和优化。

15.6 3D 打印与增材制造技术与康复辅助机器人

15.6.1 3D 打印与增材制造技术的原理与应用

对于 3D 打印技术,建立三维模型的方法一般有以下两种:第一种是应用 Blender、3Dmax、AutoCAD 等直接建立三维模型;第二种是应用 Z Corp、Polhemus 等设备对需要打印的对象进行扫描,同时完成数据的分析整合,从而形成三维模型。目前的 3D 打印技术都是基于离散/堆积的原理,实现从无到有的过程。举个例子来说就是通过计算机技术将需要打印的三维立体构件进行水平分层,分为若干个形状不尽相同的层,然后,应用 3D 打印机将打印材料逐层堆积,最后实现构件的打印。在具体应用中,人们会根据 3D 打印所使用的打印材料和成型方式进行具体的分类。下面就介绍目前已经相对成熟的 3D 打印技术及其分类。

(1)熔融沉积成形技术。该技术是以丝状的 PLA、ABS 等热塑性材料为打印原料,在计算机打印系统的自动控制下,经过 3D 打印机加工头的加热挤压,逐层进行堆积从而完成对构件的加工制造。该技术比较成熟,实现 3D 打印的效率较高,同时可以完成多种形式的打印,包括彩色的打印技术,这种打印技术会被大范围的应用。

(2)光固化立体成形技术。光固化 3D 打印亦称立体光刻(stereo lithography,SLA),是最早发展的商用 3D 打印技术,也是目前非金属类的物件快速制造广泛使用的

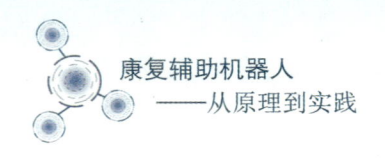

主流技术。

光固化3D打印是指使用辐射光源照射液体光敏树脂引发链式化学反应,将大量的小分子单体或预聚物链接在一起形成高度交联的聚合物。应用光固化立体成形技术进行3D打印的速度比较快,在加工制造结构相对复杂、精确度要求高的构件时,该技术具备优势,但目前能够应用的打印材质比较少,所产生的成本较高,不适宜全面推广应用。

15.6.2　3D打印与增材制造技术在康复辅助机器人中的应用前景

(1)数字化制造使加工更加高效简便。运用数字化技术制造可以使加工更加高效简便,采用驱动型的机械设备进行加工,同时运用网络优势,进行实时的信息传递,可以达到多区域分散的生产模式。

(2)应用领域广泛。3D打印技术可以广泛地应用在各个领域,例如航空航天、医疗、建筑设计等。在康复领域,3D打印技术可以实现假肢等重要装备的快速定制和精确制作,充分满足个体化差异。

(3)3D打印技术不存在制约性。3D打印对其需要打印的产品特性没有具体的限制。在过去的制造行业,一般受制于模具、工艺等的限制,不能完全按照设计理念设计,但现在一些工艺比较复杂的产品通过3D打印技术可以完全实现。

(4)可以实现无基础创造。3D打印机在工作时,对生产技术几乎没有要求,可以无基础创造产品。3D打印对工人技术能力也没有要求,未经技能培训的普通人就能轻松操作,甚至打印一些复杂的零部件也没有问题。3D打印技术的应用领域非常广泛,尤其是在一些对产品质量要求高的领域,3D打印的技术优势非常明显,可以生产出更高质量的产品,更容易进行产品创新和改进。

(5)规格设置更多样。3D打印技术突破了对产品规格的限制,不再局限于特定的规格大小了,无论是打印微小尺寸物体还是打印超大规模建筑物,都可以轻松实现,这为技术创新提供了更多可能。

(6)材料浪费率低。传统打印方式的浪费率很高,一直是难以突破的瓶颈,然而3D打印技术可以轻松解决这一问题。3D打印产生的废料极少,几乎没有浪费,这为生产者大大节约了成本,也减少了浪费带来的污染问题。

(7)更宽广的色度和材料组合。3D打印技术可以实现更多的创造创新,在色度方面,可以实现多种颜色的组合,创造出新的颜色;在材料方面,也可以实现多种材料的组合,实现更多的打印需求。

15.6.3　3D打印与增材制造技术对康复辅助机器人的革命性变化

由于康复辅助治疗的特殊性,医疗工作者每天面对不同的患者及病情,其治疗方案也千差万别,其实际的使用场景也大不相同。使用3D打印技术可以极大程度上满足使用者的个体化差异要求和使用场景差异。传统诊疗仅能依据患者的情况,从有限的诊疗设备和产品中选择相对合适的方案,往往会因为诊疗的局限性无法满足个性化需求。但

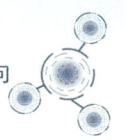

3D 打印类似量身定制的诊疗方式，能根据患者的生理结构和病情状况，定制出个性化的康复辅助装置，或通过个性化的辅助诊断，提升康复治疗的效果。

15.7 纳米技术与康复辅助机器人

15.7.1 纳米技术的基本原理与应用

纳米技术是一种研究和操控物质在纳米尺度（10^{-9} m）下的技术。它基于对原子和分子级别的控制和操作，利用纳米尺度的特殊性质和现象来设计和制造新材料、器件和系统。纳米技术的基本原理是通过精确控制和操作原子和分子的结构、组装和相互作用，来调控材料的性质和功能。

纳米技术的应用涵盖了多个领域，包括以下几个方面。

(1) 材料科学与工程。纳米技术可以用于设计和合成新型的纳米材料，这些材料具有特殊的物理、化学和生物学性质，如纳米颗粒、纳米管、纳米线等。这些材料在电子器件、催化剂、传感器、能源存储等方面具有广泛应用。

(2) 生物医学。纳米技术在生物医学领域有许多应用，如纳米药物传递系统、纳米生物传感器、纳米医疗影像等。纳米技术可以实现对生物体内部的精确控制和治疗，提高药物的传递效率，减少不良反应。

(3) 电子与计算机。纳米技术可以用于制造更小、更快速、更高性能的电子器件和计算机芯片。纳米尺度的器件结构和材料特性可以改善电子设备的性能和功能，如纳米晶体管、纳米存储器等。

(4) 环境与能源。纳米技术在环境保护和能源领域也有广泛应用。例如，利用纳米材料可以制备高效的太阳能电池、催化剂和吸附剂，用于清洁能源的产生和环境污染物的去除。

(5) 纳米电子学。纳米技术还推动了纳米电子学的发展，即以纳米尺度为基础的电子学。纳米电子学研究纳米材料的电子结构和性质，以及纳米级器件和电子系统的设计和制造。

总之，纳米技术的应用涉及了许多领域，从材料科学到生物医学、电子计算机、环境能源等，都有着重要的进展和应用前景。它为人们提供了探索和利用纳米尺度世界的工具和手段，有望在科学、工程和医学等领域带来革命性的影响。

15.7.2 纳米技术在康复辅助机器人中的应用前景

纳米技术在康复辅助机器人领域有着广阔的应用前景。

(1) 传感技术改进。纳米技术可以改进康复辅助机器人的传感技术，使其能够更精确地感知和测量患者的生理参数和运动状态。通过纳米材料的应用，可以制造更小、更灵敏的传感器，提高康复辅助机器人对患者的感知能力，从而更准确地控制机器人的动作。

(2)材料强化。纳米技术可以应用于康复辅助机器人的材料强化方面。纳米材料具有特殊的物理和化学特性,可以用于改善机器人的力学性能、耐磨性和耐久性。例如,纳米复合材料可以增加机器人的强度和刚度,同时降低其质量,提高机器人的运动效率和适应性。

(3)药物递送和治疗。纳米技术可以在康复辅助机器人中用于药物递送和治疗。通过纳米材料制备的药物递送系统可以将药物精确地释放到患者的特定区域,提高康复治疗效果。此外,纳米技术还可以用于制造可控释放药物的人工智能纳米机器人,实现精确的靶向治疗。

(4)生物相容性改进。纳米技术可以改善康复辅助机器人与人体组织之间的生物相容性。表面修饰和功能化的纳米材料可以减少机器人与人体组织之间的摩擦和损伤,提高康复辅助机器人的适应性和可接受性。

(5)数据处理和智能控制。纳米技术在康复辅助机器人中的应用还包括数据处理和智能控制方面。纳米材料可以用于制造更小、更快速和更节能的处理器和芯片,提高机器人的计算和决策能力。此外,纳米技术还可以应用于机器人的传输和存储技术,提高数据传输速度和存储容量。

总的来说,纳米技术在康复辅助机器人领域具有广阔的应用前景。通过使用纳米技术进行创新,可以改善康复辅助机器人的感知、控制、材料和治疗等,提高机器人的性能和功能,为患者提供更有效、个性化的康复治疗。然而,纳米技术的应用还面临一些挑战,如安全性、成本和制造工艺等方面,需要进一步的研究和发展。

15.7.3 纳米技术对康复辅助机器人的革命性变化

纳米技术对康复辅助机器人可能带来革命性变化,具体表现如下。

(1)精确控制和适应性。纳米技术可以实现对康复辅助机器人的精确控制和适应性的提升。通过使用纳米传感器和纳米执行器,康复辅助机器人可以更准确地感知患者的运动意图和生理状态,并做出相应的反应和调整,实现更精确、平滑的运动。

(2)多模态感知。纳米技术可以实现多模态感知,使康复辅助机器人能够同时获取多种生理信号和环境信息。通过使用纳米传感器和纳米探测器,康复辅助机器人可以同时获取视觉、听觉、触觉等多种感知信息,从而更全面地理解患者的状态和环境。

(3)自修复和自适应材料。纳米技术可以应用于康复辅助机器人的材料方面,实现自修复和自适应功能。通过使用纳米材料,康复辅助机器人的材料可以自动修复受损部分,延长机器人的使用寿命。同时,纳米材料还可以实现自适应性,根据患者的需求和环境变化,调整康复辅助机器人的形状、刚度和摩擦等特性。

(4)纳米药物递送系统。纳米技术可以用于康复辅助机器人中的药物递送系统,实现精确的药物治疗。通过纳米载体和纳米传输通道,康复辅助机器人可以将药物准确地送达患者的特定部位,提高康复治疗效果。

(5)智能控制和学习能力。纳米技术可以提升康复辅助机器人的智能控制和学习能力。通过使用纳米处理器和纳米存储器,康复辅助机器人可以实现更快速、更强大的计

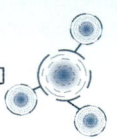

算和决策能力。同时,纳米技术还可以应用于康复辅助机器人的学习算法和模型,使其能够根据患者的反馈和需求,自主学习和优化运动控制策略。

纳米技术对康复辅助机器人的应用有望实现革命性变化,可以提升机器人的感知、控制、材料和治疗能力,从而更好地满足患者的康复需求,并推动康复领域的发展和创新。然而,纳米技术在康复辅助机器人中的应用还处于初级阶段,需要进一步的研究和实验验证,以解决技术、安全性和伦理等方面的问题。

15.8　量子计算与高性能芯片技术与康复辅助机器人

15.8.1　量子计算技术的基本原理与应用

量子计算技术是一种基于量子力学原理的计算模型,利用量子比特的叠加和纠缠特性来进行信息处理和计算。与传统的计算机相比,量子计算机具有并行计算的优势,可以在处理复杂问题时提供更快速和高效的解决方案。本节将详细介绍量子计算技术的基本原理和应用。

15.8.1.1　基本原理

(1)量子比特(qubit)。量子计算的基本单位是量子比特,它是量子系统的最小可区分状态单元。与经典计算的比特(bit)只能处于 0 或 1 的状态不同,量子比特可以处于叠加态,同时表示 0 和 1 两个状态的线性组合。这种叠加态提供了并行计算的潜力。

(2)纠缠(entanglement)。在量子计算中,多个量子比特之间可以发生纠缠。纠缠是一种特殊的量子态,当两个或多个量子比特之间发生纠缠时,它们的状态将相互关联,无论它们之间的距离有多远。通过对其中一个量子比特的操作,可以瞬间影响到其他纠缠的量子比特,实现量子计算中的并行计算和量子通信。

(3)量子门操作(quantum gate)。为了进行量子计算,需要对量子比特进行操作和控制。量子门操作是一种对量子比特进行幺正变换的操作,可以改变量子比特的状态。常见的量子门包括阿达马(Hadamard)门、泡利(Pauli)门、受控非(CNOT)门等,它们可以实现量子比特之间的叠加、旋转和纠缠等操作。

(4)量子态的测量。在量子计算中,通过测量可以获取量子比特的信息。测量会使量子比特的状态塌缩为经典比特的状态,从而得到具体的测量结果。通过多次测量,可以获取概率分布,进而得到量子系统的统计信息。

15.8.1.2　应用领域

(1)优化问题:量子计算在优化问题中具有潜在的应用前景。由于量子计算机能够在指数级别上搜索解空间,可以提供更快速和高效的优化算法,用于解决复杂的组合优化问题,如旅行商问题、供应链优化等。

(2)量子模拟:量子计算可以模拟和研究分子、材料和量子系统等领域的复杂问题。通过量子模拟,人们可以更好地理解和设计新材料、药物和化学反应,以及研究量子力学

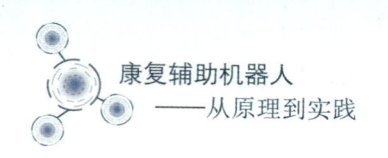

中的各种现象。

（3）密码学与安全通信：量子计算在密码学和安全通信领域具有重要意义。量子通信利用量子纠缠和量子密钥分发等技术实现信息的安全传输，能够提供无条件安全的通信方式。同时，量子计算对于破解传统密码算法也具有潜在的优势，因此在密码学的发展中也引起了广泛的关注。

（4）机器学习与人工智能：量子计算可以加速机器学习和人工智能算法的训练和优化过程。通过利用量子计算的并行计算能力和优化算法，人们可以加快模式识别、数据挖掘和优化问题等方面的计算速度，进一步推动人工智能技术的发展。

（5）大数据分析：量子计算对于处理大规模数据和复杂网络分析具有潜在的优势。通过量子计算的并行计算，人们可以在更短的时间内对大规模数据集进行处理和分析，提取有用的信息和模式。

总结起来，量子计算技术基于量子力学的原理，利用量子比特的叠加和纠缠特性，提供了一种更快速和高效的计算模型。它在优化问题、量子模拟、密码学与安全通信、机器学习与人工智能以及大数据分析等领域具有广阔的应用前景，对于解决复杂问题和推动科学技术的发展具有重要意义。随着量子计算技术的进一步发展和突破，相信它将对各个领域带来重大的影响和改变。

15.8.2 高性能芯片技术在康复辅助机器人中的应用前景

高性能芯片技术在康复辅助机器人中具有广阔的应用前景。康复辅助机器人是一类利用先进的机械、电子和计算技术来辅助人体康复训练和功能恢复的机器人设备。高性能芯片技术的应用可以显著提升康复辅助机器人的性能和功能，为康复治疗带来许多优势。

首先，高性能芯片技术可以提供更强大的计算和处理能力。康复辅助机器人需要实时处理大量的传感器数据，并根据患者的运动状态和需求做出相应的反馈和调整。高性能芯片可以快速处理和分析这些数据，提供精确的运动控制和反馈，使康复辅助机器人能够更准确地适应患者的需要。

其次，高性能芯片技术可以支持复杂的算法和人工智能技术。康复辅助机器人可以利用机器学习和深度学习等技术来学习和适应患者的运动模式和康复需求。高性能芯片可以提供足够的计算资源，支持这些复杂的算法和模型的运行，从而实现更智能、个性化的康复辅助。

再次，高性能芯片技术还可以提升康复辅助机器人的感知和交互能力。康复辅助机器人需要具备良好的感知能力，能够准确地感知患者的姿势、力量和运动轨迹。高性能芯片可以支持高分辨率的传感器数据采集和处理，使康复辅助机器人能够更精准地感知患者的动作。同时，高性能芯片还可以实现自然而流畅的交互界面，使患者和康复辅助机器人之间的交互更加自然和舒适。

最后，高性能芯片技术的应用可以使康复辅助机器人更加紧凑和便携。高性能芯片可以实现更高集成度和更低功耗的设计，使康复辅助机器人的体积更小、质量更轻，更方便携带和使用。这对于移动康复辅助机器人和家庭康复设备等应用场景非常重要。

综上所述,高性能芯片技术在康复辅助机器人中具有广阔的应用前景。它可以提升康复辅助机器人的计算和处理能力,支持复杂的算法和人工智能技术,提升康复辅助机器人的感知和交互能力,同时使康复辅助机器人更紧凑和便携。随着高性能芯片技术的不断发展和突破,相信康复辅助机器人将能够更好地满足患者的康复需求,并在康复领域发挥更大的作用。

15.8.3 量子计算与高性能芯片技术对康复辅助机器人的革命性变化

量子计算和高性能芯片技术对康复辅助机器人带来了革命性的变化,为康复领域带来了前所未有的机遇和挑战。

首先,量子计算技术的引入为康复辅助机器人提供了突破性的计算能力。传统的计算机使用二进制位来存储和处理信息,而量子计算机利用量子比特的并行计算和量子叠加性质,可以在同一时间处理多个可能性。这种并行计算能力使得康复辅助机器人能够更快速、更高效地处理庞大的康复数据和复杂的运动规划问题。量子计算技术的应用有望为康复辅助机器人提供更精确、个性化的康复方案。

其次,高性能芯片技术的发展为康复辅助机器人带来了更强大的计算和处理能力。高性能芯片可以支持复杂的算法和人工智能技术,使康复辅助机器人能够更好地理解和适应患者的需求。康复辅助机器人可以通过高性能芯片实现实时的运动控制和反馈,从而提供更准确、精细的康复训练。高性能芯片的应用还可以提升康复辅助机器人的感知能力,使其能够更好地感知患者的运动状态和环境信息,从而更好地协调和配合患者的康复训练。

再次,量子计算和高性能芯片技术的结合也为康复辅助机器人带来了创新的功能和应用。例如,量子计算技术可以用于优化康复辅助机器人的路径规划和运动控制算法,使康复辅助机器人能够更智能地协助患者完成康复训练。高性能芯片技术可以支持康复辅助机器人与患者之间的实时交互和反馈,提供更加个性化的康复方案。这些创新的功能和应用有望为康复辅助机器人带来更高的康复效果和用户体验。

最后,量子计算和高性能芯片技术的应用也面临一些挑战和限制。量子计算技术目前仍处于早期阶段,面临着硬件稳定性、误差纠正和可扩展性等问题。高性能芯片技术的发展需要解决功耗、散热和集成度等方面的挑战。此外,康复辅助机器人的应用也需要考虑隐私保护和安全性等问题。

总体而言,量子计算和高性能芯片技术的革命性变化为康复辅助机器人带来了巨大的机遇和挑战。通过充分发挥这些技术的优势和创新应用,康复辅助机器人有望在康复领域发挥更大的作用,为患者提供更有效、个性化的康复服务。

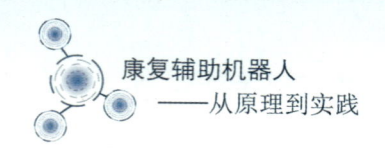

15.9 本章小结

本章深入探讨了康复辅助机器人的未来发展方向。科技的快速发展使康复辅助机器人在医疗领域发挥了重要作用,尤其是在康复医学领域,这些机器人已经被用于协助患者进行身体功能的康复训练,从而提高生活质量。尽管康复辅助机器人的研究和开发仍处于探索和进步的阶段,但一系列新的科技应用将促进康复辅助机器人向更现代化、智能化的方向发展,包括脑机接口、人工智能、元宇宙、数字孪生、纳米技术、3D 打印、量子技术等。这些技术对康复辅助机器人的未来发展有深远影响。脑机接口和人工智能可能使康复辅助机器人更好地理解和适应患者的需求,而元宇宙和数字孪生则为模拟和预测康复过程提供了新的可能。纳米技术、3D 打印技术和量子技术的进步将使康复专业人员能够设计出更精确、更个性化的康复方案。

这些技术的应用同时也带来了一些挑战,如数据安全、隐私保护、技术标准化等问题。这些问题的解决需要人们在追求科技进步的同时,保持对伦理、法律和社会影响的思考。

参考文献

[1]触觉反馈技术:逼真震动体验的改革者[J].金卡工程,2012(4):56-58.

[2]国家统计局.第七次全国人口普查公报(第五号)[EB/OL].(2021-05-11)[2023-09-11].https://www.stats.gov.cn/sj/tjgb/rkpcgb/qgrkpcgb/202302/t20230206_1902005.html.

[3]高岚岚,纪坤,李冰,等.多通道信息反馈方式对目标选择任务影响的实验研究[J].信息工程大学学报,2022,23(3):326-330.

[4]高士濂.实用解剖图谱:下肢分册[M].2版.上海:上海科学技术出版社,2004.

[5]洪盈盈,薛开禄,李浅峰,等.低频脉冲电刺激联合肢体康复锻炼对脑卒中偏瘫患者的影响[J].中外医学研究,2022,20(26):175-178.

[6]胡强,王宋莉,李玮.功能性电刺激对患者足下垂及足内翻运动功能影响观察[J].现代医药卫生,2021,37(4):639-642.

[7]黄飞,张晓梅,张敏,等.FES联合踏车运动对脑卒中病人下肢功能恢复的影响[J].循证护理,2021,7(12):1647-1649.

[8]李春香,贾志华.高频重复经颅磁刺激联合言语听觉反馈训练对脑卒中后认知功能障碍患者康复效果的影响[J].中西医结合心血管病电子杂志,2021,9(3):33-35.

[9]刘冰,李宁,于鹏,等.上肢康复外骨骼机器人控制方法进展研究[J].电子科技大学学报,2020,49(5):643-651.

[10]刘朗,刘勇国,李巧勤,等.脑卒中患者运动功能自动化评定研究进展[J].中国康复理论与实践,2020,26(09):1028-1032.

[11]李郑振.基于人机智能交互与控制的多自由度手功能康复机器人研究[D].济南:山东大学,2022.

[12]刘学深.人体上肢运动测量及运动模型的建立[D].天津:天津轻工业学院,1999.

[13]陆鹏,李超,尚翠侠,等.功能性电刺激联合呼吸训练对机械通气患者疗效观察[J].西安交通大学学报(医学版),2022,43(5):737-743.

[14]刘畅.老年人辅助站立产品设计研究[D].天津:天津科技大学,2017.

[15]马琼.产后盆底功能障碍性疾病的影响因素分析及治疗效果评价[D].兰州:兰州大学,2017.

[16]帕特里夏.循序渐进·偏瘫患者的全面康复治疗[M].刘钦刚,译.北京:华夏出版

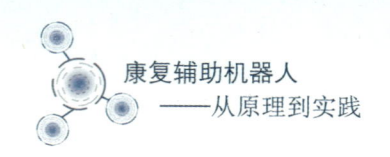

社,2007.

[17] 彭亮,侯增广,王晨,等.康复辅助机器人及其物理人机交互方法[J].自动化学报,2018,44(11):2000-2010.

[18] 阮毅,陈维钧.运动控制系统[M].北京:清华大学出版社,2006.

[19] 单晶丽,李红颖,姚秀彬,等.表面肌电生物反馈对偏瘫患者肢体功能的影响[EB/OL].(2018-12-26)[2023-09-25]. https://kns.cnki.net/kcms2/article/abstract?v=2C6ioF1tvgVF8SuYFcvLIgKo5UmWD_oKw8vU69jkouTQENkHT_BdwaybkaqucEG14ET-W_2RrODW91IsEt1gVJQPgUDxMH2ELVjaZG3Ah_dZyo76uEIIRAQWToO1UHB4RBDTg1fwMNxy1Pt1g3mwrQ==&uniplatform=NZKPT&language=CHS.

[20] 唐磊.下肢康复训练机器人机械结构及控制策略设计[D].洛阳:河南科技大学,2009.

[21] 瓮长水,田哲,李敏,等."起立-行走"计时测试在评定脑卒中患者功能性移动能力中的价值[J].中国康复理论与实践,2004(12):17-19.

[22] 王秋惠,魏玉坤,刘力蒙.康复机器人研究与应用进展[J].包装工程,2018,39(18):83-89.

[23] 王小龙.基于虚拟现实手臂外骨骼康复系统的研究[D].天津:河北工业大学,2003.

[24] 王桂茂,严隽陶,刘玉超,等.三维运动解析系统测试脑卒中偏瘫步态的运动学定量评价[J].中国组织工程研究与临床康复,2010,14(52):9816-9818.

[25] 吴博松.基于仿肌肉柔索驱动的下肢康复机器人研究[D].哈尔滨:哈尔滨工程大学,2017.

[26] 熊兵.人体下肢运动学和动力学的研究[D].天津:天津轻工业学院,1999.

[27] 余泽坤.卧式下肢康复机器人设计与研究[D].合肥:合肥工业大学,2015.

[28] 杨艳琳,娄飞鹏,李丽,等.中国城镇残疾人就业实证分析[J].发展经济学研究,2012(1):309-320.

[29] 叶韵怡,张鸣生,梁桂英,等.呼吸电刺激训练改善膈肌和腹肌功能治疗功能性便秘的作用[J].中国临床解剖学杂志,2017,35(6):691-694.

[30] 中华人民共和国卫生部医政司.中国康复医学诊疗规范(上册)[M].北京:华夏出版社,1998.

[31] 赵彦军,李剑,苏鹏,等.我国康复辅具创新设计与展望[J].包装工程,2020,41(8):14-22.

[32] 邹英杰.基于震动反馈的智能手机导航交互系统的设计与实现[D].长春:吉林大学,2016.

[33] 朱吉鸽,李进飞,徐国政.运动姿态与肌电融合的脑卒中上肢运动功能评估系统的可行性研究[J].中国康复理论与实践,2019,25(10):1172-1176.

[34] 张翼.中国青年人口的新特征——基于"第七次全国人口普查数据"的分析[J].青年探索,2022(5):5-16.

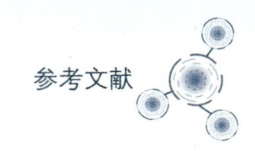

[35] TSAI A C, LUH J J, LINT T. A novel STFT-ranking feature of multi-channel EMG for motion pattern recognition[J]. Expert systems with applications, 2015, 42(7): 3327-3341.

[36] PAGE S J, LEVINE P, HADE E. Psychometric properties and administration of the wrist/hand subscales of the Fugl-Meyer Assessment in minimally impaired upper extremity hemiparesis in stroke[J]. Archives of physical medicine and rehabilitation, 2012, 93(12): 2373-2376.

[37] SLOAN R L, SINCLAIR E, THOMPSON J, et al. Inter-rater reliability of the modified Ashworth Scale for spasticity in hemiplegic patients[J]. International journal of rehabilitation research, 1992, 15(2): 158-161.

[38] CHEN H M, CHEN C C, HSUEH I P, et al. Test-retest reproducibility and smallest real difference of 5 hand function tests in patients with stroke[J]. Neurorehabilitation and neural repair, 2009, 23(5): 435-440.

[39] PAGE S J, HADE E, PERSCH A. Psychometrics of the wrist stability and hand mobility subscales of the Fugl-Meyer Assessment in moderately impaired stroke[J]. Physical therapy, 2015, 95(1): 103-108.

[40] KOPP B, KUNKEL A, FLOR H, et al. The arm motor ability test: reliability, validity, and sensitivity to change of an instrument for assessing disabilities in activities of daily living[J]. Archives of physical medicine and rehabilitation, 1997, 78(6): 615-620.

[41] STEVENS R D, MARSHALL S A, CORNBLATH D R, et al. A framework for diagnosing and classifying intensive care unit-acquired weakness[J]. Critical care medicine, 2009, 37(10): 299-308.

[42] MEHRHOLZ J, WAGNER K, RUTTE K, et al. Predictive validity and responsiveness of the functional ambulation category in hemiparetic patients after stroke[J]. Archives of physical medicine and rehabilitation, 2007, 88(10): 1314-1319.

[43] POWELL L E, MYERS A M. The activities-specific balance confidence (ABC) scale[J]. The journals of gerontology series A: Biological sciences and medical sciences, 1995, 50(1): M28-M34.

[44] MAHONEY F I, BARTHEL D W. Functional evaluation: the Barthel index[J]. Maryland state medical journal, 1965, 14: 61-65.

[45] KIPER P, AGOSTINI M, LUQUE-MORENO C, et al. Reinforced feedback in virtual environment for rehabilitation of upper extremity dysfunction after stroke: preliminary data from a randomized controlled trial[J]. Biomed research international, 2014(9): 752128-752135.

[46] NEF T, MIHELJ M, COLOMBO G, et al. Armin-robot for rehabilitation of the upper extremities[C]//IEEE. Proceedings 2006 IEEE International Conference on Robotics and Automation, 2006. ICRA 2006. Piscataway, N. J.: IEEE, 2006: 3152-3157.

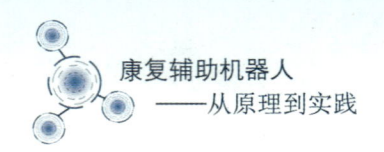

[47] JEZERNIK S, COLOMBO G, KELLER T, et al. Robotic orthosis lokomat: a rehabilitation and research tool[J]. Neuromodulation: Technology at the neural interface, 2003, 6(2): 108-115.

[48] JESUS T S, LANDRY M D. Global need: including rehabilitation in health system strengthening [J]. The lancet, 2021, 397(10275): 665-666.

[49] HARTSON H R, SIOCHI A C, HIX D. The UAN: A user-oriented representation for direct manipulation interface designs[J]. Acm transactions on information systems, 1990, 8(3): 181-203.

[50] TUCKER M R, OLIVIER J, PAGEL A, et al. Control strategies for active lower extremity prosthetics and orthotics: a review[J]. Journal of neuroengineering and rehabilitation, 2015, 12(1): 1-30.

[51] LI Z J, SU C Y, WANG L Y, et al. Nonlinear disturbance observer based control design for a robotic exoskeleton incorporating fuzzy approximation[J]. IEEE transactions on industrial electronics, 2015, 62(9): 5763-5775.

[52] KIGUCHI K, RAHMAN M H, YAMAGUCHI T. Adaptation strategy for the 3DOF exoskeleton for upper-limb motion assist[C]//IEEE. Proceedings of the 2005 IEEE International Conference on Robotics and Automation. Piscataway, N. J.: IEEE, 2005: 2296-2301.

[53] ROSEN J, PERRY J C, MANNING N, et al. The human arm dinematics and dynamics during daily activities-toward a 7 DOF upper limb powered exoskeleton[C]//IEEE. ICAR'05. Proceedings., 12th International Conference on Advanced Robotics, 2005. Piscataway, N. J.: IEEE, 2005: 532-539.

[54] APKARIAN J, NAUMANN S, CAIRNS B. A threedimensional kinematic and dynamic model of the lower limb[J]. Journal of biomechanics, 1989, 22(2): 143-155.